新能源发电作业危险点分析及控制

集中式光伏分册

华能（浙江）能源开发有限公司清洁能源分公司　编

内 容 提 要

为进一步提高新能源发电公司员工的安全作业水平，华能（浙江）能源开发有限公司清洁能源分公司组织编写了《新能源发电作业危险点分析及控制》丛书，分为分布式光伏、集中式光伏、陆上风电和海上风电等四个分册。

本书为集中式光伏分册，共收录典型作业148项，对每项作业的步骤进行分解，详细分析每个步骤的危险因素以及可能导致的后果，从发生事故的可能性、暴露于风险环境的频繁程度、发生事故产生的后果三个方面进行量化，评判出风险等级，在此基础上给出相应的控制措施。

本书内容来源于生产实际，具体较强的针对性、实用性和操作性。可用于指导现场作业的危险点查勘、操作票、工作票编制、安全交底等工作，适合从事光伏、风电专业安全、运行、维护、检修等工作的管理、技术人员阅读使用。

图书在版编目（CIP）数据

新能源发电作业危险点分析及控制. 集中式光伏分册/华能（浙江）能源开发有限公司清洁能源分公司编. —北京：中国电力出版社，2023.10

ISBN 978-7-5198-7442-1

Ⅰ.①新… Ⅱ.①华… Ⅲ.①新能源—发电—安全生产②光伏电站—安全生产 Ⅳ.①TM62②TM615

中国国家版本馆CIP数据核字（2023）第080049号

出版发行：中国电力出版社
地　　址：北京市东城区北京站西街19号
邮政编码：100005
网　　址：http://www.cepp.sgcc.com.cn
责任编辑：赵鸣志
责任校对：黄　蓓　常燕昆　马　宁　于　维
装帧设计：王红柳
责任印制：吴　迪

印　　刷：三河市航远印刷有限公司
版　　次：2023年10月第一版
印　　次：2023年10月北京第一次印刷
开　　本：787毫米×1092毫米　16开本
印　　张：21.25
字　　数：1150千字
印　　数：0001—1000册
定　　价：108.00元

《新能源发电作业危险点分析及控制》编委会

前 言

为进一步推进和完善安全、健康、环境管理机制的形成，实现“零事故、零伤害、零污染”的目标，不断提升和转变员工的风险控制意识，华能（浙江）能源开发有限公司清洁能源分公司按照本质安全工作要求，从运行操作、维护检修作业、巡回检查等方面组织开展作业安全危险点分析工作。对光伏、风电场（站）典型作业进行安全、职业健康和环境等因素的分析，挖掘每一项作业潜在的危险因素，采取风险控制措施，消除或最大限度地减少事故的发生概率，预防事故发生。在管理、技术、安全、运维等人员的共同努力下，共完成了分布式、集中式光伏电站和陆上、海上风电场作业的危险点分析，涵盖了光伏、风电场（站）生产运维的各个环节，并在公司内全面推行，有效地提高了作业现场安全管理技能和管理水平，丰富了管理手段和方法、转变了员工安全行为，为建设“竞争力一流的江南能源创新示范窗口”提供了有力的安全支撑。

针对目前新能源企业生产事故时有发生的情况，华能（浙江）能源开发有限公司清洁能源分公司组织安监、运维、工程等技术人员，对作业危险点分析工作进行整理、分类，编写了这套《新能源发电作业危险点分析及控制》丛书，分为分布式光伏、集中式光伏、陆上风电、海上风电等四个分册。本书为集中式光伏分册，共收录典型作业148项，编写人员对每项作业的步骤进行分解，详细分析每个步骤危险因素以及可能导致的后果，从发生事故的可能性、暴露于风险环境的频繁程度、发生事故产生的后果三个方面进行量化、评判出风险等级，在纯基础上给出相应的控制措施。

本书内容来源于生产实际，具体较强的针对性、实用性和操作性。可用于指导现场作业的危险点查勘，操作票、工作票编制、安全交底等工作，确保危险点分析全面、控制措施得当，提高一线员工的安全作业水平，提升清洁能源企业的整体安全管理水平。

由于编者水平有限，书中难免有疏漏或不足之处，敬请广大专家和读者不吝指正。

编者

2022年11月

目 录

风险等级划分表

序号	发生事故的可能性（L）		暴露于风险环境的频繁程度（E）		发生事故产生的后果（C）	
	可能性	分值	频繁程度	分值	产生的后果	分值
1	完全可以预料（1次/周）	10	连续暴露（>2次/天）	10	10人以上死亡，特大设备故	100
2	相当可能（1次/6个月）	6	每天工作时间内暴露（1次/天）	6	2～9人死亡，重大设备事故	40
3	可能，但不经常（1次/3年）	3	每周一次，或偶尔暴露	3	1人死亡，一般设备事故	15
4	可能性小，完全意外（1次/10年）	1	每月一次暴露	2	伤残（105个损工日以上），一类障碍	7
5	很不可能（1次/20年）	0.5	每年几次暴露	1	重伤（损工事件LWC），二类障碍	3
6	极不可能（1次/大于20年）	0.2	非常罕见地暴露（<1次/年）	0.5	轻伤（医疗事件MTC、限工事件RWC），设备异常	1
7	实际上不可能	0.1				

总风险值（D）$=L\times E\times C$（最大D值为10000，最小D值为0.05）

D值	风险程度	风险等级
$D>320$	重大风险，禁止作业	5
$160<D\leqslant 320$	高度风险，不能继续作业、制定管理方案及应急预案	4
$70<D\leqslant 160$	显著风险，需要整改，编制管理方案	3
$20<D\leqslant 70$	一般风险，需要注意	2
$D\leqslant 20$	稍有风险，可以接受	1

一、光伏组件检修

1. 更换 MC4 插头

<table>
<tr><td colspan="4">部门：</td><td colspan="5">分析日期：</td><td>记录编号：</td></tr>
<tr><td colspan="4">作业地点或分析范围：光伏组件</td><td colspan="6">分析人：</td></tr>
<tr><td colspan="10">作业内容描述：更换 MC4 插头</td></tr>
<tr><td colspan="10">主要作业风险：(1) 因使用不合适的工器具、穿戴不合适的劳动防护用品导致巡检人员受伤害；(2) 触电；(3) 灼伤；(4) 跌倒；(5) 车辆伤害；(6) 高处坠落</td></tr>
<tr><td colspan="10">控制措施：(1) 正确穿戴劳动防护用品，正确使用工器具；(2) 进入巡检现场检查周围环境；(3) 配备防暑药品</td></tr>
<tr><td colspan="3">工作执行人签名：</td><td>日期：</td><td colspan="5">工作负责人开工前确认签名：</td><td>日期：</td></tr>
<tr><td colspan="2" rowspan="2">作业步骤</td><td rowspan="2">危害因素</td><td rowspan="2">可能导致的后果</td><td colspan="5">风险评价</td><td rowspan="2">控制措施</td></tr>
<tr><td>L</td><td>E</td><td>C</td><td>D</td><td>风险程度</td></tr>
<tr><td rowspan="2">作业环境</td><td>雷、雨、雪天气</td><td>(1) 雷击；
(2) 道路湿滑、泥泞</td><td>(1) 触电、火灾灼伤；
(2) 跌倒</td><td>1</td><td>3</td><td>7</td><td>21</td><td>2</td><td>(1) 正确戴安全帽；
(2) 正确穿绝缘鞋；
(3) 雷雨天气禁止外出作业</td></tr>
<tr><td>高温天气</td><td>中暑</td><td>人身伤害</td><td>1</td><td>3</td><td>7</td><td>21</td><td>2</td><td>(1) 合理安排外出工作，及时规避高温天气；
(2) 配备防暑药品</td></tr>
<tr><td rowspan="4">检修前准备</td><td>安全措施确认</td><td>(1) 安全措施不全或不正确；
(2) 走错间隔</td><td>(1) 触电；
(2) 设备事故</td><td>1</td><td>1</td><td>7</td><td>7</td><td>1</td><td>(1) 工作负责人、工作许可人应认真检查工作票所列安全措施是否正确、完备，是否符合现场实际条件；
(2) 检修前确认设备间隔位置；
(3) 戴绝缘手套，穿绝缘鞋和防电弧服；
(4) 使用合格的验电设备验电</td></tr>
<tr><td>安全交底</td><td>(1) 扩大工作范围；
(2) 走错间隔或误碰带电设备</td><td>(1) 触电；
(2) 设备事故</td><td>1</td><td>1</td><td>7</td><td>7</td><td>1</td><td>(1) 工作前对工作班成员进行工作任务明示；
(2) 对工作班成员进行安全技术交底</td></tr>
<tr><td>工器具准备</td><td>(1) 使用的工器具无法达到检修作业要求；
(2) 工具不全，或工具破损；
(3) 使用的试验仪器超过检验期</td><td>触电</td><td>1</td><td>1</td><td>7</td><td>7</td><td>1</td><td>检修前确认工器具及试验仪器状态，使用合格的工器具及试验仪器</td></tr>
<tr><td>个人防护用品准备</td><td>(1) 未正确使用安全帽、绝缘手套、绝缘靴；
(2) 个人防护用品防护等级不符合要求或过期</td><td>(1) 触电；
(2) 机械伤害</td><td>1</td><td>1</td><td>15</td><td>15</td><td>1</td><td>(1) 正确戴安全帽、绝缘手套，穿绝缘靴；
(2) 使用合格的个人防护用品</td></tr>
</table>

续表

<table>
<tr><th colspan="2" rowspan="2">作业步骤</th><th rowspan="2">危害因素</th><th rowspan="2">可能导致的后果</th><th colspan="5">风险评价</th><th rowspan="2">控制措施</th></tr>
<tr><th>L</th><th>E</th><th>C</th><th>D</th><th>风险程度</th></tr>
<tr><td rowspan="4">检修前准备</td><td>工作班成员精神状态确认</td><td>（1）无法正常完成指定工作；
（2）作业过程中无法清醒判断设备是否带电</td><td>（1）触电；
（2）机械伤害；
（3）设备故障</td><td>1</td><td>1</td><td>15</td><td>15</td><td>1</td><td>合理安排工作班成员，精神状态不佳者禁止工作</td></tr>
<tr><td>执行安全措施</td><td>（1）拉错开关、走错间隔；
（2）漏执行安全措施</td><td>（1）触电；
（2）设备事故</td><td>1</td><td>1</td><td>15</td><td>15</td><td>1</td><td>（1）严格按照工作票执行安全措施；
（2）执行安全措施时必须有监护人在场</td></tr>
<tr><td>环境</td><td>（1）道路泥泞、湿滑；
（2）雷、雨、雪天气</td><td>（1）车辆伤害；
（2）跌倒</td><td>10</td><td>3</td><td>3</td><td>90</td><td>3</td><td>（1）提前注意天气变化，有效规避恶劣天气；
（2）遇特殊路况，减速慢行；
（3）正确使用安全保护用具（安全帽、劳保鞋等）</td></tr>
<tr><td>车辆</td><td>（1）车辆缺陷；
（2）超速行驶</td><td>人身伤害</td><td>6</td><td>3</td><td>3</td><td>54</td><td>2</td><td>（1）行车前检查车辆状况；
（2）系好安全带，减速慢行</td></tr>
<tr><td rowspan="3">检修过程</td><td>停运对应控制器或逆变器</td><td>走错位置</td><td>（1）触电；
（2）高处坠落</td><td>1</td><td>2</td><td>15</td><td>30</td><td>2</td><td>（1）戴绝缘手套、安全帽；
（2）使用钳形表验电</td></tr>
<tr><td>拆除故障 MC4 插头</td><td>（1）走错位置；
（2）误碰其他带电设备；
（3）野蛮拆装设备；
（4）使用不符合规格的工器具</td><td>（1）触电；
（2）高处坠落</td><td>1</td><td>2</td><td>15</td><td>30</td><td>2</td><td>（1）戴绝缘手套、安全帽；
（2）使用钳形表验电</td></tr>
<tr><td>更换 MC4 插头</td><td>（1）误碰其他带电设备；
（2）接线错误；
（3）野蛮拆装设备；
（4）检修设备控制电源未断开；
（5）使用不符合规格的工器具；
（6）虚接线路</td><td>（1）触电；
（2）高处坠落</td><td>1</td><td>2</td><td>15</td><td>30</td><td>2</td><td>（1）戴绝缘手套、安全帽；
（2）使用钳形表验电</td></tr>
<tr><td rowspan="2">完工阶段</td><td>完工恢复</td><td>（1）连接件和紧固件螺栓紧固未达标；
（2）检修后设备接线不正确</td><td>（1）设备事故；
（2）电灼伤</td><td>1</td><td>1</td><td>15</td><td>15</td><td>1</td><td>（1）严格按照工作票执行恢复工作；
（2）恢复工作后，经工作负责人最终检查确认，方可办理工作终结手续</td></tr>
<tr><td>结束工作</td><td>（1）遗漏工器具；
（2）现场遗留检修杂物；
（3）不结束工作票</td><td>设备事故</td><td>1</td><td>1</td><td>15</td><td>15</td><td>1</td><td>（1）收齐并检查工器具；
（2）清扫检修现场；
（3）结束工作票</td></tr>
</table>

2. 紧固、更换光伏组件

部门：	分析日期：	记录编号：
作业地点或分析范围：光伏组件	分析人：	
作业内容描述：紧固、更换光伏组件		
主要作业风险：（1）因使用不合适的工器具、穿戴不合适的劳动防护用品导致巡检人员受伤害；（2）触电；（3）灼伤；（4）跌倒；（5）车辆伤害；（6）高处坠落		
控制措施：（1）正确穿戴劳动防护用品，正确使用工器具；（2）进入巡检现场检查周围环境；（3）配备防暑药品		
工作执行人签名：　　日期：	工作负责人开工前确认签名：	日期：

作业步骤		危害因素	可能导致的后果	风险评价					控制措施
				L	*E*	*C*	*D*	风险程度	
作业环境	雷、雨、雪天气	（1）雷击； （2）道路湿滑、泥泞	（1）触电、火灾灼伤； （2）跌倒	1	3	7	21	2	（1）正确戴安全帽； （2）正确穿绝缘鞋； （3）雷雨天气禁止外出作业
	高温天气	中暑	人身伤害	1	3	7	21	2	（1）合理安排外出工作，及时规避高温天气； （2）配备防暑药品
检修前准备	安全措施确认	（1）安全措施不全或不正确； （2）走错间隔	（1）触电； （2）设备事故	1	1	7	7	1	（1）工作负责人、工作许可人应认真检查工作票所列安全措施是否正确、完备，是否符合现场实际条件； （2）检修前确认设备间隔位置； （3）戴绝缘手套，穿绝缘鞋和防电弧服； （4）使用合格的验电设备验电
	安全交底	（1）扩大工作范围； （2）走错间隔或误碰带电设备	（1）触电； （2）设备事故	1	1	7	7	1	（1）工作前对工作班成员进行工作任务明示； （2）对工作班成员进行安全技术交底
	工器具准备	（1）使用的工器具无法达到检修作业要求； （2）工具不全，或工具破损； （3）使用的试验仪器超过检验期	触电	1	1	7	7	1	检修前确认工器具及试验仪器状态，使用合格的工器具及试验仪器
	个人防护用品准备	（1）未正确使用安全帽、绝缘手套、绝缘靴； （2）个人防护用品防护等级不符合要求或过期	（1）触电； （2）机械伤害	1	1	15	15	1	（1）正确戴安全帽、绝缘手套，穿绝缘靴； （2）使用合格的个人防护用品

续表

<table>
<tr><th colspan="2" rowspan="2">作业步骤</th><th rowspan="2">危害因素</th><th rowspan="2">可能导致的后果</th><th colspan="5">风险评价</th><th rowspan="2">控制措施</th></tr>
<tr><th>L</th><th>E</th><th>C</th><th>D</th><th>风险程度</th></tr>
<tr><td rowspan="4">检修前准备</td><td>工作班成员精神状态确认</td><td>（1）无法正常完成指定工作；
（2）作业过程中无法清醒判断设备是否带电</td><td>（1）触电；
（2）机械伤害；
（3）设备故障</td><td>1</td><td>1</td><td>15</td><td>15</td><td>1</td><td>合理安排工作班成员，精神状态不佳者禁止工作</td></tr>
<tr><td>执行安全措施</td><td>（1）拉错开关、走错间隔；
（2）漏执行安全措施</td><td>（1）触电；
（2）设备事故</td><td>1</td><td>1</td><td>15</td><td>15</td><td>1</td><td>（1）严格按照工作票执行安全措施；
（2）执行安全措施时必须有监护人在场</td></tr>
<tr><td>环境</td><td>（1）道路泥泞、湿滑；
（2）雷、雨、雪天气</td><td>（1）车辆伤害；
（2）跌倒</td><td>10</td><td>3</td><td>3</td><td>90</td><td>3</td><td>（1）提前注意天气变化，有效规避恶劣天气；
（2）遇特殊路况，减速慢行；
（3）正确使用安全保护用具（安全帽、劳保鞋等）</td></tr>
<tr><td>车辆</td><td>（1）车辆缺陷；
（2）超速行驶</td><td>人身伤害</td><td>6</td><td>3</td><td>3</td><td>54</td><td>2</td><td>（1）行车前检查车辆状况；
（2）系好安全带，减速慢行</td></tr>
<tr><td rowspan="4">检修过程</td><td>停运对应控制器或逆变器</td><td>（1）走错位置；
（2）设备缺陷</td><td>（1）触电；
（2）高处坠落</td><td>1</td><td>2</td><td>15</td><td>30</td><td>2</td><td>（1）戴绝缘手套、安全帽；
（2）使用钳形表验电</td></tr>
<tr><td>更换光伏组件</td><td>（1）设备缺陷；
（2）高处作业</td><td>（1）触电；
（2）高处坠落</td><td>1</td><td>2</td><td>15</td><td>30</td><td>2</td><td>（1）观察组件外观是否存在严重损坏，组件是否有效接地；
（2）断电后，用万用表测量组件边框确无电压；
（3）高处作业前佩戴安全帽、安全带、限位绳</td></tr>
<tr><td>紧固光伏组件</td><td>（1）设备缺陷；
（2）高处作业</td><td>（1）触电；
（2）高处坠落</td><td>1</td><td>2</td><td>15</td><td>30</td><td>2</td><td>（1）观察组件外观是否存在严重损坏，组件是否有效接地；
（2）断电后，用万用表测量组件边框确无电压；
（3）高处作业前佩戴安全帽、安全带、限位绳</td></tr>
<tr><td>安装 MC4 插头</td><td>（1）走错位置；
（2）设备缺陷</td><td>（1）触电；
（2）高处坠落</td><td>1</td><td>2</td><td>15</td><td>30</td><td>2</td><td>（1）戴绝缘手套、安全帽；
（2）使用钳形表验电</td></tr>
<tr><td rowspan="2">完工阶段</td><td>完工恢复</td><td>（1）连接件和紧固件螺栓紧固未达标；
（2）临时短接线、接地线未拆除；
（3）检修后设备接线不正确</td><td>（1）设备事故；
（2）电灼伤</td><td>1</td><td>1</td><td>15</td><td>15</td><td>1</td><td>（1）检查连接件和紧固件螺栓；
（2）严格按照工作票执行恢复工作；
（3）恢复工作后，经工作负责人最终检查确认，方可办理工作终结手续</td></tr>
<tr><td>结束工作</td><td>（1）遗漏工器具；
（2）现场遗留检修杂物；
（3）不结束工作票</td><td>设备事故</td><td>1</td><td>1</td><td>15</td><td>15</td><td>1</td><td>（1）收齐并检查工器具；
（2）清扫检修现场；
（3）结束工作票</td></tr>
</table>

3. 光伏组串接地排查处理

<table>
<tr><td colspan="3">部门：</td><td colspan="5">分析日期：</td><td>记录编号：</td></tr>
<tr><td colspan="3">作业地点或分析范围：光伏组件</td><td colspan="6">分析人：</td></tr>
<tr><td colspan="9">作业内容描述：光伏组串接地排查处理</td></tr>
<tr><td colspan="9">主要作业风险：(1) 因使用不合适的工器具、穿戴不合适的劳动防护用品导致巡检人员受伤害；(2) 触电；(3) 灼伤；(4) 跌倒；(5) 车辆伤害；(6) 高处坠落</td></tr>
<tr><td colspan="9">控制措施：(1) 正确穿戴劳动防护用品，正确使用工器具；(2) 进入巡检现场检查周围环境；(3) 配备防暑药品</td></tr>
<tr><td colspan="2">工作执行人签名：</td><td>日期：</td><td colspan="5">工作负责人开工前确认签名：</td><td>日期：</td></tr>
<tr><td rowspan="2" colspan="2">作业步骤</td><td rowspan="2">危害因素</td><td rowspan="2">可能导致的后果</td><td colspan="5">风险评价</td><td rowspan="2">控制措施</td></tr>
<tr><td>L</td><td>E</td><td>C</td><td>D</td><td>风险程度</td></tr>
<tr><td rowspan="2">作业环境</td><td>雷、雨、雪天气</td><td>(1) 雷击；
(2) 道路湿滑、泥泞</td><td>(1) 触电、火灾灼伤；
(2) 跌倒</td><td>1</td><td>3</td><td>7</td><td>21</td><td>2</td><td>(1) 正确戴安全帽；
(2) 正确穿绝缘鞋；
(3) 雷雨天气禁止外出作业</td></tr>
<tr><td>高温天气</td><td>中暑</td><td>人身伤害</td><td>1</td><td>3</td><td>7</td><td>21</td><td>2</td><td>(1) 合理安排外出工作，及时规避高温天气；
(2) 配备防暑药品</td></tr>
<tr><td rowspan="4">检修前准备</td><td>安全措施确认</td><td>(1) 安全措施不全或不正确；
(2) 走错间隔</td><td>(1) 触电；
(2) 设备事故</td><td>1</td><td>1</td><td>7</td><td>7</td><td>1</td><td>(1) 工作负责人、工作许可人应认真检查工作票所列安全措施是否正确、完备，是否符合现场实际条件；
(2) 检修前确认设备间隔位置；
(3) 戴绝缘手套，穿绝缘鞋和防电弧服；
(4) 使用合格的验电设备验电</td></tr>
<tr><td>安全交底</td><td>(1) 扩大工作范围；
(2) 走错间隔或误碰带电设备</td><td>(1) 触电；
(2) 设备事故</td><td>1</td><td>1</td><td>7</td><td>7</td><td>1</td><td>(1) 工作前对工作班成员进行工作任务明示；
(2) 对工作班成员进行安全技术交底</td></tr>
<tr><td>工器具准备</td><td>(1) 使用的工器具无法达到检修作业要求；
(2) 工具不全，或工具破损；
(3) 使用的试验仪器超过检验期</td><td>触电</td><td>1</td><td>1</td><td>7</td><td>7</td><td>1</td><td>检修前确认工器具及试验仪器状态，使用合格的工器具及试验仪器</td></tr>
<tr><td>个人防护用品准备</td><td>(1) 未正确使用安全帽、绝缘手套、绝缘靴；
(2) 个人防护用品防护等级不符合要求或过期</td><td>(1) 触电；
(2) 机械伤害</td><td>1</td><td>1</td><td>15</td><td>15</td><td>1</td><td>(1) 正确戴安全帽、绝缘手套，穿绝缘靴；
(2) 使用合格的个人防护用品</td></tr>
</table>

续表

作业步骤		危害因素	可能导致的后果	风险评价					控制措施
				L	E	C	D	风险程度	
检修前准备	工作班成员精神状态确认	（1）无法正常完成指定工作； （2）作业过程中无法清醒判断设备是否带电	（1）触电； （2）机械伤害； （3）设备故障	1	1	15	15	1	合理安排工作班成员，精神状态不佳者禁止工作
	执行安全措施	（1）拉错开关、走错间隔； （2）漏执行安全措施	（1）触电； （2）设备事故	1	1	15	15	1	（1）严格按照工作票执行安全措施； （2）执行安全措施时必须有监护人在场
	环境	（1）道路泥泞、湿滑； （2）雷、雨、雪天气	（1）车辆伤害； （2）跌倒	10	3	3	90	3	（1）提前注意天气变化，有效规避恶劣天气； （2）遇特殊路况，减速慢行； （3）正确使用安全保护用具（安全帽、劳保鞋等）
	车辆	（1）车辆缺陷； （2）超速行驶	人身伤害	6	3	3	54	2	（1）行车前检查车辆状况； （2）系好安全带，减速慢行
检修过程	停运对应控制器或逆变器	（1）走错位置； （2）设备缺陷	（1）触电； （2）高处坠落	1	2	15	30	2	（1）戴绝缘手套、安全帽； （2）使用钳形表验电
	排查组串接地	（1）走错位置； （2）设备缺陷	（1）触电； （2）高处坠落	1	2	15	30	2	（1）戴绝缘手套、安全帽； （2）使用钳形表验电
	光伏组串接地处理	（1）走错位置； （2）设备缺陷	（1）触电； （2）高处坠落	1	2	15	30	2	（1）戴绝缘手套、安全帽； （2）使用钳形表验电
完工阶段	完工恢复	检修后设备接线不正确	（1）设备事故； （2）电灼伤	1	1	15	15	1	（1）严格按照工作票执行恢复工作； （2）恢复工作后，经工作负责人最终检查确认，方可办理工作终结手续
	结束工作	（1）遗漏工器具； （2）现场遗留检修杂物； （3）不结束工作票	设备事故	1	1	15	15	1	（1）收齐并检查工器具； （2）清扫检修现场； （3）结束工作票

4. 紧固、更换光伏支架

<table>
<tr><td colspan="4">部门：</td><td colspan="5">分析日期：</td><td>记录编号：</td></tr>
<tr><td colspan="4">作业地点或分析范围：光伏组件</td><td colspan="6">分析人：</td></tr>
<tr><td colspan="10">作业内容描述：紧固、更换光伏支架</td></tr>
<tr><td colspan="10">主要作业风险：(1) 因使用不合适的工器具、穿戴不合适的劳动防护用品导致巡检人员受伤害；(2) 触电；(3) 灼伤；(4) 跌倒；(5) 车辆伤害；(6) 高处坠落</td></tr>
<tr><td colspan="10">控制措施：(1) 正确穿戴劳动防护用品，正确使用工器具；(2) 进入巡检现场检查周围环境；(3) 配备防暑药品</td></tr>
<tr><td colspan="3">工作执行人签名：</td><td>日期：</td><td colspan="5">工作负责人开工前确认签名：</td><td>日期：</td></tr>
<tr><td colspan="2" rowspan="2">作业步骤</td><td rowspan="2">危害因素</td><td rowspan="2">可能导致的后果</td><td colspan="5">风险评价</td><td rowspan="2">控制措施</td></tr>
<tr><td>L</td><td>E</td><td>C</td><td>D</td><td>风险程度</td></tr>
<tr><td rowspan="2">作业环境</td><td>雷、雨、雪天气</td><td>(1) 雷击；
(2) 道路湿滑、泥泞</td><td>(1) 触电、火灾灼伤；
(2) 跌倒</td><td>1</td><td>3</td><td>7</td><td>21</td><td>2</td><td>(1) 正确戴安全帽；
(2) 正确穿绝缘鞋；
(3) 雷雨天气禁止外出作业</td></tr>
<tr><td>高温天气</td><td>中暑</td><td>人身伤害</td><td>1</td><td>3</td><td>7</td><td>21</td><td>2</td><td>(1) 合理安排外出工作，及时规避高温天气；
(2) 配备防暑药品</td></tr>
<tr><td rowspan="4">检修前准备</td><td>安全措施确认</td><td>(1) 安全措施不全或不正确；
(2) 走错间隔</td><td>(1) 触电；
(2) 设备事故</td><td>1</td><td>1</td><td>7</td><td>7</td><td>1</td><td>(1) 工作负责人、工作许可人应认真检查工作票所列安全措施是否正确、完备，是否符合现场实际条件；
(2) 检修前确认设备间隔位置；
(3) 戴绝缘手套，穿绝缘鞋和防电弧服；
(4) 使用合格的验电设备验电</td></tr>
<tr><td>安全交底</td><td>(1) 扩大工作范围；
(2) 走错间隔或误碰带电设备</td><td>(1) 触电；
(2) 设备事故</td><td>1</td><td>1</td><td>7</td><td>7</td><td>1</td><td>(1) 工作前对工作班成员进行工作任务明示；
(2) 对工作班成员进行安全技术交底</td></tr>
<tr><td>工器具准备</td><td>(1) 使用的工器具无法达到检修作业要求；
(2) 工具不全，或工具破损；
(3) 使用的试验仪器超过检验期</td><td>触电</td><td>1</td><td>1</td><td>7</td><td>7</td><td>1</td><td>检修前确认工器具及试验仪器状态，使用合格的工器具及试验仪器</td></tr>
<tr><td>个人防护用品准备</td><td>(1) 未正确使用安全帽、绝缘手套、穿绝缘靴；
(2) 个人防护用品防护等级不符合要求或过期</td><td>(1) 触电；
(2) 机械伤害</td><td>1</td><td>1</td><td>15</td><td>15</td><td>1</td><td>(1) 正确戴安全帽、绝缘手套，穿绝缘靴；
(2) 使用合格的个人防护用品</td></tr>
</table>

续表

<table>
<tr><th colspan="2" rowspan="2">作业步骤</th><th rowspan="2">危害因素</th><th rowspan="2">可能导致的后果</th><th colspan="5">风险评价</th><th rowspan="2">控制措施</th></tr>
<tr><th>L</th><th>E</th><th>C</th><th>D</th><th>风险程度</th></tr>
<tr><td rowspan="4">检修前准备</td><td>工作班成员精神状态确认</td><td>(1) 无法正常完成指定工作;
(2) 作业过程中无法清醒判断设备是否带电</td><td>(1) 触电;
(2) 机械伤害;
(3) 设备故障</td><td>1</td><td>1</td><td>15</td><td>15</td><td>1</td><td>合理安排工作班成员，精神状态不佳者禁止工作</td></tr>
<tr><td>执行安全措施</td><td>(1) 拉错开关、走错间隔;
(2) 漏执行安全措施</td><td>(1) 触电;
(2) 设备事故</td><td>1</td><td>1</td><td>15</td><td>15</td><td>1</td><td>(1) 严格按照工作票执行安全措施;
(2) 执行安全措施时必须有监护人在场</td></tr>
<tr><td>环境</td><td>(1) 道路泥泞、湿滑;
(2) 雷、雨、雪天气</td><td>(1) 车辆伤害;
(2) 跌倒</td><td>10</td><td>3</td><td>3</td><td>90</td><td>3</td><td>(1) 提前注意天气变化，有效规避恶劣天气;
(2) 遇特殊路况，减速慢行;
(3) 正确使用安全保护用具（安全帽、劳保鞋等）</td></tr>
<tr><td>车辆</td><td>(1) 车辆缺陷;
(2) 超速行驶</td><td>人身伤害</td><td>6</td><td>3</td><td>3</td><td>54</td><td>2</td><td>(1) 行车前检查车辆状况;
(2) 系好安全带，减速慢行</td></tr>
<tr><td rowspan="2">检修过程</td><td>停运对应控制器隔离开关</td><td>(1) 走错位置;
(2) 设备缺陷</td><td>(1) 触电;
(2) 高处坠落</td><td>1</td><td>2</td><td>15</td><td>30</td><td>2</td><td>(1) 戴绝缘手套、安全帽;
(2) 使用钳形表验电</td></tr>
<tr><td>紧固、更换光伏支架</td><td>机械伤害</td><td>(1) 触电;
(2) 高处坠落</td><td>1</td><td>1</td><td>15</td><td>15</td><td>1</td><td>观察光伏支架外观是否存在严重损坏，严禁在严重损坏的设备下逗留</td></tr>
<tr><td rowspan="2">完工阶段</td><td>完工恢复</td><td>检修后设备接线不正确</td><td>(1) 设备事故;
(2) 电灼伤</td><td>1</td><td>1</td><td>15</td><td>15</td><td>1</td><td>(1) 严格按照工作票执行恢复工作;
(2) 恢复工作后，经工作负责人最终检查确认，方可办理工作终结手续</td></tr>
<tr><td>结束工作</td><td>(1) 遗漏工器具;
(2) 现场遗留检修杂物;
(3) 不结束工作票</td><td>设备事故</td><td>1</td><td>1</td><td>15</td><td>15</td><td>1</td><td>(1) 收齐并检查工器具;
(2) 清扫检修现场;
(3) 结束工作票</td></tr>
</table>

5. 更换光伏组串电缆

<table>
<tr><td colspan="4">部门：</td><td colspan="5">分析日期：</td><td>记录编号：</td></tr>
<tr><td colspan="4">作业地点或分析范围：光伏组件</td><td colspan="6">分析人：</td></tr>
<tr><td colspan="10">作业内容描述：更换光伏组串电缆</td></tr>
<tr><td colspan="10">主要作业风险：(1) 因使用不合适的工器具、穿戴不合适的劳动防护用品导致巡检人员受伤害；(2) 触电；(3) 灼伤；(4) 跌倒；(5) 车辆伤害；(6) 高处坠落</td></tr>
<tr><td colspan="10">控制措施：(1) 正确穿戴劳动防护用品，正确使用工器具；(2) 进入巡检现场检查周围环境；(3) 配备防暑药品</td></tr>
<tr><td colspan="3">工作执行人签名：</td><td>日期</td><td colspan="5">工作负责人开工前确认签名：</td><td>日期：</td></tr>
<tr><td colspan="2" rowspan="2">作业步骤</td><td rowspan="2">危害因素</td><td rowspan="2">可能导致的后果</td><td colspan="5">风险评价</td><td rowspan="2">控制措施</td></tr>
<tr><td>L</td><td>E</td><td>C</td><td>D</td><td>风险程度</td></tr>
<tr><td rowspan="2">作业环境</td><td>雷、雨、雪天气</td><td>(1) 雷击；
(2) 道路湿滑、泥泞</td><td>(1) 触电、火灾灼伤；
(2) 跌倒</td><td>1</td><td>3</td><td>7</td><td>21</td><td>2</td><td>(1) 正确戴安全帽；
(2) 正确穿绝缘鞋；
(3) 雷雨天气禁止外出作业</td></tr>
<tr><td>高温天气</td><td>中暑</td><td>人身伤害</td><td>1</td><td>3</td><td>7</td><td>21</td><td>2</td><td>(1) 合理安排外出工作，及时规避高温天气；
(2) 配备防暑药品</td></tr>
<tr><td rowspan="4">检修前准备</td><td>安全措施确认</td><td>(1) 安全措施不全或不正确；
(2) 走错间隔</td><td>(1) 触电；
(2) 设备事故</td><td>1</td><td>1</td><td>7</td><td>7</td><td>1</td><td>(1) 工作负责人、工作许可人应认真检查工作票所列安全措施是否正确、完备，是否符合现场实际条件；
(2) 检修前确认设备间隔位置；
(3) 戴绝缘手套，穿绝缘鞋和防电弧服；
(4) 使用合格的验电设备验电</td></tr>
<tr><td>安全交底</td><td>(1) 扩大工作范围；
(2) 走错间隔或误碰带电设备</td><td>(1) 触电；
(2) 设备事故</td><td>1</td><td>1</td><td>7</td><td>7</td><td>1</td><td>(1) 工作前对工作班成员进行工作任务明示；
(2) 对工作班成员进行安全技术交底</td></tr>
<tr><td>工器具准备</td><td>(1) 使用的工器具无法达到检修作业要求；
(2) 工具不全，或工具破损；
(3) 使用的试验仪器超过检验期</td><td>触电</td><td>1</td><td>1</td><td>7</td><td>7</td><td>1</td><td>检修前确认工器具及试验仪器状态，使用合格的工器具及试验仪器</td></tr>
<tr><td>个人防护用品准备</td><td>(1) 未正确使用安全帽、绝缘手套、穿绝缘靴；
(2) 个人防护用品防护等级不符合要求或过期</td><td>(1) 触电；
(2) 机械伤害</td><td>1</td><td>1</td><td>15</td><td>15</td><td>1</td><td>(1) 正确戴安全帽、绝缘手套，穿绝缘靴；
(2) 使用合格的个人防护用品</td></tr>
</table>

续表

作业步骤		危害因素	可能导致的后果	风险评价					控制措施
				L	E	C	D	风险程度	
检修前准备	工作班成员精神状态确认	（1）无法正常完成指定工作； （2）作业过程中无法清醒判断设备是否带电	（1）触电； （2）机械伤害； （3）设备故障	1	1	15	15	1	合理安排工作班成员，精神状态不佳者禁止工作
	执行安全措施	（1）拉错开关、走错间隔； （2）漏执行安全措施	（1）触电； （2）设备事故	1	1	15	15	1	（1）严格按照工作票执行安全措施； （2）执行安全措施时必须有监护人在场
	环境	（1）道路泥泞、湿滑； （2）雷、雨、雪天气	（1）车辆伤害； （2）跌倒	10	3	3	90	3	（1）提前注意天气变化，有效规避恶劣天气； （2）遇特殊路况，减速慢行； （3）正确使用安全保护用具（安全帽、劳保鞋等）
	车辆	（1）车辆缺陷； （2）超速行驶	人身伤害	6	3	3	54	2	（1）行车前检查车辆状况； （2）系好安全带，减速慢行
检修过程	停运对应控制器隔离开关	（1）走错位置； （2）设备缺陷	（1）触电； （2）高处坠落	1	2	15	30	2	（1）戴绝缘手套、安全帽； （2）使用钳形表验电
	更换光伏组串电缆	（1）走错位置； （2）设备缺陷	（1）触电； （2）高处坠落	1	2	15	30	2	（1）戴绝缘手套、安全帽； （2）使用钳形表验电
完工阶段	完工恢复	检修后设备接线不正确	（1）设备事故； （2）电灼伤	1	1	15	15	1	（1）严格按照工作票执行恢复工作； （2）恢复工作后，经工作负责人最终检查确认，方可办理工作终结手续
	结束工作	（1）遗漏工器具； （2）现场遗留检修杂物； （3）不结束工作票	设备事故	1	1	15	15	1	（1）收齐并检查工器具； （2）清扫检修现场； （3）结束工作票

二、交流汇流箱检修

1. 更换汇流箱断路器

<table>
<tr><td colspan="3">部门：</td><td colspan="6">分析日期：</td><td>记录编号：</td></tr>
<tr><td colspan="3">作业地点或分析范围：汇流箱</td><td colspan="7">分析人：</td></tr>
<tr><td colspan="10">作业内容描述：更换汇流箱断路器</td></tr>
<tr><td colspan="10">主要作业风险：(1) 人员思想不稳；(2) 人员精神状态不佳；(3) 走错间隔；(4) 高处落物；(5) 车辆伤害；(6) 环境因素；(7) 触电；(8) 高处坠落</td></tr>
<tr><td colspan="10">控制措施：(1) 办理工作票，手动停机并切至维护状态，挂牌；(2) 穿戴个人防护用品；(3) 设备恢复运行状态前进行全面检查</td></tr>
<tr><td colspan="2">工作负责人签名：</td><td>日期：</td><td>工作票签发人签名：</td><td colspan="3">日期：</td><td colspan="2">工作许可人签名：</td><td>日期：</td></tr>
<tr><td colspan="2" rowspan="2">作业步骤</td><td rowspan="2">危害因素</td><td rowspan="2">可能导致的后果</td><td colspan="5">风险评价</td><td rowspan="2">控制措施</td></tr>
<tr><td>L</td><td>E</td><td>C</td><td>D</td><td>风险程度</td></tr>
<tr><td>作业环境</td><td>环境</td><td>(1) 雷雨天气；
(2) 冬季覆冰掉落；
(3) 夏季高温作业；
(4) 水上巡检</td><td>人身伤害</td><td>1</td><td>6</td><td>7</td><td>42</td><td>2</td><td>(1) 雷雨天气禁止靠近设备，不得从事巡检工作，突遇雷雨天气时及时撤离；
(2) 光伏组件上有结冰现象且有覆冰掉落危险时，禁止人员靠近；
(3) 夏季高温作业时做好防暑措施；
(4) 合理安排外出工作，及时规避高温天气；
(5) 水上作业时，正确穿着救生衣</td></tr>
<tr><td rowspan="4">检修前准备</td><td>交通</td><td>(1) 车况异常；
(2) 驾乘人员未正确系安全带；
(3) 道路湿滑</td><td>(1) 人身伤害；
(2) 车辆事故</td><td>10</td><td>3</td><td>3</td><td>90</td><td>3</td><td>(1) 出车前检查车况；
(2) 行车过程中，驾乘人员正确系好安全带；
(3) 根据道路情况，车辆减速慢行，并定期对道路进行清理维护</td></tr>
<tr><td>安全措施确认</td><td>(1) 拉错开关或误送电导致设备带电或误动；
(2) 未执行工作票、操作票所列的安全措施</td><td>(1) 触电；
(2) 机械伤害；
(3) 设备故障</td><td>1</td><td>1</td><td>7</td><td>7</td><td>1</td><td>(1) 办理工作票，确认执行安全措施；
(2) 使用个人防护用品；
(3) 在箱式变压器断路器处悬挂“禁止合闸，有人工作”标示牌</td></tr>
<tr><td>安全交底</td><td>(1) 扩大工作范围；
(2) 走错机位或误碰带电设备</td><td>(1) 触电；
(2) 设备故障</td><td>1</td><td>1</td><td>7</td><td>7</td><td>1</td><td>(1) 工作前对工作班成员进行工作地点及任务明示；
(2) 对工作班成员进行安全技术交底</td></tr>
<tr><td>个人防护用品准备</td><td>(1) 未正确佩戴安全帽、穿好工作服；
(2) 个人防护用品防护等级不符合要求或过期；
(3) 水上作业时未穿着救生衣</td><td>(1) 触电；
(2) 其他伤害；
(3) 人身伤害</td><td>1</td><td>1</td><td>15</td><td>15</td><td>1</td><td>(1) 正确穿戴安全帽及工作服；
(2) 使用在安全使用期内的安全带，并正确佩戴；
(3) 水上作业时，正确穿着救生衣</td></tr>
</table>

续表

<table>
<tr><th colspan="2" rowspan="2">作业步骤</th><th rowspan="2">危害因素</th><th rowspan="2">可能导致的后果</th><th colspan="5">风险评价</th><th rowspan="2">控制措施</th></tr>
<tr><th>L</th><th>E</th><th>C</th><th>D</th><th>风险程度</th></tr>
<tr><td rowspan="2">检修前准备</td><td>工器具准备</td><td>(1) 使用的工器具无法达到工作要求；
(2) 工具不全，或工具破损；
(3) 工具未定期检测或检测不合格</td><td>(1) 机械伤害；
(2) 触电</td><td>1</td><td>1</td><td>7</td><td>7</td><td>1</td><td>(1) 做好工具、消耗材料的准备工作；
(2) 使用电动工具前要检查其是否合格，电源要有剩余电流动作装置，使用结束立即关掉电源，使用期间如遇停电应立即拔掉电源，防止来电时电动工具突然自行转动，对工作人员或设备造成机械伤害；
(3) 使用工器具前要进行检查，确认扳手没有裂痕、断口等安全隐患后方可使用，严禁使用活扳手，应使用梅花扳手</td></tr>
<tr><td>工作班成员精神状态确认</td><td>(1) 无法正常完成指定工作；
(2) 作业过程中无法清醒判断带电设备及旋转设备；
(3) 作业过程中出现昏厥现象</td><td>(1) 触电；
(2) 机械伤害；
(3) 高处坠落；
(4) 设备故障</td><td>1</td><td>1</td><td>15</td><td>15</td><td>1</td><td>合理安排工作班成员，精神状态不佳者禁止工作</td></tr>
<tr><td>检修过程</td><td>更换汇流箱断路器</td><td>(1) 误碰其他带电设备；
(2) 接线错误；
(3) 汇流箱未断电；
(4) 使用不符合规格的工器具；
(5) 虚接线路；
(6) 在高处作业、水上作业时未做安全措施；
(7) 在高处作业、水上作业时，工具随手乱扔；
(8) 在高处作业时，工作区域下方未做隔离措施</td><td>(1) 设备故障；
(2) 触电；
(3) 机械伤害；
(4) 高处坠落</td><td>3</td><td>1</td><td>15</td><td>45</td><td>2</td><td>(1) 工作前应停电、验电，检查工作点是否带电，检查安全措施正确、完备后方可开工，工作过程中不得擅自更改安全措施；
(2) 检查工作点上、下间隔是否带电，工作点与带电负荷或母线安全距离是否足够；
(3) 更换断路器时，要注意检查汇流箱各路电源是否断开，且接线端子、裸露线头可能从其他回路反送电，工作时应按要求戴好绝缘手套、穿好绝缘鞋、螺丝刀绑好绝缘胶布；
(4) 严禁错误使用工器具造成设备损坏，如用过大或过小的扳手替代标准尺寸的扳手，用一字螺丝刀替代十字螺丝刀，用十字螺丝刀替代内六角或内梅花螺丝刀等；
(5) 严禁野蛮拆装、检修设备，造成螺丝过力滑丝、设备开裂、设备变形等；
(6) 拆卸接线时记录每个接线位置，更换完电气元件后，按记录逐一接线，保证接线正确，并检查接线是否牢固；
(7) 在高处作业及水上作业时，工具用完应立即放入工具包中</td></tr>
</table>

续表

作业步骤		危害因素	可能导致的后果	风险评价					控制措施
				L	E	C	D	风险程度	
恢复检验	结束工作	(1) 遗漏工器具； (2) 现场遗留检修杂物； (3) 不结束工作票； (4) 工作班成员未全部撤离	(1) 人身伤害； (2) 设备故障	1	3	15	45	2	(1) 收齐并检查工器具； (2) 清扫检修现场； (3) 结束工作票

2. 进线开关故障处理

<table>
<tr><td colspan="4">部门：</td><td colspan="5">分析日期：</td><td>记录编号：</td></tr>
<tr><td colspan="4">作业地点或分析范围：交流汇流箱</td><td colspan="6">分析人：</td></tr>
<tr><td colspan="10">作业内容描述：进线开关故障处理</td></tr>
<tr><td colspan="10">主要作业风险：(1) 人员思想不稳；(2) 人员精神状态不佳；(3) 走错间隔；(4) 高处落物；(5) 车辆伤害；(6) 环境因素；(7) 触电</td></tr>
<tr><td colspan="10">控制措施：(1) 办理工作票，手动停机并切至维护状态，挂牌；(2) 穿戴个人防护用品；(3) 设备恢复运行状态前进行全面检查</td></tr>
<tr><td colspan="2">工作负责人签名：</td><td>日期：</td><td>工作票签发人签名：</td><td colspan="2">日期：</td><td colspan="3">工作许可人签名：</td><td>日期：</td></tr>
<tr><td colspan="2" rowspan="2">作业步骤</td><td rowspan="2">危害因素</td><td rowspan="2">可能导致的后果</td><td colspan="5">风险评价</td><td rowspan="2">控制措施</td></tr>
<tr><td>L</td><td>E</td><td>C</td><td>D</td><td>风险程度</td></tr>
<tr><td>作业环境</td><td>环境</td><td>(1) 雷雨天气；
(2) 冬季覆冰掉落；
(3) 夏季高温作业；
(4) 水上巡检</td><td>人身伤害</td><td>1</td><td>6</td><td>7</td><td>42</td><td>2</td><td>(1) 雷雨天气禁止靠近设备，不得从事巡检工作，突遇雷雨天气时及时撤离；
(2) 光伏组件上有结冰现象且有覆冰掉落危险时，禁止人员靠近；
(3) 夏季高温作业时做好防暑措施；
(4) 合理安排外出工作，及时规避高温天气；
(5) 水上作业时，正确穿着救生衣</td></tr>
<tr><td rowspan="4">检修前准备</td><td>交通</td><td>(1) 车况异常；
(2) 驾乘人员未正确系安全带；
(3) 道路湿滑</td><td>(1) 人身伤害；
(2) 车辆事故</td><td>10</td><td>3</td><td>3</td><td>90</td><td>3</td><td>(1) 出车前检查车况；
(2) 行车过程中，驾乘人员正确系好安全带；
(3) 根据道路情况，车辆减速慢行，并定期对道路进行清理维护</td></tr>
<tr><td>安全措施确认</td><td>(1) 拉错开关或误送电导致设备带电或误动；
(2) 未执行工作票、操作票所列的安全措施</td><td>(1) 触电；
(2) 机械伤害；
(3) 设备故障</td><td>1</td><td>1</td><td>7</td><td>7</td><td>1</td><td>(1) 办理工作票，确认执行安全措施；
(2) 使用个人防护用品；
(3) 在箱式变压器断路器处悬挂“禁止合闸，有人工作”标示牌</td></tr>
<tr><td>安全交底</td><td>(1) 扩大工作范围；
(2) 走错机位或误碰带电设备</td><td>(1) 触电；
(2) 设备故障</td><td>1</td><td>1</td><td>7</td><td>7</td><td>1</td><td>(1) 工作前对工作班成员进行工作地点及任务明示；
(2) 对工作班成员进行安全技术交底</td></tr>
<tr><td>个人防护用品准备</td><td>(1) 未正确佩戴安全帽及穿好工作服；
(2) 个人防护用品防护等级不符合要求或过期；
(3) 水上作业时未穿着救生衣</td><td>(1) 触电；
(2) 其他伤害；
(3) 人身伤害</td><td>1</td><td>1</td><td>15</td><td>15</td><td>1</td><td>(1) 正确穿戴安全帽及工作服；
(2) 使用在安全使用期内的安全带，并正确佩戴；
(3) 水上作业时，正确穿着救生衣</td></tr>
</table>

续表

作业步骤		危害因素	可能导致的后果	风险评价					控制措施
				L	E	C	D	风险程度	
检修前准备	工器具准备	(1) 使用的工器具无法达到工作要求； (2) 工具不全，或工具破损； (3) 工具未定期检测或检测不合格	(1) 机械伤害； (2) 触电	1	1	7	7	1	(1) 做好工具、消耗材料的准备工作； (2) 使用电动工具前要检查其是否合格，电源要有剩余电流动作装置，使用结束立即关掉电源，使用期间如遇停电应立即拔掉电源，防止来电时电动工具突然自行转动，对工作人员或设备造成机械伤害； (3) 使用工器具前要进行检查，确认扳手没有裂痕、断口等安全隐患后方可使用，严禁使用活扳手，应使用梅花扳手
	工作班成员精神状态确认	(1) 无法正常完成指定工作； (2) 作业过程中无法清醒判断带电设备及旋转设备； (3) 作业过程中出现昏厥现象	(1) 触电； (2) 机械伤害； (3) 高处坠落； (4) 设备故障	1	1	15	15	1	合理安排工作班成员，精神状态不佳者禁止工作
检修过程	进线开关故障处理	(1) 误碰其他带电设备； (2) 接线错误； (3) 交流汇流箱未断电； (4) 使用不符合规格的工器具； (5) 虚接线路； (6) 在高处作业及水上作业时，工具随手乱扔； (7) 在高处作业时，工作区域下方未做隔离措施	(1) 设备故障； (2) 触电； (3) 机械伤害； (4) 高处坠落	3	1	15	45	2	(1) 工作前应停电、验电，检查工作点是否带电，检查安全措施正确、完备后方可开工，工作过程中不得擅自更改安全措施； (2) 检查工作点上、下间隔是否带电，工作点与带电负荷或母线安全距离是否足够； (3) 更换断路器时，要注意检查汇流箱各路电源是否断开，且接线端子、裸露线头可能从其他回路反送电，工作时应按要求戴好绝缘手套、穿好绝缘鞋，螺丝刀绑好绝缘胶布； (4) 严禁错误使用工器具造成设备损坏，如用过大或过小的扳手替代标准尺寸的扳手，用一字螺丝刀替代十字螺丝刀，用十字螺丝刀替代内六角或内梅花螺丝刀等； (5) 严禁野蛮拆装、检修设备，造成螺丝过力滑丝、设备开裂、设备变形等； (6) 拆卸接线时记录每个接线位置，更换完电气元件后，按记录逐一接线，保证接线正确，并检查接线是否牢固

续表

作业步骤		危害因素	可能导致的后果	风险评价					控制措施
				L	E	C	D	风险程度	
恢复检验	结束工作	(1) 遗漏工器具； (2) 现场遗留检修杂物； (3) 不结束工作票； (4) 工作班成员未全部撤离	(1) 人身伤害； (2) 设备故障	1	3	15	45	2	(1) 收齐并检查工器具； (2) 清扫检修现场； (3) 结束工作票

3. 接线端子处理

<table>
<tr><td colspan="3">部门：</td><td colspan="5">分析日期：</td><td>记录编号：</td></tr>
<tr><td colspan="3">作业地点或分析范围：交流汇流箱</td><td colspan="6">分析人：</td></tr>
<tr><td colspan="9">作业内容描述：接线端子处理</td></tr>
<tr><td colspan="9">主要作业风险：(1) 人员精神状态不佳；(2) 触电；(3) 灼伤；(4) 跌倒；(5) 车辆伤害</td></tr>
<tr><td colspan="9">控制措施：(1) 办理工作票、操作票；(2) 穿戴个人防护用品；(3) 设备恢复运行状态前进行全面检查；(4) 工作前对工作班成员进行安全交底</td></tr>
<tr><td colspan="2">工作执行人签名：</td><td>日期：</td><td colspan="5">工作负责人开工前确认签名：</td><td>日期：</td></tr>
<tr><td rowspan="2">作业步骤</td><td rowspan="2">危害因素</td><td rowspan="2">可能导致的后果</td><td colspan="5">风险评价</td><td rowspan="2">控制措施</td></tr>
<tr><td>L</td><td>E</td><td>C</td><td>D</td><td>风险程度</td></tr>
<tr><td>作业环境 环境潮湿</td><td>(1) 设备潮湿引起短路；
(2) 安全距离不够</td><td>(1) 触电、电弧灼伤；
(2) 其他人身伤害；
(3) 设备事故</td><td>1</td><td>3</td><td>15</td><td>45</td><td>2</td><td>(1) 加强通风；
(2) 保持设备干燥</td></tr>
<tr><td>作业环境 雷、雨、雪天气</td><td>(1) 感应雷电流；
(2) 道路湿滑、泥泞</td><td>(1) 触电、火灾灼伤；
(2) 跌倒</td><td>1</td><td>3</td><td>7</td><td>21</td><td>2</td><td>(1) 正确戴安全帽；
(2) 正确穿绝缘鞋；
(3) 雷雨天气禁止外出作业</td></tr>
<tr><td>作业环境 高温天气</td><td>中暑</td><td>人身伤害</td><td>1</td><td>3</td><td>7</td><td>21</td><td>2</td><td>(1) 合理安排外出工作，及时规避高温天气；
(2) 配备防暑药品</td></tr>
<tr><td>检修前准备 工器具准备</td><td>(1) 使用的工器具无法达到检修作业要求；
(2) 工具不全，或工具破损；
(3) 使用的试验仪器超过检验期</td><td>触电</td><td>1</td><td>1</td><td>7</td><td>7</td><td>1</td><td>检修前确认工器具及试验仪器状态，使用合格的工器具及试验仪器</td></tr>
<tr><td>检修前准备 个人防护用品准备</td><td>(1) 未正确使用安全帽、绝缘手套、绝缘靴；
(2) 个人防护用品防护等级不符合要求或过期</td><td>(1) 触电；
(2) 机械伤害</td><td>1</td><td>1</td><td>15</td><td>15</td><td>1</td><td>(1) 正确戴安全帽、绝缘手套，穿绝缘靴；
(2) 使用合格的个人防护用品</td></tr>
<tr><td>检修前准备 工作班成员精神状态确认</td><td>(1) 无法正常完成指定工作；
(2) 作业过程中无法清醒判断设备是否带电</td><td>(1) 触电；
(2) 机械伤害；
(3) 设备故障</td><td>1</td><td>1</td><td>15</td><td>15</td><td>1</td><td>合理安排工作班成员，精神状态不佳者禁止工作</td></tr>
</table>

续表

<table>
<tr><th colspan="2" rowspan="2">作业步骤</th><th rowspan="2">危害因素</th><th rowspan="2">可能导致的后果</th><th colspan="5">风险评价</th><th rowspan="2">控制措施</th></tr>
<tr><th>L</th><th>E</th><th>C</th><th>D</th><th>风险程度</th></tr>
<tr><td rowspan="3">检修前准备</td><td>执行安全措施</td><td>（1）拉错开关、走错间隔；
（2）漏执行安全措施</td><td>（1）触电；
（2）设备事故</td><td>1</td><td>1</td><td>15</td><td>15</td><td>1</td><td>（1）严格按照工作票执行安全措施；
（2）执行安全措施时必须有监护人在场</td></tr>
<tr><td>环境</td><td>（1）道路泥泞、湿滑；
（2）雷、雨、雪天气</td><td>（1）车辆伤害；
（2）人身伤害</td><td>10</td><td>3</td><td>3</td><td>90</td><td>3</td><td>（1）提前注意天气变化，有效规避恶劣天气；
（2）特殊路况，减速慢行；
（3）正确使用安全保护用具（安全帽、劳保鞋等）</td></tr>
<tr><td>车辆</td><td>（1）车辆缺陷；
（2）超速行驶</td><td>人身伤害</td><td>6</td><td>3</td><td>3</td><td>54</td><td>2</td><td>（1）行车前检查车辆状况；
（2）系好安全带，减速慢行</td></tr>
<tr><td rowspan="3">检修过程</td><td>停运对应交流汇流箱</td><td>（1）走错位置；
（2）设备缺陷</td><td>（1）触电；
（2）高处坠落</td><td>1</td><td>2</td><td>15</td><td>30</td><td>2</td><td>（1）戴绝缘手套、安全帽；
（2）使用钳形表验电</td></tr>
<tr><td>核对交流汇流箱空气断路器位置</td><td>（1）设备缺陷；
（2）空气断路器未断开，停电不彻底；
（3）带负荷拉开关</td><td>（1）触电、灼伤；
（2）其他人身伤害；
（3）设备事故</td><td>3</td><td>1</td><td>15</td><td>45</td><td>2</td><td>（1）戴绝缘手套、安全帽，穿绝缘鞋；
（2）核实操作票内容和设备状态；
（3）执行监护制度，唱票，确认设备位置、名称标牌，严格执行操作票制度；
（4）谨防误碰或接触带电体</td></tr>
<tr><td>接线端子处理</td><td>（1）带电作业；
（2）设备缺陷</td><td>（1）触电；
（2）人身伤害；
（3）设备事故</td><td>3</td><td>1</td><td>15</td><td>45</td><td>2</td><td>（1）工作前应停电、验电，检查工作点是否带电，检查安全措施正确、完备后方可开工，工作过程中不得擅自更改安全措施；
（2）检查工作点上、下间隔是否带电，工作点与带电负荷或母线安全距离是否足够；
（3）严禁错误使用工器具造成设备损坏，如用过大或过小的扳手替代标准尺寸的扳手，用一字螺丝刀替代十字螺丝刀，用十字螺丝刀替代内六角或内梅花螺丝刀等；
（4）严禁野蛮拆装、检修设备，造成螺丝过力滑丝、设备开裂、设备变形等；
（5）拆卸接线时记录每个接线位置，更换完电气元件后，按记录逐一接线，保证接线正确，并检查接线是否牢固</td></tr>
</table>

续表

作业步骤		危害因素	可能导致的后果	风险评价					控制措施
				L	E	C	D	风险程度	
完工阶段	完工恢复	检修后设备接线不正确	（1）设备事故； （2）电灼伤	1	1	15	15	1	（1）严格按照工作票执行恢复工作； （2）恢复工作后，经工作负责人最终检查确认，方可办理工作终结手续； （3）核对现场接线情况，确认接线正确
	结束工作	（1）遗漏工器具； （2）现场遗留检修杂物； （3）不结束工作票	设备事故	1	1	15	15	1	（1）收齐并检查工器具； （2）清扫检修现场； （3）结束工作票

4. 浪涌保护器故障处理

<table>
<tr><td colspan="3">部门：</td><td colspan="6">分析日期：</td><td>记录编号：</td></tr>
<tr><td colspan="3">作业地点或分析范围：交流汇流箱</td><td colspan="7">分析人：</td></tr>
<tr><td colspan="10">作业内容描述：浪涌保护器故障处理</td></tr>
<tr><td colspan="10">主要作业风险：(1) 人员精神状态不佳；(2) 触电；(3) 设备事故；(4) 走错间隔；(5) 机械伤害</td></tr>
<tr><td colspan="10">控制措施：(1) 办理工作票、操作票；(2) 穿戴个人防护用品；(3) 设备恢复运行状态前进行全面检查；(4) 工作前对工作班成员进行安全交底</td></tr>
<tr><td colspan="3">工作执行人签名：</td><td>日期：</td><td colspan="5">工作负责人开工前确认签名：</td><td>日期：</td></tr>
<tr><td colspan="2" rowspan="2">作业步骤</td><td rowspan="2">危害因素</td><td rowspan="2">可能导致的后果</td><td colspan="5">风险评价</td><td rowspan="2">控制措施</td></tr>
<tr><td>L</td><td>E</td><td>C</td><td>D</td><td>风险程度</td></tr>
<tr><td rowspan="3">作业环境</td><td>环境潮湿</td><td>(1) 设备潮湿引起短路；
(2) 安全距离不够</td><td>(1) 触电、电弧灼伤；
(2) 其他人身伤害；
(3) 设备事故</td><td>1</td><td>3</td><td>15</td><td>45</td><td>2</td><td>(1) 加强通风；
(2) 保持设备干燥</td></tr>
<tr><td>雷、雨、雪天气</td><td>(1) 感应雷电流；
(2) 道路湿滑、泥泞</td><td>(1) 触电、火灾灼伤；
(2) 跌倒</td><td>1</td><td>3</td><td>7</td><td>21</td><td>2</td><td>(1) 正确戴安全帽；
(2) 正确穿绝缘鞋；
(3) 雷雨天气禁止外出作业</td></tr>
<tr><td>高温天气</td><td>中暑</td><td>人身伤害</td><td>1</td><td>3</td><td>7</td><td>21</td><td>2</td><td>(1) 合理安排外出工作，及时规避高温天气；
(2) 配备防暑药品</td></tr>
<tr><td>检修前准备</td><td>工器具准备</td><td>(1) 使用的工器具无法达到检修作业要求；
(2) 工具不全，或工具破损；
(3) 使用的试验仪器超过检验期</td><td>触电</td><td>1</td><td>1</td><td>7</td><td>7</td><td>1</td><td>检修前确认工器具及试验仪器状态，使用合格的工器具及试验仪器</td></tr>
</table>

续表

作业步骤		危害因素	可能导致的后果	风险评价					控制措施
				L	E	C	D	风险程度	
检修前准备	个人防护用品准备	（1）未正确使用安全帽、绝缘手套、绝缘靴； （2）个人防护用品防护等级不符合要求或过期	（1）触电； （2）机械伤害	1	1	15	15	1	（1）正确戴安全帽、绝缘手套，穿绝缘靴； （2）使用合格的个人防护用品
	工作班成员精神状态确认	（1）无法正常完成指定工作； （2）作业过程中无法清醒判断设备是否带电	（1）触电； （2）机械伤害； （3）设备故障	1	1	15	15	1	合理安排工作班成员，精神状态不佳者禁止工作
	执行安全措施	（1）拉错开关、走错间隔； （2）漏执行安全措施	（1）触电； （2）设备事故	1	1	15	15	1	（1）严格按照工作票执行安全措施； （2）执行安全措施时必须有监护人在场
	环境	（1）道路泥泞、湿滑； （2）雷、雨、雪天气	（1）车辆伤害； （2）人身伤害	10	3	3	90	3	（1）提前注意天气变化，有效规避恶劣天气； （2）遇特殊路况，减速慢行； （3）正确使用安全保护用具（安全帽、劳保鞋等）
	车辆	（1）车辆缺陷； （2）超速行驶	人身伤害	6	3	3	54	2	（1）行车前检查车辆状况； （2）系好安全带，减速慢行
检修过程	停运对应交流汇流箱	（1）走错位置； （2）设备缺陷	（1）触电； （2）高处坠落	1	2	15	30	2	（1）戴绝缘手套、安全帽； （2）使用钳形表验电
	核对交流汇流箱空气断路器位置	（1）设备缺陷； （2）空气断路器未断开，停电不彻底； （3）带负荷拉开关	（1）触电、灼伤； （2）其他人身伤害； （3）设备事故	3	1	15	45	2	（1）戴绝缘手套、安全帽，穿绝缘鞋； （2）核实操作票内容和设备状态； （3）执行监护制度，唱票，确认设备位置、名称标牌，严格执行操作票制度； （4）谨防误碰或接触带电体

续表

作业步骤		危害因素	可能导致的后果	风险评价					控制措施
				L	E	C	D	风险程度	
检修过程	浪涌保护器故障处理	（1）带电作业； （2）设备缺陷	（1）触电； （2）人身伤害； （3）设备事故	3	1	15	45	2	（1）工作前应停电、验电，检查工作点是否带电，检查安全措施正确、完备后方可开工，工作过程中不得擅自更改安全措施； （2）检查工作点上、下间隔是否带电，工作点与带电负荷或母线安全距离是否足够； （3）严禁错误使用工器具造成设备损坏，如用过大或过小的扳手替代标准尺寸的扳手，用一字螺丝刀替代十字螺丝刀，用十字螺丝刀替代内六角或内梅花螺丝刀等； （4）严禁野蛮拆装、检修设备，造成螺丝过力滑丝、设备开裂、设备变形等； （5）拆卸接线时记录每个接线位置，更换完电气元件后，按记录逐一接线，保证接线正确，并检查接线是否牢固
完工阶段	完工恢复	检修后设备接线不正确	（1）设备事故； （2）电灼伤	1	1	15	15	1	（1）严格按照工作票执行恢复工作； （2）恢复工作后，经工作负责人最终检查确认，方可办理工作终结手续； （3）核对现场接线情况，确认接线正确
	结束工作	（1）遗漏工器具； （2）现场遗留检修杂物； （3）不结束工作票	设备事故	1	1	15	15	1	（1）收齐并检查工器具； （2）清扫检修现场； （3）结束工作票

三、直流汇流箱检修

1. 出线开关故障处理

<table>
<tr><td colspan="4">部门：</td><td colspan="6">分析日期：</td><td>记录编号：</td></tr>
<tr><td colspan="4">作业地点或分析范围：光伏控制器</td><td colspan="7">分析人：</td></tr>
<tr><td colspan="11">作业内容描述：出线开关故障处理</td></tr>
<tr><td colspan="11">主要作业风险：(1) 因使用不合适的工器具、穿戴不合适的劳动防护用品导致巡检人员受伤害；(2) 触电；(3) 灼伤；(4) 跌倒；(5) 车辆伤害；(6) 高处坠落</td></tr>
<tr><td colspan="11">控制措施：(1) 正确穿戴劳动防护用品，正确使用工器具；(2) 进入巡检现场检查周围环境；(3) 配备防暑药品</td></tr>
<tr><td colspan="3">工作执行人签名：</td><td>日期：</td><td colspan="6">工作负责人开工前确认签名：</td><td>日期：</td></tr>
<tr><td colspan="2" rowspan="2">作业步骤</td><td rowspan="2">危害因素</td><td rowspan="2">可能导致的后果</td><td colspan="5">风险评价</td><td colspan="2" rowspan="2">控制措施</td></tr>
<tr><td>L</td><td>E</td><td>C</td><td>D</td><td>风险程度</td></tr>
<tr><td rowspan="3">作业环境</td><td>环境潮湿</td><td>(1) 设备潮湿引起短路；
(2) 安全距离不够</td><td>(1) 触电、电弧灼伤；
(2) 其他人身伤害；
(3) 设备事故</td><td>1</td><td>3</td><td>15</td><td>45</td><td>2</td><td colspan="2">(1) 加强通风；
(2) 保持设备干燥</td></tr>
<tr><td>雷、雨、雪天气</td><td>(1) 感应雷电流；
(2) 道路湿滑、泥泞</td><td>(1) 触电、火灾灼伤；
(2) 跌倒</td><td>1</td><td>3</td><td>7</td><td>21</td><td>2</td><td colspan="2">(1) 正确戴安全帽；
(2) 正确穿绝缘鞋；
(3) 雷雨天气禁止外出作业</td></tr>
<tr><td>高温天气</td><td>中暑</td><td>人身伤害</td><td>1</td><td>3</td><td>7</td><td>21</td><td>2</td><td colspan="2">(1) 合理安排外出工作，及时规避高温天气；
(2) 配备防暑药品</td></tr>
<tr><td rowspan="2">检修前准备</td><td>工器具准备</td><td>(1) 使用的工器具无法达到检修作业要求；
(2) 工具不全，或工具破损；
(3) 使用的试验仪器超过检验期</td><td>触电</td><td>1</td><td>1</td><td>7</td><td>7</td><td>1</td><td colspan="2">检修前确认工器具及试验仪器状态，使用合格的工器具及试验仪器</td></tr>
<tr><td>个人防护用品准备</td><td>(1) 未正确使用安全帽、绝缘手套、绝缘靴；
(2) 个人防护用品防护等级不符合要求或过期</td><td>(1) 触电；
(2) 机械伤害</td><td>1</td><td>1</td><td>15</td><td>15</td><td>1</td><td colspan="2">(1) 正确佩戴安全帽、绝缘手套，穿绝缘靴；
(2) 使用合格的个人防护用品</td></tr>
</table>

续表

作业步骤		危害因素	可能导致的后果	风险评价					控制措施
				L	*E*	*C*	*D*	风险程度	
检修前准备	工作班成员精神状态确认	（1）无法正常完成指定工作； （2）作业过程中无法清醒判断设备是否带电	（1）触电； （2）机械伤害； （3）设备故障	1	1	15	15	1	合理安排工作班成员，精神状态不佳者禁止工作
	执行安全措施	（1）拉错开关、走错间隔； （2）漏执行安全措施	（1）触电； （2）设备事故	1	1	15	15	1	（1）严格按照工作票执行安全措施； （2）执行安全措施时必须有监护人在场
	环境	（1）道路泥泞、湿滑； （2）雷、雨、雪天气	（1）车辆伤害； （2）人身伤害	10	3	3	90	3	（1）提前注意天气变化，有效规避恶劣天气； （2）遇特殊路况，减速慢行； （3）正确使用安全保护用具（安全帽、劳保鞋等）
	车辆	（1）车辆缺陷； （2）超速行驶	人身伤害	6	3	3	54	2	（1）行车前检查车辆状况； （2）系好安全带，减速慢行
检修过程	停运对应直流汇流箱隔离开关	（1）走错位置； （2）设备缺陷	（1）触电； （2）高处坠落	1	2	15	30	2	（1）戴绝缘手套、安全帽； （2）使用钳形表验电
	核对直流侧空气断路器位置	（1）设备缺陷； （2）空气断路器未断开，停电不彻底； （3）带负荷拉开关	（1）触电、灼伤； （2）其他人身伤害； （3）设备事故	3	1	15	45	2	（1）戴绝缘手套、安全帽，穿绝缘鞋； （2）核实操作票内容和设备状态； （3）执行监护制度，唱票，确认设备位置、名称标牌，严格执行操作票制度； （4）谨防误碰或接触带电体
	直流输出开关故障处理	（1）带电作业； （2）设备缺陷	（1）触电； （2）人身伤害； （3）设备事故	3	1	15	45	2	（1）正确使用工器具； （2）核实操作票内容和设备状态； （3）执行监护制度，唱票，确认设备位置、名称标牌，严格执行操作票制度； （4）停电操作必须戴绝缘手套、安全帽，穿绝缘鞋； （5）确保设备已断电

续表

<table>
<tr><th colspan="2" rowspan="2">作业步骤</th><th rowspan="2">危害因素</th><th rowspan="2">可能导致的后果</th><th colspan="5">风险评价</th><th rowspan="2">控制措施</th></tr>
<tr><th>L</th><th>E</th><th>C</th><th>D</th><th>风险程度</th></tr>
<tr><td rowspan="2">完工阶段</td><td>完工恢复</td><td>检修后设备接线不正确</td><td>（1）设备事故；
（2）电灼伤</td><td>1</td><td>1</td><td>15</td><td>15</td><td>1</td><td>（1）严格按照工作票执行恢复工作；
（2）恢复工作后，经工作负责人最终检查确认，方可办理工作终结手续；
（3）核对现场接线情况，确认接线正确</td></tr>
<tr><td>结束工作</td><td>（1）遗漏工器具；
（2）现场遗留检修杂物；
（3）不结束工作票</td><td>设备事故</td><td>1</td><td>1</td><td>15</td><td>15</td><td>1</td><td>（1）收齐并检查工器具；
（2）清扫检修现场；
（3）结束工作票</td></tr>
</table>

2. 直流监测单元故障处理

<table>
<tr><td colspan="3">部门：</td><td colspan="5">分析日期：</td><td>记录编号：</td></tr>
<tr><td colspan="3">作业地点或分析范围：直流汇流箱</td><td colspan="6">分析人：</td></tr>
<tr><td colspan="9">作业内容描述：直流监测单元故障处理</td></tr>
<tr><td colspan="9">主要作业风险：(1) 人员精神状态不佳；(2) 触电；(3) 灼伤；(4) 跌倒；(5) 车辆伤害</td></tr>
<tr><td colspan="9">控制措施：(1) 办理工作票、操作票；(2) 穿戴个人防护用品；(3) 设备恢复运行状态前进行全面检查；(4) 工作前对工作班成员进行安全交底</td></tr>
<tr><td colspan="3">工作执行人签名：</td><td>日期：</td><td colspan="4">工作负责人开工前确认签名：</td><td>日期：</td></tr>
<tr><td colspan="2" rowspan="2">作业步骤</td><td rowspan="2">危害因素</td><td rowspan="2">可能导致的后果</td><td colspan="5">风险评价</td><td rowspan="2">控制措施</td></tr>
<tr><td>L</td><td>E</td><td>C</td><td>D</td><td>风险程度</td></tr>
<tr><td rowspan="3">作业环境</td><td>环境潮湿</td><td>(1) 设备潮湿引起短路；
(2) 安全距离不够</td><td>(1) 触电、电弧灼伤；
(2) 其他人身伤害；
(3) 设备事故</td><td>1</td><td>3</td><td>15</td><td>45</td><td>2</td><td>(1) 加强通风；
(2) 保持设备干燥</td></tr>
<tr><td>雷、雨、雪天气</td><td>(1) 感应雷电流；
(2) 道路湿滑、泥泞</td><td>(1) 触电、火灾灼伤；
(2) 跌倒</td><td>1</td><td>3</td><td>7</td><td>21</td><td>2</td><td>(1) 正确戴安全帽；
(2) 正确穿绝缘鞋；
(3) 雷雨天气禁止外出作业</td></tr>
<tr><td>高温天气</td><td>中暑</td><td>人身伤害</td><td>1</td><td>3</td><td>7</td><td>21</td><td>2</td><td>(1) 合理安排外出工作，及时规避高温天气；
(2) 配备防暑药品</td></tr>
<tr><td rowspan="3">检修前准备</td><td>工器具准备</td><td>(1) 使用的工器具无法达到检修作业要求；
(2) 工具不全，或工具破损；
(3) 使用的试验仪器超过检验期</td><td>触电</td><td>1</td><td>1</td><td>7</td><td>7</td><td>1</td><td>检修前确认工器具及试验仪器状态，使用合格的工器具及试验仪器</td></tr>
<tr><td>个人防护用品准备</td><td>(1) 未正确使用安全帽、绝缘手套、绝缘靴；
(2) 个人防护用品防护等级不符合要求或过期</td><td>(1) 触电；
(2) 机械伤害</td><td>1</td><td>1</td><td>15</td><td>15</td><td>1</td><td>(1) 正确戴安全帽、绝缘手套，穿绝缘靴；
(2) 使用合格的个人防护用品</td></tr>
<tr><td>工作班成员精神状态确认</td><td>(1) 无法正常完成指定工作；
(2) 作业过程中无法清醒判断设备是否带电</td><td>(1) 触电；
(2) 机械伤害；
(3) 设备故障</td><td>1</td><td>1</td><td>15</td><td>15</td><td>1</td><td>合理安排工作班成员，精神状态不佳者禁止工作</td></tr>
</table>

续表

<table>
<tr><th colspan="2" rowspan="2">作业步骤</th><th rowspan="2">危害因素</th><th rowspan="2">可能导致的后果</th><th colspan="5">风险评价</th><th rowspan="2">控制措施</th></tr>
<tr><th>L</th><th>E</th><th>C</th><th>D</th><th>风险程度</th></tr>
<tr><td rowspan="3">检修前准备</td><td>执行安全措施</td><td>（1）拉错开关、走错间隔；
（2）漏执行安全措施</td><td>（1）触电；
（2）设备事故</td><td>1</td><td>1</td><td>15</td><td>15</td><td>1</td><td>（1）严格按照工作票执行安全措施；
（2）执行安全措施时必须有监护人在场</td></tr>
<tr><td>环境</td><td>（1）道路泥泞、湿滑；
（2）雷、雨、雪天气</td><td>（1）车辆伤害；
（2）人身伤害</td><td>10</td><td>3</td><td>3</td><td>90</td><td>3</td><td>（1）提前注意天气变化，有效规避恶劣天气；
（2）遇特殊路况，减速慢行；
（3）正确使用安全保护用具（安全帽、劳保鞋等）</td></tr>
<tr><td>车辆</td><td>（1）车辆缺陷；
（2）超速行驶</td><td>人身伤害</td><td>6</td><td>3</td><td>3</td><td>54</td><td>2</td><td>（1）行车前检查车辆状况；
（2）系好安全带，减速慢行</td></tr>
<tr><td rowspan="3">检修过程</td><td>停运对应直流汇流箱</td><td>（1）走错位置；
（2）设备缺陷</td><td>（1）触电；
（2）高处坠落</td><td>1</td><td>2</td><td>15</td><td>30</td><td>2</td><td>（1）戴绝缘手套、安全帽；
（2）使用钳形表验电</td></tr>
<tr><td>核对直流汇流箱空气断路器位置</td><td>（1）设备缺陷；
（2）空气断路器未断开，停电不彻底；
（3）带负荷拉开关</td><td>（1）触电、灼伤；
（2）其他人身伤害；
（3）设备事故</td><td>3</td><td>1</td><td>15</td><td>45</td><td>2</td><td>（1）戴绝缘手套、安全帽，穿绝缘鞋；
（2）核实操作票内容和设备状态；
（3）执行监护制度，唱票，确认设备位置、名称标牌，严格执行操作票制度；
（4）谨防误碰或接触带电体</td></tr>
<tr><td>直流监测单元故障处理</td><td>（1）带电作业；
（2）设备缺陷</td><td>（1）触电；
（2）人身伤害；
（3）设备事故</td><td>3</td><td>1</td><td>15</td><td>45</td><td>2</td><td>（1）工作前应停电、验电，检查工作点是否带电，检查安全措施正确、完备后方可开工，工作过程中不得擅自更改安全措施；
（2）检查工作点上、下间隔是否带电，工作点与带电负荷或母线安全距离是否足够；
（3）严禁错误使用工器具造成设备损坏，如用过大或过小的扳手替代标准尺寸的扳手，用一字螺丝刀替代十字螺丝刀，用十字螺丝刀替代内六角或内梅花螺丝刀等；
（4）严禁野蛮拆装、检修设备，造成螺丝过力滑丝、设备开裂、设备变形等；
（5）拆卸接线时记录每个接线位置，更换完电气元件后，按记录逐一接线，保证接线正确，并检查接线是否牢固</td></tr>
</table>

续表

<table>
<tr><th colspan="2" rowspan="2">作业步骤</th><th rowspan="2">危害因素</th><th rowspan="2">可能导致的后果</th><th colspan="5">风险评价</th><th rowspan="2">控制措施</th></tr>
<tr><th>L</th><th>E</th><th>C</th><th>D</th><th>风险程度</th></tr>
<tr><td rowspan="2">完工阶段</td><td>完工恢复</td><td>检修后设备接线不正确</td><td>(1) 设备事故;
(2) 电灼伤</td><td>1</td><td>1</td><td>15</td><td>15</td><td>1</td><td>(1) 严格按照工作票执行恢复工作;
(2) 恢复工作后由工作负责人最终检查确认,方可办理工作终结手续;
(3) 核对现场接线情况,确认接线正确</td></tr>
<tr><td>结束工作</td><td>(1) 遗漏工器具;
(2) 现场遗留检修杂物;
(3) 不结束工作票</td><td>设备事故</td><td>1</td><td>1</td><td>15</td><td>15</td><td>1</td><td>(1) 收齐并检查工器具;
(2) 清扫检修现场;
(3) 结束工作票</td></tr>
</table>

3. 接线端子处理

<table>
<tr><td colspan="3">部门：</td><td colspan="6">分析日期：</td><td>记录编号：</td></tr>
<tr><td colspan="3">作业地点或分析范围：直流汇流箱</td><td colspan="7">分析人：</td></tr>
<tr><td colspan="10">作业内容描述：接线端子处理</td></tr>
<tr><td colspan="10">主要作业风险：(1) 人员精神状态不佳；(2) 触电；(3) 灼伤；(4) 跌倒；(5) 车辆伤害</td></tr>
<tr><td colspan="10">控制措施：(1) 办理工作票、操作票；(2) 穿戴个人防护用品；(3) 设备恢复运行状态前进行全面检查；(4) 工作前对工作班成员进行安全交底</td></tr>
<tr><td colspan="3">工作执行人签名：</td><td>日期：</td><td colspan="5">工作负责人开工前确认签名：</td><td>日期：</td></tr>
<tr><td colspan="2" rowspan="2">作业步骤</td><td rowspan="2">危害因素</td><td rowspan="2">可能导致的后果</td><td colspan="5">风险评价</td><td rowspan="2">控制措施</td></tr>
<tr><td>L</td><td>E</td><td>C</td><td>D</td><td>风险程度</td></tr>
<tr><td rowspan="3">作业环境</td><td>环境潮湿</td><td>(1) 设备潮湿引起短路；
(2) 安全距离不够</td><td>(1) 触电、电弧灼伤；
(2) 其他人身伤害；
(3) 设备事故</td><td>1</td><td>3</td><td>15</td><td>45</td><td>2</td><td>(1) 加强通风；
(2) 保持设备干燥</td></tr>
<tr><td>雷、雨、雪天气</td><td>(1) 感应雷电流；
(2) 道路湿滑、泥泞</td><td>(1) 触电、火灾灼伤；
(2) 跌倒</td><td>1</td><td>3</td><td>7</td><td>21</td><td>2</td><td>(1) 正确戴安全帽；
(2) 正确穿绝缘鞋；
(3) 雷雨天气禁止外出作业</td></tr>
<tr><td>高温天气</td><td>中暑</td><td>人身伤害</td><td>1</td><td>3</td><td>7</td><td>21</td><td>2</td><td>(1) 合理安排外出工作，及时规避高温天气；
(2) 配备防暑药品</td></tr>
<tr><td rowspan="3">检修前准备</td><td>工器具准备</td><td>(1) 使用的工器具无法达到检修作业要求；
(2) 工具不全，或工具破损；
(3) 使用的试验仪器超过检验期</td><td>触电</td><td>1</td><td>1</td><td>7</td><td>7</td><td>1</td><td>检修前确认工器具及试验仪器状态，使用合格的工器具及试验仪器</td></tr>
<tr><td>个人防护用品准备</td><td>(1) 未正确使用安全帽、绝缘手套、穿绝缘靴；
(2) 个人防护用品防护等级不符合要求或过期</td><td>(1) 触电；
(2) 机械伤害</td><td>1</td><td>1</td><td>15</td><td>15</td><td>1</td><td>(1) 正确戴安全帽、绝缘手套，穿绝缘靴；
(2) 使用合格的个人防护用品</td></tr>
<tr><td>工作班成员精神状态确认</td><td>(1) 无法正常完成指定工作；
(2) 作业过程中无法清醒判断设备是否带电</td><td>(1) 触电；
(2) 机械伤害；
(3) 设备故障</td><td>1</td><td>1</td><td>15</td><td>15</td><td>1</td><td>合理安排工作班成员，精神状态不佳者禁止工作</td></tr>
</table>

续表

作业步骤		危害因素	可能导致的后果	风险评价					控制措施
				L	E	C	D	风险程度	
检修前准备	执行安全措施	（1）拉错开关、走错间隔； （2）漏执行安全措施	（1）触电； （2）设备事故	1	1	15	15	1	（1）严格按照工作票执行安全措施； （2）执行安全措施时必须有监护人在场
	环境	（1）道路泥泞、湿滑； （2）雷、雨、雪天气	（1）车辆伤害； （2）人身伤害	10	3	3	90	3	（1）提前注意天气变化，有效规避恶劣天气； （2）遇特殊路况，减速慢行； （3）正确使用安全保护用具（安全帽、劳保鞋等）
	车辆	（1）车辆缺陷； （2）超速行驶	人身伤害	6	3	3	54	2	（1）行车前检查车辆状况； （2）系好安全带，减速慢行
检修过程	停运对应直流汇流箱	（1）走错位置； （2）设备缺陷	（1）触电； （2）高处坠落	1	2	15	30	2	（1）戴绝缘手套、安全帽； （2）使用钳形表验电
	核对直流汇流箱空气断路器位置	（1）设备缺陷； （2）空气断路器未断开，停电不彻底； （3）带负荷拉开关	（1）触电、灼伤； （2）其他人身伤害； （3）设备事故	3	1	15	45	2	（1）戴绝缘手套、安全帽，穿绝缘鞋； （2）核实操作票内容和设备状态； （3）执行监护制度，唱票，确认设备位置、名称标牌，严格执行操作票制度； （4）谨防误碰或接触带电体
	接线端子处理	（1）带电作业； （2）设备缺陷	（1）触电； （2）人身伤害； （3）设备事故	3	1	15	45	2	（1）工作前应停电、验电，检查工作点是否带电，检查安全措施正确、完备后方可开工，工作过程中不得擅自更改安全措施； （2）检查工作点上、下间隔是否带电，工作点与带电负荷或母线安全距离是否足够； （3）严禁错误使用工器具造成设备损坏，如用过大或过小的扳手替代标准尺寸的扳手，用一字螺丝刀替代十字螺丝刀，用十字螺丝刀替代内六角或内梅花螺丝刀等； （4）严禁野蛮拆装、检修设备，造成螺丝过力滑丝、设备开裂、设备变形等； （5）拆卸接线时记录每个接线位置，更换完电气元件后，按记录逐一接线，保证接线正确，并检查接线是否牢固

续表

作业步骤		危害因素	可能导致的后果	风险评价					控制措施
				L	E	C	D	风险程度	
完工阶段	完工恢复	检修后设备接线不正确	(1) 设备事故； (2) 电灼伤	1	1	15	15	1	(1) 严格按照工作票执行恢复工作； (2) 恢复工作后，经工作负责人最终检查确认，方可办理工作终结手续； (3) 核对现场接线情况，确认接线正确
完工阶段	结束工作	(1) 遗漏工器具； (2) 现场遗留检修杂物； (3) 不结束工作票	设备事故	1	1	15	15	1	(1) 收齐并检查工器具； (2) 清扫检修现场； (3) 结束工作票

4. 防雷器、浪涌保护器故障处理

<table>
<tr><td colspan="3">部门：</td><td colspan="5">分析日期：</td><td>记录编号：</td></tr>
<tr><td colspan="3">作业地点或分析范围：直流汇流箱</td><td colspan="6">分析人：</td></tr>
<tr><td colspan="9">作业内容描述：防雷器、浪涌保护器故障处理</td></tr>
<tr><td colspan="9">主要作业风险：(1) 人员精神状态不佳；(2) 触电；(3) 设备事故；(4) 走错间隔；(5) 机械伤害</td></tr>
<tr><td colspan="9">控制措施：(1) 办理工作票、操作票；(2) 穿戴个人防护用品；(3) 设备恢复运行状态前进行全面检查；(4) 工作前对工作班成员进行安全交底</td></tr>
<tr><td colspan="3">工作执行人签名：</td><td>日期：</td><td colspan="4">工作负责人开工前确认签名：</td><td>日期：</td></tr>
<tr><td colspan="2" rowspan="2">作业步骤</td><td rowspan="2">危害因素</td><td rowspan="2">可能导致的后果</td><td colspan="5">风险评价</td><td rowspan="2">控制措施</td></tr>
<tr><td>L</td><td>E</td><td>C</td><td>D</td><td>风险程度</td></tr>
<tr><td rowspan="3">作业环境</td><td>环境潮湿</td><td>(1) 设备潮湿引起短路；
(2) 安全距离不够</td><td>(1) 触电、电弧灼伤；
(2) 其他人身伤害；
(3) 设备事故</td><td>1</td><td>3</td><td>15</td><td>45</td><td>2</td><td>(1) 加强通风；
(2) 保持设备干燥</td></tr>
<tr><td>雷、雨、雪天气</td><td>(1) 感应雷电流；
(2) 道路湿滑、泥泞</td><td>(1) 触电、火灾灼伤；
(2) 跌倒</td><td>1</td><td>3</td><td>7</td><td>21</td><td>2</td><td>(1) 正确戴安全帽；
(2) 正确穿绝缘鞋；
(3) 雷雨天气禁止外出作业</td></tr>
<tr><td>高温天气</td><td>中暑</td><td>人身伤害</td><td>1</td><td>3</td><td>7</td><td>21</td><td>2</td><td>(1) 合理安排外出工作，及时规避高温天气；
(2) 配备防暑药品</td></tr>
<tr><td rowspan="3">检修前准备</td><td>工器具准备</td><td>(1) 使用的工器具无法达到检修作业要求；
(2) 工具不全，或工具破损；
(3) 使用的试验仪器超过检验期</td><td>触电</td><td>1</td><td>1</td><td>7</td><td>7</td><td>1</td><td>检修前确认工器具及试验仪器状态，使用合格的工器具及试验仪器</td></tr>
<tr><td>个人防护用品准备</td><td>(1) 未正确戴安全帽、绝缘手套、穿绝缘靴；
(2) 个人防护用品防护等级不符合要求或过期</td><td>(1) 触电；
(2) 机械伤害</td><td>1</td><td>1</td><td>15</td><td>15</td><td>1</td><td>(1) 正确戴安全帽、绝缘手套，穿绝缘靴；
(2) 使用合格的个人防护用品</td></tr>
<tr><td>工作班成员精神状态确认</td><td>(1) 无法正常完成指定工作；
(2) 作业过程中无法清醒判断设备是否带电</td><td>(1) 触电；
(2) 机械伤害；
(3) 设备故障</td><td>1</td><td>1</td><td>15</td><td>15</td><td>1</td><td>合理安排工作班成员，精神状态不佳者禁止工作</td></tr>
</table>

续表

<table>
<tr><th colspan="2" rowspan="2">作业步骤</th><th rowspan="2">危害因素</th><th rowspan="2">可能导致的后果</th><th colspan="5">风险评价</th><th rowspan="2">控制措施</th></tr>
<tr><th>L</th><th>E</th><th>C</th><th>D</th><th>风险程度</th></tr>
<tr><td rowspan="3">检修前准备</td><td>执行安全措施</td><td>（1）拉错开关、走错间隔；
（2）漏执行安全措施</td><td>（1）触电；
（2）设备事故</td><td>1</td><td>1</td><td>15</td><td>15</td><td>1</td><td>（1）严格按照工作票执行安全措施；
（2）执行安全措施时必须有监护人在场</td></tr>
<tr><td>环境</td><td>（1）道路泥泞、湿滑；
（2）雷、雨、雪天气</td><td>（1）车辆伤害；
（2）人身伤害</td><td>10</td><td>3</td><td>3</td><td>90</td><td>3</td><td>（1）提前注意天气变化，有效规避恶劣天气；
（2）遇特殊路况，减速慢行；
（3）正确使用安全保护用具（安全帽、劳保鞋等）</td></tr>
<tr><td>车辆</td><td>（1）车辆缺陷；
（2）超速行驶</td><td>人身伤害</td><td>6</td><td>3</td><td>3</td><td>54</td><td>2</td><td>（1）行车前检查车辆状况；
（2）系好安全带，减速慢行</td></tr>
<tr><td rowspan="3">检修过程</td><td>停运对应直流汇流箱</td><td>（1）走错位置；
（2）设备缺陷</td><td>（1）触电；
（2）高处坠落</td><td>1</td><td>2</td><td>15</td><td>30</td><td>2</td><td>（1）戴绝缘手套、安全帽；
（2）使用钳形表验电</td></tr>
<tr><td>核对直流汇流箱空气断路器位置</td><td>（1）设备缺陷；
（2）空气断路器未断开，停电不彻底；
（3）带负荷拉开关</td><td>（1）触电、灼伤；
（2）其他人身伤害；
（3）设备事故</td><td>3</td><td>1</td><td>15</td><td>45</td><td>2</td><td>（1）戴绝缘手套、安全帽，穿绝缘鞋；
（2）核实操作票内容和设备状态；
（3）执行监护制度，唱票，确认设备位置、名称标牌，严格执行操作票制度；
（4）谨防误碰或接触带电体</td></tr>
<tr><td>防雷器、浪涌保护器故障处理</td><td>（1）带电作业；
（2）设备缺陷</td><td>（1）触电；
（2）人身伤害；
（3）设备事故</td><td>3</td><td>1</td><td>15</td><td>45</td><td>2</td><td>（1）工作前应停电、验电，检查工作点是否带电，检查安全措施正确、完备后方可开工，工作过程中不得擅自更改安全措施；
（2）检查工作点上、下间隔是否带电，工作点与带电负荷或母线安全距离是否足够；
（3）严禁错误使用工器具造成设备损坏，如用过大或过小的扳手替代标准尺寸的扳手，用一字螺丝刀替代十字螺丝刀，用十字螺丝刀替代内六角或内梅花螺丝刀等；
（4）严禁野蛮拆装、检修设备，造成螺丝过力滑丝、设备开裂、设备变形等；
（5）拆卸接线时记录每个接线位置，更换完电气元件后，按记录逐一接线，保证接线正确，并检查接线是否牢固</td></tr>
</table>

续表

<table>
<tr><th colspan="2" rowspan="2">作业步骤</th><th rowspan="2">危害因素</th><th rowspan="2">可能导致的后果</th><th colspan="5">风险评价</th><th rowspan="2">控制措施</th></tr>
<tr><th>L</th><th>E</th><th>C</th><th>D</th><th>风险程度</th></tr>
<tr><td rowspan="2">完工阶段</td><td>完工恢复</td><td>检修后设备接线不正确</td><td>（1）设备事故；
（2）电灼伤</td><td>1</td><td>1</td><td>15</td><td>15</td><td>1</td><td>（1）严格按照工作票执行恢复工作；
（2）恢复工作后，经工作负责人最终检查确认，方可办理工作终结手续；
（3）核对现场接线情况，确认接线正确</td></tr>
<tr><td>结束工作</td><td>（1）遗漏工器具；
（2）现场遗留检修杂物；
（3）不结束工作票</td><td>设备事故</td><td>1</td><td>1</td><td>15</td><td>15</td><td>1</td><td>（1）收齐并检查工器具；
（2）清扫检修现场；
（3）结束工作票</td></tr>
</table>

5. 通信系统故障处理

<table>
<tr><td colspan="3">部门：</td><td colspan="6">分析日期：</td><td>记录编号：</td></tr>
<tr><td colspan="3">作业地点或分析范围：直流汇流箱</td><td colspan="7">分析人：</td></tr>
<tr><td colspan="10">作业内容描述：通信系统故障处理</td></tr>
<tr><td colspan="10">主要作业风险：(1) 因使用不合适的工器具、穿戴不合适的劳动防护用品导致巡检人员受伤害；(2) 触电；(3) 灼伤；(4) 跌倒；(5) 车辆伤害；(6) 高处坠落</td></tr>
<tr><td colspan="10">控制措施：(1) 正确穿戴劳动防护用品，正确使用工器具；(2) 进入巡检现场检查周围环境；(3) 配备防暑药品</td></tr>
<tr><td colspan="3">工作执行人签名：</td><td>日期：</td><td colspan="5">工作负责人开工前确认签名：</td><td>日期：</td></tr>
<tr><td colspan="2" rowspan="2">作业步骤</td><td rowspan="2">危害因素</td><td rowspan="2">可能导致的后果</td><td colspan="5">风险评价</td><td rowspan="2">控制措施</td></tr>
<tr><td>L</td><td>E</td><td>C</td><td>D</td><td>风险程度</td></tr>
<tr><td rowspan="3">作业环境</td><td>环境潮湿</td><td>(1) 设备潮湿引起短路；
(2) 安全距离不够</td><td>(1) 触电、电弧灼伤；
(2) 其他人身伤害；
(3) 设备事故</td><td>1</td><td>3</td><td>15</td><td>45</td><td>2</td><td>(1) 加强通风；
(2) 保持设备干燥</td></tr>
<tr><td>雷、雨、雪天气</td><td>(1) 感应雷电流；
(2) 道路湿滑、泥泞</td><td>(1) 触电、火灾灼伤；
(2) 跌倒</td><td>1</td><td>3</td><td>7</td><td>21</td><td>2</td><td>(1) 正确戴安全帽；
(2) 正确穿绝缘鞋；
(3) 雷雨天气禁止外出作业</td></tr>
<tr><td>高温天气</td><td>中暑</td><td>人身伤害</td><td>1</td><td>3</td><td>7</td><td>21</td><td>2</td><td>(1) 合理安排外出工作，及时规避高温天气；
(2) 配备防暑药品</td></tr>
<tr><td rowspan="3">检修前准备</td><td>工器具准备</td><td>(1) 使用的工器具无法达到检修作业要求；
(2) 工具不全，或工具破损；
(3) 使用的试验仪器超过检验期</td><td>触电</td><td>1</td><td>1</td><td>7</td><td>7</td><td>1</td><td>检修前确认工器具及试验仪器状态，使用合格的工器具及试验仪器</td></tr>
<tr><td>个人防护用品准备</td><td>(1) 未正确使用安全帽、绝缘手套、绝缘靴；
(2) 个人防护用品防护等级不符合要求或过期</td><td>(1) 触电；
(2) 机械伤害</td><td>1</td><td>1</td><td>15</td><td>15</td><td>1</td><td>(1) 正确戴安全帽、绝缘手套，穿绝缘靴；
(2) 使用合格的个人防护用品</td></tr>
<tr><td>工作班成员精神状态确认</td><td>(1) 无法正常完成指定工作；
(2) 作业过程中无法清醒判断设备是否带电</td><td>(1) 触电；
(2) 机械伤害；
(3) 设备故障</td><td>1</td><td>1</td><td>15</td><td>15</td><td>1</td><td>合理安排工作班成员，精神状态不佳者禁止工作</td></tr>
</table>

续表

<table>
<tr><th colspan="2" rowspan="2">作业步骤</th><th rowspan="2">危害因素</th><th rowspan="2">可能导致的后果</th><th colspan="5">风险评价</th><th rowspan="2">控制措施</th></tr>
<tr><th>L</th><th>E</th><th>C</th><th>D</th><th>风险程度</th></tr>
<tr><td rowspan="3">检修前准备</td><td>执行安全措施</td><td>（1）拉错开关、走错间隔；
（2）漏执行安全措施</td><td>（1）触电；
（2）设备事故</td><td>1</td><td>1</td><td>15</td><td>15</td><td>1</td><td>（1）严格按照工作票执行安全措施；
（2）执行安全措施时必须有监护人在场</td></tr>
<tr><td>环境</td><td>（1）道路泥泞、湿滑；
（2）雷、雨、雪天气</td><td>（1）车辆伤害；
（2）人身伤害</td><td>10</td><td>3</td><td>3</td><td>90</td><td>3</td><td>（1）提前注意天气变化，有效规避恶劣天气；
（2）遇特殊路况，减速慢行；
（3）正确使用安全保护用具（安全帽、劳保鞋等）</td></tr>
<tr><td>车辆</td><td>（1）车辆缺陷；
（2）超速行驶</td><td>人身伤害</td><td>6</td><td>3</td><td>3</td><td>54</td><td>2</td><td>（1）行车前检查车辆状况；
（2）系好安全带，减速慢行</td></tr>
<tr><td rowspan="2">检修过程</td><td>停运对应直流汇流箱</td><td>（1）走错位置；
（2）设备缺陷</td><td>（1）触电；
（2）高处坠落</td><td>1</td><td>2</td><td>15</td><td>30</td><td>2</td><td>（1）戴绝缘手套、安全帽；
（2）使用钳形表验电</td></tr>
<tr><td>通信系统故障处理</td><td>（1）带电作业；
（2）设备缺陷</td><td>（1）触电；
（2）人身伤害；
（3）设备事故</td><td>3</td><td>1</td><td>15</td><td>45</td><td>2</td><td>（1）正确使用工器具；
（2）核实操作票内容和设备状态；
（3）执行监护制度，唱票，确认设备位置、名称标牌，严格执行操作票制度；
（4）停电操作必须戴绝缘手套、安全帽，穿绝缘鞋；
（5）确保设备已断电</td></tr>
<tr><td rowspan="2">完工阶段</td><td>完工恢复</td><td>（1）检修后设备接线不正确；
（2）后台依然无数据</td><td>（1）设备事故；
（2）电灼伤</td><td>1</td><td>1</td><td>15</td><td>15</td><td>1</td><td>（1）严格按照工作票执行恢复工作；
（2）恢复工作后，经工作负责人最终检查确认，方可办理工作终结手续；
（3）调整通信板拨码，确定 IP 通信地址正确</td></tr>
<tr><td>结束工作</td><td>（1）遗漏工器具；
（2）现场遗留检修杂物；
（3）不结束工作票</td><td>设备事故</td><td>1</td><td>1</td><td>15</td><td>15</td><td>1</td><td>（1）收齐并检查工器具；
（2）清扫检修现场；
（3）结束工作票</td></tr>
</table>

四、组串式逆变器检修

1. 更换逆变器

<table>
<tr><td colspan="4">部门：</td><td colspan="5">分析日期：</td><td>记录编号：</td></tr>
<tr><td colspan="4">作业地点或分析范围：组串式逆变器</td><td colspan="6">分析人：</td></tr>
<tr><td colspan="10">作业内容描述：更换逆变器</td></tr>
<tr><td colspan="10">主要作业风险：（1）人员思想不稳；（2）人员精神状态不佳；（3）着火；（4）高处落物；（5）车辆伤害；（6）环境因素；（7）触电；（8）高处坠落</td></tr>
<tr><td colspan="10">控制措施：（1）办理工作票，手动停机并切至维护状态，挂牌；（2）穿戴个人防护用品；（3）设备恢复运行状态前进行全面检查</td></tr>
<tr><td colspan="2">工作负责人签名：</td><td>日期：</td><td>工作票签发人签名：</td><td colspan="2">日期：</td><td colspan="3">工作许可人签名：</td><td>日期：</td></tr>
<tr><td colspan="2" rowspan="2">作业步骤</td><td rowspan="2">危害因素</td><td rowspan="2">可能导致的后果</td><td colspan="5">风险评价</td><td rowspan="2">控制措施</td></tr>
<tr><td>L</td><td>E</td><td>C</td><td>D</td><td>风险程度</td></tr>
<tr><td>作业环境</td><td>环境</td><td>（1）雷雨天气；
（2）冬季覆冰掉落；
（3）夏季高温作业；
（4）水上巡检</td><td>人身伤害</td><td>1</td><td>6</td><td>7</td><td>42</td><td>2</td><td>（1）雷雨天气禁止靠近设备，不得从事巡检工作，突遇雷雨天气时及时撤离；
（2）光伏组件上有结冰现象且有覆冰掉落危险时，禁止人员靠近；
（3）夏季高温作业时做好防暑措施；
（4）合理安排外出工作，及时规避高温天气；
（5）水上作业时，正确穿着救生衣</td></tr>
<tr><td rowspan="3">检修前准备</td><td>交通</td><td>（1）车况异常；
（2）驾乘人员未正确系安全带；
（3）道路湿滑</td><td>（1）人身伤害；
（2）车辆事故</td><td>10</td><td>3</td><td>3</td><td>90</td><td>3</td><td>（1）出车前检查车况；
（2）行车过程中，驾乘人员正确系好安全带；
（3）根据道路情况，车辆减速慢行，并定期对道路进行清理维护</td></tr>
<tr><td>安全措施确认</td><td>拉错开关或误送电导致设备带电或误动</td><td>（1）触电；
（2）机械伤害；
（3）设备故障</td><td>1</td><td>1</td><td>7</td><td>7</td><td>1</td><td>（1）办理工作票，确认执行安全措施；
（2）使用个人防护用品；
（3）在逆变器交流侧开关处悬挂“禁止合闸，有人工作”标示牌</td></tr>
<tr><td>安全交底</td><td>（1）扩大工作范围；
（2）走错机位或误碰带电设备</td><td>（1）触电；
（2）设备故障</td><td>1</td><td>1</td><td>7</td><td>7</td><td>1</td><td>（1）工作前对工作班成员进行工作地点及任务明示；
（2）对工作班成员进行安全技术交底</td></tr>
</table>

续表

<table>
<tr><th colspan="2" rowspan="2">作业步骤</th><th rowspan="2">危害因素</th><th rowspan="2">可能导致的后果</th><th colspan="5">风险评价</th><th rowspan="2">控制措施</th></tr>
<tr><th>L</th><th>E</th><th>C</th><th>D</th><th>风险程度</th></tr>
<tr><td rowspan="3">检修前准备</td><td>个人防护用品准备</td><td>（1）未正确佩戴安全帽、穿好工作服；
（2）个人防护用品防护等级不符合要求或过期；
（3）水上作业时未穿着救生衣</td><td>（1）触电；
（2）其他伤害；
（3）人身伤害</td><td>1</td><td>1</td><td>15</td><td>15</td><td>1</td><td>（1）正确穿戴安全帽及工作服；
（2）使用在安全使用期内的安全带，并正确佩戴；
（3）水上作业时，正确穿着救生衣</td></tr>
<tr><td>工器具准备</td><td>（1）使用的工器具无法达到工作要求；
（2）工具不全，或工具破损；
（3）工具未定期检测或检测不合格</td><td>（1）机械伤害；
（2）触电</td><td>1</td><td>1</td><td>7</td><td>7</td><td>1</td><td>（1）做好工具、消耗材料的准备工作；
（2）使用电动工具前要检查其是否合格，电源要有剩余电流动作装置，使用结束立即关掉电源，使用期间如遇停电应立即拔掉电源，防止来电时电动工具突然自行转动，对工作人员或设备造成机械伤害；
（3）使用工器具前要进行检查，确认扳手没有裂痕、断口等安全隐患后方可使用，严禁使用活扳手，应使用梅花扳手</td></tr>
<tr><td>工作班成员精神状态确认</td><td>（1）无法正常完成指定工作；
（2）作业过程中无法清醒判断带电设备及旋转设备；
（3）作业过程中出现昏厥现象</td><td>（1）触电；
（2）机械伤害；
（3）高处坠落；
（4）设备故障</td><td>1</td><td>1</td><td>15</td><td>15</td><td>1</td><td>合理安排工作班成员，精神状态不佳者禁止工作</td></tr>
<tr><td rowspan="2">检修过程</td><td>核对直流开关位置</td><td>（1）设备缺陷；
（2）直流开关未断开</td><td>（1）触电；
（2）人身伤害；
（3）设备事故</td><td>3</td><td>1</td><td>15</td><td>45</td><td>2</td><td>（1）戴绝缘手套、安全帽，穿绝缘鞋；
（2）正确执行操作顺序</td></tr>
<tr><td>核对交流空气断路器位置</td><td>（1）设备缺陷；
（2）交流空气断路器未断开</td><td>（1）触电、灼伤；
（2）其他人身伤害；
（3）设备事故</td><td>3</td><td>1</td><td>15</td><td>45</td><td>2</td><td>（1）戴绝缘手套、安全帽，穿绝缘鞋；
（2）正确执行操作顺序；
（3）断电后，确认逆变器已停机，对通信板电源处验明确无电压</td></tr>
</table>

续表

<table>
<tr><th colspan="2" rowspan="2">作业步骤</th><th rowspan="2">危害因素</th><th rowspan="2">可能导致的后果</th><th colspan="5">风险评价</th><th rowspan="2">控制措施</th></tr>
<tr><th>L</th><th>E</th><th>C</th><th>D</th><th>风险程度</th></tr>
<tr><td rowspan="2">检修过程</td><td>插、拔组件MC4插头</td><td>（1）设备缺陷；
（2）高处作业；
（3）走错位置；
（4）水上作业</td><td>（1）触电；
（2）高处坠落；
（3）人身伤害</td><td>1</td><td>2</td><td>15</td><td>30</td><td>2</td><td>（1）观察设备外观是否存在严重损坏，组件是否有效接地；
（2）断电后，并用万用表测量组件边框确无电压，使用钳形表验电；
（3）高处作业前佩戴安全帽、安全带、限位绳；
（4）水上作业时，正确穿着救生衣；
（5）戴绝缘手套、安全帽</td></tr>
<tr><td>更换逆变器</td><td>（1）工作前未进行停电、验电、挂接地线；
（2）使用不合格的工器具；
（3）设备拆卸后乱放；
（4）逆变器作业区域下方未严格执行隔离措施；
（5）作业现场存在可燃物、易燃物、助燃物；
（6）野蛮拆装设备；
（7）误碰其他带电设备</td><td>（1）高处坠落；
（2）人身伤害；
（3）设备故障；
（4）高处落物</td><td>3</td><td>1</td><td>15</td><td>45</td><td>2</td><td>（1）工作前对逆变器停电、验电，在逆变器交流侧挂接地线；
（2）验电前检查工具应为检测合格的工器具；
（3）拆卸接线时记录每个接线位置，更换完电气元件后，按记录逐一接线，保证接线正确，并检查接线是否牢固；
（4）抬升逆变器时，必须找平找正；
（5）轻拿轻放备件、设备，防止撞击损伤设备；
（6）严禁野蛮拆装、检修设备，造成螺丝过力滑丝、设备开裂、设备变形等；
（7）妥善保管拆下的零部件，防止丢失、损坏；
（8）仔细检查钢丝绳和倒链，应无断股、无开裂，且承受的荷重不准超过规定值；
（9）正确使用吊装机，使用前应仔细检查其完好性；
（10）禁止绳索与其他易损设备接触；
（11）使用倒链起吊时应做好防滑措施；
（12）严禁站在拉紧的钢丝绳对面；
（13）使用吊装机吊逆变器时，应将逆变器固定好，逆变器周围半径5m内无人员逗留</td></tr>
<tr><td>恢复检验</td><td>结束工作</td><td>（1）遗漏工器具；
（2）现场遗留检修杂物；
（3）不结束工作票；
（4）工作班成员未全部撤离</td><td>（1）人身伤害；
（2）设备故障</td><td>1</td><td>3</td><td>15</td><td>45</td><td>2</td><td>（1）收齐并检查工器具；
（2）清扫检修现场；
（3）结束工作票</td></tr>
</table>

2. 更换滤波板

<table>
<tr><td colspan="4">部门：</td><td colspan="5">分析日期：</td><td>记录编号：</td></tr>
<tr><td colspan="4">作业地点或分析范围：组串式逆变器</td><td colspan="6">分析人：</td></tr>
<tr><td colspan="10">作业内容描述：更换滤波板</td></tr>
<tr><td colspan="10">主要作业风险：（1）人员思想不稳；（2）人员精神状态不佳；（3）着火；（4）高处落物；（5）车辆伤害；（6）环境因素；（7）触电；（8）高处坠落</td></tr>
<tr><td colspan="10">控制措施：（1）办理工作票，手动停机并切至维护状态，挂牌；（2）穿戴个人防护用品；（3）设备恢复运行状态前进行全面检查</td></tr>
<tr><td colspan="3">工作执行人签名：</td><td>日期：</td><td colspan="5">工作负责人开工前确认签名：</td><td>日期：</td></tr>
<tr><td colspan="2" rowspan="2">作业步骤</td><td rowspan="2">危害因素</td><td rowspan="2">可能导致的后果</td><td colspan="5">风险评价</td><td rowspan="2">控制措施</td></tr>
<tr><td>L</td><td>E</td><td>C</td><td>D</td><td>风险程度</td></tr>
<tr><td rowspan="2">作业环境</td><td>雷、雨、雪天气</td><td>（1）感应雷电流；
（2）道路湿滑、泥泞</td><td>（1）触电、火灾灼伤；
（2）跌倒</td><td>1</td><td>3</td><td>7</td><td>21</td><td>2</td><td>（1）正确戴安全帽；
（2）正确穿绝缘鞋；
（3）雷雨天气禁止外出作业</td></tr>
<tr><td>高温天气</td><td>中暑</td><td>人身伤害</td><td>1</td><td>3</td><td>7</td><td>21</td><td>2</td><td>（1）合理安排外出工作，及时规避高温天气；
（2）配备防暑药品</td></tr>
<tr><td rowspan="5">检修前准备</td><td>安全交底</td><td>（1）扩大工作范围；
（2）走错间隔或误碰带电设备</td><td>（1）触电；
（2）设备事故</td><td>1</td><td>1</td><td>7</td><td>7</td><td>1</td><td>（1）工作前对工作班成员进行工作任务明示；
（2）对工作班成员进行安全技术交底</td></tr>
<tr><td>工器具准备</td><td>（1）使用的工器具无法达到检修作业要求；
（2）工具不全，或工具破损；
（3）使用的试验仪器超过检验期</td><td>触电</td><td>1</td><td>1</td><td>7</td><td>7</td><td>1</td><td>检修前确认工器具及试验仪器状态，使用合格的工器具及试验仪器</td></tr>
<tr><td>个人防护用品准备</td><td>（1）未正确使用安全帽、绝缘手套、穿绝缘靴；
（2）个人防护用品防护等级不符合要求或过期</td><td>（1）触电；
（2）机械伤害</td><td>1</td><td>1</td><td>15</td><td>15</td><td>1</td><td>（1）正确戴安全帽、绝缘手套，穿绝缘靴；
（2）使用合格的个人防护用品</td></tr>
<tr><td>工作班成员精神状态确认</td><td>（1）无法正常完成指定工作；
（2）作业过程中无法清醒判断设备是否带电</td><td>（1）触电；
（2）机械伤害；
（3）设备故障</td><td>1</td><td>1</td><td>15</td><td>15</td><td>1</td><td>合理安排工作班成员，精神状态不佳者禁止工作</td></tr>
<tr><td>执行安全措施</td><td>（1）拉错开关、走错间隔；
（2）漏执行安全措施</td><td>（1）触电；
（2）设备事故</td><td>1</td><td>1</td><td>15</td><td>15</td><td>1</td><td>（1）严格按照工作票执行安全措施；
（2）执行安全措施时必须有监护人在场</td></tr>
</table>

续表

作业步骤		危害因素	可能导致的后果	风险评价					控制措施
				L	E	C	D	风险程度	
检修前准备	环境	(1) 道路泥泞、湿滑； (2) 雷、雨、雪天气	(1) 车辆伤害； (2) 人身伤害； (3) 高处坠落	10	3	3	90	3	(1) 提前注意天气变化，有效规避恶劣天气； (2) 遇特殊路况，减速慢行； (3) 正确使用安全保护用具（安全帽、劳保鞋等）
	车辆	(1) 车辆缺陷； (2) 超速行驶	人身伤害	6	3	3	54	2	(1) 行车前检查车辆状况； (2) 系好安全带，减速慢行
检修过程	核对直流开关位置	(1) 设备缺陷； (2) 直流开关未断开	(1) 触电； (2) 人身伤害； (3) 设备事故	3	1	15	45	2	(1) 戴绝缘手套、安全帽，穿绝缘鞋； (2) 正确执行操作顺序
	核对交流空气断路器位置	(1) 设备缺陷； (2) 交流空气断路器未断开	(1) 触电、灼伤； (2) 其他人身伤害； (3) 设备事故	3	1	15	45	2	(1) 戴绝缘手套、安全帽，穿绝缘鞋； (2) 正确执行操作顺序； (3) 断电后，确认逆变器已停机，对通信板电源处验明确无电压
	更换滤波板	(1) 工作前未进行停电、验电、挂接地线； (2) 使用不合格的工器具； (3) 设备拆卸后乱放； (4) 逆变器作业区域下方未严格执行隔离措施； (5) 作业现场存在可燃物、易燃物、助燃物； (6) 野蛮拆装设备； (7) 误碰其他带电设备	(1) 高处坠落； (2) 人身伤害； (3) 设备故障； (4) 高处落物	3	1	15	45	2	(1) 工作前对逆变器停电、验电，在逆变器交流侧挂接地线； (2) 验电前检查工具，应为检测合格的工器具； (3) 拆卸接线时记录每个接线位置，更换完电气元件后，按记录逐一接线，保证接线正确，并检查接线是否牢固； (4) 轻拿轻放备件、设备，防止撞击损伤设备； (5) 严禁野蛮拆装、检修设备，造成螺丝过力滑丝、设备开裂、设备变形等； (6) 妥善保管拆下的零部件，防止丢失、损坏
完工阶段	完工恢复	(1) 连接件和紧固件螺栓紧固未达标； (2) 临时短接线、接地线未拆除； (3) 检修后设备接线不正确	(1) 设备事故； (2) 电灼伤	1	1	15	15	1	(1) 用力矩扳手检查连接件和紧固件螺栓； (2) 严格按照工作票执行恢复工作； (3) 恢复工作后，经工作负责人最终检查确认，方可办理工作终结手续
	结束工作	(1) 遗漏工器具； (2) 现场遗留检修杂物； (3) 不结束工作票	设备事故	1	1	15	15	1	(1) 收齐并检查工器具； (2) 清扫检修现场； (3) 结束工作票

3. 更换交流断路器

<table>
<tr><td colspan="3">部门：</td><td colspan="5">分析日期：</td><td>记录编号：</td></tr>
<tr><td colspan="3">作业地点或分析范围：组串式逆变器</td><td colspan="6">分析人：</td></tr>
<tr><td colspan="9">作业内容描述：更换交流断路器</td></tr>
<tr><td colspan="9">主要作业风险：(1) 人员思想不稳；(2) 人员精神状态不佳；(3) 着火；(4) 高处落物；(5) 车辆伤害；(6) 环境因素；(7) 触电；(8) 高处坠落</td></tr>
<tr><td colspan="9">控制措施：(1) 办理工作票，手动停机并切至维护状态，挂牌；(2) 穿戴个人防护用品；(3) 设备恢复运行状态前进行全面检查</td></tr>
<tr><td colspan="2">工作执行人签名：</td><td>日期：</td><td colspan="5">工作负责人开工前确认签名：</td><td>日期：</td></tr>
<tr><td colspan="2" rowspan="2">作业步骤</td><td rowspan="2">危害因素</td><td rowspan="2">可能导致的后果</td><td colspan="5">风险评价</td><td rowspan="2">控制措施</td></tr>
<tr><td>L</td><td>E</td><td>C</td><td>D</td><td>风险程度</td></tr>
<tr><td rowspan="2">作业环境</td><td>雷、雨、雪天气</td><td>(1) 感应雷电流；
(2) 道路湿滑、泥泞</td><td>(1) 触电、火灾灼伤；
(2) 跌倒</td><td>1</td><td>3</td><td>7</td><td>21</td><td>2</td><td>(1) 正确戴安全帽；
(2) 正确穿绝缘鞋；
(3) 雷雨天气禁止外出作业</td></tr>
<tr><td>高温天气</td><td>中暑</td><td>人身伤害</td><td>1</td><td>3</td><td>7</td><td>21</td><td>2</td><td>(1) 合理安排外出工作，及时规避高温天气；
(2) 配备防暑药品</td></tr>
<tr><td rowspan="6">检修前准备</td><td>安全交底</td><td>(1) 扩大工作范围；
(2) 走错间隔或误碰带电设备</td><td>(1) 触电；
(2) 设备事故</td><td>1</td><td>1</td><td>7</td><td>7</td><td>1</td><td>(1) 工作前对工作班成员进行工作任务明示；
(2) 对工作班成员进行安全技术交底</td></tr>
<tr><td>工器具准备</td><td>(1) 使用的工器具无法达到检修作业要求；
(2) 工具不全，或工具破损；
(3) 使用的试验仪器超过检验期</td><td>触电</td><td>1</td><td>1</td><td>7</td><td>7</td><td>1</td><td>检修前确认工器具及试验仪器状态，使用合格的工器具及试验仪器</td></tr>
<tr><td>个人防护用品准备</td><td>(1) 未正确使用安全帽、绝缘手套、绝缘靴；
(2) 个人防护用品防护等级不符合要求或过期</td><td>(1) 触电；
(2) 机械伤害</td><td>1</td><td>1</td><td>15</td><td>15</td><td>1</td><td>(1) 正确戴安全帽、绝缘手套，穿绝缘靴；
(2) 使用合格的个人防护用品</td></tr>
<tr><td>工作班成员精神状态确认</td><td>(1) 无法正常完成指定工作；
(2) 作业过程中无法清醒判断设备是否带电</td><td>(1) 触电；
(2) 机械伤害；
(3) 设备故障</td><td>1</td><td>1</td><td>15</td><td>15</td><td>1</td><td>合理安排工作班成员，精神状态不佳者禁止工作</td></tr>
<tr><td>执行安全措施</td><td>(1) 拉错开关、走错间隔；
(2) 漏执行安全措施</td><td>(1) 触电；
(2) 设备事故</td><td>1</td><td>1</td><td>15</td><td>15</td><td>1</td><td>(1) 严格按照工作票执行安全措施；
(2) 执行安全措施时必须有监护人在场</td></tr>
</table>

续表

作业步骤		危害因素	可能导致的后果	风险评价					控制措施
				L	E	C	D	风险程度	
检修前准备	环境	(1) 道路泥泞、湿滑； (2) 雷、雨、雪天气	(1) 车辆伤害； (2) 人身伤害； (3) 高处坠落	10	3	3	90	3	(1) 提前注意天气变化，有效规避恶劣天气； (2) 遇特殊路况，减速慢行； (3) 正确使用安全保护用具（安全帽、劳保鞋等）
	车辆	(1) 车辆缺陷； (2) 超速行驶	人身伤害	6	3	3	54	2	(1) 行车前检查车辆状况； (2) 系好安全带，减速慢行
检修过程	核对直流开关位置	(1) 设备缺陷； (2) 直流开关未断开	(1) 触电； (2) 人身伤害； (3) 设备事故	3	1	15	45	2	(1) 戴绝缘手套、安全帽，穿绝缘鞋； (2) 正确执行操作顺序
	核对交流空气断路器位置	(1) 设备缺陷； (2) 交流空气断路器未断开	(1) 触电、灼伤； (2) 其他人身伤害； (3) 设备事故	3	1	15	45	2	(1) 戴绝缘手套、安全帽，穿绝缘鞋； (2) 正确执行操作顺序； (3) 断电后，确认逆变器已停机，对通信板电源处验明确无电压
	更换交流断路器	(1) 工作前未进行停电、验电、挂接地线； (2) 使用不合格的工器具； (3) 设备拆卸后乱放； (4) 逆变器作业区域下方未严格执行隔离措施； (5) 作业现场存在可燃物、易燃物、助燃物； (6) 野蛮拆装设备； (7) 误碰其他带电设备	(1) 高处坠落； (2) 人身伤害； (3) 设备故障； (4) 高处落物	3	1	15	45	2	(1) 工作前对逆变器停电、验电，在逆变器交流侧挂接地线； (2) 验电前检查工具，应为检测合格的工器具； (3) 拆卸接线时记录每个接线位置，更换完电气元件后，按记录逐一接线，保证接线正确，并检查接线是否牢固； (4) 轻拿轻放备件、设备，防止撞击损伤设备； (5) 严禁野蛮拆装、检修设备，造成螺丝过力滑丝、设备开裂、设备变形等； (6) 妥善保管拆下的零部件，防止丢失、损坏
完工阶段	完工恢复	(1) 连接件和紧固件螺栓紧固未达标； (2) 临时短接线、接地线未拆除； (3) 检修后设备接线不正确	(1) 设备事故； (2) 电灼伤	1	1	15	15	1	(1) 用力矩扳手检查连接件和紧固件螺栓； (2) 严格按照工作票执行恢复工作； (3) 恢复工作后，经工作负责人最终检查确认，方可办理工作终结手续
	结束工作	(1) 遗漏工器具； (2) 现场遗留检修杂物； (3) 不结束工作票	设备事故	1	1	15	15	1	(1) 收齐并检查工器具； (2) 清扫检修现场； (3) 结束工作票

五、集中式逆变器检修

1. 直流进线电缆故障处理

<table>
<tr><td colspan="4">部门：</td><td colspan="6">分析日期：</td><td>记录编号：</td></tr>
<tr><td colspan="4">作业地点或分析范围：集中式逆变器</td><td colspan="7">分析人：</td></tr>
<tr><td colspan="11">作业内容描述：直流进线电缆故障处理</td></tr>
<tr><td colspan="11">主要作业风险：(1) 人员精神状态不佳；(2) 触电；(3) 设备事故；(4) 走错间隔；(5) 机械伤害</td></tr>
<tr><td colspan="11">控制措施：(1) 办理工作票、操作票；(2) 穿戴个人防护用品；(3) 确认设备名称和间隔；(4) 设备恢复运行状态前进行全面检查；(5) 工作前对工作班成员进行安全交底</td></tr>
<tr><td colspan="3">工作负责人签名：</td><td>日期：</td><td colspan="3">工作票签发人签名：</td><td colspan="2">日期：</td><td>工作许可人签名：</td><td>日期：</td></tr>
<tr><td colspan="2" rowspan="2">作业步骤</td><td rowspan="2">危害因素</td><td rowspan="2">可能导致的后果</td><td colspan="5">风险评价</td><td colspan="2" rowspan="2">控制措施</td></tr>
<tr><td>L</td><td>E</td><td>C</td><td>D</td><td>风险程度</td></tr>
<tr><td>作业环境</td><td>环境</td><td>夏季高温作业</td><td>人身伤害</td><td>3</td><td>1</td><td>1</td><td>3</td><td>1</td><td colspan="2">夏季高温作业时做好防暑措施</td></tr>
<tr><td rowspan="5">检修前准备</td><td>工作班成员精神状态确认</td><td>(1) 无法正常完成指定工作；
(2) 作业过程中出现昏厥现象</td><td>(1) 触电；
(2) 设备故障</td><td>1</td><td>1</td><td>15</td><td>15</td><td>1</td><td colspan="2">合理安排工作班成员，精神状态不佳者禁止工作</td></tr>
<tr><td>安全措施确认</td><td>(1) 拉错开关或误送电导致设备带电或误动；
(2) 未执行工作票、操作票所列的安全措施</td><td>(1) 触电；
(2) 设备故障</td><td>1</td><td>3</td><td>7</td><td>21</td><td>2</td><td colspan="2">(1) 办理操作票、工作票，严格执行工作票、操作票所列的安全措施；
(2) 使用个人防护用品</td></tr>
<tr><td>安全交底</td><td>(1) 走错间隔；
(2) 未交代现场情况</td><td>(1) 触电；
(2) 设备故障</td><td>1</td><td>3</td><td>7</td><td>21</td><td>2</td><td colspan="2">(1) 工作前向工作班成员告知危险点，交代作业活动范围、内容、安全措施和注意事项；
(2) 对工作班成员进行安全技术交底</td></tr>
<tr><td>个人防护用品准备</td><td>未正确佩戴安全帽、穿好工作服</td><td>(1) 触电；
(2) 其他伤害</td><td>3</td><td>0.5</td><td>15</td><td>22.5</td><td>2</td><td colspan="2">正确穿戴安全帽及工作服</td></tr>
<tr><td>工器具准备</td><td>(1) 使用的工器具无法达到工作要求；
(2) 工具不全，或工具破损；
(3) 工具未定期检测或检测不合格</td><td>(1) 机械伤害；
(2) 触电</td><td>1</td><td>1</td><td>7</td><td>7</td><td>1</td><td colspan="2">(1) 做好工具、消耗材料的准备工作；
(2) 使用电动工具前要检查合格，电源要有剩余电流动作装置，使用结束立即关掉电源，使用期间如遇停电应立即拔掉电源，防止来电时电动工具突然自行转动，对工作人员或设备造成机械伤害；
(3) 使用工器具前要进行检查，确认扳手没有裂痕、断口等安全隐患后方可使用，严禁使用活扳手，应使用力矩扳手及梅花扳手；
(4) 作业前检查工器具，应合格、完好</td></tr>
</table>

续表

作业步骤		危害因素	可能导致的后果	风险评价					控制措施
				L	E	C	D	风险程度	
检修过程	直流进线电缆故障处理	（1）误碰其他带电设备； （2）接线错误； （3）野蛮拆装设备； （4）检修设备控制电源未断开； （5）使用不符合规格的工器具； （6）虚接线路	（1）设备故障； （2）触电； （3）机械伤害； （4）火灾	3	1	7	21	2	（1）工作前应停电、验电，检查工作点是否带电，检查安全措施正确、完备后方可开工，工作过程中不得擅自更改安全措施； （2）检查工作点上、下间隔是否带电，工作点与带电负荷或母线安全距离是否足够； （3）进行回路改造或更换电气元件时，要注意检查控制柜各路电源是否断开，且接线端子、裸露线头可能从其他回路反送电，工作时应按要求戴好绝缘手套、穿好绝缘鞋、螺丝刀绑好绝缘胶布； （4）严禁错误使用工器具造成设备损坏，如用过大或过小的扳手替代标准尺寸的扳手，用一字螺丝刀替代十字螺丝刀，用十字螺丝刀替代内六角或内梅花螺丝刀等； （5）严禁野蛮拆装、检修设备，造成螺丝过力滑丝、设备开裂、设备变形等； （6）拆卸接线时记录每个接线位置，更换完电气元件后，按记录逐一接线，保证接线正确，并检查接线是否牢固； （7）电缆线路接好之后用热成像仪测温，确保接头处未发热
恢复检验	结束工作	（1）遗漏工器具； （2）现场遗留检修杂物； （3）不结束工作票； （4）工作班成员未全部撤离	（1）人身伤害； （2）设备故障	3	3	3	27	2	（1）收齐并检查工器具； （2）清扫检修现场； （3）结束工作票

2. 直流进线空气断路器故障处理

部门：			分析日期：		记录编号：
作业地点或分析范围：集中式逆变器			分析人：		
作业内容描述：直流进线空气断路器故障处理					
主要作业风险：（1）人员精神状态不佳；（2）触电；（3）设备事故；（4）走错间隔；（5）机械伤害					
控制措施：（1）办理工作票、操作票；（2）穿戴个人防护用品；（3）确认设备名称和间隔；（4）设备恢复运行状态前进行全面检查；（5）工作前对工作班成员进行安全交底					
工作负责人签名：	日期：	工作票签发人签名：	日期：	工作许可人签名：	日期：

作业步骤		危害因素	可能导致的后果	风险评价					控制措施
				L	E	C	D	风险程度	
作业环境	环境	夏季高温作业	人身伤害	3	1	1	3	1	夏季高温作业时做好防暑措施
检修前准备	工作班成员精神状态确认	（1）无法正常完成指定工作； （2）作业过程中出现昏厥现象	（1）触电； （2）设备故障	1	1	15	15	1	合理安排工作班成员，精神状态不佳者禁止工作
	安全措施确认	（1）拉错开关或误送电导致设备带电或误动； （2）未执行工作票、操作票所列的安全措施	（1）触电； （2）设备故障	1	3	7	21	2	（1）办理操作票、工作票，严格执行工作票、操作票所列的安全措施； （2）使用个人防护用品
	安全交底	（1）走错间隔； （2）未交代现场情况	（1）触电； （2）设备故障	1	3	7	21	2	（1）工作前向工作班成员告知危险点，交代作业活动范围、内容、安全措施和注意事项； （2）对工作班成员进行安全技术交底
	个人防护用品准备	未正确佩戴安全帽、穿好工作服	（1）触电； （2）其他伤害	3	0.5	15	22.5	2	正确穿戴安全帽及工作服
	工器具准备	（1）使用的工器具无法达到工作要求； （2）工具不全，或工具破损； （3）工具未定期检测或检测不合格	（1）机械伤害； （2）触电	1	1	7	7	1	（1）做好工具、消耗材料的准备工作； （2）使用电动工具前要检查其是否合格，电源要有剩余电流动作装置，使用结束立即关掉电源，使用期间如遇停电应立即拔掉电源，防止来电时电动工具突然自行转动，对工作人员或设备造成机械伤害； （3）使用工器具前要进行检查，确认扳手没有裂痕、断口等安全隐患后方可使用，严禁使用活扳手，应使用力矩扳手及梅花扳手； （4）作业前检查工器具，应合格、完好

续表

作业步骤		危害因素	可能导致的后果	风险评价					控制措施
				L	E	C	D	风险程度	
检修过程	直流进线空气断路器故障处理	（1）误碰其他带电设备； （2）接线错误； （3）野蛮拆装设备； （4）检修设备控制电源未断开； （5）使用不符合规格的工器具； （6）虚接线路	（1）设备故障； （2）触电； （3）机械伤害； （4）火灾	3	1	7	21	2	（1）工作前应停电、验电，检查工作点是否带电，检查安全措施正确、完备后方可开工，工作过程中不得擅自更改安全措施； （2）检查工作点上、下间隔是否带电，工作点与带电负荷或母线安全距离是否足够； （3）进行回路改造或更换电气元件时，要注意检查控制柜各路电源是否断开，且接线端子、裸露线头可能从其他回路反送电，工作时应按要求戴好绝缘手套、穿好绝缘鞋、螺丝刀绑好绝缘胶布； （4）严禁错误使用工器具造成设备损坏，如用过大或过小的扳手替代标准尺寸的扳手，用一字螺丝刀替代十字螺丝刀，用十字螺丝刀替代内六角或内梅花螺丝刀等； （5）严禁野蛮拆装、检修设备，造成螺丝过力滑丝、设备开裂、设备变形等； （6）拆卸接线时记录每个接线位置，更换完电气元件后，按记录逐一接线，保证接线正确，并检查接线是否牢固
恢复检验	结束工作	（1）遗漏工器具； （2）现场遗留检修杂物； （3）不结束工作票； （4）工作班成员未全部撤离	（1）人身伤害； （2）设备故障	3	3	3	27	2	（1）收齐并检查工器具； （2）清扫检修现场； （3）结束工作票

3. 交流输出开关故障处理

<table>
<tr><td colspan="3">部门：</td><td colspan="5">分析日期：</td><td>记录编号：</td></tr>
<tr><td colspan="3">作业地点或分析范围：集中式逆变器</td><td colspan="6">分析人：</td></tr>
<tr><td colspan="9">作业内容描述：交流输出开关故障处理</td></tr>
<tr><td colspan="9">主要作业风险：(1) 人员精神状态不佳；(2) 触电；(3) 设备事故；(4) 走错间隔；(5) 机械伤害</td></tr>
<tr><td colspan="9">控制措施：(1) 办理工作票、操作票；(2) 穿戴个人防护用品；(3) 确认设备名称和间隔；(4) 设备恢复运行状态前进行全面检查；(5) 工作前对工作班成员进行安全交底</td></tr>
<tr><td colspan="2">工作负责人签名：</td><td>日期：</td><td>工作票签发人签名：</td><td colspan="2">日期：</td><td colspan="2">工作许可人签名：</td><td>日期：</td></tr>
<tr><td colspan="2" rowspan="2">作业步骤</td><td rowspan="2">危害因素</td><td rowspan="2">可能导致的后果</td><td colspan="5">风险评价</td><td rowspan="2">控制措施</td></tr>
<tr><td>L</td><td>E</td><td>C</td><td>D</td><td>风险程度</td></tr>
<tr><td>作业环境</td><td>环境</td><td>夏季高温作业</td><td>人身伤害</td><td>3</td><td>1</td><td>1</td><td>3</td><td>1</td><td>夏季高温作业时做好防暑措施</td></tr>
<tr><td rowspan="5">检修前准备</td><td>工作班成员精神状态确认</td><td>(1) 无法正常完成指定工作；
(2) 作业过程中出现昏厥现象</td><td>(1) 触电；
(2) 设备故障</td><td>1</td><td>1</td><td>15</td><td>15</td><td>1</td><td>合理安排工作班成员，精神状态不佳者禁止工作</td></tr>
<tr><td>安全措施确认</td><td>(1) 拉错开关或误送电导致设备带电或误动；
(2) 未执行工作票、操作票所列的安全措施</td><td>(1) 触电；
(2) 设备故障</td><td>1</td><td>3</td><td>7</td><td>21</td><td>2</td><td>(1) 办理操作票、工作票，严格执行工作票、操作票所列的安全措施；
(2) 使用个人防护用品</td></tr>
<tr><td>安全交底</td><td>(1) 走错间隔；
(2) 未交代现场情况</td><td>(1) 触电；
(2) 设备故障</td><td>1</td><td>3</td><td>7</td><td>21</td><td>2</td><td>(1) 工作前向工作班成员告知危险点，交代作业活动范围、内容、安全措施和注意事项；
(2) 对工作班成员进行安全技术交底</td></tr>
<tr><td>个人防护用品准备</td><td>未正确佩戴安全帽、穿好工作服</td><td>(1) 触电；
(2) 其他伤害</td><td>3</td><td>0.5</td><td>15</td><td>22.5</td><td>2</td><td>正确穿戴安全帽及工作服</td></tr>
<tr><td>工器具准备</td><td>(1) 使用的工器具无法达到工作要求；
(2) 工具不全，或工具破损；
(3) 工具未定期检测或检测不合格</td><td>(1) 机械伤害；
(2) 触电</td><td>1</td><td>1</td><td>7</td><td>7</td><td>1</td><td>(1) 做好工具、消耗材料的准备工作；
(2) 使用电动工具前要检查其是否合格，电源要有剩余电流动作装置，使用结束立即关掉电源，使用期间如遇停电应立即拔掉电源，防止来电时电动工具突然自行转动，对工作人员或设备造成机械伤害；
(3) 使用工器具前要进行检查，确认扳手没有裂痕、断口等安全隐患后方可使用，严禁使用活扳手，应使用力矩扳手及梅花扳手；
(4) 作业前检查工器具，应合格、完好</td></tr>
</table>

续表

作业步骤		危害因素	可能导致的后果	风险评价					控制措施
				L	E	C	D	风险程度	
检修过程	交流输出开关故障处理	（1）误碰其他带电设备； （2）接线错误； （3）野蛮拆装设备； （4）检修设备控制电源未断开； （5）使用不符合规格的工器具； （6）虚接线路	（1）设备故障； （2）触电； （3）机械伤害； （4）火灾	3	1	7	21	2	（1）工作前应停电、验电，检查工作点是否带电，检查安全措施正确、完备后方可开工，工作过程中不得擅自更改安全措施； （2）检查工作点上、下间隔是否带电，工作点与带电负荷或母线安全距离是否足够； （3）进行回路改造或更换电气元件时，要注意检查控制柜各路电源是否断开，且接线端子、裸露线头可能从其他回路反送电，工作时应按要求戴好绝缘手套、穿好绝缘鞋、螺丝刀绑好绝缘胶布； （4）严禁错误使用工器具造成设备损坏，如用过大或过小的扳手替代标准尺寸的扳手，用一字螺丝刀替代十字螺丝刀，用十字螺丝刀替代内六角或内梅花螺丝刀等； （5）严禁野蛮拆装、检修设备，造成螺丝过力滑丝、设备开裂、设备变形等； （6）拆卸接线时记录每个接线位置，更换完电气元件后，按记录逐一接线，保证接线正确，并检查接线是否牢固
恢复检验	结束工作	（1）遗漏工器具； （2）现场遗留检修杂物； （3）不结束工作票； （4）工作班成员未全部撤离	（1）人身伤害； （2）设备故障	3	3	3	27	2	（1）收齐并检查工器具； （2）清扫检修现场； （3）结束工作票

4. 通信故障处理

<table>
<tr><td colspan="4">部门：</td><td colspan="5">分析日期：</td><td>记录编号：</td></tr>
<tr><td colspan="4">作业地点或分析范围：集中式逆变器</td><td colspan="6">分析人：</td></tr>
<tr><td colspan="10">作业内容描述：通信故障处理</td></tr>
<tr><td colspan="10">主要作业风险：(1) 人员精神状态不佳；(2) 触电；(3) 设备事故；(4) 走错间隔；(5) 机械伤害</td></tr>
<tr><td colspan="10">控制措施：(1) 办理工作票、操作票；(2) 穿戴个人防护用品；(3) 确认设备名称和间隔；(4) 设备恢复运行状态前进行全面检查；(5) 工作前对工作班成员进行安全交底</td></tr>
<tr><td colspan="2">工作负责人签名：</td><td>日期：</td><td colspan="2">工作票签发人签名：</td><td colspan="2">日期：</td><td colspan="2">工作许可人签名：</td><td>日期：</td></tr>
<tr><td colspan="2" rowspan="2">作业步骤</td><td rowspan="2">危害因素</td><td rowspan="2">可能导致的后果</td><td colspan="5">风险评价</td><td rowspan="2">控制措施</td></tr>
<tr><td>L</td><td>E</td><td>C</td><td>D</td><td>风险程度</td></tr>
<tr><td>作业环境</td><td>环境</td><td>夏季高温作业</td><td>人身伤害</td><td>3</td><td>1</td><td>1</td><td>3</td><td>1</td><td>夏季高温作业时做好防暑措施</td></tr>
<tr><td rowspan="5">检修前准备</td><td>工作班成员精神状态确认</td><td>(1) 无法正常完成指定工作；
(2) 作业过程中出现昏厥现象</td><td>(1) 触电；
(2) 设备故障</td><td>1</td><td>1</td><td>15</td><td>15</td><td>1</td><td>合理安排工作班成员，精神状态不佳者禁止工作</td></tr>
<tr><td>安全措施确认</td><td>(1) 拉错开关或误送电导致设备带电或误动；
(2) 未执行工作票、操作票所列的安全措施</td><td>(1) 触电；
(2) 设备故障</td><td>1</td><td>3</td><td>7</td><td>21</td><td>2</td><td>(1) 办理操作票、工作票，严格执行工作票、操作票所列的安全措施；
(2) 使用个人防护用品</td></tr>
<tr><td>安全交底</td><td>(1) 走错间隔；
(2) 未交代现场情况</td><td>(1) 触电；
(2) 设备故障</td><td>1</td><td>3</td><td>7</td><td>21</td><td>2</td><td>(1) 工作前向工作班成员告知危险点，交代作业活动范围、内容、安全措施和注意事项；
(2) 对工作班成员进行安全技术交底</td></tr>
<tr><td>个人防护用品准备</td><td>未正确佩戴安全帽、穿好工作服</td><td>(1) 触电；
(2) 其他伤害</td><td>3</td><td>0.5</td><td>15</td><td>22.5</td><td>2</td><td>正确穿戴安全帽及工作服</td></tr>
<tr><td>工器具准备</td><td>(1) 使用的工器具无法达到工作要求；
(2) 工具不全，或工具破损；
(3) 工具未定期检测或检测不合格</td><td>(1) 机械伤害；
(2) 触电</td><td>1</td><td>1</td><td>7</td><td>7</td><td>1</td><td>(1) 做好工具、消耗材料的准备工作；
(2) 使用电动工具前要检查其是否合格，电源要有剩余电流动作装置，使用结束立即关掉电源，使用期间如遇停电应立即拔掉电源，防止来电时电动工具突然自行转动，对工作人员或设备造成机械伤害；
(3) 使用工器具前要进行检查，确认扳手没有裂痕、断口等安全隐患后方可使用，严禁使用活扳手，应使用力矩扳手及梅花扳手；
(4) 作业前检查工器具，应合格、完好</td></tr>
</table>

续表

作业步骤		危害因素	可能导致的后果	风险评价					控制措施
				L	E	C	D	风险程度	
检修过程	通信故障处理	（1）误碰其他带电设备； （2）接线错误； （3）野蛮拆装设备； （4）检修设备控制电源未断开； （5）使用不符合规格的工器具； （6）虚接线路	（1）设备故障； （2）触电； （3）机械伤害； （4）火灾	3	1	7	21	2	（1）工作前应停电、验电，检查工作点是否带电，检查安全措施正确、完备后方可开工，工作过程中不得擅自更改安全措施； （2）检查工作点上、下间隔是否带电，工作点与带电负荷或母线安全距离是否足够； （3）进行回路改造或更换电气元件时，要注意检查控制柜各路电源是否断开，且接线端子、裸露线头可能从其他回路反送电，工作时应按要求戴好绝缘手套、穿好绝缘鞋、螺丝刀绑好绝缘胶布； （4）严禁错误使用工器具造成设备损坏，如用过大或过小的扳手替代标准尺寸的扳手，用一字螺丝刀替代十字螺丝刀，用十字螺丝刀替代内六角或内梅花螺丝刀等； （5）严禁野蛮拆装、检修设备，造成螺丝过力滑丝、设备开裂、设备变形等； （6）拆卸接线时记录每个接线位置，更换完电气元件后，按记录逐一接线，保证接线正确，并检查接线是否牢固
恢复检验	结束工作	（1）遗漏工器具； （2）现场遗留检修杂物； （3）不结束工作票； （4）工作班成员未全部撤离	（1）人身伤害； （2）设备故障	3	3	3	27	2	（1）收齐并检查工器具； （2）清扫检修现场； （3）结束工作票

5. 电容故障处理

<table>
<tr><td colspan="4">部门：</td><td colspan="6">分析日期：</td><td>记录编号：</td></tr>
<tr><td colspan="4">作业地点或分析范围：集中式逆变器</td><td colspan="7">分析人：</td></tr>
<tr><td colspan="11">作业内容描述：电容故障处理</td></tr>
<tr><td colspan="11">主要作业风险：(1) 人员精神状态不佳；(2) 触电；(3) 设备事故；(4) 走错间隔；(5) 机械伤害</td></tr>
<tr><td colspan="11">控制措施：(1) 办理工作票、操作票；(2) 穿戴个人防护用品；(3) 确认设备名称和间隔；(4) 设备恢复运行状态前进行全面检查；(5) 工作前对工作班成员进行安全交底</td></tr>
<tr><td colspan="2">工作负责人签名：</td><td>日期：</td><td>工作票签发人签名：</td><td colspan="3">日期：</td><td colspan="3">工作许可人签名：</td><td>日期：</td></tr>
<tr><td colspan="2" rowspan="2">作业步骤</td><td rowspan="2">危害因素</td><td rowspan="2">可能导致的后果</td><td colspan="5">风险评价</td><td colspan="2" rowspan="2">控制措施</td></tr>
<tr><td>L</td><td>E</td><td>C</td><td>D</td><td>风险程度</td></tr>
<tr><td>作业环境</td><td>环境</td><td>夏季高温作业</td><td>人身伤害</td><td>3</td><td>1</td><td>1</td><td>3</td><td>1</td><td colspan="2">夏季高温作业时做好防暑措施</td></tr>
<tr><td rowspan="6">检修前准备</td><td>工作班成员精神状态确认</td><td>(1) 无法正常完成指定工作；
(2) 作业过程中出现昏厥现象</td><td>(1) 触电；
(2) 设备故障</td><td>1</td><td>1</td><td>15</td><td>15</td><td>1</td><td colspan="2">合理安排工作班成员，精神状态不佳者禁止工作</td></tr>
<tr><td>安全措施确认</td><td>(1) 拉错开关或误送电导致设备带电或误动；
(2) 未执行工作票、操作票所列的安全措施</td><td>(1) 触电；
(2) 设备故障</td><td>1</td><td>3</td><td>7</td><td>21</td><td>2</td><td colspan="2">(1) 办理操作票、工作票，严格执行工作票、操作票所列的安全措施；
(2) 使用个人防护用品</td></tr>
<tr><td>安全交底</td><td>(1) 走错间隔；
(2) 未交代现场情况</td><td>(1) 触电；
(2) 设备故障</td><td>1</td><td>3</td><td>7</td><td>21</td><td>2</td><td colspan="2">(1) 工作前向工作班成员告知危险点，交代作业活动范围、内容、安全措施和注意事项；
(2) 对工作班成员进行安全技术交底</td></tr>
<tr><td>个人防护用品准备</td><td>未正确佩戴安全帽、穿好工作服</td><td>(1) 触电；
(2) 其他伤害</td><td>3</td><td>0.5</td><td>15</td><td>22.5</td><td>2</td><td colspan="2">正确穿戴安全帽及工作服</td></tr>
<tr><td>工器具准备</td><td>(1) 使用的工器具无法达到工作要求；
(2) 工具不全，或工具破损；
(3) 工具未定期检测或检测不合格</td><td>(1) 机械伤害；
(2) 触电</td><td>1</td><td>1</td><td>7</td><td>7</td><td>1</td><td colspan="2">(1) 做好工具、消耗材料的准备工作；
(2) 使用电动工具前要检查其是否合格，电源要有剩余电流动作装置，使用结束立即关掉电源，使用期间如遇停电应立即拔掉电源，防止来电时电动工具突然自行转动，对工作人员或设备造成机械伤害；
(3) 使用工器具前要进行检查，确认扳手没有裂痕、断口等安全隐患后方可使用，严禁使用活扳手，应使用力矩扳手及梅花扳手；
(4) 作业前检查工器具，应合格、完好</td></tr>
</table>

续表

<table>
<tr><th colspan="2" rowspan="2">作业步骤</th><th rowspan="2">危害因素</th><th rowspan="2">可能导致的后果</th><th colspan="5">风险评价</th><th rowspan="2">控制措施</th></tr>
<tr><th>L</th><th>E</th><th>C</th><th>D</th><th>风险程度</th></tr>
<tr><td>检修过程</td><td>电容故障处理</td><td>(1) 误碰其他带电设备;
(2) 接线错误;
(3) 野蛮拆装设备;
(4) 检修设备控制电源未断开;
(5) 使用不符合规格的工器具;
(6) 虚接线路</td><td>(1) 设备故障;
(2) 触电;
(3) 机械伤害;
(4) 火灾</td><td>3</td><td>1</td><td>7</td><td>21</td><td>2</td><td>(1) 工作前应停电、验电,检查工作点是否带电,检查安全措施正确、完备后方可开工,工作过程中不得擅自更改安全措施;
(2) 检查工作点上、下间隔是否带电,工作点与带电负荷或母线安全距离是否足够;
(3) 进行回路改造或更换电气元件时,要注意检查控制柜各路电源是否断开,且接线端子、裸露线头可能从其他回路反送电,工作时应按要求戴好绝缘手套、穿好绝缘鞋、螺丝刀绑好绝缘胶布;
(4) 严禁错误使用工器具造成设备损坏,如用过大或过小的扳手替代标准尺寸的扳手,用一字螺丝刀替代十字螺丝刀,用十字螺丝刀替代内六角或内梅花螺丝刀等;
(5) 严禁野蛮拆装、检修设备,造成螺丝过力滑丝、设备开裂、设备变形等;
(6) 拆卸接线时记录每个接线位置,更换完电气元件后,按记录逐一接线,保证接线正确,并检查接线是否牢固;
(7) 电缆线路接好后,用热成像仪测温,确保接头处未发热</td></tr>
<tr><td>恢复检验</td><td>结束工作</td><td>(1) 遗漏工器具;
(2) 现场遗留检修杂物;
(3) 不结束工作票;
(4) 工作班成员未全部撤离</td><td>(1) 人身伤害;
(2) 设备故障</td><td>3</td><td>3</td><td>3</td><td>27</td><td>2</td><td>(1) 收齐并检查工器具;
(2) 清扫检修现场;
(3) 结束工作票</td></tr>
</table>

6. 驱动板故障处理

<table>
<tr><td colspan="3">部门：</td><td colspan="5">分析日期：</td><td>记录编号：</td></tr>
<tr><td colspan="3">作业地点或分析范围：集中式逆变器</td><td colspan="6">分析人：</td></tr>
<tr><td colspan="9">作业内容描述：驱动板故障处理</td></tr>
<tr><td colspan="9">主要作业风险：（1）人员精神状态不佳；（2）触电；（3）设备事故；（4）走错间隔；（5）机械伤害</td></tr>
<tr><td colspan="9">控制措施：（1）办理工作票、操作票；（2）穿戴个人防护用品；（3）确认设备名称和间隔；（4）设备恢复运行状态前进行全面检查；（5）工作前对工作班成员进行安全交底</td></tr>
<tr><td colspan="2">工作负责人签名：</td><td>日期：</td><td>工作票签发人签名：</td><td colspan="2">日期：</td><td colspan="2">工作许可人签名：</td><td>日期：</td></tr>
</table>

<table>
<tr><th colspan="2" rowspan="2">作业步骤</th><th rowspan="2">危害因素</th><th rowspan="2">可能导致的后果</th><th colspan="5">风险评价</th><th rowspan="2">控制措施</th></tr>
<tr><th>L</th><th>E</th><th>C</th><th>D</th><th>风险程度</th></tr>
<tr><td>作业环境</td><td>环境</td><td>夏季高温作业</td><td>人身伤害</td><td>3</td><td>1</td><td>1</td><td>3</td><td>1</td><td>夏季高温作业时做好防暑措施</td></tr>
<tr><td rowspan="5">检修前准备</td><td>工作班成员精神状态确认</td><td>（1）无法正常完成指定工作；
（2）作业过程中出现昏厥现象</td><td>（1）触电；
（2）设备故障</td><td>1</td><td>1</td><td>15</td><td>15</td><td>1</td><td>合理安排工作班成员，精神状态不佳者禁止工作</td></tr>
<tr><td>安全措施确认</td><td>（1）拉错开关或误送电导致设备带电或误动；
（2）未执行工作票、操作票所列的安全措施</td><td>（1）触电；
（2）设备故障</td><td>1</td><td>3</td><td>7</td><td>21</td><td>2</td><td>（1）办理操作票、工作票，严格执行工作票、操作票所列的安全措施；
（2）使用个人防护用品</td></tr>
<tr><td>安全交底</td><td>（1）走错间隔；
（2）未交代现场情况</td><td>（1）触电；
（2）设备故障</td><td>1</td><td>3</td><td>7</td><td>21</td><td>2</td><td>（1）工作前向工作班成员告知危险点，交代作业活动范围、内容、安全措施和注意事项；
（2）对工作班成员进行安全技术交底</td></tr>
<tr><td>个人防护用品准备</td><td>未正确佩戴安全帽、穿好工作服</td><td>（1）触电；
（2）其他伤害</td><td>3</td><td>0.5</td><td>15</td><td>22.5</td><td>2</td><td>正确穿戴安全帽及工作服</td></tr>
<tr><td>工器具准备</td><td>（1）使用的工器具无法达到工作要求；
（2）工具不全，或工具破损；
（3）工具未定期检测或检测不合格</td><td>（1）机械伤害；
（2）触电</td><td>1</td><td>1</td><td>7</td><td>7</td><td>1</td><td>（1）做好工具、消耗材料的准备工作；
（2）使用电动工具前要检查其是否合格，电源要有剩余电流动作装置，使用结束立即关掉电源，使用期间如遇停电应立即拔掉电源，防止来电时电动工具突然自行转动，对工作人员或设备造成机械伤害；
（3）使用工器具前要进行检查，确认扳手没有裂痕、断口等安全隐患后方可使用，严禁使用活扳手，应使用力矩扳手及梅花扳手；
（4）作业前检查工器具，应合格、完好</td></tr>
</table>

续表

作业步骤		危害因素	可能导致的后果	风险评价					控制措施
				L	E	C	D	风险程度	
检修过程	驱动板故障处理	(1) 误碰其他带电设备； (2) 接线错误； (3) 野蛮拆装设备； (4) 检修设备控制电源未断开； (5) 使用不符合规格的工器具； (6) 虚接线路	(1) 设备故障； (2) 触电； (3) 机械伤害； (4) 火灾	3	1	7	21	2	(1) 工作前应停电、验电，检查工作点是否带电，检查安全措施正确、完备后方可开工，工作过程中不得擅自更改安全措施； (2) 检查工作点上、下间隔是否带电，工作点与带电负荷或母线安全距离是否足够； (3) 进行回路改造或更换电气元件时，要注意检查控制柜各路电源是否断开，且接线端子、裸露线头可能从其他回路反送电，工作时应按要求戴好绝缘手套、穿好绝缘鞋、螺丝刀绑好绝缘胶布； (4) 严禁错误使用工器具造成设备损坏，如用过大或过小的扳手替代标准尺寸的扳手，用一字螺丝刀替代十字螺丝刀，用十字螺丝刀替代内六角或内梅花螺丝刀等； (5) 严禁野蛮拆装、检修设备，造成螺丝过力滑丝、设备开裂、设备变形等； (6) 拆卸接线时记录每个接线位置，更换完电气元件后，按记录逐一接线，保证接线正确，并检查接线是否牢固； (7) 电缆线路接好后，用热成像仪测温，确保接头处未发热
恢复检验	结束工作	(1) 遗漏工器具； (2) 现场遗留检修杂物； (3) 不结束工作票； (4) 工作班成员未全部撤离	(1) 人身伤害； (2) 设备故障	3	3	3	27	2	(1) 收齐并检查工器具； (2) 清扫检修现场； (3) 结束工作票

7. 电感器故障处理

<table>
<tr><td colspan="5">部门：</td><td colspan="5">分析日期：</td><td>记录编号：</td></tr>
<tr><td colspan="5">作业地点或分析范围：集中式逆变器</td><td colspan="6">分析人：</td></tr>
<tr><td colspan="11">作业内容描述：电感器故障处理</td></tr>
<tr><td colspan="11">主要作业风险：（1）人员精神状态不佳；（2）触电；（3）设备事故；（4）走错间隔；（5）机械伤害</td></tr>
<tr><td colspan="11">控制措施：（1）办理工作票、操作票；（2）穿戴个人防护用品；（3）确认设备名称和间隔；（4）设备恢复运行状态前进行全面检查；（5）工作前对工作班成员进行安全交底</td></tr>
<tr><td colspan="2">工作负责人签名：</td><td>日期：</td><td colspan="2">工作票签发人签名：</td><td colspan="3">日期：</td><td colspan="2">工作许可人签名：</td><td>日期：</td></tr>
<tr><td colspan="2" rowspan="2">作业步骤</td><td rowspan="2">危害因素</td><td rowspan="2">可能导致的后果</td><td colspan="5">风险评价</td><td colspan="2" rowspan="2">控制措施</td></tr>
<tr><td>L</td><td>E</td><td>C</td><td>D</td><td>风险程度</td></tr>
<tr><td>作业环境</td><td>环境</td><td>夏季高温作业</td><td>人身伤害</td><td>3</td><td>1</td><td>1</td><td>3</td><td>1</td><td colspan="2">夏季高温作业时做好防暑措施</td></tr>
<tr><td rowspan="5">检修前准备</td><td>工作班成员精神状态确认</td><td>（1）无法正常完成指定工作；
（2）作业过程中出现昏厥现象</td><td>（1）触电；
（2）设备故障</td><td>1</td><td>1</td><td>15</td><td>15</td><td>1</td><td colspan="2">合理安排工作班成员，精神状态不佳者禁止工作</td></tr>
<tr><td>安全措施确认</td><td>（1）拉错开关或误送电导致设备带电或误动；
（2）未执行工作票、操作票所列的安全措施</td><td>（1）触电；
（2）设备故障</td><td>1</td><td>3</td><td>7</td><td>21</td><td>2</td><td colspan="2">（1）办理操作票、工作票，严格执行工作票、操作票所列的安全措施；
（2）使用个人防护用品</td></tr>
<tr><td>安全交底</td><td>（1）走错间隔；
（2）未交代现场情况</td><td>（1）触电；
（2）设备故障</td><td>1</td><td>3</td><td>7</td><td>21</td><td>2</td><td colspan="2">（1）工作前向工作班成员告知危险点，交代作业活动范围、内容、安全措施和注意事项；
（2）对工作班成员进行安全技术交底</td></tr>
<tr><td>个人防护用品准备</td><td>未正确佩戴安全帽、穿好工作服</td><td>（1）触电；
（2）其他伤害</td><td>3</td><td>0.5</td><td>15</td><td>22.5</td><td>2</td><td colspan="2">正确穿戴安全帽及工作服</td></tr>
<tr><td>工器具准备</td><td>（1）使用的工器具无法达到工作要求；
（2）工具不全，或工具破损；
（3）工具未定期检测或检测不合格</td><td>（1）机械伤害；
（2）触电</td><td>1</td><td>1</td><td>7</td><td>7</td><td>1</td><td colspan="2">（1）做好工具、消耗材料的准备工作；
（2）使用电动工具前要检查其是否合格，电源要有剩余电流动作装置，使用结束立即关掉电源，使用期间如遇停电应立即拔掉电源，防止来电时电动工具突然自行转动，对工作人员或设备造成机械伤害；
（3）使用工器具前要进行检查，确认扳手没有裂痕、断口等安全隐患后方可使用，严禁使用活扳手，应使用力矩扳手及梅花扳手；
（4）作业前检查工器具，应合格、完好</td></tr>
</table>

续表

作业步骤		危害因素	可能导致的后果	风险评价					控制措施
				L	E	C	D	风险程度	
检修过程	电感器故障处理	(1) 误碰其他带电设备； (2) 接线错误； (3) 野蛮拆装设备； (4) 检修设备控制电源未断开； (5) 使用不符合规格的工器具； (6) 虚接线路	(1) 设备故障； (2) 触电； (3) 机械伤害； (4) 火灾	3	1	7	21	2	(1) 工作前应停电、验电，检查工作点是否带电，检查安全措施正确、完备后方可开工，工作过程中不得擅自更改安全措施； (2) 检查工作点上、下间隔是否带电，工作点与带电负荷或母线安全距离是否足够； (3) 进行回路改造或更换电气元件时，要注意检查控制柜各路电源是否断开，且接线端子、裸露线头可能从其他回路反送电，工作时应按要求戴好绝缘手套、穿好绝缘鞋、螺丝刀绑好绝缘胶布； (4) 严禁错误使用工器具造成设备损坏，如用过大或过小的扳手替代标准尺寸的扳手，用一字螺丝刀替代十字螺丝刀，用十字螺丝刀替代内六角或内梅花螺丝刀等； (5) 严禁野蛮拆装、检修设备，造成螺丝过力滑丝、设备开裂、设备变形等； (6) 拆卸接线时记录每个接线位置，更换完电气元件后，按记录逐一接线，保证接线正确，并检查接线是否牢固； (7) 电缆线路接好后，用热成像仪测温，确保接头处未发热
恢复检验	结束工作	(1) 遗漏工器具； (2) 现场遗留检修杂物； (3) 不结束工作票； (4) 工作班成员未全部撤离	(1) 人身伤害； (2) 设备故障	3	3	3	27	2	(1) 收齐并检查工器具； (2) 清扫检修现场； (3) 结束工作票

8. 滤波器故障处理

部门：			分析日期：					记录编号：
作业地点或分析范围：集中式逆变器			分析人：					
作业内容描述：滤波器故障处理								
主要作业风险：(1) 人员精神状态不佳；(2) 触电；(3) 设备事故；(4) 走错间隔；(5) 机械伤害								
控制措施：(1) 办理工作票、操作票；(2) 穿戴个人防护用品；(3) 确认设备名称和间隔；(4) 设备恢复运行状态前进行全面检查；(5) 工作前对工作班成员进行安全交底								
工作负责人签名： 日期：		工作票签发人签名： 日期：				工作许可人签名： 日期：		

作业步骤		危害因素	可能导致的后果	风险评价					控制措施
				L	*E*	*C*	*D*	风险程度	
作业环境	环境	夏季高温作业	人身伤害	3	1	1	3	1	夏季高温作业时做好防暑措施
检修前准备	工作班成员精神状态确认	(1) 无法正常完成指定工作； (2) 作业过程中出现昏厥现象	(1) 触电； (2) 设备故障	1	1	15	15	1	合理安排工作班成员，精神状态不佳者禁止工作
	安全措施确认	(1) 拉错开关或误送电导致设备带电或误动； (2) 未执行工作票、操作票所列的安全措施	(1) 触电； (2) 设备故障	1	3	7	21	2	(1) 办理操作票、工作票，严格执行工作票、操作票所列的安全措施； (2) 使用个人防护用品
	安全交底	(1) 走错间隔； (2) 未交代现场情况	(1) 触电； (2) 设备故障	1	3	7	21	2	(1) 工作前向工作班成员告知危险点，交代作业活动范围、内容、安全措施和注意事项； (2) 对工作班成员进行安全技术交底
	个人防护用品准备	未正确佩戴安全帽、穿好工作服	(1) 触电； (2) 其他伤害	3	0.5	15	22.5	2	正确穿戴安全帽及工作服
	工器具准备	(1) 使用的工器具无法达到工作要求； (2) 工具不全，或工具破损； (3) 工具未定期检测或检测不合格	(1) 机械伤害； (2) 触电	1	1	7	7	1	(1) 做好工具、消耗材料的准备工作； (2) 使用电动工具前要检查其是否合格，电源要有剩余电流动作装置，使用结束立即关掉电源，使用期间如遇停电应立即拔掉电源，防止来电时电动工具突然自行转动，对工作人员或设备造成机械伤害； (3) 使用工器具前要进行检查，确认扳手没有裂痕、断口等安全隐患后方可使用，严禁使用活扳手，应使用力矩扳手及梅花扳手； (4) 作业前检查工器具，应合格、完好

续表

作业步骤		危害因素	可能导致的后果	风险评价					控制措施
				L	E	C	D	风险程度	
检修过程	滤波器故障处理	（1）误碰其他带电设备； （2）接线错误； （3）野蛮拆装设备； （4）检修设备控制电源未断开； （5）使用不符合规格的工器具； （6）虚接线路	（1）设备故障； （2）触电； （3）机械伤害； （4）火灾	3	1	7	21	2	（1）工作前应停电、验电，检查工作点是否带电，检查安全措施正确、完备后方可开工，工作过程中不得擅自更改安全措施； （2）检查工作点上、下间隔是否带电，工作点与带电负荷或母线安全距离是否足够； （3）进行回路改造或更换电气元件时，要注意检查控制柜各路电源是否断开，且接线端子、裸露线头可能从其他回路反送电，工作时应按要求戴好绝缘手套、穿好绝缘鞋、螺丝刀绑好绝缘胶布； （4）严禁错误使用工器具造成设备损坏，如用过大或过小的扳手替代标准尺寸的扳手，用一字螺丝刀替代十字螺丝刀，用十字螺丝刀替代内六角或内梅花螺丝刀等； （5）严禁野蛮拆装、检修设备，造成螺丝过力滑丝、设备开裂、设备变形等； （6）拆卸接线时记录每个接线位置，更换完电气元件后，按记录逐一接线，保证接线正确，并检查接线是否牢固； （7）电缆线路接好后，用热成像仪测温，确保接头处未发热
恢复检验	结束工作	（1）遗漏工器具； （2）现场遗留检修杂物； （3）不结束工作票； （4）工作班成员未全部撤离	（1）人身伤害； （2）设备故障	3	3	3	27	2	（1）收齐并检查工器具； （2）清扫检修现场； （3）结束工作票

9. 冷却风扇故障处理

<table>
<tr><td colspan="4">部门：</td><td colspan="5">分析日期：</td><td>记录编号：</td></tr>
<tr><td colspan="4">作业地点或分析范围：集中式逆变器</td><td colspan="6">分析人：</td></tr>
<tr><td colspan="10">作业内容描述：冷却风扇故障处理</td></tr>
<tr><td colspan="10">主要作业风险：(1) 人员精神状态不佳；(2) 触电；(3) 设备事故；(4) 走错间隔；(5) 机械伤害</td></tr>
<tr><td colspan="10">控制措施：(1) 办理工作票、操作票；(2) 穿戴个人防护用品；(3) 确认设备名称和间隔；(4) 设备恢复运行状态前进行全面检查；(5) 工作前对工作班成员进行安全交底</td></tr>
<tr><td colspan="2">工作负责人签名：</td><td>日期：</td><td>工作票签发人签名：</td><td colspan="3">日期：</td><td colspan="2">工作许可人签名：</td><td>日期：</td></tr>
<tr><td colspan="2" rowspan="2">作业步骤</td><td rowspan="2">危害因素</td><td rowspan="2">可能导致的后果</td><td colspan="5">风险评价</td><td rowspan="2">控制措施</td></tr>
<tr><td>L</td><td>E</td><td>C</td><td>D</td><td>风险程度</td></tr>
<tr><td>作业环境</td><td>环境</td><td>夏季高温作业</td><td>人身伤害</td><td>3</td><td>1</td><td>1</td><td>3</td><td>1</td><td>夏季高温作业时做好防暑措施</td></tr>
<tr><td rowspan="6">检修前准备</td><td>工作班成员精神状态确认</td><td>(1) 无法正常完成指定工作；
(2) 作业过程中出现昏厥现象</td><td>(1) 触电；
(2) 设备故障</td><td>1</td><td>1</td><td>15</td><td>15</td><td>1</td><td>合理安排工作班成员，精神状态不佳者禁止工作</td></tr>
<tr><td>安全措施确认</td><td>(1) 拉错开关或误送电导致设备带电或误动；
(2) 未执行工作票、操作票所列的安全措施</td><td>(1) 触电；
(2) 设备故障</td><td>1</td><td>3</td><td>7</td><td>21</td><td>2</td><td>(1) 办理操作票、工作票，严格执行工作票、操作票所列的安全措施；
(2) 使用个人防护用品</td></tr>
<tr><td>安全交底</td><td>(1) 走错间隔；
(2) 未交代现场情况</td><td>(1) 触电；
(2) 设备故障</td><td>1</td><td>3</td><td>7</td><td>21</td><td>2</td><td>(1) 工作前向工作班成员告知危险点，交代作业活动范围、内容、安全措施和注意事项；
(2) 对工作班成员进行安全技术交底</td></tr>
<tr><td>个人防护用品准备</td><td>未正确佩戴安全帽、穿好工作服</td><td>(1) 触电；
(2) 其他伤害</td><td>3</td><td>0.5</td><td>15</td><td>22.5</td><td>2</td><td>正确穿戴安全帽及工作服</td></tr>
<tr><td>工器具准备</td><td>(1) 使用的工器具无法达到工作要求；
(2) 工具不全，或工具破损；
(3) 工具未定期检测或检测不合格</td><td>(1) 机械伤害；
(2) 触电</td><td>1</td><td>1</td><td>7</td><td>7</td><td>1</td><td>(1) 做好工具、消耗材料的准备工作；
(2) 使用电动工具前要检查其是否合格，电源要有剩余电流动作装置，使用结束立即关掉电源，使用期间如遇停电应立即拔掉电源，防止来电时电动工具突然自行转动，对工作人员或设备造成机械伤害；
(3) 使用工器具前要进行检查，确认扳手没有裂痕、断口等安全隐患后方可使用，严禁使用活扳手，应使用力矩扳手及梅花扳手；
(4) 作业前检查工器具，应合格、完好</td></tr>
</table>

续表

作业步骤		危害因素	可能导致的后果	风险评价					控制措施
				L	E	C	D	风险程度	
检修过程	冷却风扇故障处理	（1）误碰其他带电设备； （2）接线错误； （3）野蛮拆装设备； （4）检修设备控制电源未断开； （5）使用不符合规格的工器具； （6）虚接线路	（1）设备故障； （2）触电； （3）机械伤害； （4）火灾	3	1	7	21	2	（1）工作前应停电、验电，检查工作点是否带电，检查安全措施正确、完备后方可开工，工作过程中不得擅自更改安全措施； （2）检查工作点上、下间隔是否带电，工作点与带电负荷或母线安全距离是否足够； （3）进行回路改造或更换电气元件时，要注意检查控制柜各路电源是否断开，且接线端子、裸露线头可能从其他回路反送电，工作时应按要求戴好绝缘手套、穿好绝缘鞋、螺丝刀绑好绝缘胶布； （4）严禁错误使用工器具造成设备损坏，如用过大或过小的扳手替代标准尺寸的扳手，用一字螺丝刀替代十字螺丝刀，用十字螺丝刀替代内六角或内梅花螺丝刀等； （5）严禁野蛮拆装、检修设备，造成螺丝过力滑丝、设备开裂、设备变形等； （6）拆卸接线时记录每个接线位置，更换完电气元件后，按记录逐一接线，保证接线正确，并检查接线是否牢固； （7）电缆线路接好后，用热成像仪测温，确保接头处未发热
恢复检验	结束工作	（1）遗漏工器具； （2）现场遗留检修杂物； （3）不结束工作票； （4）工作班成员未全部撤离	（1）人身伤害； （2）设备故障	3	3	3	27	2	（1）收齐并检查工器具； （2）清扫检修现场； （3）结束工作票

10. 防雷模块故障处理

<table>
<tr><td colspan="4">部门：</td><td colspan="5">分析日期：</td><td>记录编号：</td></tr>
<tr><td colspan="4">作业地点或分析范围：集中式逆变器</td><td colspan="6">分析人：</td></tr>
<tr><td colspan="10">作业内容描述：防雷模块故障处理</td></tr>
<tr><td colspan="10">主要作业风险：(1) 人员精神状态不佳；(2) 触电；(3) 设备事故；(4) 走错间隔；(5) 机械伤害</td></tr>
<tr><td colspan="10">控制措施：(1) 办理工作票、操作票；(2) 穿戴个人防护用品；(3) 确认设备名称和间隔；(4) 设备恢复运行状态前进行全面检查；(5) 工作前对工作班成员进行安全交底</td></tr>
<tr><td colspan="3">工作负责人签名：</td><td>日期：</td><td colspan="3">工作票签发人签名：</td><td colspan="2">日期：</td><td>工作许可人签名：　　　　日期：</td></tr>
<tr><td colspan="2" rowspan="2">作业步骤</td><td rowspan="2">危害因素</td><td rowspan="2">可能导致的后果</td><td colspan="5">风险评价</td><td rowspan="2">控制措施</td></tr>
<tr><td>L</td><td>E</td><td>C</td><td>D</td><td>风险程度</td></tr>
<tr><td>作业环境</td><td>环境</td><td>夏季高温作业</td><td>人身伤害</td><td>3</td><td>1</td><td>1</td><td>3</td><td>1</td><td>夏季高温作业时做好防暑措施</td></tr>
<tr><td rowspan="5">检修前准备</td><td>工作班成员精神状态确认</td><td>(1) 无法正常完成指定工作；
(2) 作业过程中出现昏厥现象</td><td>(1) 触电；
(2) 设备故障</td><td>1</td><td>1</td><td>15</td><td>15</td><td>1</td><td>合理安排工作班成员，精神状态不佳者禁止工作</td></tr>
<tr><td>安全措施确认</td><td>(1) 拉错开关或误送电导致设备带电或误动；
(2) 未执行工作票、操作票所列的安全措施</td><td>(1) 触电；
(2) 设备故障</td><td>1</td><td>3</td><td>7</td><td>21</td><td>2</td><td>(1) 办理操作票、工作票，严格执行工作票、操作票所列的安全措施；
(2) 使用个人防护用品</td></tr>
<tr><td>安全交底</td><td>(1) 走错间隔；
(2) 未交代现场情况</td><td>(1) 触电；
(2) 设备故障</td><td>1</td><td>3</td><td>7</td><td>21</td><td>2</td><td>(1) 工作前向工作班成员告知危险点，交代作业活动范围、内容、安全措施和注意事项；
(2) 对工作班成员进行安全技术交底</td></tr>
<tr><td>个人防护用品准备</td><td>未正确佩戴安全帽、穿好工作服</td><td>(1) 触电；
(2) 其他伤害</td><td>3</td><td>0.5</td><td>15</td><td>22.5</td><td>2</td><td>正确穿戴安全帽及工作服</td></tr>
<tr><td>工器具准备</td><td>(1) 使用的工器具无法达到工作要求；
(2) 工具不全，或工具破损；
(3) 工具未定期检测或检测不合格</td><td>(1) 机械伤害；
(2) 触电</td><td>1</td><td>1</td><td>7</td><td>7</td><td>1</td><td>(1) 做好工具、消耗材料的准备工作；
(2) 使用电动工具前要检查其是否合格，电源要有剩余电流动作装置，使用结束立即关掉电源，使用期间如遇停电应立即拔掉电源，防止来电时电动工具突然自行转动，对工作人员或设备造成机械伤害；
(3) 使用工器具前要进行检查，确认扳手没有裂痕、断口等安全隐患后方可使用，严禁使用活扳手，应使用力矩扳手及梅花扳手；
(4) 作业前检查工器具，应合格、完好</td></tr>
</table>

续表

作业步骤		危害因素	可能导致的后果	风险评价					控制措施
				L	E	C	D	风险程度	
检修过程	防雷模块故障处理	（1）误碰其他带电设备； （2）接线错误； （3）野蛮拆装设备； （4）检修设备控制电源未断开； （5）使用不符合规格的工器具； （6）虚接线路	（1）设备故障； （2）触电； （3）机械伤害； （4）火灾	3	1	7	21	2	（1）工作前应停电、验电，检查工作点是否带电，检查安全措施正确、完备后方可开工，工作过程中不得擅自更改安全措施； （2）检查工作点上、下间隔是否带电，工作点与带电负荷或母线安全距离是否足够； （3）进行回路改造或更换电气元件时，要注意检查控制柜各路电源是否断开，且接线端子、裸露线头可能从其他回路反送电，工作时应按要求戴好绝缘手套、穿好绝缘鞋、螺丝刀绑好绝缘胶布； （4）严禁错误使用工器具造成设备损坏，如用过大或过小的扳手替代标准尺寸的扳手，用一字螺丝刀替代十字螺丝刀，用十字螺丝刀替代内六角或内梅花螺丝刀等； （5）严禁野蛮拆装、检修设备，造成螺丝过力滑丝、设备开裂、设备变形等； （6）拆卸接线时记录每个接线位置，更换完电气元件后，按记录逐一接线，保证接线正确，并检查接线是否牢固； （7）电缆线路接好后，用热成像仪测温，确保接头处未发热
恢复检验	结束工作	（1）遗漏工器具； （2）现场遗留检修杂物； （3）不结束工作票； （4）工作班成员未全部撤离	（1）人身伤害； （2）设备故障	3	3	3	27	2	（1）收齐并检查工器具； （2）清扫检修现场； （3）结束工作票

11. 传感器故障处理

<table>
<tr><td colspan="3">部门：</td><td colspan="6">分析日期：</td><td>记录编号：</td></tr>
<tr><td colspan="3">作业地点或分析范围：集中式逆变器</td><td colspan="7">分析人：</td></tr>
<tr><td colspan="10">作业内容描述：传感器故障处理</td></tr>
<tr><td colspan="10">主要作业风险：（1）人员精神状态不佳；（2）触电；（3）设备事故；（4）走错间隔；（5）机械伤害</td></tr>
<tr><td colspan="10">控制措施：（1）办理工作票、操作票；（2）穿戴个人防护用品；（3）确认设备名称和间隔；（4）设备恢复运行状态前进行全面检查；（5）工作前对工作班成员进行安全交底</td></tr>
<tr><td colspan="2">工作负责人签名：</td><td>日期：</td><td colspan="3">工作票签发人签名：</td><td colspan="2">日期：</td><td>工作许可人签名：</td><td>日期：</td></tr>
<tr><td colspan="2" rowspan="2">作业步骤</td><td rowspan="2">危害因素</td><td rowspan="2">可能导致的后果</td><td colspan="5">风险评价</td><td rowspan="2">控制措施</td></tr>
<tr><td>L</td><td>E</td><td>C</td><td>D</td><td>风险程度</td></tr>
<tr><td>作业环境</td><td>环境</td><td>夏季高温作业</td><td>人身伤害</td><td>3</td><td>1</td><td>1</td><td>3</td><td>1</td><td>夏季高温作业时做好防暑措施</td></tr>
<tr><td rowspan="5">检修前准备</td><td>工作班成员精神状态确认</td><td>（1）无法正常完成指定工作；
（2）作业过程中出现昏厥现象</td><td>（1）触电；
（2）设备故障</td><td>1</td><td>1</td><td>15</td><td>15</td><td>1</td><td>合理安排工作班成员，精神状态不佳者禁止工作</td></tr>
<tr><td>安全措施确认</td><td>（1）拉错开关或误送电导致设备带电或误动；
（2）未执行工作票、操作票所列的安全措施</td><td>（1）触电；
（2）设备故障</td><td>1</td><td>3</td><td>7</td><td>21</td><td>2</td><td>（1）办理操作票、工作票，严格执行工作票、操作票所列的安全措施；
（2）使用个人防护用品</td></tr>
<tr><td>安全交底</td><td>（1）走错间隔；
（2）未交代现场情况</td><td>（1）触电；
（2）设备故障</td><td>1</td><td>3</td><td>7</td><td>21</td><td>2</td><td>（1）工作前向工作班成员告知危险点，交代作业活动范围、内容、安全措施和注意事项；
（2）对工作班成员进行安全技术交底</td></tr>
<tr><td>个人防护用品准备</td><td>未正确佩戴安全帽、穿好工作服</td><td>（1）触电；
（2）其他伤害</td><td>3</td><td>0.5</td><td>15</td><td>22.5</td><td>2</td><td>正确穿戴安全帽及工作服</td></tr>
<tr><td>工器具准备</td><td>（1）使用的工器具无法达到工作要求；
（2）工具不全，或工具破损；
（3）工具未定期检测或检测不合格</td><td>（1）机械伤害；
（2）触电</td><td>1</td><td>1</td><td>7</td><td>7</td><td>1</td><td>（1）做好工具、消耗材料的准备工作；
（2）使用电动工具前要检查其是否合格，电源要有剩余电流动作装置，使用结束立即关掉电源，使用期间如遇停电应立即拔掉电源，防止来电时电动工具突然自行转动，对工作人员或设备造成机械伤害；
（3）使用工器具前要进行检查，确认扳手没有裂痕、断口等安全隐患后方可使用，严禁使用活扳手，应使用力矩扳手及梅花扳手；
（4）作业前检查工器具，应合格、完好</td></tr>
</table>

续表

作业步骤		危害因素	可能导致的后果	风险评价					控制措施
				L	E	C	D	风险程度	
检修过程	传感器故障处理	(1) 误碰其他带电设备； (2) 接线错误； (3) 野蛮拆装设备； (4) 检修设备控制电源未断开； (5) 使用不符合规格的工器具； (6) 虚接线路	(1) 设备故障； (2) 触电； (3) 机械伤害； (4) 火灾	3	1	7	21	2	(1) 工作前应停电、验电，检查工作点是否带电，检查安全措施正确、完备后方可开工，工作过程中不得擅自更改安全措施； (2) 检查工作点上、下间隔是否带电，工作点与带电负荷或母线安全距离是否足够； (3) 进行回路改造或更换电气元件时，要注意检查控制柜各路电源是否断开，且接线端子、裸露线头可能从其他回路反送电，工作时应按要求戴好绝缘手套、穿好绝缘鞋、螺丝刀绑好绝缘胶布； (4) 严禁错误使用工器具造成设备损坏，如用过大或过小的扳手替代标准尺寸的扳手，用一字螺丝刀替代十字螺丝刀，用十字螺丝刀替代内六角或内梅花螺丝刀等； (5) 严禁野蛮拆装、检修设备，造成螺丝过力滑丝、设备开裂、设备变形等； (6) 拆卸接线时记录每个接线位置，更换完电气元件后，按记录逐一接线，保证接线正确，并检查接线是否牢固； (7) 电缆线路接好后，用热成像仪测温，确保接头处未发热
恢复检验	结束工作	(1) 遗漏工器具； (2) 现场遗留检修杂物； (3) 不结束工作票； (4) 工作班成员未全部撤离	(1) 人身伤害； (2) 设备故障	3	3	3	27	2	(1) 收齐并检查工器具； (2) 清扫检修现场； (3) 结束工作票

12. 辅助变压器故障处理

<table>
<tr><td colspan="3">部门：</td><td colspan="6">分析日期：</td><td>记录编号：</td></tr>
<tr><td colspan="3">作业地点或分析范围：集中式逆变器</td><td colspan="7">分析人：</td></tr>
<tr><td colspan="10">作业内容描述：辅助变压器故障处理</td></tr>
<tr><td colspan="10">主要作业风险：（1）人员精神状态不佳；（2）触电；（3）设备事故；（4）走错间隔；（5）机械伤害</td></tr>
<tr><td colspan="10">控制措施：（1）办理工作票、操作票；（2）穿戴个人防护用品；（3）确认设备名称和间隔；（4）设备恢复运行状态前进行全面检查；（5）工作前对工作班成员进行安全交底</td></tr>
<tr><td colspan="2">工作负责人签名：</td><td>日期：</td><td>工作票签发人签名：</td><td colspan="3">日期：</td><td colspan="2">工作许可人签名：</td><td>日期：</td></tr>
<tr><td colspan="2" rowspan="2">作业步骤</td><td rowspan="2">危害因素</td><td rowspan="2">可能导致的后果</td><td colspan="5">风险评价</td><td rowspan="2">控制措施</td></tr>
<tr><td>L</td><td>E</td><td>C</td><td>D</td><td>风险程度</td></tr>
<tr><td>作业环境</td><td>环境</td><td>夏季高温作业</td><td>人身伤害</td><td>3</td><td>1</td><td>1</td><td>3</td><td>1</td><td>夏季高温作业时做好防暑措施</td></tr>
<tr><td rowspan="5">检修前准备</td><td>工作班成员精神状态确认</td><td>（1）无法正常完成指定工作；
（2）作业过程中出现昏厥现象</td><td>（1）触电；
（2）设备故障</td><td>1</td><td>1</td><td>15</td><td>15</td><td>1</td><td>合理安排工作班成员，精神状态不佳者禁止工作</td></tr>
<tr><td>安全措施确认</td><td>（1）拉错开关或误送电导致设备带电或误动；
（2）未执行工作票、操作票所列的安全措施</td><td>（1）触电；
（2）设备故障</td><td>1</td><td>3</td><td>7</td><td>21</td><td>2</td><td>（1）办理操作票、工作票，严格执行工作票、操作票所列的安全措施；
（2）使用个人防护用品</td></tr>
<tr><td>安全交底</td><td>（1）走错间隔；
（2）未交代现场情况</td><td>（1）触电；
（2）设备故障</td><td>1</td><td>3</td><td>7</td><td>21</td><td>2</td><td>（1）工作前向工作班成员告知危险点，交代作业活动范围、内容、安全措施和注意事项；
（2）对工作班成员进行安全技术交底</td></tr>
<tr><td>个人防护用品准备</td><td>未正确佩戴安全帽、穿好工作服</td><td>（1）触电；
（2）其他伤害</td><td>3</td><td>0.5</td><td>15</td><td>22.5</td><td>2</td><td>正确穿戴安全帽及工作服</td></tr>
<tr><td>工器具准备</td><td>（1）使用的工器具无法达到工作要求；
（2）工具不全，或工具破损；
（3）工具未定期检测或检测不合格</td><td>（1）机械伤害；
（2）触电</td><td>1</td><td>1</td><td>7</td><td>7</td><td>1</td><td>（1）做好工具、消耗材料的准备工作；
（2）使用电动工具前要检查其是否合格，电源要有剩余电流动作装置，使用结束立即关掉电源，使用期间如遇停电应立即拔掉电源，防止来电时电动工具突然自行转动，对工作人员或设备造成机械伤害；
（3）使用工器具前要进行检查，确认扳手没有裂痕、断口等安全隐患后方可使用，严禁使用活扳手，应使用力矩扳手及梅花扳手；
（4）作业前检查工器具，应合格、完好</td></tr>
</table>

续表

作业步骤		危害因素	可能导致的后果	风险评价					控制措施
				L	E	C	D	风险程度	
检修过程	辅助变压器故障处理	(1) 误碰其他带电设备； (2) 接线错误； (3) 野蛮拆装设备； (4) 检修设备控制电源未断开； (5) 使用不符合规格的工器具； (6) 虚接线路	(1) 设备故障； (2) 触电； (3) 机械伤害； (4) 火灾	3	1	7	21	2	(1) 工作前应停电、验电，检查工作点是否带电，检查安全措施正确、完备后方可开工，工作过程中不得擅自更改安全措施； (2) 检查工作点上、下间隔是否带电，工作点与带电负荷或母线安全距离是否足够； (3) 进行回路改造或更换电气元件时，要注意检查控制柜各路电源是否断开，且接线端子、裸露线头可能从其他回路反送电，工作时应按要求戴好绝缘手套、穿好绝缘鞋、螺丝刀绑好绝缘胶布； (4) 严禁错误使用工器具造成设备损坏，如用过大或过小的扳手替代标准尺寸的扳手，用一字螺丝刀替代十字螺丝刀，用十字螺丝刀替代内六角或内梅花螺丝刀等； (5) 严禁野蛮拆装、检修设备，造成螺丝过力滑丝、设备开裂、设备变形等； (6) 拆卸接线时记录每个接线位置，更换完电气元件后，按记录逐一接线，保证接线正确，并检查接线是否牢固； (7) 电缆线路接好后，用热成像仪测温，确保接头处未发热
恢复检验	结束工作	(1) 遗漏工器具； (2) 现场遗留检修杂物； (3) 不结束工作票； (4) 工作班成员未全部撤离	(1) 人身伤害； (2) 设备故障	3	3	3	27	2	(1) 收齐并检查工器具； (2) 清扫检修现场； (3) 结束工作票

13. 触摸屏故障处理

<table>
<tr><td colspan="3">部门：</td><td colspan="5">分析日期：</td><td colspan="2">记录编号：</td></tr>
<tr><td colspan="3">作业地点或分析范围：集中式逆变器</td><td colspan="7">分析人：</td></tr>
<tr><td colspan="10">作业内容描述：触摸屏故障处理</td></tr>
<tr><td colspan="10">主要作业风险：(1) 人员精神状态不佳；(2) 触电；(3) 设备事故；(4) 走错间隔；(5) 机械伤害</td></tr>
<tr><td colspan="10">控制措施：(1) 办理工作票、操作票；(2) 穿戴个人防护用品；(3) 确认设备名称和间隔；(4) 设备恢复运行状态前进行全面检查；(5) 工作前对工作班成员进行安全交底</td></tr>
<tr><td colspan="2">工作负责人签名：</td><td>日期：</td><td colspan="3">工作票签发人签名：</td><td colspan="2">日期：</td><td>工作许可人签名：</td><td>日期：</td></tr>
<tr><td colspan="2" rowspan="2">作业步骤</td><td rowspan="2">危害因素</td><td rowspan="2">可能导致的后果</td><td colspan="5">风险评价</td><td rowspan="2">控制措施</td></tr>
<tr><td>L</td><td>E</td><td>C</td><td>D</td><td>风险程度</td></tr>
<tr><td>作业环境</td><td>环境</td><td>夏季高温作业</td><td>人身伤害</td><td>3</td><td>1</td><td>1</td><td>3</td><td>1</td><td>夏季高温作业时做好防暑措施</td></tr>
<tr><td rowspan="5">检修前准备</td><td>工作班成员精神状态确认</td><td>(1) 无法正常完成指定工作；
(2) 作业过程中出现昏厥现象</td><td>(1) 触电；
(2) 设备故障</td><td>1</td><td>1</td><td>15</td><td>15</td><td>1</td><td>合理安排工作班成员，精神状态不佳者禁止工作</td></tr>
<tr><td>安全措施确认</td><td>(1) 拉错开关或误送电导致设备带电或误动；
(2) 未执行工作票、操作票所列的安全措施</td><td>(1) 触电；
(2) 设备故障</td><td>1</td><td>3</td><td>7</td><td>21</td><td>2</td><td>(1) 办理操作票、工作票，严格执行工作票、操作票所列的安全措施；
(2) 使用个人防护用品</td></tr>
<tr><td>安全交底</td><td>(1) 走错间隔；
(2) 未交代现场情况</td><td>(1) 触电；
(2) 设备故障</td><td>1</td><td>3</td><td>7</td><td>21</td><td>2</td><td>(1) 工作前向工作班成员告知危险点，交代作业活动范围、内容、安全措施和注意事项；
(2) 对工作班成员进行安全技术交底</td></tr>
<tr><td>个人防护用品准备</td><td>未正确佩戴安全帽、穿好工作服</td><td>(1) 触电；
(2) 其他伤害</td><td>3</td><td>0.5</td><td>15</td><td>22.5</td><td>2</td><td>正确穿戴安全帽及工作服</td></tr>
<tr><td>工器具准备</td><td>(1) 使用的工器具无法达到工作要求；
(2) 工具不全，或工具破损；
(3) 工具未定期检测或检测不合格</td><td>(1) 机械伤害；
(2) 触电</td><td>1</td><td>1</td><td>7</td><td>7</td><td>1</td><td>(1) 做好工具、消耗材料的准备工作；
(2) 使用电动工具前要检查其是否合格，电源要有剩余电流动作装置，使用结束立即关掉电源，使用期间如遇停电应立即拔掉电源，防止来电时电动工具突然自行转动，对工作人员或设备造成机械伤害；
(3) 使用工器具前要进行检查，确认扳手没有裂痕、断口等安全隐患后方可使用，严禁使用活扳手，应使用力矩扳手及梅花扳手；
(4) 作业前检查工器具，应合格、完好</td></tr>
</table>

续表

<table>
<tr><th colspan="2" rowspan="2">作业步骤</th><th rowspan="2">危害因素</th><th rowspan="2">可能导致的后果</th><th colspan="5">风险评价</th><th rowspan="2">控制措施</th></tr>
<tr><th>L</th><th>E</th><th>C</th><th>D</th><th>风险程度</th></tr>
<tr><td>检修过程</td><td>触摸屏故障处理</td><td>（1）误碰其他带电设备；
（2）接线错误；
（3）野蛮拆装设备；
（4）检修设备控制电源未断开；
（5）使用不符合规格的工器具；
（6）虚接线路</td><td>（1）设备故障；
（2）触电；
（3）机械伤害；
（4）火灾</td><td>3</td><td>1</td><td>7</td><td>21</td><td>2</td><td>（1）工作前应停电、验电，检查工作点是否带电，检查安全措施正确、完备后方可开工，工作过程中不得擅自更改安全措施；
（2）检查工作点上、下间隔是否带电，工作点与带电负荷或母线安全距离是否足够；
（3）进行回路改造或更换电气元件时，要注意检查控制柜各路电源是否断开，且接线端子、裸露线头可能从其他回路反送电，工作时应按要求戴好绝缘手套、穿好绝缘鞋、螺丝刀绑好绝缘胶布；
（4）严禁错误使用工器具造成设备损坏，如用过大或过小的扳手替代标准尺寸的扳手，用一字螺丝刀替代十字螺丝刀，用十字螺丝刀替代内六角或内梅花螺丝刀等；
（5）严禁野蛮拆装、检修设备，造成螺丝过力滑丝、设备开裂、设备变形等；
（6）拆卸接线时记录每个接线位置，更换完电气元件后，按记录逐一接线，保证接线正确，并检查接线是否牢固；
（7）电缆线路接好后，用热成像仪测温，确保接头处未发热</td></tr>
<tr><td>恢复检验</td><td>结束工作</td><td>（1）遗漏工器具；
（2）现场遗留检修杂物；
（3）不结束工作票；
（4）工作班成员未全部撤离</td><td>（1）人身伤害；
（2）设备故障</td><td>3</td><td>3</td><td>3</td><td>27</td><td>2</td><td>（1）收齐并检查工器具；
（2）清扫检修现场；
（3）结束工作票</td></tr>
</table>

14. 监控适配器故障处理

<table>
<tr><td colspan="3">部门：</td><td colspan="6">分析日期：</td><td>记录编号：</td></tr>
<tr><td colspan="3">作业地点或分析范围：集中式逆变器</td><td colspan="7">分析人：</td></tr>
<tr><td colspan="10">作业内容描述：监控适配器故障处理</td></tr>
<tr><td colspan="10">主要作业风险：(1) 人员精神状态不佳；(2) 触电；(3) 设备事故；(4) 走错间隔；(5) 机械伤害</td></tr>
<tr><td colspan="10">控制措施：(1) 办理工作票、操作票；(2) 穿戴个人防护用品；(3) 确认设备名称和间隔；(4) 设备恢复运行状态前进行全面检查；(5) 工作前对工作班成员进行安全交底</td></tr>
<tr><td colspan="2">工作负责人签名：</td><td>日期：</td><td>工作票签发人签名：</td><td colspan="3">日期：</td><td colspan="2">工作许可人签名：</td><td>日期：</td></tr>
<tr><td colspan="2" rowspan="2">作业步骤</td><td rowspan="2">危害因素</td><td rowspan="2">可能导致的后果</td><td colspan="5">风险评价</td><td rowspan="2">控制措施</td></tr>
<tr><td>L</td><td>E</td><td>C</td><td>D</td><td>风险程度</td></tr>
<tr><td>作业环境</td><td>环境</td><td>夏季高温作业</td><td>人身伤害</td><td>3</td><td>1</td><td>1</td><td>3</td><td>1</td><td>夏季高温作业时做好防暑措施</td></tr>
<tr><td rowspan="5">检修前准备</td><td>工作班成员精神状态确认</td><td>(1) 无法正常完成指定工作；
(2) 作业过程中出现昏厥现象</td><td>(1) 触电；
(2) 设备故障</td><td>1</td><td>1</td><td>15</td><td>15</td><td>1</td><td>合理安排工作班成员，精神状态不佳者禁止工作</td></tr>
<tr><td>安全措施确认</td><td>(1) 拉错开关或误送电导致设备带电或误动；
(2) 未执行工作票、操作票所列的安全措施</td><td>(1) 触电；
(2) 设备故障</td><td>1</td><td>3</td><td>7</td><td>21</td><td>2</td><td>(1) 办理操作票、工作票，严格执行工作票、操作票所列的安全措施；
(2) 使用个人防护用品</td></tr>
<tr><td>安全交底</td><td>(1) 走错间隔；
(2) 未交代现场情况</td><td>(1) 触电；
(2) 设备故障</td><td>1</td><td>3</td><td>7</td><td>21</td><td>2</td><td>(1) 工作前向工作班成员告知危险点，交代作业活动范围、内容、安全措施和注意事项；
(2) 对工作班成员进行安全技术交底</td></tr>
<tr><td>个人防护用品准备</td><td>未正确佩戴安全帽、穿好工作服</td><td>(1) 触电；
(2) 其他伤害</td><td>3</td><td>0.5</td><td>15</td><td>22.5</td><td>2</td><td>正确穿戴安全帽及工作服</td></tr>
<tr><td>工器具准备</td><td>(1) 使用的工器具无法达到工作要求；
(2) 工具不全，或工具破损；
(3) 工具未定期检测或检测不合格</td><td>(1) 机械伤害；
(2) 触电</td><td>1</td><td>1</td><td>7</td><td>7</td><td>1</td><td>(1) 做好工具、消耗材料的准备工作；
(2) 使用电动工具前要检查其是否合格，电源要有剩余电流动作装置，使用结束立即关掉电源，使用期间如遇停电应立即拔掉电源，防止来电时电动工具突然自行转动，对工作人员或设备造成机械伤害；
(3) 使用工器具前要进行检查，确认扳手没有裂痕、断口等安全隐患后方可使用，严禁使用活扳手，应使用力矩扳手及梅花扳手；
(4) 作业前检查工器具，应合格、完好</td></tr>
</table>

续表

作业步骤		危害因素	可能导致的后果	风险评价					控制措施
				L	*E*	*C*	*D*	风险程度	
检修过程	监控适配器故障处理	(1) 误碰其他带电设备; (2) 接线错误; (3) 野蛮拆装设备; (4) 检修设备控制电源未断开; (5) 使用不符合规格的工器具; (6) 虚接线路	(1) 设备故障; (2) 触电; (3) 机械伤害; (4) 火灾	3	1	7	21	2	(1) 工作前应停电、验电，检查工作点是否带电，检查安全措施正确、完备后方可开工，工作过程中不得擅自更改安全措施; (2) 检查工作点上、下间隔是否带电，工作点与带电负荷或母线安全距离是否足够; (3) 进行回路改造或更换电气元件时，要注意检查控制柜各路电源是否断开，且接线端子、裸露线头可能从其他回路反送电，工作时应按要求戴好绝缘手套、穿好绝缘鞋、螺丝刀绑好绝缘胶布; (4) 严禁错误使用工器具造成设备损坏，如用过大或过小的扳手替代标准尺寸的扳手，用一字螺丝刀替代十字螺丝刀，用十字螺丝刀替代内六角或内梅花螺丝刀等; (5) 严禁野蛮拆装、检修设备，造成螺丝过力滑丝、设备开裂、设备变形等; (6) 拆卸接线时记录每个接线位置，更换完电气元件后，按记录逐一接线，保证接线正确，并检查接线是否牢固; (7) 电缆线路接好后，用热成像仪测温，确保接头处未发热
恢复检验	结束工作	(1) 遗漏工器具; (2) 现场遗留检修杂物; (3) 不结束工作票; (4) 工作班成员未全部撤离	(1) 人身伤害; (2) 设备故障	3	3	3	27	2	(1) 收齐并检查工器具; (2) 清扫检修现场; (3) 结束工作票

六、箱式变压器检修

1. 箱式变压器测控装置故障处理

部门：				分析日期：					记录编号：
作业地点或分析范围：箱式变压器				分析人：					
作业内容描述：箱式变压器测控装置故障处理									
主要作业风险：（1）因使用不合适的工器具、穿戴不合适的劳动防护用品导致巡检人员受伤害；（2）触电；（3）灼伤；（4）跌倒；（5）车辆伤害；（6）高处坠落									
控制措施：（1）正确穿戴劳动防护用品，正确使用工器具；（2）进入巡检现场检查周围环境；（3）配备防暑药品									
工作执行人签名：			日期：	工作负责人开工前确认签名：					日期：
作业步骤		危害因素	可能导致的后果	风险评价					控制措施
				L	E	C	D	风险程度	
作业环境	环境潮湿	（1）设备潮湿引起短路； （2）安全距离不够	（1）触电、电弧灼伤； （2）其他人身伤害； （3）设备事故	1	3	15	45	2	（1）加强通风； （2）保持设备干燥
	雷、雨、雪天气	（1）感应雷电流； （2）道路湿滑、泥泞	（1）触电、火灾灼伤； （2）跌倒	1	3	7	21	2	（1）正确戴安全帽； （2）正确穿绝缘鞋； （3）雷雨天气禁止外出作业
	高温天气	中暑	人身伤害	1	3	7	21	2	（1）合理安排外出工作，及时规避高温天气； （2）配备防暑药品
检修前准备	安全措施确认	（1）安全措施不全或不正确； （2）走错间隔	（1）触电； （2）设备事故	1	1	7	7	1	（1）工作负责人、工作许可人应认真检查工作票所列安全措施是否正确、完备，是否符合现场实际条件； （2）检修前确认设备间隔位置； （3）戴绝缘手套、穿绝缘鞋和防电弧服； （4）使用合格的验电设备验电
	安全交底	（1）扩大工作范围； （2）走错间隔或误碰带电设备	（1）触电； （2）设备事故	1	1	7	7	1	（1）工作前对工作班成员进行工作任务明示； （2）对工作班成员进行安全技术交底
	工器具准备	（1）使用的工器具无法达到检修作业要求； （2）工具不全，或工具破损； （3）使用的试验仪器超过检验期	触电	1	1	7	7	1	检修前确认工器具及试验仪器状态，使用合格的工器具及试验仪器

续表

作业步骤		危害因素	可能导致的后果	风险评价					控制措施
				L	E	C	D	风险程度	
检修前准备	个人防护用品准备	(1) 未正确使用安全帽、绝缘手套、绝缘靴; (2) 个人防护用品防护等级不符合要求或过期	(1) 触电; (2) 机械伤害	1	1	15	15	1	(1) 正确戴安全帽、绝缘手套,穿绝缘靴; (2) 使用合格的个人防护用品
	工作班成员精神状态确认	(1) 无法正常完成指定工作; (2) 作业过程中无法清醒判断设备是否带电	(1) 触电; (2) 机械伤害; (3) 设备故障	1	1	15	15	1	合理安排工作班成员,精神状态不佳者禁止工作
	执行安全措施	(1) 拉错开关、走错间隔; (2) 漏执行安全措施	(1) 触电; (2) 设备事故	1	1	15	15	1	(1) 严格按照工作票执行安全措施; (2) 执行安全措施时必须有监护人在场
	环境	(1) 道路泥泞、湿滑; (2) 雷、雨、雪天气	(1) 车辆伤害; (2) 人身伤害	10	3	3	90	3	(1) 提前注意天气变化,有效规避恶劣天气; (2) 遇特殊路况,减速慢行; (3) 正确使用安全保护用具(安全帽、劳保鞋等)
	车辆	(1) 车辆缺陷; (2) 超速行驶	人身伤害	6	3	3	54	2	(1) 行车前检查车辆状况; (2) 系好安全带,减速慢行
检修过程	核对设备位置	(1) 走错间隔; (2) 误碰带电设备	(1) 触电、灼伤; (2) 其他人身伤害; (3) 设备事故	3	1	15	45	2	(1) 戴绝缘手套、安全帽,穿绝缘鞋; (2) 谨防误碰或接触带电体
	箱式变压器测控装置故障处理	(1) 设备带电; (2) 设备缺陷; (3) 机械伤害	(1) 触电; (2) 人身伤害; (3) 设备事故	3	1	15	45	2	(1) 正确使用安全工器具; (2) 与带电设备保持安全距离; (3) 执行工作监护制度; (4) 确保设备断电后再开始工作; (5) 严禁抛、丢工器具
完工阶段	完工恢复	检修后设备接线不正确	(1) 设备事故; (2) 电灼伤	1	1	15	15	1	(1) 严格按照工作票执行恢复工作; (2) 恢复工作后,经工作负责人最终检查确认,方可办理工作终结手续
	结束工作	(1) 遗漏工器具; (2) 现场遗留检修杂物; (3) 不结束工作票	设备事故	1	1	15	15	1	(1) 收齐并检查工器具; (2) 清扫检修现场; (3) 结束工作票

2. 低压侧 520V 开关故障处理

<table>
<tr><td colspan="3">部门：</td><td colspan="5">分析日期：</td><td>记录编号：</td></tr>
<tr><td colspan="3">作业地点或分析范围：箱式变压器</td><td colspan="6">分析人：</td></tr>
<tr><td colspan="9">作业内容描述：低压侧 520V 开关故障处理</td></tr>
<tr><td colspan="9">主要作业风险：(1) 因使用不合适的工器具、穿戴不合适的劳动防护用品导致巡检人员受伤；(2) 触电；(3) 灼伤；(4) 跌倒；(5) 车辆伤害；(6) 高处坠落</td></tr>
<tr><td colspan="9">控制措施：(1) 正确穿戴劳动防护用品，正确使用工器具；(2) 进入巡检现场检查周围环境；(3) 配备防暑药品</td></tr>
<tr><td colspan="2">工作执行人签名：</td><td>日期：</td><td colspan="5">工作负责人开工前确认签名：</td><td>日期：</td></tr>
<tr><td colspan="2" rowspan="2">作业步骤</td><td rowspan="2">危害因素</td><td rowspan="2">可能导致的后果</td><td colspan="5">风险评价</td><td rowspan="2">控制措施</td></tr>
<tr><td>L</td><td>E</td><td>C</td><td>D</td><td>风险程度</td></tr>
<tr><td rowspan="3">作业环境</td><td>环境潮湿</td><td>(1) 设备潮湿引起短路；
(2) 安全距离不够</td><td>(1) 触电、电弧灼伤；
(2) 其他人身伤害；
(3) 设备事故</td><td>1</td><td>3</td><td>15</td><td>45</td><td>2</td><td>(1) 加强通风；
(2) 保持设备干燥</td></tr>
<tr><td>雷、雨、雪天气</td><td>(1) 感应雷电流；
(2) 道路湿滑、泥泞</td><td>(1) 触电、火灾灼伤；
(2) 跌倒</td><td>1</td><td>3</td><td>7</td><td>21</td><td>2</td><td>(1) 正确戴安全帽；
(2) 正确穿绝缘鞋；
(3) 雷雨天气禁止外出作业</td></tr>
<tr><td>高温天气</td><td>中暑</td><td>人身伤害</td><td>1</td><td>3</td><td>7</td><td>21</td><td>2</td><td>(1) 合理安排外出工作，及时规避高温天气；
(2) 配备防暑药品</td></tr>
<tr><td rowspan="3">检修前准备</td><td>安全措施确认</td><td>(1) 安全措施不全或不正确；
(2) 走错间隔</td><td>(1) 触电；
(2) 设备事故</td><td>1</td><td>1</td><td>7</td><td>7</td><td>1</td><td>(1) 工作负责人、工作许可人应认真检查工作票所列安全措施是否正确、完备，是否符合现场实际条件；
(2) 检修前确认设备间隔位置；
(3) 戴绝缘手套，穿绝缘鞋和防电弧服；
(4) 使用合格的验电设备验电</td></tr>
<tr><td>安全交底</td><td>(1) 扩大工作范围；
(2) 走错间隔或误碰带电设备</td><td>(1) 触电；
(2) 设备事故</td><td>1</td><td>1</td><td>7</td><td>7</td><td>1</td><td>(1) 工作前对工作班成员进行工作任务明示；
(2) 对工作班成员进行安全技术交底</td></tr>
<tr><td>工器具准备</td><td>(1) 使用的工器具无法达到检修作业要求；
(2) 工具不全，或工具破损；
(3) 使用的试验仪器超过检验期</td><td>触电</td><td>1</td><td>1</td><td>7</td><td>7</td><td>1</td><td>检修前确认工器具及试验仪器状态，使用合格的工器具及试验仪器</td></tr>
</table>

续表

作业步骤		危害因素	可能导致的后果	风险评价					控制措施
				L	E	C	D	风险程度	
检修前准备	个人防护用品准备	（1）未正确使用安全帽、绝缘手套、绝缘靴； （2）个人防护用品防护等级不符合要求或过期	（1）触电； （2）机械伤害	1	1	15	15	1	（1）正确戴安全帽、绝缘手套，穿绝缘靴； （2）使用合格的个人防护用品
	工作班成员精神状态确认	（1）无法正常完成指定工作； （2）作业过程中无法清醒判断设备是否带电	（1）触电； （2）机械伤害； （3）设备故障	1	1	15	15	1	合理安排工作班成员，精神状态不佳者禁止工作
	执行安全措施	（1）拉错开关、走错间隔； （2）漏执行安全措施	（1）触电； （2）设备事故	1	1	15	15	1	（1）严格按照工作票执行安全措施； （2）执行安全措施时必须有监护人在场
	环境	（1）道路泥泞、湿滑； （2）雷、雨、雪天气	（1）车辆伤害； （2）人身伤害	10	3	3	90	3	（1）提前注意天气变化，有效规避恶劣天气； （2）遇特殊路况，减速慢行； （3）正确使用安全保护用具（安全帽、劳保鞋等）
	车辆	（1）车辆缺陷； （2）超速行驶	人身伤害	6	3	3	54	2	（1）行车前检查车辆状况； （2）系好安全带，减速慢行
检修过程	核对设备位置	（1）走错间隔； （2）误碰带电设备	（1）触电、灼伤； （2）其他人身伤害； （3）设备事故	3	1	15	45	2	（1）戴绝缘手套、安全帽，穿绝缘鞋； （2）谨防误碰或接触带电体
	低压侧520V开关故障处理	（1）设备带电； （2）设备缺陷； （3）机械伤害	（1）触电； （2）人身伤害； （3）设备事故	3	1	15	45	2	（1）正确使用安全工器具； （2）与带电设备保持安全距离； （3）执行工作监护制度； （4）确保设备断电后再开始工作； （5）严禁抛、丢工器具
完工阶段	完工恢复	检修后设备接线不正确	（1）设备事故； （2）电灼伤	1	1	15	15	1	（1）严格按照工作票执行恢复工作； （2）恢复工作后，经工作负责人最终检查确认，方可办理工作终结手续
	结束工作	（1）遗漏工器具； （2）现场遗留检修杂物； （3）不结束工作票	设备事故	1	1	15	15	1	（1）收齐并检查工器具； （2）清扫检修现场； （3）结束工作票

3. 更换低压侧电缆头

<table>
<tr><td colspan="3">部门：</td><td colspan="6">分析日期：</td><td>记录编号：</td></tr>
<tr><td colspan="3">作业地点或分析范围：箱式变压器</td><td colspan="7">分析人：</td></tr>
<tr><td colspan="10">作业内容描述：更换低压侧电缆头</td></tr>
<tr><td colspan="10">主要作业风险：（1）因使用不合适的工器具、穿戴不合适的劳动防护用品导致巡检人员受伤害；（2）触电；（3）灼伤；（4）跌倒；（5）车辆伤害；（6）高处坠落</td></tr>
<tr><td colspan="10">控制措施：（1）正确穿戴劳动防护用品，正确使用工器具；（2）进入巡检现场检查周围环境；（3）配备防暑药品</td></tr>
<tr><td colspan="3">工作执行人签名：</td><td>日期：</td><td colspan="5">工作负责人开工前确认签名：</td><td>日期：</td></tr>
<tr><td colspan="2" rowspan="2">作业步骤</td><td rowspan="2">危害因素</td><td rowspan="2">可能导致的后果</td><td colspan="5">风险评价</td><td rowspan="2">控制措施</td></tr>
<tr><td>L</td><td>E</td><td>C</td><td>D</td><td>风险程度</td></tr>
<tr><td rowspan="3">作业环境</td><td>环境潮湿</td><td>（1）设备潮湿引起短路；
（2）安全距离不够</td><td>（1）触电、电弧灼伤；
（2）其他人身伤害；
（3）设备事故</td><td>1</td><td>3</td><td>15</td><td>45</td><td>2</td><td>（1）加强通风；
（2）保持设备干燥</td></tr>
<tr><td>雷、雨、雪天气</td><td>（1）感应雷电流；
（2）道路湿滑、泥泞</td><td>（1）触电、火灾灼伤；
（2）跌倒</td><td>1</td><td>3</td><td>7</td><td>21</td><td>2</td><td>（1）正确戴安全帽；
（2）正确穿绝缘鞋；
（3）雷雨天气禁止外出作业</td></tr>
<tr><td>高温天气</td><td>中暑</td><td>人身伤害</td><td>1</td><td>3</td><td>7</td><td>21</td><td>2</td><td>（1）合理安排外出工作，及时规避高温天气；
（2）配备防暑药品</td></tr>
<tr><td rowspan="3">检修前准备</td><td>安全措施确认</td><td>（1）安全措施不全或不正确；
（2）走错间隔</td><td>（1）触电；
（2）设备事故</td><td>1</td><td>1</td><td>7</td><td>7</td><td>1</td><td>（1）工作负责人、工作许可人应认真检查工作票所列安全措施是否正确、完备，是否符合现场实际条件；
（2）检修前确认设备间隔位置；
（3）戴绝缘手套，穿绝缘鞋和防电弧服；
（4）使用合格的验电设备验电</td></tr>
<tr><td>安全交底</td><td>（1）扩大工作范围；
（2）走错间隔或误碰带电设备</td><td>（1）触电；
（2）设备事故</td><td>1</td><td>1</td><td>7</td><td>7</td><td>1</td><td>（1）工作前对工作班成员进行工作任务明示；
（2）对工作班成员进行安全技术交底</td></tr>
<tr><td>工器具准备</td><td>（1）使用的工器具无法达到检修作业要求；
（2）工具不全，或工具破损；
（3）使用的试验仪器超过检验期</td><td>触电</td><td>1</td><td>1</td><td>7</td><td>7</td><td>1</td><td>检修前确认工器具及试验仪器状态，使用合格的工器具及试验仪器</td></tr>
</table>

续表

<table>
<tr><th colspan="2" rowspan="2">作业步骤</th><th rowspan="2">危害因素</th><th rowspan="2">可能导致的后果</th><th colspan="5">风险评价</th><th rowspan="2">控制措施</th></tr>
<tr><th>L</th><th>E</th><th>C</th><th>D</th><th>风险程度</th></tr>
<tr><td rowspan="5">检修前准备</td><td>个人防护用品准备</td><td>(1) 未正确使用安全帽、绝缘手套、绝缘靴；
(2) 个人防护用品防护等级不符合要求或过期</td><td>(1) 触电；
(2) 机械伤害</td><td>1</td><td>1</td><td>15</td><td>15</td><td>1</td><td>(1) 正确戴安全帽、绝缘手套，穿绝缘靴；
(2) 使用合格的个人防护用品</td></tr>
<tr><td>工作班成员精神状态确认</td><td>(1) 无法正常完成指定工作；
(2) 作业过程中无法清醒判断设备是否带电</td><td>(1) 触电；
(2) 机械伤害；
(3) 设备故障</td><td>1</td><td>1</td><td>15</td><td>15</td><td>1</td><td>合理安排工作班成员，精神状态不佳者禁止工作</td></tr>
<tr><td>执行安全措施</td><td>(1) 拉错开关、走错间隔；
(2) 漏执行安全措施</td><td>(1) 触电；
(2) 设备事故</td><td>1</td><td>1</td><td>15</td><td>15</td><td>1</td><td>(1) 严格按照工作票执行安全措施；
(2) 执行安全措施时必须有监护人在场</td></tr>
<tr><td>环境</td><td>(1) 道路泥泞、湿滑；
(2) 雷、雨、雪天气</td><td>(1) 车辆伤害；
(2) 人身伤害</td><td>10</td><td>3</td><td>3</td><td>90</td><td>3</td><td>(1) 提前注意天气变化，有效规避恶劣天气；
(2) 遇特殊路况，减速慢行；
(3) 正确使用安全保护用具（安全帽、劳保鞋等）</td></tr>
<tr><td>车辆</td><td>(1) 车辆缺陷；
(2) 超速行驶</td><td>人身伤害</td><td>6</td><td>3</td><td>3</td><td>54</td><td>2</td><td>(1) 行车前检查车辆状况；
(2) 系好安全带，减速慢行</td></tr>
<tr><td rowspan="2">检修过程</td><td>核对设备位置</td><td>(1) 走错间隔；
(2) 误碰带电设备</td><td>(1) 触电、灼伤；
(2) 其他人身伤害；
(3) 设备事故</td><td>3</td><td>1</td><td>15</td><td>45</td><td>2</td><td>(1) 戴绝缘手套、安全帽，穿绝缘鞋；
(2) 谨防误碰或接触带电体</td></tr>
<tr><td>更换低压侧电缆头</td><td>(1) 设备带电；
(2) 设备缺陷；
(3) 机械伤害</td><td>(1) 触电；
(2) 人身伤害；
(3) 设备事故</td><td>3</td><td>1</td><td>15</td><td>45</td><td>2</td><td>(1) 正确使用安全工器具；
(2) 与带电设备保持安全距离；
(3) 执行工作监护制度；
(4) 确保设备断电后再开始工作；
(5) 严禁抛、丢工器具</td></tr>
<tr><td rowspan="2">完工阶段</td><td>完工恢复</td><td>(1) 连接件和紧固件螺栓紧固未达标；
(2) 临时短接线、接地线未拆除；
(3) 检修后设备接线不正确</td><td>(1) 设备事故；
(2) 电灼伤</td><td>1</td><td>1</td><td>15</td><td>15</td><td>1</td><td>(1) 用力矩扳手检查连接件和紧固件螺栓；
(2) 严格按照工作票执行恢复工作；
(3) 恢复工作后，经工作负责人最终检查确认，方可办理工作终结手续</td></tr>
<tr><td>结束工作</td><td>(1) 遗漏工器具；
(2) 现场遗留检修杂物；
(3) 不结束工作票</td><td>设备事故</td><td>1</td><td>1</td><td>15</td><td>15</td><td>1</td><td>(1) 收齐并检查工器具；
(2) 清扫检修现场；
(3) 结束工作票</td></tr>
</table>

4. 高压侧 35kV 负荷断路器故障处理

<table>
<tr><td colspan="3">部门：</td><td colspan="5">分析日期：</td><td>记录编号：</td></tr>
<tr><td colspan="3">作业地点或分析范围：箱式变压器</td><td colspan="6">分析人：</td></tr>
<tr><td colspan="9">作业内容描述：高压侧 35kV 负荷断路器故障处理</td></tr>
<tr><td colspan="9">主要作业风险：(1) 因使用不合适的工器具、穿戴不合适的劳动防护用品导致巡检人员受伤害；(2) 触电；(3) 灼伤；(4) 跌倒；(5) 车辆伤害；(6) 高处坠落</td></tr>
<tr><td colspan="9">控制措施：(1) 正确穿戴劳动防护用品，正确使用工器具；(2) 进入巡检现场检查周围环境；(3) 配备防暑药品</td></tr>
<tr><td colspan="3">工作执行人签名：</td><td>日期：</td><td colspan="4">工作负责人开工前确认签名：</td><td>日期：</td></tr>
<tr><td colspan="2" rowspan="2">作业步骤</td><td rowspan="2">危害因素</td><td rowspan="2">可能导致的后果</td><td colspan="5">风险评价</td><td rowspan="2">控制措施</td></tr>
<tr><td>L</td><td>E</td><td>C</td><td>D</td><td>风险程度</td></tr>
<tr><td rowspan="3">作业环境</td><td>环境潮湿</td><td>(1) 设备潮湿引起短路；
(2) 安全距离不够</td><td>(1) 触电、电弧灼伤；
(2) 其他人身伤害；
(3) 设备事故</td><td>1</td><td>3</td><td>15</td><td>45</td><td>2</td><td>(1) 加强通风；
(2) 保持设备干燥</td></tr>
<tr><td>雷、雨、雪天气</td><td>(1) 感应雷电流；
(2) 道路湿滑、泥泞</td><td>(1) 触电、火灾灼伤；
(2) 跌倒</td><td>1</td><td>3</td><td>7</td><td>21</td><td>2</td><td>(1) 正确戴安全帽；
(2) 正确穿绝缘鞋；
(3) 雷雨天气禁止外出作业</td></tr>
<tr><td>高温天气</td><td>中暑</td><td>人身伤害</td><td>1</td><td>3</td><td>7</td><td>21</td><td>2</td><td>(1) 合理安排外出工作，及时规避高温天气；
(2) 配备防暑药品</td></tr>
<tr><td rowspan="3">检修前准备</td><td>安全措施确认</td><td>(1) 安全措施不全或不正确；
(2) 走错间隔</td><td>(1) 触电；
(2) 设备事故</td><td>1</td><td>1</td><td>7</td><td>7</td><td>1</td><td>(1) 工作负责人、工作许可人应认真检查工作票所列安全措施是否正确、完备，是否符合现场实际条件；
(2) 检修前确认设备间隔位置；
(3) 戴绝缘手套，穿绝缘鞋和防电弧服；
(4) 使用合格的验电设备验电</td></tr>
<tr><td>安全交底</td><td>(1) 扩大工作范围；
(2) 走错间隔或误碰带电设备</td><td>(1) 触电；
(2) 设备事故</td><td>1</td><td>1</td><td>7</td><td>7</td><td>1</td><td>(1) 工作前对工作班成员进行工作任务明示；
(2) 对工作班成员进行安全技术交底</td></tr>
<tr><td>工器具准备</td><td>(1) 使用的工器具无法达到检修作业要求；
(2) 工具不全，或工具破损；
(3) 使用的试验仪器超过检验期</td><td>触电</td><td>1</td><td>1</td><td>7</td><td>7</td><td>1</td><td>检修前确认工器具及试验仪器状态，使用合格的工器具及试验仪器</td></tr>
</table>

续表

作业步骤		危害因素	可能导致的后果	风险评价					控制措施
				L	E	C	D	风险程度	
检修前准备	个人防护用品准备	（1）未正确使用安全帽、绝缘手套、绝缘靴； （2）个人防护用品防护等级不符合要求或过期	（1）触电； （2）机械伤害	1	1	15	15	1	（1）正确戴安全帽、绝缘手套，穿绝缘靴； （2）使用合格的个人防护用品
	工作班成员精神状态确认	（1）无法正常完成指定工作； （2）作业过程中无法清醒判断设备是否带电	（1）触电； （2）机械伤害； （3）设备故障	1	1	15	15	1	合理安排工作班成员，精神状态不佳者禁止工作
	执行安全措施	（1）拉错开关、走错间隔； （2）安全措施漏执行	（1）触电； （2）设备事故	1	1	15	15	1	（1）严格按照工作票执行安全措施； （2）执行安全措施时必须有监护人在场
	环境	（1）道路泥泞、湿滑； （2）雷、雨、雪天气	（1）车辆伤害； （2）人身伤害	10	3	3	90	3	（1）提前注意天气变化，有效规避恶劣天气； （2）遇特殊路况，减速慢行； （3）正确使用安全保护用具（安全帽、劳保鞋等）
	车辆	（1）车辆缺陷； （2）超速行驶	人身伤害	6	3	3	54	2	（1）行车前检查车辆状况； （2）系好安全带，减速慢行
检修过程	核对设备位置	（1）走错间隔； （2）误碰带电设备	（1）触电、灼伤； （2）其他人身伤害； （3）设备事故	3	1	15	45	2	（1）戴绝缘手套、安全帽，穿绝缘鞋； （2）谨防误碰或接触带电体
	高压侧 35kV 负荷开关故障处理	（1）设备带电； （2）设备缺陷； （3）机械伤害	（1）触电； （2）人身伤害； （3）设备事故	3	1	15	45	2	（1）正确使用安全工器具； （2）与带电设备保持安全距离； （3）执行工作监护制度； （4）确保设备断电后再开始工作； （5）严禁抛、丢工器具
完工阶段	完工恢复	（1）连接件和紧固件螺栓紧固未达标； （2）临时短接线、接地线未拆除； （3）检修后设备接线不正确	（1）设备事故； （2）电灼伤	1	1	15	15	1	（1）用力矩扳手检查连接件和紧固件螺栓； （2）严格按照工作票执行恢复工作； （3）恢复工作后，经工作负责人最终检查确认，方可办理工作终结手续
	结束工作	（1）遗漏工器具； （2）现场遗留检修杂物； （3）不结束工作票	设备事故	1	1	15	15	1	（1）收齐并检查工器具； （2）清扫检修现场； （3）结束工作票

5. 更换高压侧电缆头

<table>
<tr><td colspan="4">部门：</td><td colspan="5">分析日期：</td><td>记录编号：</td></tr>
<tr><td colspan="4">作业地点或分析范围：箱式变压器</td><td colspan="6">分析人：</td></tr>
<tr><td colspan="10">作业内容描述：更换高压侧电缆头</td></tr>
<tr><td colspan="10">主要作业风险：(1) 因使用不合适的工器具、穿戴不合适的劳动防护用品导致巡检人员受伤害；(2) 触电；(3) 灼伤；(4) 跌倒；(5) 车辆伤害；(6) 高处坠落</td></tr>
<tr><td colspan="10">控制措施：(1) 正确穿戴劳动防护用品，正确使用工器具；(2) 进入巡检现场检查周围环境；(3) 配备防暑药品</td></tr>
<tr><td colspan="3">工作执行人签名：</td><td>日期：</td><td colspan="5">工作负责人开工前确认签名：</td><td>日期：</td></tr>
<tr><td colspan="2" rowspan="2">作业步骤</td><td rowspan="2">危害因素</td><td rowspan="2">可能导致的后果</td><td colspan="5">风险评价</td><td rowspan="2">控制措施</td></tr>
<tr><td>L</td><td>E</td><td>C</td><td>D</td><td>风险程度</td></tr>
<tr><td rowspan="3">作业环境</td><td>环境潮湿</td><td>(1) 设备潮湿引起短路；
(2) 安全距离不够</td><td>(1) 触电、电弧灼伤；
(2) 其他人身伤害；
(3) 设备事故</td><td>1</td><td>3</td><td>15</td><td>45</td><td>2</td><td>(1) 加强通风；
(2) 保持设备干燥</td></tr>
<tr><td>雷、雨、雪天气</td><td>(1) 感应雷电流；
(2) 道路湿滑、泥泞</td><td>(1) 触电、火灾灼伤；
(2) 跌倒</td><td>1</td><td>3</td><td>7</td><td>21</td><td>2</td><td>(1) 正确戴安全帽；
(2) 正确穿绝缘鞋；
(3) 雷雨天气禁止外出作业</td></tr>
<tr><td>高温天气</td><td>中暑</td><td>人身伤害</td><td>1</td><td>3</td><td>7</td><td>21</td><td>2</td><td>(1) 合理安排外出工作，及时规避高温天气；
(2) 配备防暑药品</td></tr>
<tr><td rowspan="3">检修前准备</td><td>安全措施确认</td><td>(1) 安全措施不全或不正确；
(2) 走错间隔</td><td>(1) 触电；
(2) 设备事故</td><td>1</td><td>1</td><td>7</td><td>7</td><td>1</td><td>(1) 工作负责人、工作许可人应认真检查工作票所列安全措施是否正确、完备，是否符合现场实际条件；
(2) 检修前确认设备间隔位置；
(3) 戴绝缘手套，穿绝缘鞋和防电弧服；
(4) 使用合格的验电设备验电</td></tr>
<tr><td>安全交底</td><td>(1) 扩大工作范围；
(2) 走错间隔或误碰带电设备</td><td>(1) 触电；
(2) 设备事故</td><td>1</td><td>1</td><td>7</td><td>7</td><td>1</td><td>(1) 工作前对工作班成员进行工作任务明示；
(2) 对工作班成员进行安全技术交底</td></tr>
<tr><td>工器具准备</td><td>(1) 使用的工器具无法达到检修作业要求；
(2) 工具不全，或工具破损；
(3) 使用的试验仪器超过检验期</td><td>触电</td><td>1</td><td>1</td><td>7</td><td>7</td><td>1</td><td>检修前确认工器具及试验仪器状态，使用合格的工器具及试验仪器</td></tr>
</table>

续表

作业步骤		危害因素	可能导致的后果	风险评价					控制措施
				L	E	C	D	风险程度	
检修前准备	个人防护用品准备	（1）未正确使用安全帽、绝缘手套、绝缘靴； （2）个人防护用品防护等级不符合要求或过期	（1）触电； （2）机械伤害	1	1	15	15	1	（1）正确戴安全帽、绝缘手套，穿绝缘靴； （2）使用合格的个人防护用品
检修前准备	工作班成员精神状态确认	（1）无法正常完成指定工作； （2）作业过程中无法清醒判断设备是否带电	（1）触电； （2）机械伤害； （3）设备故障	1	1	15	15	1	合理安排工作班成员，精神状态不佳者禁止工作
检修前准备	执行安全措施	（1）拉错开关、走错间隔； （2）漏执行安全措施	（1）触电； （2）设备事故	1	1	15	15	1	（1）严格按照工作票执行安全措施； （2）执行安全措施时必须有监护人在场
检修前准备	环境	（1）道路泥泞、湿滑； （2）雷、雨、雪天气	（1）车辆伤害； （2）人身伤害	10	3	3	90	3	（1）提前注意天气变化，有效规避恶劣天气； （2）遇特殊路况，减速慢行； （3）正确使用安全保护用具（安全帽、劳保鞋等）
检修前准备	车辆	（1）车辆缺陷； （2）超速行驶	人身伤害	6	3	3	54	2	（1）行车前检查车辆状况； （2）系好安全带，减速慢行
检修过程	核对设备位置	（1）走错间隔； （2）误碰带电设备	（1）触电、灼伤； （2）其他人身伤害； （3）设备事故	3	1	15	45	2	（1）戴绝缘手套、安全帽，穿绝缘鞋； （2）谨防误碰或接触带电体
检修过程	更换高压侧电缆头	（1）设备带电； （2）设备缺陷； （3）机械伤害	（1）触电； （2）人身伤害； （3）设备事故	3	1	15	45	2	（1）正确使用安全工器具； （2）与带电设备保持安全距离； （3）执行工作监护制度； （4）确保设备断电后再开始工作； （5）严禁抛、丢工器具
完工阶段	完工恢复	（1）连接件和紧固件螺栓紧固未达标； （2）临时短接线、接地线未拆除； （3）检修后设备接线不正确	（1）设备事故； （2）电灼伤	1	1	15	15	1	（1）用力矩扳手检查连接件和紧固件螺栓； （2）严格按照工作票执行恢复工作； （3）恢复工作后，经工作负责人最终检查确认，方可办理工作终结手续
完工阶段	结束工作	（1）遗漏工器具； （2）现场遗留检修杂物； （3）不结束工作票	设备事故	1	1	15	15	1	（1）收齐并检查工器具； （2）清扫检修现场； （3）结束工作票

6. 分、合闸操作按钮故障处理

<table>
<tr><td colspan="4">部门：</td><td colspan="6">分析日期：</td><td>记录编号：</td></tr>
<tr><td colspan="4">作业地点或分析范围：箱式变压器</td><td colspan="7">分析人：</td></tr>
<tr><td colspan="11">作业内容描述：分、合闸操作按钮故障处理</td></tr>
<tr><td colspan="11">主要作业风险：(1) 因使用不合适的工器具、穿戴不合适的劳动防护用品导致巡检人员受伤害；(2) 触电；(3) 灼伤；(4) 跌倒；(5) 车辆伤害；(6) 高处坠落</td></tr>
<tr><td colspan="11">控制措施：(1) 正确穿戴劳动防护用品，正确使用工器具；(2) 进入巡检现场检查周围环境；(3) 配备防暑药品</td></tr>
<tr><td colspan="3">工作执行人签名：</td><td>日期：</td><td colspan="6">工作负责人开工前确认签名：</td><td>日期：</td></tr>
<tr><td colspan="2" rowspan="2">作业步骤</td><td rowspan="2">危害因素</td><td rowspan="2">可能导致的后果</td><td colspan="5">风险评价</td><td colspan="2" rowspan="2">控制措施</td></tr>
<tr><td>L</td><td>E</td><td>C</td><td>D</td><td>风险程度</td></tr>
<tr><td rowspan="3">作业环境</td><td>环境潮湿</td><td>(1) 设备潮湿引起短路；
(2) 安全距离不够</td><td>(1) 触电、电弧灼伤；
(2) 其他人身伤害；
(3) 设备事故</td><td>1</td><td>3</td><td>15</td><td>45</td><td>2</td><td colspan="2">(1) 加强通风；
(2) 保持设备干燥</td></tr>
<tr><td>雷、雨、雪天气</td><td>(1) 感应雷电流；
(2) 道路湿滑、泥泞</td><td>(1) 触电、火灾灼伤；
(2) 跌倒</td><td>1</td><td>3</td><td>7</td><td>21</td><td>2</td><td colspan="2">(1) 正确戴安全帽；
(2) 正确穿绝缘鞋；
(3) 雷雨天气禁止外出作业</td></tr>
<tr><td>高温天气</td><td>中暑</td><td>人身伤害</td><td>1</td><td>3</td><td>7</td><td>21</td><td>2</td><td colspan="2">(1) 合理安排外出工作，及时规避高温天气；
(2) 配备防暑药品</td></tr>
<tr><td rowspan="3">检修前准备</td><td>安全措施确认</td><td>(1) 安全措施不全或不正确；
(2) 走错间隔</td><td>(1) 触电；
(2) 设备事故</td><td>1</td><td>1</td><td>7</td><td>7</td><td>1</td><td colspan="2">(1) 工作负责人、工作许可人应认真检查工作票所列安全措施是否正确、完备，是否符合现场实际条件；
(2) 检修前确认设备间隔位置；
(3) 戴绝缘手套，穿绝缘鞋和防电弧服；
(4) 使用合格的验电设备验电</td></tr>
<tr><td>安全交底</td><td>(1) 扩大工作范围；
(2) 走错间隔或误碰带电设备</td><td>(1) 触电；
(2) 设备事故</td><td>1</td><td>1</td><td>7</td><td>7</td><td>1</td><td colspan="2">(1) 工作前对工作班成员进行工作任务明示；
(2) 对工作班成员进行安全技术交底</td></tr>
<tr><td>工器具准备</td><td>(1) 使用的工器具无法达到检修作业要求；
(2) 工具不全，或工具破损；
(3) 使用的试验仪器超过检验期</td><td>触电</td><td>1</td><td>1</td><td>7</td><td>7</td><td>1</td><td colspan="2">检修前确认工器具及试验仪器状态，使用合格的工器具及试验仪器</td></tr>
</table>

续表

作业步骤		危害因素	可能导致的后果	风险评价					控制措施
				L	E	C	D	风险程度	
检修前准备	个人防护用品准备	（1）未正确使用安全帽、绝缘手套、绝缘靴； （2）个人防护用品防护等级不符合要求或过期	（1）触电； （2）机械伤害	1	1	15	15	1	（1）正确戴安全帽、绝缘手套，穿绝缘靴； （2）使用合格的个人防护用品
	工作班成员精神状态确认	（1）无法正常完成指定工作； （2）作业过程中无法清醒判断设备是否带电	（1）触电； （2）机械伤害； （3）设备故障	1	1	15	15	1	合理安排工作班成员，精神状态不佳者禁止工作
	执行安全措施	（1）拉错开关、走错间隔； （2）漏执行安全措施	（1）触电； （2）设备事故	1	1	15	15	1	（1）严格按照工作票执行安全措施； （2）执行安全措施时必须有监护人在场
	环境	（1）道路泥泞、湿滑； （2）雷、雨、雪天气	（1）车辆伤害； （2）人身伤害	10	3	3	90	3	（1）提前注意天气变化，有效规避恶劣天气； （2）遇特殊路况，减速慢行； （3）正确使用安全保护用具（安全帽、劳保鞋等）
	车辆	（1）车辆缺陷； （2）超速行驶	人身伤害	6	3	3	54	2	（1）行车前检查车辆状况； （2）系好安全带，减速慢行
检修过程	核对设备位置	（1）走错间隔； （2）误碰带电设备	（1）触电、灼伤； （2）其他人身伤害； （3）设备事故	3	1	15	45	2	（1）戴绝缘手套、安全帽，穿绝缘鞋； （2）谨防误碰或接触带电体
	分、合闸操作按钮故障处理	（1）设备带电； （2）设备缺陷； （3）机械伤害	（1）触电； （2）人身伤害； （3）设备事故	3	1	15	45	2	（1）正确使用安全工器具； （2）与带电设备保持安全距离； （3）执行工作监护制度； （4）确保设备断电后再开始工作； （5）严禁抛、丢工器具
完工阶段	完工恢复	（1）连接件和紧固件螺栓紧固未达标； （2）临时短接线、接地线未拆除； （3）检修后设备接线不正确	（1）设备事故； （2）电灼伤	1	1	15	15	1	（1）用力矩扳手检查连接件和紧固件螺栓； （2）严格按照工作票执行恢复工作； （3）恢复工作后，经工作负责人最终检查确认，方可办理工作终结手续
	结束工作	（1）遗漏工器具； （2）现场遗留检修杂物； （3）不结束工作票	设备事故	1	1	15	15	1	（1）收齐并检查工器具； （2）清扫检修现场； （3）结束工作票

7. 闸刀操动机构故障处理

<table>
<tr><td colspan="3">部门：</td><td colspan="6">分析日期：</td><td>记录编号：</td></tr>
<tr><td colspan="3">作业地点或分析范围：箱式变压器</td><td colspan="7">分析人：</td></tr>
<tr><td colspan="10">作业内容描述：闸刀操动机构故障处理</td></tr>
<tr><td colspan="10">主要作业风险：(1) 因使用不合适的工器具、穿戴不合适的劳动防护用品导致巡检人员受伤害；(2) 触电；(3) 灼伤；(4) 跌倒；(5) 车辆伤害；(6) 高处坠落</td></tr>
<tr><td colspan="10">控制措施：(1) 正确穿戴劳动防护用品，正确使用工器具；(2) 进入巡检现场检查周围环境；(3) 配备防暑药品</td></tr>
<tr><td colspan="3">工作执行人签名：</td><td>日期：</td><td colspan="5">工作负责人开工前确认签名：</td><td>日期：</td></tr>
<tr><td colspan="2" rowspan="2">作业步骤</td><td rowspan="2">危害因素</td><td rowspan="2">可能导致的后果</td><td colspan="5">风险评价</td><td rowspan="2">控制措施</td></tr>
<tr><td>L</td><td>E</td><td>C</td><td>D</td><td>风险程度</td></tr>
<tr><td rowspan="3">作业环境</td><td>环境潮湿</td><td>(1) 设备潮湿引起短路；
(2) 安全距离不够</td><td>(1) 触电、电弧灼伤；
(2) 其他人身伤害；
(3) 设备事故</td><td>1</td><td>3</td><td>15</td><td>45</td><td>2</td><td>(1) 加强通风；
(2) 保持设备干燥</td></tr>
<tr><td>雷、雨、雪天气</td><td>(1) 感应雷电流；
(2) 道路湿滑、泥泞</td><td>(1) 触电、火灾灼伤；
(2) 跌倒</td><td>1</td><td>3</td><td>7</td><td>21</td><td>2</td><td>(1) 正确戴安全帽；
(2) 正确穿绝缘鞋；
(3) 雷雨天气禁止外出作业</td></tr>
<tr><td>高温天气</td><td>中暑</td><td>人身伤害</td><td>1</td><td>3</td><td>7</td><td>21</td><td>2</td><td>(1) 合理安排外出工作，及时规避高温天气；
(2) 配备防暑药品</td></tr>
<tr><td rowspan="3">检修前准备</td><td>安全措施确认</td><td>(1) 安全措施不全或不正确；
(2) 走错间隔</td><td>(1) 触电；
(2) 设备事故</td><td>1</td><td>1</td><td>7</td><td>7</td><td>1</td><td>(1) 工作负责人、工作许可人应认真检查工作票所列安全措施是否正确、完备，是否符合现场实际条件；
(2) 检修前确认设备间隔位置；
(3) 戴绝缘手套，穿绝缘鞋和防电弧服；
(4) 使用合格的验电设备验电</td></tr>
<tr><td>安全交底</td><td>(1) 扩大工作范围；
(2) 走错间隔或误碰带电设备</td><td>(1) 触电；
(2) 设备事故</td><td>1</td><td>1</td><td>7</td><td>7</td><td>1</td><td>(1) 工作前对工作班成员进行工作任务明示；
(2) 对工作班成员进行安全技术交底</td></tr>
<tr><td>工器具准备</td><td>(1) 使用的工器具无法达到检修作业要求；
(2) 工具不全，或工具破损；
(3) 使用的试验仪器超过检验期</td><td>触电</td><td>1</td><td>1</td><td>7</td><td>7</td><td>1</td><td>检修前确认工器具及试验仪器状态，使用合格的工器具及试验仪器</td></tr>
</table>

续表

作业步骤		危害因素	可能导致的后果	风险评价					控制措施
				L	E	C	D	风险程度	
检修前准备	个人防护用品准备	(1) 未正确使用安全帽、绝缘手套、绝缘靴； (2) 个人防护用品防护等级不符合要求或过期	(1) 触电； (2) 机械伤害	1	1	15	15	1	(1) 正确戴安全帽、绝缘手套，穿绝缘靴； (2) 使用合格的个人防护用品
	工作班成员精神状态确认	(1) 无法正常完成指定工作； (2) 作业过程中无法清醒判断设备是否带电	(1) 触电； (2) 机械伤害； (3) 设备故障	1	1	15	15	1	合理安排工作班成员，精神状态不佳者禁止工作
	执行安全措施	(1) 拉错开关、走错间隔； (2) 漏执行安全措施	(1) 触电； (2) 设备事故	1	1	15	15	1	(1) 严格按照工作票执行安全措施； (2) 执行安全措施时必须有监护人在场
	环境	(1) 道路泥泞、湿滑； (2) 雷、雨、雪天气	(1) 车辆伤害； (2) 人身伤害	10	3	3	90	3	(1) 提前注意天气变化，有效规避恶劣天气； (2) 遇特殊路况，减速慢行； (3) 正确使用安全保护用具（安全帽、劳保鞋等）
	车辆	(1) 车辆缺陷； (2) 超速行驶	人身伤害	6	3	3	54	2	(1) 行车前检查车辆状况； (2) 系好安全带，减速慢行
检修过程	核对设备位置	(1) 走错间隔； (2) 误碰带电设备	(1) 触电、灼伤； (2) 其他人身伤害； (3) 设备事故	3	1	15	45	2	(1) 戴绝缘手套、安全帽，穿绝缘鞋； (2) 谨防误碰或接触带电体
	闸刀操动机构故障处理	(1) 设备带电； (2) 设备缺陷； (3) 机械伤害	(1) 触电； (2) 人身伤害； (3) 设备事故	3	1	15	45	2	(1) 正确使用安全工器具； (2) 与带电设备保持安全距离； (3) 执行工作监护制度； (4) 确保设备断电后再开始工作； (5) 严禁抛、丢工器具
完工阶段	完工恢复	(1) 连接件和紧固件螺栓紧固未达标； (2) 临时短接线、接地线未拆除； (3) 检修后设备接线不正确	(1) 设备事故； (2) 电灼伤	1	1	15	15	1	(1) 用力矩扳手检查连接件和紧固件螺栓； (2) 严格按照工作票执行恢复工作； (3) 恢复工作后，经工作负责人最终检查确认，方可办理工作终结手续
	结束工作	(1) 遗漏工器具； (2) 现场遗留检修杂物； (3) 不结束工作票	设备事故	1	1	15	15	1	(1) 收齐并检查工器具； (2) 清扫检修现场； (3) 结束工作票

8. 转换开关故障处理

<table>
<tr><td colspan="3">部门：</td><td colspan="5">分析日期：</td><td colspan="2">记录编号：</td></tr>
<tr><td colspan="3">作业地点或分析范围：箱式变压器</td><td colspan="7">分析人：</td></tr>
<tr><td colspan="10">作业内容描述：转换开关故障处理</td></tr>
<tr><td colspan="10">主要作业风险：(1) 因使用不合适的工器具、穿戴不合适的劳动防护用品导致巡检人员受伤害；(2) 触电；(3) 灼伤；(4) 跌倒；(5) 车辆伤害；(6) 高处坠落</td></tr>
<tr><td colspan="10">控制措施：(1) 正确穿戴劳动防护用品，正确使用工器具；(2) 进入巡检现场检查周围环境；(3) 配备防暑药品</td></tr>
<tr><td colspan="3">工作执行人签名：</td><td>日期：</td><td colspan="5">工作负责人开工前确认签名：</td><td>日期：</td></tr>
<tr><td colspan="2" rowspan="2">作业步骤</td><td rowspan="2">危害因素</td><td rowspan="2">可能导致的后果</td><td colspan="5">风险评价</td><td rowspan="2">控制措施</td></tr>
<tr><td>L</td><td>E</td><td>C</td><td>D</td><td>风险程度</td></tr>
<tr><td rowspan="3">作业环境</td><td>环境潮湿</td><td>(1) 设备潮湿引起短路；
(2) 安全距离不够</td><td>(1) 触电、电弧灼伤；
(2) 其他人身伤害；
(3) 设备事故</td><td>1</td><td>3</td><td>15</td><td>45</td><td>2</td><td>(1) 加强通风；
(2) 保持设备干燥</td></tr>
<tr><td>雷、雨、雪天气</td><td>(1) 感应雷电流；
(2) 道路湿滑、泥泞</td><td>(1) 触电、火灾灼伤；
(2) 跌倒</td><td>1</td><td>3</td><td>7</td><td>21</td><td>2</td><td>(1) 正确戴安全帽；
(2) 正确穿绝缘鞋；
(3) 雷雨天气禁止外出作业</td></tr>
<tr><td>高温天气</td><td>中暑</td><td>人身伤害</td><td>1</td><td>3</td><td>7</td><td>21</td><td>2</td><td>(1) 合理安排外出工作，及时规避高温天气；
(2) 配备防暑药品</td></tr>
<tr><td rowspan="3">检修前准备</td><td>安全措施确认</td><td>(1) 安全措施不全或不正确；
(2) 走错间隔</td><td>(1) 触电；
(2) 设备事故</td><td>1</td><td>1</td><td>7</td><td>7</td><td>1</td><td>(1) 工作负责人、工作许可人应认真检查工作票所列安全措施是否正确、完备，是否符合现场实际条件；
(2) 检修前确认设备间隔位置；
(3) 戴绝缘手套，穿绝缘鞋和防电弧服；
(4) 使用合格的验电设备验电</td></tr>
<tr><td>安全交底</td><td>(1) 扩大工作范围；
(2) 走错间隔或误碰带电设备</td><td>(1) 触电；
(2) 设备事故</td><td>1</td><td>1</td><td>7</td><td>7</td><td>1</td><td>(1) 工作前对工作班成员进行工作任务明示；
(2) 对工作班成员进行安全技术交底</td></tr>
<tr><td>工器具准备</td><td>(1) 使用的工器具无法达到检修作业要求；
(2) 工具不全，或工具破损；
(3) 使用的试验仪器超过检验期</td><td>触电</td><td>1</td><td>1</td><td>7</td><td>7</td><td>1</td><td>检修前确认工器具及试验仪器状态，使用合格的工器具及试验仪器</td></tr>
</table>

续表

<table>
<tr><th colspan="2" rowspan="2">作业步骤</th><th rowspan="2">危害因素</th><th rowspan="2">可能导致的后果</th><th colspan="5">风险评价</th><th rowspan="2">控制措施</th></tr>
<tr><th>L</th><th>E</th><th>C</th><th>D</th><th>风险程度</th></tr>
<tr><td rowspan="5">检修前准备</td><td>个人防护用品准备</td><td>(1) 未正确使用安全帽、绝缘手套、绝缘靴;
(2) 个人防护用品防护等级不符合要求或过期</td><td>(1) 触电;
(2) 机械伤害</td><td>1</td><td>1</td><td>15</td><td>15</td><td>1</td><td>(1) 正确戴安全帽、绝缘手套，穿绝缘靴;
(2) 使用合格的个人防护用品</td></tr>
<tr><td>工作班成员精神状态确认</td><td>(1) 无法正常完成指定工作;
(2) 作业过程中无法清醒判断设备是否带电</td><td>(1) 触电;
(2) 机械伤害;
(3) 设备故障</td><td>1</td><td>1</td><td>15</td><td>15</td><td>1</td><td>合理安排工作班成员，精神状态不佳者禁止工作</td></tr>
<tr><td>执行安全措施</td><td>(1) 拉错开关、走错间隔;
(2) 漏执行安全措施</td><td>(1) 触电;
(2) 设备事故</td><td>1</td><td>1</td><td>15</td><td>15</td><td>1</td><td>(1) 严格按照工作票执行安全措施;
(2) 执行安全措施时必须有监护人在场</td></tr>
<tr><td>环境</td><td>(1) 道路泥泞、湿滑;
(2) 雷、雨、雪天气</td><td>(1) 车辆伤害;
(2) 人身伤害</td><td>10</td><td>3</td><td>3</td><td>90</td><td>3</td><td>(1) 提前注意天气变化，有效规避恶劣天气;
(2) 遇特殊路况，减速慢行;
(3) 正确使用安全保护用具（安全帽、劳保鞋等）</td></tr>
<tr><td>车辆</td><td>(1) 车辆缺陷;
(2) 超速行驶</td><td>人身伤害</td><td>6</td><td>3</td><td>3</td><td>54</td><td>2</td><td>(1) 行车前检查车辆状况;
(2) 系好安全带，减速慢行</td></tr>
<tr><td rowspan="2">检修过程</td><td>核对设备位置</td><td>(1) 走错间隔;
(2) 误碰带电设备</td><td>(1) 触电、灼伤;
(2) 其他人身伤害;
(3) 设备事故</td><td>3</td><td>1</td><td>15</td><td>45</td><td>2</td><td>(1) 戴绝缘手套、安全帽，穿绝缘鞋;
(2) 谨防误碰或接触带电体</td></tr>
<tr><td>转换开关故障处理</td><td>(1) 设备带电;
(2) 设备缺陷;
(3) 机械伤害</td><td>(1) 触电;
(2) 人身伤害;
(3) 设备事故</td><td>3</td><td>1</td><td>15</td><td>45</td><td>2</td><td>(1) 正确使用安全工器具;
(2) 与带电设备保持安全距离;
(3) 执行工作监护制度;
(4) 确保设备断电后再开始工作;
(5) 严禁抛、丢工器具</td></tr>
<tr><td rowspan="2">完工阶段</td><td>完工恢复</td><td>(1) 连接件和紧固件螺栓紧固未达标;
(2) 检修后设备接线不正确</td><td>(1) 设备事故;
(2) 电灼伤</td><td>1</td><td>1</td><td>15</td><td>15</td><td>1</td><td>(1) 用力矩扳手检查连接件和紧固件螺栓;
(2) 严格按照工作票执行恢复工作;
(3) 恢复工作后，经工作负责人最终检查确认，方可办理工作终结手续</td></tr>
<tr><td>结束工作</td><td>(1) 遗漏工器具;
(2) 现场遗留检修杂物;
(3) 不结束工作票</td><td>设备事故</td><td>1</td><td>1</td><td>15</td><td>15</td><td>1</td><td>(1) 收齐并检查工器具;
(2) 清扫检修现场;
(3) 结束工作票</td></tr>
</table>

9. 状态指示灯故障处理

<table>
<tr><td colspan="3">部门：</td><td colspan="6">分析日期：</td><td>记录编号：</td></tr>
<tr><td colspan="3">作业地点或分析范围：箱式变压器</td><td colspan="7">分析人：</td></tr>
<tr><td colspan="10">作业内容描述：状态指示灯故障处理</td></tr>
<tr><td colspan="10">主要作业风险：(1) 因使用不合适的工器具、穿戴不合适的劳动防护用品导致巡检人员受伤害；(2) 触电；(3) 灼伤；(4) 跌倒；(5) 车辆伤害；(6) 高处坠落</td></tr>
<tr><td colspan="10">控制措施：(1) 正确穿戴劳动防护用品，正确使用工器具；(2) 进入巡检现场检查周围环境；(3) 配备防暑药品</td></tr>
<tr><td colspan="3">工作执行人签名：</td><td>日期：</td><td colspan="5">工作负责人开工前确认签名：</td><td>日期：</td></tr>
<tr><td colspan="2" rowspan="2">作业步骤</td><td rowspan="2">危害因素</td><td rowspan="2">可能导致的后果</td><td colspan="5">风险评价</td><td rowspan="2">控制措施</td></tr>
<tr><td>L</td><td>E</td><td>C</td><td>D</td><td>风险程度</td></tr>
<tr><td rowspan="3">作业环境</td><td>环境潮湿</td><td>(1) 设备潮湿引起短路；
(2) 安全距离不够</td><td>(1) 触电、电弧灼伤；
(2) 其他人身伤害；
(3) 设备事故</td><td>1</td><td>3</td><td>15</td><td>45</td><td>2</td><td>(1) 加强通风；
(2) 保持设备干燥</td></tr>
<tr><td>雷、雨、雪天气</td><td>(1) 感应雷电流；
(2) 道路湿滑、泥泞</td><td>(1) 触电、火灾灼伤；
(2) 跌倒</td><td>1</td><td>3</td><td>7</td><td>21</td><td>2</td><td>(1) 正确戴安全帽；
(2) 正确穿绝缘鞋；
(3) 雷雨天气禁止外出作业</td></tr>
<tr><td>高温天气</td><td>中暑</td><td>人身伤害</td><td>1</td><td>3</td><td>7</td><td>21</td><td>2</td><td>(1) 合理安排外出工作，及时规避高温天气；
(2) 配备防暑药品</td></tr>
<tr><td rowspan="3">检修前准备</td><td>安全措施确认</td><td>(1) 安全措施不全或不正确；
(2) 走错间隔</td><td>(1) 触电；
(2) 设备事故</td><td>1</td><td>1</td><td>7</td><td>7</td><td>1</td><td>(1) 工作负责人、工作许可人应认真检查工作票所列安全措施是否正确、完备，是否符合现场实际条件；
(2) 检修前确认设备间隔位置；
(3) 戴绝缘手套，穿绝缘鞋和防电弧服；
(4) 使用合格的验电设备验电</td></tr>
<tr><td>安全交底</td><td>(1) 扩大工作范围；
(2) 走错间隔或误碰带电设备</td><td>(1) 触电；
(2) 设备事故</td><td>1</td><td>1</td><td>7</td><td>7</td><td>1</td><td>(1) 工作前对工作班成员进行工作任务明示；
(2) 对工作班成员进行安全技术交底</td></tr>
<tr><td>工器具准备</td><td>(1) 使用的工器具无法达到检修作业要求；
(2) 工具不全，或工具破损；
(3) 使用的试验仪器超过检验期</td><td>触电</td><td>1</td><td>1</td><td>7</td><td>7</td><td>1</td><td>检修前确认工器具及试验仪器状态，使用合格的工器具及试验仪器</td></tr>
</table>

续表

作业步骤		危害因素	可能导致的后果	风险评价					控制措施
				L	E	C	D	风险程度	
检修前准备	个人防护用品准备	（1）未正确使用安全帽、绝缘手套、绝缘靴； （2）个人防护用品防护等级不符合要求或过期	（1）触电； （2）机械伤害	1	1	15	15	1	（1）正确戴安全帽、绝缘手套，穿绝缘靴； （2）使用合格的个人防护用品
	工作班成员精神状态确认	（1）无法正常完成指定工作； （2）作业过程中无法清醒判断设备是否带电	（1）触电； （2）机械伤害； （3）设备故障	1	1	15	15	1	合理安排工作班成员，精神状态不佳者禁止工作
	执行安全措施	（1）拉错开关、走错间隔； （2）漏执行安全措施	（1）触电； （2）设备事故	1	1	15	15	1	（1）严格按照工作票执行安全措施； （2）执行安全措施时必须有监护人在场
	环境	（1）道路泥泞、湿滑； （2）雷、雨、雪天气	（1）车辆伤害； （2）人身伤害	10	3	3	90	3	（1）提前注意天气变化，有效规避恶劣天气； （2）遇特殊路况，减速慢行； （3）正确使用安全保护用具（安全帽、劳保鞋等）
	车辆	（1）车辆缺陷； （2）超速行驶	人身伤害	6	3	3	54	2	（1）行车前检查车辆状况； （2）系好安全带，减速慢行
检修过程	核对设备位置	（1）走错间隔； （2）误碰带电设备	（1）触电、灼伤； （2）其他人身伤害； （3）设备事故	3	1	15	45	2	（1）戴绝缘手套、安全帽，穿绝缘鞋； （2）谨防误碰或接触带电体
	状态指示灯故障处理	（1）设备带电； （2）设备缺陷； （3）机械伤害	（1）触电； （2）人身伤害； （3）设备事故	3	1	15	45	2	（1）正确使用安全工器具； （2）与带电设备保持安全距离； （3）执行工作监护制度； （4）确保设备断电后再开始工作； （5）严禁抛、丢工器具
完工阶段	完工恢复	（1）连接件和紧固件螺栓紧固未达标； （2）检修后设备接线不正确	（1）设备事故； （2）电灼伤	1	1	15	15	1	（1）用力矩扳手检查连接件和紧固件螺栓； （2）严格按照工作票执行恢复工作； （3）恢复工作后，经工作负责人最终检查确认，方可办理工作终结手续
	结束工作	（1）遗漏工器具； （2）现场遗留检修杂物； （3）不结束工作票	设备事故	1	1	15	15	1	（1）收齐并检查工器具； （2）清扫检修现场； （3）结束工作票

10. 电压、电流表计故障处理

<table>
<tr><td colspan="3">部门：</td><td colspan="5">分析日期：</td><td>记录编号：</td></tr>
<tr><td colspan="3">作业地点或分析范围：箱式变压器</td><td colspan="6">分析人：</td></tr>
<tr><td colspan="9">作业内容描述：电压、电流表计故障处理</td></tr>
<tr><td colspan="9">主要作业风险：(1) 因使用不合适的工器具、穿戴不合适的劳动防护用品导致巡检人员受伤害；(2) 触电；(3) 灼伤；(4) 跌倒；(5) 车辆伤害；(6) 高处坠落</td></tr>
<tr><td colspan="9">控制措施：(1) 正确穿戴劳动防护用品，正确使用工器具；(2) 进入巡检现场检查周围环境；(3) 配备防暑药品</td></tr>
<tr><td colspan="2">工作执行人签名：</td><td>日期：</td><td colspan="5">工作负责人开工前确认签名：</td><td>日期：</td></tr>
<tr><td rowspan="2" colspan="2">作业步骤</td><td rowspan="2">危害因素</td><td rowspan="2">可能导致的后果</td><td colspan="5">风险评价</td><td rowspan="2">控制措施</td></tr>
<tr><td>L</td><td>E</td><td>C</td><td>D</td><td>风险程度</td></tr>
<tr><td rowspan="3">作业环境</td><td>环境潮湿</td><td>(1) 设备潮湿引起短路；
(2) 安全距离不够</td><td>(1) 触电、电弧灼伤；
(2) 其他人身伤害；
(3) 设备事故</td><td>1</td><td>3</td><td>15</td><td>45</td><td>2</td><td>(1) 加强通风；
(2) 保持设备干燥</td></tr>
<tr><td>雷、雨、雪天气</td><td>(1) 感应雷电流；
(2) 道路湿滑、泥泞</td><td>(1) 触电、火灾灼伤；
(2) 跌倒</td><td>1</td><td>3</td><td>7</td><td>21</td><td>2</td><td>(1) 正确戴安全帽；
(2) 正确穿绝缘鞋；
(3) 雷雨天气禁止外出作业</td></tr>
<tr><td>高温天气</td><td>中暑</td><td>人身伤害</td><td>1</td><td>3</td><td>7</td><td>21</td><td>2</td><td>(1) 合理安排外出工作，及时规避高温天气；
(2) 配备防暑药品</td></tr>
<tr><td rowspan="3">检修前准备</td><td>安全措施确认</td><td>(1) 安全措施不全或不正确；
(2) 走错间隔</td><td>(1) 触电；
(2) 设备事故</td><td>1</td><td>1</td><td>7</td><td>7</td><td>1</td><td>(1) 工作负责人、工作许可人应认真检查工作票所列安全措施是否正确、完备，是否符合现场实际条件；
(2) 检修前确认设备间隔位置；
(3) 戴绝缘手套，穿绝缘鞋和防电弧服；
(4) 使用合格的验电设备进行验电</td></tr>
<tr><td>安全交底</td><td>(1) 扩大工作范围；
(2) 走错间隔或误碰带电设备</td><td>(1) 触电；
(2) 设备事故</td><td>1</td><td>1</td><td>7</td><td>7</td><td>1</td><td>(1) 工作前对工作班成员进行工作任务明示；
(2) 对工作班成员进行安全技术交底</td></tr>
<tr><td>工器具准备</td><td>(1) 使用的工器具无法达到检修作业要求；
(2) 工具不全，或工具破损；
(3) 使用的试验仪器超过检验期</td><td>触电</td><td>1</td><td>1</td><td>7</td><td>7</td><td>1</td><td>检修前确认工器具及试验仪器状态，使用合格的工器具及试验仪器</td></tr>
</table>

续表

作业步骤		危害因素	可能导致的后果	风险评价					控制措施
				L	E	C	D	风险程度	
检修前准备	个人防护用品准备	（1）未正确使用安全帽、绝缘手套、绝缘靴； （2）个人防护用品防护等级不符合要求或过期	（1）触电； （2）机械伤害	1	1	15	15	1	（1）正确戴安全帽、绝缘手套，穿绝缘靴； （2）使用合格的个人防护用品
	工作班成员精神状态确认	（1）无法正常完成指定工作； （2）作业过程中无法清醒判断设备是否带电	（1）触电； （2）机械伤害； （3）设备故障	1	1	15	15	1	合理安排工作班成员，精神状态不佳者禁止工作
	执行安全措施	（1）拉错开关、走错间隔； （2）漏执行安全措施	（1）触电； （2）设备事故	1	1	15	15	1	（1）严格按照工作票执行安全措施； （2）执行安全措施时必须有监护人在场
	环境	（1）道路泥泞、湿滑； （2）雷、雨、雪天气	（1）车辆伤害； （2）人身伤害	10	3	3	90	3	（1）提前注意天气变化，有效规避恶劣天气； （2）遇特殊路况，减速慢行； （3）正确使用安全保护用具（安全帽、劳保鞋等）
	车辆	（1）车辆缺陷； （2）超速行驶	人身伤害	6	3	3	54	2	（1）行车前检查车辆状况； （2）系好安全带，减速慢行
检修过程	核对设备位置	（1）走错间隔； （2）误碰带电设备	（1）触电、灼伤； （2）其他人身伤害； （3）设备事故	3	1	15	45	2	（1）戴绝缘手套、安全帽，穿绝缘鞋； （2）谨防误碰或接触带电体
	电压、电流表计故障处理	（1）设备带电； （2）设备缺陷； （3）机械伤害	（1）触电； （2）人身伤害； （3）设备事故	3	1	15	45	2	（1）正确使用安全工器具； （2）与带电设备保持安全距离； （3）执行工作监护制度； （4）确保设备断电后再开始工作； （5）严禁抛、丢工器具
完工阶段	完工恢复	（1）连接件和紧固件螺栓紧固未达标； （2）检修后设备接线不正确	（1）设备事故； （2）电灼伤	1	1	15	15	1	（1）用力矩扳手检查连接件和紧固件螺栓； （2）严格按照工作票执行恢复工作； （3）恢复工作后，经工作负责人最终检查确认，方可办理工作终结手续
	结束工作	（1）遗漏工器具； （2）现场遗留检修杂物； （3）不结束工作票	设备事故	1	1	15	15	1	（1）收齐并检查工器具； （2）清扫检修现场； （3）结束工作票

11. 电压、电流互感器故障处理

<table>
<tr><td colspan="3">部门：</td><td colspan="6">分析日期：</td><td>记录编号：</td></tr>
<tr><td colspan="3">作业地点或分析范围：箱式变压器</td><td colspan="7">分析人：</td></tr>
<tr><td colspan="10">作业内容描述：电压、电流互感器故障处理</td></tr>
<tr><td colspan="10">主要作业风险：(1) 因使用不合适的工器具、穿戴不合适的劳动防护用品导致巡检人员受伤害；(2) 触电；(3) 灼伤；(4) 跌倒；(5) 车辆伤害；(6) 高处坠落</td></tr>
<tr><td colspan="10">控制措施：(1) 正确穿戴劳动防护用品，正确使用工器具；(2) 进入巡检现场检查周围环境；(3) 配备防暑药品</td></tr>
<tr><td colspan="3">工作执行人签名：</td><td>日期：</td><td colspan="5">工作负责人开工前确认签名：</td><td>日期：</td></tr>
<tr><td colspan="2" rowspan="2">作业步骤</td><td rowspan="2">危害因素</td><td rowspan="2">可能导致的后果</td><td colspan="5">风险评价</td><td rowspan="2">控制措施</td></tr>
<tr><td>L</td><td>E</td><td>C</td><td>D</td><td>风险程度</td></tr>
<tr><td rowspan="3">作业环境</td><td>环境潮湿</td><td>(1) 设备潮湿引起短路；
(2) 安全距离不够</td><td>(1) 触电、电弧灼伤；
(2) 其他人身伤害；
(3) 设备事故</td><td>1</td><td>3</td><td>15</td><td>45</td><td>2</td><td>(1) 加强通风；
(2) 保持设备干燥</td></tr>
<tr><td>雷、雨、雪天气</td><td>(1) 感应雷电流；
(2) 道路湿滑、泥泞</td><td>(1) 触电、火灾灼伤；
(2) 跌倒</td><td>1</td><td>3</td><td>7</td><td>21</td><td>2</td><td>(1) 正确戴安全帽；
(2) 正确穿绝缘鞋；
(3) 雷雨天气禁止外出作业</td></tr>
<tr><td>高温天气</td><td>中暑</td><td>人身伤害</td><td>1</td><td>3</td><td>7</td><td>21</td><td>2</td><td>(1) 合理安排外出工作，及时规避高温天气；
(2) 配备防暑药品</td></tr>
<tr><td rowspan="3">检修前准备</td><td>安全措施确认</td><td>(1) 安全措施不全或不正确；
(2) 走错间隔</td><td>(1) 触电；
(2) 设备事故</td><td>1</td><td>1</td><td>7</td><td>7</td><td>1</td><td>(1) 工作负责人、工作许可人应认真检查工作票所列安全措施是否正确、完备，是否符合现场实际条件；
(2) 检修前确认设备间隔位置；
(3) 戴绝缘手套，穿绝缘鞋和防电弧服；
(4) 使用合格的验电设备验电</td></tr>
<tr><td>安全交底</td><td>(1) 扩大工作范围；
(2) 走错间隔或误碰带电设备</td><td>(1) 触电；
(2) 设备事故</td><td>1</td><td>1</td><td>7</td><td>7</td><td>1</td><td>(1) 工作前对工作班成员进行工作任务明示；
(2) 对工作班成员进行安全技术交底</td></tr>
<tr><td>工器具准备</td><td>(1) 使用的工器具无法达到检修作业要求；
(2) 工具不全，或工具破损；
(3) 使用的试验仪器超过检验期</td><td>触电</td><td>1</td><td>1</td><td>7</td><td>7</td><td>1</td><td>检修前确认工器具及试验仪器状态，使用合格的工器具及试验仪器</td></tr>
</table>

续表

作业步骤		危害因素	可能导致的后果	风险评价					控制措施
				L	E	C	D	风险程度	
检修前准备	个人防护用品准备	（1）未正确使用安全帽、绝缘手套、绝缘靴； （2）个人防护用品防护等级不符合要求或过期	（1）触电； （2）机械伤害	1	1	15	15	1	（1）正确戴安全帽、绝缘手套，穿绝缘靴； （2）使用合格的个人防护用品
	工作班成员精神状态确认	（1）无法正常完成指定工作； （2）作业过程中无法清醒判断设备是否带电	（1）触电； （2）机械伤害； （3）设备故障	1	1	15	15	1	合理安排工作班成员，精神状态不佳者禁止工作
	执行安全措施	（1）拉错开关、走错间隔； （2）漏执行安全措施	（1）触电； （2）设备事故	1	1	15	15	1	（1）严格按照工作票执行安全措施； （2）执行安全措施时必须有监护人在场
	环境	（1）道路泥泞、湿滑； （2）雷、雨、雪天气	（1）车辆伤害； （2）人身伤害	10	3	3	90	3	（1）提前注意天气变化，有效规避恶劣天气； （2）遇特殊路况，减速慢行； （3）正确使用安全保护用具（安全帽、劳保鞋等）
	车辆	（1）车辆缺陷； （2）超速行驶；	人身伤害	6	3	3	54	2	（1）行车前检查车辆状况； （2）系好安全带，减速慢行
检修过程	核对设备位置	（1）走错间隔； （2）误碰带电设备	（1）触电、灼伤； （2）其他人身伤害； （3）设备事故	3	1	15	45	2	（1）戴绝缘手套、安全帽，穿绝缘鞋； （2）谨防误碰或接触带电体
	电压、电流互感器故障处理	（1）设备带电； （2）设备缺陷； （3）机械伤害	（1）触电； （2）人身伤害； （3）设备事故	3	1	15	45	2	（1）正确使用安全工器具； （2）与带电设备保持安全距离； （3）执行工作监护制度； （4）确保设备断电后再开始工作； （5）严禁抛、丢工器具
完工阶段	完工恢复	（1）连接件和紧固件螺栓紧固未达标； （2）临时短接线、接地线未拆除； （3）检修后设备接线不正确	（1）设备事故； （2）电灼伤	1	1	15	15	1	（1）用力矩扳手检查连接件和紧固件螺栓； （2）严格按照工作票执行恢复工作； （3）恢复工作后，经工作负责人最终检查确认，方可办理工作终结手续
	结束工作	（1）遗漏工器具； （2）现场遗留检修杂物； （3）不结束工作票	设备事故	1	1	15	15	1	（1）收齐并检查工器具； （2）清扫检修现场； （3）结束工作票

12. 更换绝缘子

<table>
<tr><td colspan="3">部门：</td><td colspan="5">分析日期：</td><td>记录编号：</td></tr>
<tr><td colspan="3">作业地点或分析范围：箱式变压器</td><td colspan="6">分析人：</td></tr>
<tr><td colspan="9">作业内容描述：更换绝缘子</td></tr>
<tr><td colspan="9">主要作业风险：(1) 因使用不合适的工器具、穿戴不合适的劳动防护用品导致巡检人员受伤害；(2) 触电；(3) 灼伤；(4) 跌倒；(5) 车辆伤害；(6) 高处坠落</td></tr>
<tr><td colspan="9">控制措施：(1) 正确穿戴劳动防护用品，正确使用工器具；(2) 进入巡检现场检查周围环境；(3) 配备防暑药品</td></tr>
<tr><td colspan="2">工作执行人签名：</td><td>日期：</td><td colspan="5">工作负责人开工前确认签名：</td><td>日期：</td></tr>
<tr><td colspan="2" rowspan="2">作业步骤</td><td rowspan="2">危害因素</td><td rowspan="2">可能导致的后果</td><td colspan="5">风险评价</td><td rowspan="2">控制措施</td></tr>
<tr><td>L</td><td>E</td><td>C</td><td>D</td><td>风险程度</td></tr>
<tr><td rowspan="3">作业环境</td><td>环境潮湿</td><td>(1) 设备潮湿引起短路；
(2) 安全距离不够</td><td>(1) 触电、电弧灼伤；
(2) 其他人身伤害；
(3) 设备事故</td><td>1</td><td>3</td><td>15</td><td>45</td><td>2</td><td>(1) 加强通风；
(2) 保持设备干燥</td></tr>
<tr><td>雷、雨、雪天气</td><td>(1) 感应雷电流；
(2) 道路湿滑、泥泞</td><td>(1) 触电、火灾灼伤；
(2) 跌倒</td><td>1</td><td>3</td><td>7</td><td>21</td><td>2</td><td>(1) 正确戴安全帽；
(2) 正确穿绝缘鞋；
(3) 雷雨天气禁止外出作业</td></tr>
<tr><td>高温天气</td><td>中暑</td><td>人身伤害</td><td>1</td><td>3</td><td>7</td><td>21</td><td>2</td><td>(1) 合理安排外出工作，及时规避高温天气；
(2) 配备防暑药品</td></tr>
<tr><td rowspan="3">检修前准备</td><td>安全措施确认</td><td>(1) 安全措施不全或不正确；
(2) 走错间隔</td><td>(1) 触电；
(2) 设备事故</td><td>1</td><td>1</td><td>7</td><td>7</td><td>1</td><td>(1) 工作负责人、工作许可人应认真检查工作票所列安全措施是否正确、完备，是否符合现场实际条件；
(2) 检修前确认设备间隔位置；
(3) 戴绝缘手套，穿绝缘鞋和防电弧服；
(4) 使用合格的验电设备验电</td></tr>
<tr><td>安全交底</td><td>(1) 扩大工作范围；
(2) 走错间隔或误碰带电设备</td><td>(1) 触电；
(2) 设备事故</td><td>1</td><td>1</td><td>7</td><td>7</td><td>1</td><td>(1) 工作前对工作班成员进行工作任务明示；
(2) 对工作班成员进行安全技术交底</td></tr>
<tr><td>工器具准备</td><td>(1) 使用的工器具无法达到检修作业要求；
(2) 工具不全，或工具破损；
(3) 使用的试验仪器超过检验期</td><td>触电</td><td>1</td><td>1</td><td>7</td><td>7</td><td>1</td><td>检修前确认工器具及试验仪器状态，使用合格的工器具及试验仪器</td></tr>
</table>

续表

作业步骤		危害因素	可能导致的后果	风险评价					控制措施
				L	E	C	D	风险程度	
检修前准备	个人防护用品准备	（1）未正确使用安全帽、绝缘手套、绝缘靴； （2）个人防护用品防护等级不符合要求或过期	（1）触电； （2）机械伤害	1	1	15	15	1	（1）正确戴安全帽、绝缘手套，穿绝缘靴； （2）使用合格的个人防护用品
	工作班成员精神状态确认	（1）无法正常完成指定工作； （2）作业过程中无法清醒判断设备是否带电	（1）触电； （2）机械伤害； （3）设备故障	1	1	15	15	1	合理安排工作班成员，精神状态不佳者禁止工作
	执行安全措施	（1）拉错开关、走错间隔； （2）漏执行安全措施	（1）触电； （2）设备事故	1	1	15	15	1	（1）严格按照工作票执行安全措施； （2）执行安全措施时必须有监护人在场
	环境	（1）道路泥泞、湿滑； （2）雷、雨、雪天气	（1）车辆伤害； （2）人身伤害	10	3	3	90	3	（1）提前注意天气变化，有效规避恶劣天气； （2）遇特殊路况，减速慢行； （3）正确使用安全保护用具（安全帽、劳保鞋等）
	车辆	（1）车辆缺陷； （2）超速行驶	人身伤害	6	3	3	54	2	（1）行车前检查车辆状况； （2）系好安全带，减速慢行
检修过程	核对设备位置	（1）走错间隔； （2）误碰带电设备	（1）触电、灼伤； （2）其他人身伤害； （3）设备事故	3	1	15	45	2	（1）戴绝缘手套、安全帽，穿绝缘鞋； （2）谨防误碰或接触带电体
	更换绝缘子	（1）设备带电； （2）设备缺陷； （3）机械伤害	（1）触电； （2）人身伤害； （3）设备事故	3	1	15	45	2	（1）正确使用安全工器具； （2）与带电设备保持安全距离； （3）执行工作监护制度； （4）确保设备断电后再开始工作； （5）严禁抛、丢工器具
完工阶段	完工恢复	（1）连接件和紧固件螺栓紧固未达标； （2）临时短接线、接地线未拆除； （3）检修后设备接线不正确	（1）设备事故； （2）电灼伤	1	1	15	15	1	（1）用力矩扳手检查连接件和紧固件螺栓； （2）严格按照工作票执行恢复工作； （3）恢复工作后，经工作负责人最终检查确认，方可办理工作终结手续
	结束工作	（1）遗漏工器具； （2）现场遗留检修杂物； （3）不结束工作票	设备事故	1	1	15	15	1	（1）收齐并检查工器具； （2）清扫检修现场； （3）结束工作票

13. 温、湿度控制器故障处理

<table>
<tr><td colspan="3">部门：</td><td colspan="6">分析日期：</td><td>记录编号：</td></tr>
<tr><td colspan="3">作业地点或分析范围：箱式变压器</td><td colspan="7">分析人：</td></tr>
<tr><td colspan="10">作业内容描述：温、湿度控制器故障处理</td></tr>
<tr><td colspan="10">主要作业风险：(1) 因使用不合适的工器具、穿戴不合适的劳动防护用品导致巡检人员受伤害；(2) 触电；(3) 灼伤；(4) 跌倒；(5) 车辆伤害；(6) 高处坠落</td></tr>
<tr><td colspan="10">控制措施：(1) 正确穿戴劳动防护用品，正确使用工器具；(2) 进入巡检现场检查周围环境；(3) 配备防暑药品</td></tr>
<tr><td colspan="3">工作执行人签名：</td><td>日期：</td><td colspan="5">工作负责人开工前确认签名：</td><td>日期：</td></tr>
<tr><td colspan="2" rowspan="2">作业步骤</td><td rowspan="2">危害因素</td><td rowspan="2">可能导致的后果</td><td colspan="5">风险评价</td><td rowspan="2">控制措施</td></tr>
<tr><td>L</td><td>E</td><td>C</td><td>D</td><td>风险程度</td></tr>
<tr><td rowspan="3">作业环境</td><td>环境潮湿</td><td>(1) 设备潮湿引起短路；
(2) 安全距离不够</td><td>(1) 触电、电弧灼伤；
(2) 其他人身伤害；
(3) 设备事故</td><td>1</td><td>3</td><td>15</td><td>45</td><td>2</td><td>(1) 加强通风；
(2) 保持设备干燥</td></tr>
<tr><td>雷、雨、雪天气</td><td>(1) 感应雷电流；
(2) 道路湿滑、泥泞</td><td>(1) 触电、火灾灼伤；
(2) 跌倒</td><td>1</td><td>3</td><td>7</td><td>21</td><td>2</td><td>(1) 正确戴安全帽；
(2) 正确穿绝缘鞋；
(3) 雷雨天气禁止外出作业</td></tr>
<tr><td>高温天气</td><td>中暑</td><td>人身伤害</td><td>1</td><td>3</td><td>7</td><td>21</td><td>2</td><td>(1) 合理安排外出工作，及时规避高温天气；
(2) 配备防暑药品</td></tr>
<tr><td rowspan="3">检修前准备</td><td>安全措施确认</td><td>(1) 安全措施不全或不正确；
(2) 走错间隔</td><td>(1) 触电；
(2) 设备事故</td><td>1</td><td>1</td><td>7</td><td>7</td><td>1</td><td>(1) 工作负责人、工作许可人应认真检查工作票所列安全措施是否正确、完备，是否符合现场实际条件；
(2) 检修前确认设备间隔位置；
(3) 戴绝缘手套，穿绝缘鞋和防电弧服；
(4) 使用合格的验电设备验电</td></tr>
<tr><td>安全交底</td><td>(1) 扩大工作范围；
(2) 走错间隔或误碰带电设备</td><td>(1) 触电；
(2) 设备事故</td><td>1</td><td>1</td><td>7</td><td>7</td><td>1</td><td>(1) 工作前对工作班成员进行工作任务明示；
(2) 对工作班成员进行安全技术交底</td></tr>
<tr><td>工器具准备</td><td>(1) 使用的工器具无法达到检修作业要求；
(2) 工具不全，或工具破损；
(3) 使用的试验仪器超过检验期</td><td>触电</td><td>1</td><td>1</td><td>7</td><td>7</td><td>1</td><td>检修前确认工器具及试验仪器状态，使用合格的工器具及试验仪器</td></tr>
</table>

续表

作业步骤		危害因素	可能导致的后果	风险评价					控制措施
				L	E	C	D	风险程度	
检修前准备	个人防护用品准备	(1) 未正确使用安全帽、绝缘手套、绝缘靴； (2) 个人防护用品防护等级不符合要求或过期	(1) 触电； (2) 机械伤害	1	1	15	15	1	(1) 正确戴安全帽、绝缘手套，穿绝缘靴； (2) 使用合格的个人防护用品
	工作班成员精神状态确认	(1) 无法正常完成指定工作； (2) 作业过程中无法清醒判断设备是否带电	(1) 触电； (2) 机械伤害； (3) 设备故障	1	1	15	15	1	合理安排工作班成员，精神状态不佳者禁止工作
	执行安全措施	(1) 拉错开关、走错间隔； (2) 漏执行安全措施	(1) 触电； (2) 设备事故	1	1	15	15	1	(1) 严格按照工作票执行安全措施； (2) 执行安全措施时必须有监护人在场
	环境	(1) 道路泥泞、湿滑； (2) 雷、雨、雪天气	(1) 车辆伤害； (2) 人身伤害	10	3	3	90	3	(1) 提前注意天气变化，有效规避恶劣天气； (2) 遇特殊路况，减速慢行； (3) 正确使用安全保护用具（安全帽、劳保鞋等）
	车辆	(1) 车辆缺陷； (2) 超速行驶	人身伤害	6	3	3	54	2	(1) 行车前检查车辆状况； (2) 系好安全带，减速慢行
检修过程	核对设备位置	(1) 走错间隔； (2) 误碰带电设备	(1) 触电、灼伤； (2) 其他人身伤害； (3) 设备事故	3	1	15	45	2	(1) 戴绝缘手套、安全帽，穿绝缘鞋； (2) 谨防误碰或接触带电体
	温、湿度控制器故障处理	(1) 设备带电； (2) 设备缺陷； (3) 机械伤害	(1) 触电； (2) 人身伤害； (3) 设备事故	3	1	15	45	2	(1) 正确使用安全工器具； (2) 与带电设备保持安全距离； (3) 执行工作监护制度； (4) 确保设备断电后再开始工作； (5) 严禁抛、丢工器具
完工阶段	完工恢复	(1) 连接件和紧固件螺栓紧固未达标； (2) 临时短接线、接地线未拆除； (3) 检修后设备接线不正确	(1) 设备事故； (2) 电灼伤	1	1	15	15	1	(1) 用力矩扳手检查连接件和紧固件螺栓； (2) 严格按照工作票执行恢复工作； (3) 恢复工作后，经工作负责人最终检查确认，方可办理工作终结手续
	结束工作	(1) 遗漏工器具； (2) 现场遗留检修杂物； (3) 不结束工作票	设备事故	1	1	15	15	1	(1) 收齐并检查工器具； (2) 清扫检修现场； (3) 结束工作票

14. 温度传感器故障处理

<table>
<tr><td colspan="3">部门：</td><td colspan="5">分析日期：</td><td>记录编号：</td></tr>
<tr><td colspan="3">作业地点或分析范围：箱式变压器</td><td colspan="6">分析人：</td></tr>
<tr><td colspan="9">作业内容描述：温度传感器故障处理</td></tr>
<tr><td colspan="9">主要作业风险：(1) 因使用不合适的工器具、穿戴不合适的劳动防护用品导致巡检人员受伤害；(2) 触电；(3) 灼伤；(4) 跌倒；(5) 车辆伤害；(6) 高处坠落</td></tr>
<tr><td colspan="9">控制措施：(1) 正确穿戴劳动防护用品，正确使用工器具；(2) 进入巡检现场检查周围环境；(3) 配备防暑药品</td></tr>
<tr><td colspan="3">工作执行人签名：</td><td>日期：</td><td colspan="4">工作负责人开工前确认签名：</td><td>日期：</td></tr>
<tr><td colspan="2" rowspan="2">作业步骤</td><td rowspan="2">危害因素</td><td rowspan="2">可能导致的后果</td><td colspan="5">风险评价</td><td rowspan="2">控制措施</td></tr>
<tr><td>L</td><td>E</td><td>C</td><td>D</td><td>风险程度</td></tr>
<tr><td rowspan="3">作业环境</td><td>环境潮湿</td><td>(1) 设备潮湿引起短路；
(2) 安全距离不够</td><td>(1) 触电、电弧灼伤；
(2) 其他人身伤害；
(3) 设备事故</td><td>1</td><td>3</td><td>15</td><td>45</td><td>2</td><td>(1) 加强通风；
(2) 保持设备干燥</td></tr>
<tr><td>雷、雨、雪天气</td><td>(1) 感应雷电流；
(2) 道路湿滑、泥泞</td><td>(1) 触电、火灾灼伤；
(2) 跌倒</td><td>1</td><td>3</td><td>7</td><td>21</td><td>2</td><td>(1) 正确戴安全帽；
(2) 正确穿绝缘鞋；
(3) 雷雨天气禁止外出作业</td></tr>
<tr><td>高温天气</td><td>中暑</td><td>人身伤害</td><td>1</td><td>3</td><td>7</td><td>21</td><td>2</td><td>(1) 合理安排外出工作，及时规避高温天气；
(2) 配备防暑药品</td></tr>
<tr><td rowspan="3">检修前准备</td><td>安全措施确认</td><td>(1) 安全措施不全或不正确；
(2) 走错间隔</td><td>(1) 触电；
(2) 设备事故</td><td>1</td><td>1</td><td>7</td><td>7</td><td>1</td><td>(1) 工作负责人、工作许可人应认真检查工作票所列安全措施是否正确、完备，是否符合现场实际条件；
(2) 检修前确认设备间隔位置；
(3) 戴绝缘手套，穿绝缘鞋和防电弧服；
(4) 使用合格的验电设备验电</td></tr>
<tr><td>安全交底</td><td>(1) 扩大工作范围；
(2) 走错间隔或误碰带电设备</td><td>(1) 触电；
(2) 设备事故</td><td>1</td><td>1</td><td>7</td><td>7</td><td>1</td><td>(1) 工作前对工作班成员进行工作任务明示；
(2) 对工作班成员进行安全技术交底</td></tr>
<tr><td>工器具准备</td><td>(1) 使用的工器具无法达到检修作业要求；
(2) 工具不全，或工具破损；
(3) 使用的试验仪器超过检验期</td><td>触电</td><td>1</td><td>1</td><td>7</td><td>7</td><td>1</td><td>检修前确认工器具及试验仪器状态，使用合格的工器具及试验仪器</td></tr>
</table>

续表

作业步骤		危害因素	可能导致的后果	风险评价					控制措施
				L	E	C	D	风险程度	
检修前准备	个人防护用品准备	（1）未正确使用安全帽、绝缘手套、绝缘靴； （2）个人防护用品防护等级不符合要求或过期	（1）触电； （2）机械伤害	1	1	15	15	1	（1）正确戴安全帽、绝缘手套，穿绝缘靴； （2）使用合格的个人防护用品
	工作班成员精神状态确认	（1）无法正常完成指定工作； （2）作业过程中无法清醒判断设备是否带电	（1）触电； （2）机械伤害； （3）设备故障	1	1	15	15	1	合理安排工作班成员，精神状态不佳者禁止工作
	执行安全措施	（1）拉错开关、走错间隔； （2）漏执行安全措施	（1）触电； （2）设备事故	1	1	15	15	1	（1）严格按照工作票执行安全措施； （2）执行安全措施时必须有监护人在场
	环境	（1）道路泥泞、湿滑； （2）雷、雨、雪天气	（1）车辆伤害； （2）人身伤害	10	3	3	90	3	（1）提前注意天气变化，有效规避恶劣天气； （2）遇特殊路况，减速慢行； （3）正确使用安全保护用具（安全帽、劳保鞋等）
	车辆	（1）车辆缺陷； （2）超速行驶	人身伤害	6	3	3	54	2	（1）行车前检查车辆状况； （2）系好安全带，减速慢行
检修过程	核对设备位置	（1）走错间隔； （2）误碰带电设备	（1）触电、灼伤； （2）其他人身伤害； （3）设备事故	3	1	15	45	2	（1）戴绝缘手套、安全帽，穿绝缘鞋； （2）谨防误碰或接触带电体
	温度传感器故障处理	（1）设备带电； （2）设备缺陷； （3）机械伤害	（1）触电； （2）人身伤害； （3）设备事故	3	1	15	45	2	（1）正确使用安全工器具； （2）与带电设备保持安全距离； （3）执行工作监护制度； （4）确保设备断电后再开始工作； （5）严禁抛、丢工器具
完工阶段	完工恢复	（1）连接件和紧固件螺栓紧固未达标； （2）检修后设备接线不正确	（1）设备事故； （2）电灼伤	1	1	15	15	1	（1）用力矩扳手检查连接件和紧固件螺栓； （2）严格按照工作票执行恢复工作； （3）恢复工作后，经工作负责人最终检查确认，方可办理工作终结手续
	结束工作	（1）遗漏工器具； （2）现场遗留检修杂物； （3）不结束工作票	设备事故	1	1	15	15	1	（1）收齐并检查工器具； （2）清扫检修现场； （3）结束工作票

15. 湿度传感器故障处理

<table>
<tr><td colspan="2">部门：</td><td colspan="2"></td><td colspan="6">分析日期：</td><td>记录编号：</td></tr>
<tr><td colspan="4">作业地点或分析范围：箱式变压器</td><td colspan="7">分析人：</td></tr>
<tr><td colspan="11">作业内容描述：湿度传感器故障处理</td></tr>
<tr><td colspan="11">主要作业风险：(1) 因使用不合适的工器具、穿戴不合适的劳动防护用品导致巡检人员受伤害；(2) 触电；(3) 灼伤；(4) 跌倒；(5) 车辆伤害；(6) 高处坠落</td></tr>
<tr><td colspan="11">控制措施：(1) 正确穿戴劳动防护用品，正确使用工器具；(2) 进入巡检现场检查周围环境；(3) 配备防暑药品</td></tr>
<tr><td colspan="3">工作执行人签名：</td><td>日期：</td><td colspan="6">工作负责人开工前确认签名：</td><td>日期：</td></tr>
<tr><td colspan="2" rowspan="2">作业步骤</td><td rowspan="2">危害因素</td><td rowspan="2">可能导致的后果</td><td colspan="5">风险评价</td><td colspan="2" rowspan="2">控制措施</td></tr>
<tr><td>L</td><td>E</td><td>C</td><td>D</td><td>风险程度</td></tr>
<tr><td rowspan="3">作业环境</td><td>环境潮湿</td><td>(1) 设备潮湿引起短路；
(2) 安全距离不够</td><td>(1) 触电、电弧灼伤；
(2) 其他人身伤害；
(3) 设备事故</td><td>1</td><td>3</td><td>15</td><td>45</td><td>2</td><td colspan="2">(1) 加强通风；
(2) 保持设备干燥</td></tr>
<tr><td>雷、雨、雪天气</td><td>(1) 感应雷电流；
(2) 道路湿滑、泥泞</td><td>(1) 触电、火灾灼伤；
(2) 跌倒</td><td>1</td><td>3</td><td>7</td><td>21</td><td>2</td><td colspan="2">(1) 正确戴安全帽；
(2) 正确穿绝缘鞋；
(3) 雷雨天气禁止外出作业</td></tr>
<tr><td>高温天气</td><td>中暑</td><td>人身伤害</td><td>1</td><td>3</td><td>7</td><td>21</td><td>2</td><td colspan="2">(1) 合理安排外出工作，及时规避高温天气；
(2) 配备防暑药品</td></tr>
<tr><td rowspan="3">检修前准备</td><td>安全措施确认</td><td>(1) 安全措施不全或不正确；
(2) 走错间隔</td><td>(1) 触电；
(2) 设备事故</td><td>1</td><td>1</td><td>7</td><td>7</td><td>1</td><td colspan="2">(1) 工作负责人、工作许可人应认真检查工作票所列安全措施是否正确完备，符合现场实际条件；
(2) 检修前确认设备间隔位置；
(3) 戴绝缘手套，穿绝缘鞋和防电弧服；
(4) 使用合格的验电设备验电</td></tr>
<tr><td>安全交底</td><td>(1) 扩大工作范围；
(2) 走错间隔或误碰带电设备</td><td>(1) 触电；
(2) 设备事故</td><td>1</td><td>1</td><td>7</td><td>7</td><td>1</td><td colspan="2">(1) 工作前对工作班成员进行工作任务明示；
(2) 对工作班成员进行安全技术交底</td></tr>
<tr><td>工器具准备</td><td>(1) 使用的工器具无法达到检修作业要求；
(2) 工具不全，或工具破损；
(3) 使用的试验仪器超过检验期</td><td>触电</td><td>1</td><td>1</td><td>7</td><td>7</td><td>1</td><td colspan="2">检修前确认工器具及试验仪器状态，使用合格的工器具及试验仪器</td></tr>
</table>

续表

作业步骤		危害因素	可能导致的后果	风险评价					控制措施
				L	E	C	D	风险程度	
检修前准备	个人防护用品准备	（1）未正确使用安全帽、绝缘手套、绝缘靴； （2）个人防护用品防护等级不符合要求或过期	（1）触电； （2）机械伤害	1	1	15	15	1	（1）正确戴安全帽、绝缘手套，穿绝缘靴； （2）使用合格的个人防护用品
检修前准备	工作班成员精神状态确认	（1）无法正常完成指定工作； （2）作业过程中无法清醒判断设备是否带电	（1）触电； （2）机械伤害； （3）设备故障	1	1	15	15	1	合理安排工作班成员，精神状态不佳者禁止工作
检修前准备	执行安全措施	（1）拉错开关、走错间隔； （2）漏执行安全措施	（1）触电； （2）设备事故	1	1	15	15	1	（1）严格按照工作票执行安全措施； （2）执行安全措施时必须有监护人在场
检修前准备	环境	（1）道路泥泞、湿滑； （2）雷、雨、雪天气	（1）车辆伤害； （2）人身伤害	10	3	3	90	3	（1）提前注意天气变化，有效规避恶劣天气； （2）遇特殊路况，减速慢行； （3）正确使用安全保护用具（安全帽、劳保鞋等）
检修前准备	车辆	（1）车辆缺陷； （2）超速行驶	人身伤害	6	3	3	54	2	（1）行车前检查车辆状况； （2）系好安全带，减速慢行
检修过程	核对设备位置	（1）走错间隔； （2）误碰带电设备	（1）触电、灼伤； （2）其他人身伤害； （3）设备事故	3	1	15	45	2	（1）戴绝缘手套、安全帽，穿绝缘鞋； （2）谨防误碰或接触带电体
检修过程	湿度传感器故障处理	（1）设备带电； （2）设备缺陷； （3）机械伤害	（1）触电； （2）人身伤害； （3）设备事故	3	1	15	45	2	（1）正确使用安全工器具； （2）与带电设备保持安全距离； （3）执行工作监护制度； （4）确保设备断电后再开始工作； （5）严禁抛、丢工器具
完工阶段	完工恢复	（1）连接件和紧固件螺栓紧固未达标； （2）检修后设备接线不正确	（1）设备事故； （2）电灼伤	1	1	15	15	1	（1）用力矩扳手检查连接件和紧固件螺栓； （2）严格按照工作票执行恢复工作； （3）恢复工作后，经工作负责人最终检查确认，方可办理工作终结手续
完工阶段	结束工作	（1）遗漏工器具； （2）现场遗留检修杂物； （3）不结束工作票	设备事故	1	1	15	15	1	（1）收齐并检查工器具； （2）清扫检修现场； （3）结束工作票

16. 浪涌保护器故障处理

<table>
<tr><td colspan="3">部门：</td><td colspan="5">分析日期：</td><td>记录编号：</td></tr>
<tr><td colspan="3">作业地点或分析范围：箱式变压器</td><td colspan="6">分析人：</td></tr>
<tr><td colspan="9">作业内容描述：浪涌保护器故障处理</td></tr>
<tr><td colspan="9">主要作业风险：(1) 因使用不合适的工器具、穿戴不合适的劳动防护用品导致巡检人员受伤害；(2) 触电；(3) 灼伤；(4) 跌倒；(5) 车辆伤害；(6) 高处坠落</td></tr>
<tr><td colspan="9">控制措施：(1) 正确穿戴劳动防护用品，正确使用工器具；(2) 进入巡检现场检查周围环境；(3) 配备防暑药品</td></tr>
<tr><td colspan="2">工作执行人签名：</td><td>日期：</td><td colspan="5">工作负责人开工前确认签名：</td><td>日期：</td></tr>
<tr><td rowspan="2">作业步骤</td><td rowspan="2">危害因素</td><td rowspan="2">可能导致的后果</td><td colspan="5">风险评价</td><td rowspan="2">控制措施</td></tr>
<tr><td>L</td><td>E</td><td>C</td><td>D</td><td>风险程度</td></tr>
<tr><td>作业环境：环境潮湿</td><td>(1) 设备潮湿引起短路；
(2) 安全距离不够</td><td>(1) 触电、电弧灼伤；
(2) 其他人身伤害；
(3) 设备事故</td><td>1</td><td>3</td><td>15</td><td>45</td><td>2</td><td>(1) 加强通风；
(2) 保持设备干燥</td></tr>
<tr><td>作业环境：雷、雨、雪天气</td><td>(1) 感应雷电流；
(2) 道路湿滑、泥泞</td><td>(1) 触电、火灾灼伤；
(2) 跌倒</td><td>1</td><td>3</td><td>7</td><td>21</td><td>2</td><td>(1) 正确戴安全帽；
(2) 正确穿绝缘鞋；
(3) 雷雨天气禁止外出作业</td></tr>
<tr><td>作业环境：高温天气</td><td>中暑</td><td>人身伤害</td><td>1</td><td>3</td><td>7</td><td>21</td><td>2</td><td>(1) 合理安排外出工作，及时规避高温天气；
(2) 配备防暑药品</td></tr>
<tr><td>检修前准备：安全措施确认</td><td>(1) 安全措施不全或不正确；
(2) 走错间隔</td><td>(1) 触电；
(2) 设备事故</td><td>1</td><td>1</td><td>7</td><td>7</td><td>1</td><td>(1) 工作负责人、工作许可人应认真检查工作票所列安全措施是否正确、完备，是否符合现场实际条件；
(2) 检修前确认设备间隔位置；
(3) 戴绝缘手套，穿绝缘鞋和防电弧服；
(4) 使用合格的验电设备验电</td></tr>
<tr><td>检修前准备：安全交底</td><td>(1) 扩大工作范围；
(2) 走错间隔或误碰带电设备</td><td>(1) 触电；
(2) 设备事故</td><td>1</td><td>1</td><td>7</td><td>7</td><td>1</td><td>(1) 工作前对工作班成员进行工作任务明示；
(2) 对工作班成员进行安全技术交底</td></tr>
<tr><td>检修前准备：工器具准备</td><td>(1) 使用的工器具无法达到检修作业要求；
(2) 工具不全，或工具破损；
(3) 使用的试验仪器超过检验期</td><td>触电</td><td>1</td><td>1</td><td>7</td><td>7</td><td>1</td><td>检修前确认工器具及试验仪器状态，使用合格的工器具及试验仪器</td></tr>
</table>

续表

作业步骤		危害因素	可能导致的后果	风险评价					控制措施
				L	E	C	D	风险程度	
检修前准备	个人防护用品准备	(1) 未正确使用安全帽、绝缘手套、绝缘靴； (2) 个人防护用品防护等级不符合要求或过期	(1) 触电； (2) 机械伤害	1	1	15	15	1	(1) 正确戴安全帽、绝缘手套，穿绝缘靴； (2) 使用合格的个人防护用品
	工作班成员精神状态确认	(1) 无法正常完成指定工作； (2) 作业过程中无法清醒判断设备是否带电	(1) 触电； (2) 机械伤害； (3) 设备故障	1	1	15	15	1	合理安排工作班成员，精神状态不佳者禁止工作
	执行安全措施	(1) 拉错开关、走错间隔； (2) 漏执行安全措施	(1) 触电； (2) 设备事故	1	1	15	15	1	(1) 严格按照工作票执行安全措施； (2) 执行安全措施时必须有监护人在场
	环境	(1) 道路泥泞、湿滑； (2) 雷、雨、雪天气	(1) 车辆伤害； (2) 人身伤害	10	3	3	90	3	(1) 提前注意天气变化，有效规避恶劣天气； (2) 遇特殊路况，减速慢行； (3) 正确使用安全保护用具（安全帽、劳保鞋等）
	车辆	(1) 车辆缺陷； (2) 超速行驶	人身伤害	6	3	3	54	2	(1) 行车前检查车辆状况； (2) 系好安全带，减速慢行
检修过程	核对设备位置	(1) 走错间隔； (2) 误碰带电设备	(1) 触电、灼伤； (2) 其他人身伤害； (3) 设备事故	3	1	15	45	2	(1) 戴绝缘手套、安全帽，穿绝缘鞋； (2) 谨防误碰或接触带电体
	浪涌保护器故障处理	(1) 设备带电； (2) 设备缺陷； (3) 机械伤害	(1) 触电； (2) 人身伤害； (3) 设备事故	3	1	15	45	2	(1) 正确使用安全工器具； (2) 与带电设备保持安全距离； (3) 执行工作监护制度； (4) 确保设备断电后再开始工作； (5) 严禁抛、丢工器具
完工阶段	完工恢复	(1) 连接件和紧固件螺栓紧固未达标； (2) 临时短接线、接地线未拆除； (3) 检修后设备接线不正确	(1) 设备事故； (2) 电灼伤	1	1	15	15	1	(1) 用力矩扳手检查连接件和紧固件螺栓； (2) 严格按照工作票执行恢复工作； (3) 恢复工作后，经工作负责人最终检查确认，方可办理工作终结手续
	结束工作	(1) 遗漏工器具； (2) 现场遗留检修杂物； (3) 不结束工作票	设备事故	1	1	15	15	1	(1) 收齐并检查工器具； (2) 清扫检修现场； (3) 结束工作票

17. 熔断器故障处理

<table>
<tr><td colspan="3">部门：</td><td colspan="5">分析日期：</td><td colspan="2">记录编号：</td></tr>
<tr><td colspan="3">作业地点或分析范围：箱式变压器</td><td colspan="7">分析人：</td></tr>
<tr><td colspan="10">作业内容描述：熔断器故障处理</td></tr>
<tr><td colspan="10">主要作业风险：(1) 因使用不合适的工器具、穿戴不合适的劳动防护用品导致巡检人员受伤害；(2) 触电；(3) 灼伤；(4) 跌倒；(5) 车辆伤害；(6) 高处坠落</td></tr>
<tr><td colspan="10">控制措施：(1) 正确穿戴劳动防护用品，正确使用工器具；(2) 进入巡检现场检查周围环境；(3) 配备防暑药品</td></tr>
<tr><td colspan="3">工作执行人签名：</td><td>日期：</td><td colspan="5">工作负责人开工前确认签名：</td><td>日期：</td></tr>
<tr><td colspan="2" rowspan="2">作业步骤</td><td rowspan="2">危害因素</td><td rowspan="2">可能导致的后果</td><td colspan="5">风险评价</td><td rowspan="2">控制措施</td></tr>
<tr><td>L</td><td>E</td><td>C</td><td>D</td><td>风险程度</td></tr>
<tr><td rowspan="3">作业环境</td><td>环境潮湿</td><td>(1) 设备潮湿引起短路；
(2) 安全距离不够</td><td>(1) 触电、电弧灼伤；
(2) 其他人身伤害；
(3) 设备事故</td><td>1</td><td>3</td><td>15</td><td>45</td><td>2</td><td>(1) 加强通风；
(2) 保持设备干燥</td></tr>
<tr><td>雷、雨、雪天气</td><td>(1) 感应雷电流；
(2) 道路湿滑、泥泞</td><td>(1) 触电、火灾灼伤；
(2) 跌倒</td><td>1</td><td>3</td><td>7</td><td>21</td><td>2</td><td>(1) 正确戴安全帽；
(2) 正确穿绝缘鞋；
(3) 雷雨天气禁止外出作业</td></tr>
<tr><td>高温天气</td><td>中暑</td><td>人身伤害</td><td>1</td><td>3</td><td>7</td><td>21</td><td>2</td><td>(1) 合理安排外出工作，及时规避高温天气；
(2) 配备防暑药品</td></tr>
<tr><td rowspan="3">检修前准备</td><td>安全措施确认</td><td>(1) 安全措施不全或不正确；
(2) 走错间隔</td><td>(1) 触电；
(2) 设备事故</td><td>1</td><td>1</td><td>7</td><td>7</td><td>1</td><td>(1) 工作负责人、工作许可人应认真检查工作票所列安全措施是否正确、完备，是否符合现场实际条件；
(2) 检修前确认设备间隔位置；
(3) 戴绝缘手套，穿绝缘鞋和防电弧服；
(4) 使用合格的验电设备验电</td></tr>
<tr><td>安全交底</td><td>(1) 扩大工作范围；
(2) 走错间隔或误碰带电设备</td><td>(1) 触电；
(2) 设备事故</td><td>1</td><td>1</td><td>7</td><td>7</td><td>1</td><td>(1) 工作前对工作班成员进行工作任务明示；
(2) 对工作班成员进行安全技术交底</td></tr>
<tr><td>工器具准备</td><td>(1) 使用的工器具无法达到检修作业要求；
(2) 工具不全，或工具破损；
(3) 使用的试验仪器超过检验期</td><td>触电</td><td>1</td><td>1</td><td>7</td><td>7</td><td>1</td><td>检修前确认工器具及试验仪器状态，使用合格的工器具及试验仪器</td></tr>
</table>

续表

作业步骤		危害因素	可能导致的后果	风险评价					控制措施
				L	E	C	D	风险程度	
检修前准备	个人防护用品准备	(1) 未正确使用安全帽、绝缘手套、绝缘靴； (2) 个人防护用品防护等级不符合要求或过期	(1) 触电； (2) 机械伤害	1	1	15	15	1	(1) 正确戴安全帽、绝缘手套，穿绝缘靴； (2) 使用合格的个人防护用品
	工作班成员精神状态确认	(1) 无法正常完成指定工作； (2) 作业过程中无法清醒判断设备是否带电	(1) 触电； (2) 机械伤害； (3) 设备故障	1	1	15	15	1	合理安排工作班成员，精神状态不佳者禁止工作
	执行安全措施	(1) 拉错开关、走错间隔； (2) 漏执行安全措施	(1) 触电； (2) 设备事故	1	1	15	15	1	(1) 严格按照工作票执行安全措施； (2) 执行安全措施时必须有监护人在场
	环境	(1) 道路泥泞、湿滑； (2) 雷、雨、雪天气	(1) 车辆伤害； (2) 人身伤害	10	3	3	90	3	(1) 提前注意天气变化，有效规避恶劣天气； (2) 遇特殊路况，减速慢行； (3) 正确使用安全保护用具（安全帽、劳保鞋等）
	车辆	(1) 车辆缺陷； (2) 超速行驶	人身伤害	6	3	3	54	2	(1) 行车前检查车辆状况； (2) 系好安全带，减速慢行
检修过程	核对设备位置	(1) 走错间隔； (2) 误碰带电设备	(1) 触电、灼伤； (2) 其他人身伤害； (3) 设备事故	3	1	15	45	2	(1) 戴绝缘手套、安全帽，穿绝缘鞋； (2) 谨防误碰或接触带电体
	熔断器故障处理	(1) 设备带电； (2) 设备缺陷； (3) 机械伤害	(1) 触电； (2) 人身伤害； (3) 设备事故	3	1	15	45	2	(1) 正确使用安全工器具； (2) 与带电设备保持安全距离； (3) 执行工作监护制度； (4) 确保设备断电后再开始工作； (5) 严禁抛、丢工器具
完工阶段	完工恢复	(1) 连接件和紧固件螺栓紧固未达标； (2) 临时短接线、接地线未拆除； (3) 检修后设备接线不正确	(1) 设备事故； (2) 电灼伤	1	1	15	15	1	(1) 用力矩扳手检查连接件和紧固件螺栓； (2) 严格按照工作票执行恢复工作； (3) 恢复工作后，经工作负责人最终检查确认，方可办理工作终结手续
	结束工作	(1) 遗漏工器具； (2) 现场遗留检修杂物； (3) 不结束工作票	设备事故	1	1	15	15	1	(1) 收齐并检查工器具； (2) 清扫检修现场； (3) 结束工作票

18. 不间断电源（UPS）故障处理

<table>
<tr><td colspan="3">部门：</td><td colspan="6">分析日期：</td><td>记录编号：</td></tr>
<tr><td colspan="3">作业地点或分析范围：箱式变压器</td><td colspan="7">分析人：</td></tr>
<tr><td colspan="10">作业内容描述：不间断电源（UPS）故障处理</td></tr>
<tr><td colspan="10">主要作业风险：（1）因使用不合适的工器具、穿戴不合适的劳动防护用品导致巡检人员受伤害；（2）触电；（3）灼伤；（4）跌倒；（5）车辆伤害；（6）高处坠落</td></tr>
<tr><td colspan="10">控制措施：（1）正确穿戴劳动防护用品，正确使用工器具；（2）进入巡检现场检查周围环境；（3）配备防暑药品</td></tr>
<tr><td colspan="3">工作执行人签名：</td><td>日期：</td><td colspan="5">工作负责人开工前确认签名：</td><td>日期：</td></tr>
<tr><td colspan="2" rowspan="2">作业步骤</td><td rowspan="2">危害因素</td><td rowspan="2">可能导致的后果</td><td colspan="5">风险评价</td><td rowspan="2">控制措施</td></tr>
<tr><td>L</td><td>E</td><td>C</td><td>D</td><td>风险程度</td></tr>
<tr><td rowspan="3">作业环境</td><td>环境潮湿</td><td>（1）设备潮湿引起短路；
（2）安全距离不够</td><td>（1）触电、电弧灼伤；
（2）其他人身伤害；
（3）设备事故</td><td>1</td><td>3</td><td>15</td><td>45</td><td>2</td><td>（1）加强通风；
（2）保持设备干燥</td></tr>
<tr><td>雷、雨、雪天气</td><td>（1）感应雷电流；
（2）道路湿滑、泥泞</td><td>（1）触电、火灾灼伤；
（2）跌倒</td><td>1</td><td>3</td><td>7</td><td>21</td><td>2</td><td>（1）正确戴安全帽；
（2）正确穿绝缘鞋；
（3）雷雨天气禁止外出作业</td></tr>
<tr><td>高温天气</td><td>中暑</td><td>人身伤害</td><td>1</td><td>3</td><td>7</td><td>21</td><td>2</td><td>（1）合理安排外出工作，及时规避高温大气；
（2）配备防暑药品</td></tr>
<tr><td rowspan="3">检修前准备</td><td>安全措施确认</td><td>（1）安全措施不全或不正确；
（2）走错间隔</td><td>（1）触电；
（2）设备事故</td><td>1</td><td>1</td><td>7</td><td>7</td><td>1</td><td>（1）工作负责人、工作许可人应认真检查工作票所列安全措施是否正确、完备，是否符合现场实际条件；
（2）检修前确认设备间隔位置；
（3）戴绝缘手套，穿绝缘鞋和防电弧服；
（4）使用合格的验电设备验电</td></tr>
<tr><td>安全交底</td><td>（1）扩大工作范围；
（2）走错间隔或误碰带电设备</td><td>（1）触电；
（2）设备事故</td><td>1</td><td>1</td><td>7</td><td>7</td><td>1</td><td>（1）工作前对工作班成员进行工作任务明示；
（2）对工作班成员进行安全技术交底</td></tr>
<tr><td>工器具准备</td><td>（1）使用的工器具无法达到检修作业要求；
（2）工具不全，或工具破损；
（3）使用的试验仪器超过检验期</td><td>触电</td><td>1</td><td>1</td><td>7</td><td>7</td><td>1</td><td>检修前确认工器具及试验仪器状态，使用合格的工器具及试验仪器</td></tr>
</table>

续表

作业步骤		危害因素	可能导致的后果	风险评价					控制措施
				L	E	C	D	风险程度	
检修前准备	个人防护用品准备	（1）未正确使用安全帽、绝缘手套、绝缘靴； （2）个人防护用品防护等级不符合要求或过期	（1）触电； （2）机械伤害	1	1	15	15	1	（1）正确戴安全帽、绝缘手套，穿绝缘靴； （2）使用合格的个人防护用品
	工作班成员精神状态确认	（1）无法正常完成指定工作； （2）作业过程中无法清醒判断设备是否带电	（1）触电； （2）机械伤害； （3）设备故障	1	1	15	15	1	合理安排工作班成员，精神状态不佳者禁止工作
	执行安全措施	（1）拉错开关、走错间隔； （2）漏执行安全措施	（1）触电； （2）设备事故	1	1	15	15	1	（1）严格按照工作票执行安全措施； （2）执行安全措施时必须有监护人在场
	环境	（1）道路泥泞、湿滑； （2）雷、雨、雪天气	（1）车辆伤害； （2）人身伤害	10	3	3	90	3	（1）提前注意天气变化，有效规避恶劣天气； （2）遇特殊路况，减速慢行； （3）正确使用安全保护用具（安全帽、劳保鞋等）
	车辆	（1）车辆缺陷； （2）超速行驶	人身伤害	6	3	3	54	2	（1）行车前检查车辆状况； （2）系好安全带，减速慢行
检修过程	核对设备位置	（1）走错间隔； （2）误碰带电设备	（1）触电、灼伤； （2）其他人身伤害； （3）设备事故	3	1	15	45	2	（1）戴绝缘手套、安全帽，穿绝缘鞋； （2）谨防误碰或接触带电体
	不间断电源（UPS）故障处理	（1）设备带电； （2）设备缺陷； （3）机械伤害	（1）触电； （2）人身伤害； （3）设备事故	3	1	15	45	2	（1）正确使用安全工器具； （2）与带电设备保持安全距离； （3）执行工作监护制度； （4）确保设备断电后再开始工作； （5）严禁抛、丢工器具
完工阶段	完工恢复	（1）连接件和紧固件螺栓紧固未达标； （2）临时短接线、接地线未拆除； （3）检修后设备接线不正确	（1）设备事故； （2）电灼伤	1	1	15	15	1	（1）用力矩扳手检查连接件和紧固件螺栓； （2）严格按照工作票执行恢复工作； （3）恢复工作后，经工作负责人最终检查确认，方可办理工作终结手续
	结束工作	（1）遗漏工器具； （2）现场遗留检修杂物； （3）不结束工作票	设备事故	1	1	15	15	1	（1）收齐并检查工器具； （2）清扫检修现场； （3）结束工作票

19. 箱式变压器辅助变压器故障处理

<table>
<tr><td colspan="3">部门：</td><td colspan="5">分析日期：</td><td>记录编号：</td></tr>
<tr><td colspan="3">作业地点或分析范围：箱式变压器</td><td colspan="6">分析人：</td></tr>
<tr><td colspan="9">作业内容描述：箱式变压器辅助变压器故障处理</td></tr>
<tr><td colspan="9">主要作业风险：(1) 因使用不合适的工器具、穿戴不合适的劳动防护用品导致巡检人员受伤害；(2) 触电；(3) 灼伤；(4) 跌倒；(5) 车辆伤害；(6) 高处坠落</td></tr>
<tr><td colspan="9">控制措施：(1) 正确穿戴劳动防护用品，正确使用工器具；(2) 进入巡检现场检查周围环境；(3) 配备防暑药品</td></tr>
<tr><td colspan="3">工作执行人签名：</td><td>日期：</td><td colspan="4">工作负责人开工前确认签名：</td><td>日期：</td></tr>
<tr><td colspan="2" rowspan="2">作业步骤</td><td rowspan="2">危害因素</td><td rowspan="2">可能导致的后果</td><td colspan="5">风险评价</td><td rowspan="2">控制措施</td></tr>
<tr><td>L</td><td>E</td><td>C</td><td>D</td><td>风险程度</td></tr>
<tr><td rowspan="3">作业环境</td><td>环境潮湿</td><td>(1) 设备潮湿引起短路；
(2) 安全距离不够</td><td>(1) 触电、电弧灼伤；
(2) 其他人身伤害；
(3) 设备事故</td><td>1</td><td>3</td><td>15</td><td>45</td><td>2</td><td>(1) 加强通风；
(2) 保持设备干燥</td></tr>
<tr><td>雷、雨、雪天气</td><td>(1) 感应雷电流；
(2) 道路湿滑、泥泞</td><td>(1) 触电、火灾灼伤；
(2) 跌倒</td><td>1</td><td>3</td><td>7</td><td>21</td><td>2</td><td>(1) 正确戴安全帽；
(2) 正确穿绝缘鞋；
(3) 雷雨天气禁止外出作业</td></tr>
<tr><td>高温天气</td><td>中暑</td><td>人身伤害</td><td>1</td><td>3</td><td>7</td><td>21</td><td>2</td><td>(1) 合理安排外出工作，及时规避高温天气；
(2) 配备防暑药品</td></tr>
<tr><td rowspan="3">检修前准备</td><td>安全措施确认</td><td>(1) 安全措施不全或不正确；
(2) 走错间隔</td><td>(1) 触电；
(2) 设备事故</td><td>1</td><td>1</td><td>7</td><td>7</td><td>1</td><td>(1) 工作负责人、工作许可人应认真检查工作票所列安全措施是否正确完备，符合现场实际条件；
(2) 检修前确认设备间隔位置；
(3) 戴绝缘手套，穿绝缘鞋和防电弧服；
(4) 使用合格的验电设备验电</td></tr>
<tr><td>安全交底</td><td>(1) 扩大工作范围；
(2) 走错间隔或误碰带电设备</td><td>(1) 触电；
(2) 设备事故</td><td>1</td><td>1</td><td>7</td><td>7</td><td>1</td><td>(1) 工作前对工作班成员进行工作任务明示；
(2) 对工作班成员进行安全技术交底</td></tr>
<tr><td>工器具准备</td><td>(1) 使用的工器具无法达到检修作业要求；
(2) 工具不全，或工具破损；
(3) 使用的试验仪器超过检验期</td><td>触电</td><td>1</td><td>1</td><td>7</td><td>7</td><td>1</td><td>检修前确认工器具及试验仪器状态，使用合格的工器具及试验仪器</td></tr>
</table>

续表

<table>
<tr><th colspan="2" rowspan="2">作业步骤</th><th rowspan="2">危害因素</th><th rowspan="2">可能导致的后果</th><th colspan="5">风险评价</th><th rowspan="2">控制措施</th></tr>
<tr><th>L</th><th>E</th><th>C</th><th>D</th><th>风险程度</th></tr>
<tr><td rowspan="5">检修前准备</td><td>个人防护用品准备</td><td>（1）未正确使用安全帽、绝缘手套、绝缘靴；
（2）个人防护用品防护等级不符合要求或过期</td><td>（1）触电；
（2）机械伤害</td><td>1</td><td>1</td><td>15</td><td>15</td><td>1</td><td>（1）正确戴安全帽、绝缘手套，穿绝缘靴；
（2）使用合格的个人防护用品</td></tr>
<tr><td>工作班成员精神状态确认</td><td>（1）无法正常完成指定工作；
（2）作业过程中无法清醒判断设备是否带电</td><td>（1）触电；
（2）机械伤害；
（3）设备故障</td><td>1</td><td>1</td><td>15</td><td>15</td><td>1</td><td>合理安排工作班成员，精神状态不佳者禁止工作</td></tr>
<tr><td>执行安全措施</td><td>（1）拉错开关、走错间隔；
（2）漏执行安全措施</td><td>（1）触电；
（2）设备事故</td><td>1</td><td>1</td><td>15</td><td>15</td><td>1</td><td>（1）严格按照工作票执行安全措施；
（2）执行安全措施时必须有监护人在场</td></tr>
<tr><td>环境</td><td>（1）道路泥泞、湿滑；
（2）雷、雨、雪天气</td><td>（1）车辆伤害；
（2）人身伤害</td><td>10</td><td>3</td><td>3</td><td>90</td><td>3</td><td>（1）提前注意天气变化，有效规避恶劣天气；
（2）遇特殊路况，减速慢行；
（3）正确使用安全保护用具（安全帽、劳保鞋等）</td></tr>
<tr><td>车辆</td><td>（1）车辆缺陷；
（2）超速行驶</td><td>人身伤害</td><td>6</td><td>3</td><td>3</td><td>54</td><td>2</td><td>（1）行车前检查车辆状况；
（2）系好安全带，减速慢行</td></tr>
<tr><td rowspan="2">检修过程</td><td>核对设备位置</td><td>（1）走错间隔；
（2）误碰带电设备</td><td>（1）触电、灼伤；
（2）其他人身伤害；
（3）设备事故</td><td>3</td><td>1</td><td>15</td><td>45</td><td>2</td><td>（1）戴绝缘手套、安全帽，穿绝缘鞋；
（2）谨防误碰或接触带电体</td></tr>
<tr><td>箱式变压器辅助变压器故障处理</td><td>（1）设备带电；
（2）设备缺陷；
（3）机械伤害</td><td>（1）触电；
（2）人身伤害；
（3）设备事故</td><td>3</td><td>1</td><td>15</td><td>45</td><td>2</td><td>（1）正确使用安全工器具；
（2）与带电设备保持安全距离；
（3）执行工作监护制度；
（4）确保设备断电后再开始工作；
（5）严禁抛、丢工器具</td></tr>
<tr><td rowspan="2">完工阶段</td><td>完工恢复</td><td>（1）连接件和紧固件螺栓紧固未达标；
（2）临时短接线、接地线未拆除；
（3）检修后设备接线不正确</td><td>（1）设备事故；
（2）电灼伤</td><td>1</td><td>1</td><td>15</td><td>15</td><td>1</td><td>（1）用力矩扳手检查连接件和紧固件螺栓；
（2）严格按照工作票执行恢复工作；
（3）恢复工作后，经工作负责人最终检查确认，方可办理工作终结手续</td></tr>
<tr><td>结束工作</td><td>（1）遗漏工器具；
（2）现场遗留检修杂物；
（3）不结束工作票</td><td>设备事故</td><td>1</td><td>1</td><td>15</td><td>15</td><td>1</td><td>（1）收齐并检查工器具；
（2）清扫检修现场；
（3）结束工作票</td></tr>
</table>

20. 箱式变压器一般故障处理

<table>
<tr><td colspan="3">部门：</td><td colspan="6">分析日期：</td><td>记录编号：</td></tr>
<tr><td colspan="3">作业地点或分析范围：箱式变压器</td><td colspan="7">分析人：</td></tr>
<tr><td colspan="10">作业内容描述：风扇故障处理</td></tr>
<tr><td colspan="10">主要作业风险：(1) 因使用不合适的工器具、穿戴不合适的劳动防护用品导致巡检人员受伤害；(2) 触电；(3) 灼伤；(4) 跌倒；(5) 车辆伤害；(6) 高处坠落</td></tr>
<tr><td colspan="10">控制措施：(1) 正确穿戴劳动防护用品，正确使用工器具；(2) 进入巡检现场检查周围环境；(3) 配备防暑药品</td></tr>
<tr><td colspan="2">工作执行人签名：</td><td>日期：</td><td colspan="6">工作负责人开工前确认签名：</td><td>日期：</td></tr>
<tr><td colspan="2" rowspan="2">作业步骤</td><td rowspan="2">危害因素</td><td rowspan="2">可能导致的后果</td><td colspan="5">风险评价</td><td rowspan="2">控制措施</td></tr>
<tr><td>L</td><td>E</td><td>C</td><td>D</td><td>风险程度</td></tr>
<tr><td rowspan="3">作业环境</td><td>环境潮湿</td><td>(1) 设备潮湿引起短路；
(2) 安全距离不够</td><td>(1) 触电、电弧灼伤；
(2) 其他人身伤害；
(3) 设备事故</td><td>1</td><td>3</td><td>15</td><td>45</td><td>2</td><td>(1) 加强通风；
(2) 保持设备干燥</td></tr>
<tr><td>雷、雨、雪天气</td><td>(1) 感应雷电流；
(2) 道路湿滑、泥泞</td><td>(1) 触电、火灾灼伤；
(2) 跌倒</td><td>1</td><td>3</td><td>7</td><td>21</td><td>2</td><td>(1) 正确戴安全帽；
(2) 正确穿绝缘鞋；
(3) 雷雨天气禁止外出作业</td></tr>
<tr><td>高温天气</td><td>中暑</td><td>人身伤害</td><td>1</td><td>3</td><td>7</td><td>21</td><td>2</td><td>(1) 合理安排外出工作，及时规避高温天气；
(2) 配备防暑药品</td></tr>
<tr><td rowspan="3">检修前准备</td><td>工器具准备</td><td>(1) 使用的工器具无法达到检修作业要求；
(2) 工具不全，或工具破损；
(3) 使用的试验仪器超过检验期</td><td>触电</td><td>1</td><td>1</td><td>7</td><td>7</td><td>1</td><td>检修前确认工器具及试验仪器状态，使用合格的工器具及试验仪器</td></tr>
<tr><td>个人防护用品准备</td><td>(1) 未正确使用安全帽、绝缘手套、绝缘靴；
(2) 个人防护用品防护等级不符合要求或过期</td><td>(1) 触电；
(2) 机械伤害</td><td>1</td><td>1</td><td>15</td><td>15</td><td>1</td><td>(1) 正确戴安全帽、绝缘手套，穿绝缘靴；
(2) 使用合格的个人防护用品</td></tr>
<tr><td>工作班成员精神状态确认</td><td>(1) 无法正常完成指定工作；
(2) 作业过程中无法清醒判断设备是否带电</td><td>(1) 触电；
(2) 机械伤害；
(3) 设备故障</td><td>1</td><td>1</td><td>15</td><td>15</td><td>1</td><td>合理安排工作班成员，精神状态不佳者禁止工作</td></tr>
</table>

续表

作业步骤		危害因素	可能导致的后果	风险评价					控制措施
				L	E	C	D	风险程度	
检修前准备	执行安全措施	(1) 拉错开关、走错间隔； (2) 漏执行安全措施	(1) 触电； (2) 设备事故	1	1	15	15	1	(1) 严格按照工作票执行安全措施； (2) 执行安全措施时必须有监护人在场
	环境	(1) 道路泥泞、湿滑； (2) 雷、雨、雪天气	(1) 车辆伤害； (2) 人身伤害	10	3	3	90	3	(1) 提前注意天气变化，有效规避恶劣天气； (2) 遇特殊路况，减速慢行； (3) 正确使用安全保护用具（安全帽、劳保鞋等）
	车辆	(1) 车辆缺陷； (2) 超速行驶	人身伤害	6	3	3	54	2	(1) 行车前检查车辆状况； (2) 系好安全带，减速慢行
检修过程	核对设备位置	(1) 走错间隔； (2) 误碰带电设备	(1) 触电、灼伤； (2) 其他人身伤害； (3) 设备事故	3	1	15	45	2	(1) 戴绝缘手套、安全帽，穿绝缘鞋； (2) 谨防误碰或接触带电体
	风扇故障处理	(1) 设备带电； (2) 设备缺陷； (3) 机械伤害	(1) 触电； (2) 人身伤害； (3) 设备事故	3	1	15	45	2	(1) 正确使用安全工器具； (2) 与带电设备保持安全距离； (3) 执行工作监护制度； (4) 确保设备断电后再开始工作； (5) 严禁抛、丢工器具
	照明故障处理	(1) 设备带电； (2) 设备缺陷； (3) 机械伤害	(1) 触电； (2) 人身伤害； (3) 设备事故	3	1	15	45	2	(1) 正确使用安全工器具； (2) 与带电设备保持安全距离； (3) 执行工作监护制度； (4) 确保设备断电后再开始工作； (5) 严禁抛、丢工器具
	电磁锁故障处理	(1) 设备带电； (2) 设备缺陷； (3) 机械伤害	(1) 触电； (2) 人身伤害； (3) 设备事故	3	1	15	45	2	(1) 正确使用安全工器具； (2) 与带电设备保持安全距离； (3) 执行工作监护制度； (4) 确保设备断电后再开始工作； (5) 严禁抛、丢工器具
	带电显示器故障处理	(1) 设备带电； (2) 设备缺陷； (3) 机械伤害	(1) 触电； (2) 人身伤害； (3) 设备事故	3	1	15	45	2	(1) 正确使用安全工器具； (2) 与带电设备保持安全距离； (3) 执行工作监护制度； (4) 确保设备断电后再开始工作； (5) 严禁抛、丢工器具

续表

作业步骤		危害因素	可能导致的后果	风险评价					控制措施
				L	*E*	*C*	*D*	风险程度	
检修过程	加热器故障处理	(1) 设备带电； (2) 设备缺陷； (3) 机械伤害	(1) 触电； (2) 人身伤害； (3) 设备事故	3	1	15	45	2	(1) 正确使用安全工器具； (2) 与带电设备保持安全距离； (3) 执行工作监护制度； (4) 确保设备断电后再开始工作； (5) 严禁抛、丢工器具
检修过程	箱式变压器本体清扫	(1) 设备带电； (2) 设备缺陷； (3) 机械伤害	(1) 触电； (2) 人身伤害； (3) 设备事故	3	1	15	45	2	(1) 正确使用安全工器具； (2) 与带电设备保持安全距离； (3) 执行工作监护制度； (4) 确保设备断电后再开始工作； (5) 严禁抛、丢工器具
完工阶段	完工恢复	(1) 连接件和紧固件螺栓紧固未达标； (2) 检修后设备接线不正确	(1) 设备事故； (2) 电灼伤	1	1	15	15	1	(1) 用力矩扳手检查连接件和紧固件螺栓； (2) 严格按照工作票执行恢复工作； (3) 恢复工作后，经工作负责人最终检查确认，方可办理工作终结手续
完工阶段	结束工作	(1) 遗漏工器具； (2) 现场遗留检修杂物； (3) 不结束工作票	设备事故	1	1	15	15	1	(1) 收齐并检查工器具； (2) 清扫检修现场； (3) 结束工作票

21. 变压器漏油处理

<table>
<tr><td colspan="3">部门：</td><td colspan="5">分析日期：</td><td>记录编号：</td></tr>
<tr><td colspan="3">作业地点或分析范围：箱式变压器</td><td colspan="6">分析人：</td></tr>
<tr><td colspan="9">作业内容描述：变压器漏油处理</td></tr>
<tr><td colspan="9">主要作业风险：（1）人员精神状态不佳；（2）触电；（3）设备事故；（4）走错间隔；（5）机械伤害；（6）灼伤</td></tr>
<tr><td colspan="9">控制措施：（1）办理工作票、操作票；（2）穿戴个人防护用品；（3）设备恢复运行状态前进行全面检查；（4）工作前对工作班成员进行安全交底</td></tr>
<tr><td colspan="2">工作执行人签名：</td><td>日期：</td><td colspan="5">工作负责人开工前确认签名：</td><td>日期：</td></tr>
<tr><td rowspan="2">作业步骤</td><td rowspan="2">危害因素</td><td rowspan="2">可能导致的后果</td><td colspan="5">风险评价</td><td rowspan="2">控制措施</td></tr>
<tr><td>L</td><td>E</td><td>C</td><td>D</td><td>风险程度</td></tr>
<tr><td>作业环境 环境潮湿</td><td>（1）设备潮湿引起短路；
（2）安全距离不够</td><td>（1）触电、电弧灼伤；
（2）其他人身伤害；
（3）设备事故</td><td>1</td><td>3</td><td>15</td><td>45</td><td>2</td><td>（1）加强通风；
（2）保持设备干燥</td></tr>
<tr><td>作业环境 雷、雨、雪天气</td><td>（1）感应雷电流；
（2）道路湿滑、泥泞</td><td>（1）触电、火灾灼伤；
（2）跌倒</td><td>1</td><td>3</td><td>7</td><td>21</td><td>2</td><td>（1）正确戴安全帽；
（2）正确穿绝缘鞋；
（3）雷雨天气禁止外出作业</td></tr>
<tr><td>作业环境 高温天气</td><td>中暑</td><td>人身伤害</td><td>1</td><td>3</td><td>7</td><td>21</td><td>2</td><td>（1）合理安排外出工作，及时规避高温天气；
（2）配备防暑药品</td></tr>
<tr><td>检修前准备 工器具准备</td><td>（1）使用的工器具无法达到检修作业要求；
（2）工具不全，或工具破损；
（3）使用的试验仪器超过检验期</td><td>触电</td><td>1</td><td>1</td><td>7</td><td>7</td><td>1</td><td>检修前确认工器具及试验仪器状态，使用合格的工器具及试验仪器</td></tr>
<tr><td>检修前准备 个人防护用品准备</td><td>（1）未正确使用安全帽、绝缘手套、绝缘靴；
（2）个人防护用品防护等级不符合要求或过期</td><td>（1）触电；
（2）机械伤害</td><td>1</td><td>1</td><td>15</td><td>15</td><td>1</td><td>（1）正确戴安全帽、绝缘手套，穿绝缘靴；
（2）使用合格的个人防护用品</td></tr>
<tr><td>检修前准备 工作班成员精神状态确认</td><td>（1）无法正常完成指定工作；
（2）作业过程中无法清醒判断设备是否带电</td><td>（1）触电；
（2）机械伤害；
（3）设备故障</td><td>1</td><td>1</td><td>15</td><td>15</td><td>1</td><td>合理安排工作班成员，精神状态不佳者禁止工作</td></tr>
</table>

续表

<table>
<tr><th colspan="2" rowspan="2">作业步骤</th><th rowspan="2">危害因素</th><th rowspan="2">可能导致的后果</th><th colspan="5">风险评价</th><th rowspan="2">控制措施</th></tr>
<tr><th>L</th><th>E</th><th>C</th><th>D</th><th>风险程度</th></tr>
<tr><td rowspan="2">检修前准备</td><td>执行安全措施</td><td>(1) 拉错开关、走错间隔；
(2) 漏执行安全措施</td><td>(1) 触电；
(2) 设备事故</td><td>1</td><td>1</td><td>15</td><td>15</td><td>1</td><td>(1) 严格按照工作票执行安全措施；
(2) 执行安全措施时必须有监护人在场</td></tr>
<tr><td>环境</td><td>(1) 道路泥泞、湿滑；
(2) 雷、雨、雪天气</td><td>(1) 车辆伤害；
(2) 人身伤害</td><td>10</td><td>3</td><td>3</td><td>90</td><td>3</td><td>(1) 提前注意天气变化，有效规避恶劣天气；
(2) 遇特殊路况，减速慢行；
(3) 正确使用安全保护用具（安全帽、劳保鞋等）</td></tr>
<tr><td rowspan="2">检修过程</td><td>核对设备位置</td><td>(1) 走错间隔；
(2) 误碰带电设备</td><td>(1) 触电、灼伤；
(2) 其他人身伤害；
(3) 设备事故</td><td>3</td><td>1</td><td>15</td><td>45</td><td>2</td><td>(1) 戴绝缘手套、安全帽，穿绝缘鞋；
(2) 谨防误碰或接触带电体</td></tr>
<tr><td>变压器漏油处理</td><td>(1) 设备带电；
(2) 设备缺陷；
(3) 机械伤害</td><td>(1) 触电；
(2) 人身伤害；
(3) 设备事故</td><td>3</td><td>1</td><td>15</td><td>45</td><td>2</td><td>(1) 正确使用安全工器具；
(2) 与带电设备保持安全距离；
(3) 执行工作监护制度；
(4) 确保设备断电后再开始工作；
(5) 严禁抛、丢工器具</td></tr>
<tr><td rowspan="2">完工阶段</td><td>完工恢复</td><td>设备带电</td><td>(1) 设备事故；
(2) 电灼伤</td><td>1</td><td>1</td><td>15</td><td>15</td><td>1</td><td>(1) 严格按照工作票执行恢复工作；
(2) 恢复工作后，经工作负责人最终检查确认，方可办理工作终结手续</td></tr>
<tr><td>结束工作</td><td>(1) 遗漏工器具；
(2) 现场遗留检修杂物；
(3) 不结束工作票</td><td>设备事故</td><td>1</td><td>1</td><td>15</td><td>15</td><td>1</td><td>(1) 收齐并检查工器具；
(2) 清扫检修现场；
(3) 结束工作票</td></tr>
</table>

七、环境检测设备

1. 环境检测主机故障处理

<table>
<tr><td colspan="3">部门：</td><td colspan="5">分析日期：</td><td>记录编号：</td></tr>
<tr><td colspan="3">作业地点或分析范围：环境检测设备</td><td colspan="6">分析人：</td></tr>
<tr><td colspan="9">作业内容描述：环境检测主机故障处理</td></tr>
<tr><td colspan="9">主要作业风险：（1）因使用不合适的工器具、穿戴不合适的劳动防护用品导致巡检人员受伤害；（2）触电；（3）灼伤；（4）跌倒；（5）车辆伤害；（6）高处坠落</td></tr>
<tr><td colspan="9">控制措施：（1）正确穿戴劳动防护用品，正确使用工器具；（2）进入巡检现场检查周围环境；（3）配备防暑药品</td></tr>
<tr><td colspan="3">工作执行人签名：</td><td>日期：</td><td colspan="4">工作负责人开工前确认签名：</td><td>日期：</td></tr>
<tr><td colspan="2" rowspan="2">作业步骤</td><td rowspan="2">危害因素</td><td rowspan="2">可能导致的后果</td><td colspan="5">风险评价</td><td rowspan="2">控制措施</td></tr>
<tr><td>L</td><td>E</td><td>C</td><td>D</td><td>风险程度</td></tr>
<tr><td rowspan="3">作业环境</td><td>环境潮湿</td><td>（1）设备潮湿引起短路；
（2）安全距离不够</td><td>（1）触电、电弧灼伤；
（2）其他人身伤害；
（3）设备事故</td><td>1</td><td>3</td><td>15</td><td>45</td><td>2</td><td>（1）加强通风；
（2）保持设备干燥</td></tr>
<tr><td>雷、雨、雪天气</td><td>（1）感应雷电流；
（2）道路湿滑、泥泞</td><td>（1）触电、火灾灼伤；
（2）跌倒</td><td>1</td><td>3</td><td>7</td><td>21</td><td>2</td><td>（1）正确戴安全帽；
（2）正确穿绝缘鞋；
（3）雷雨天气禁止外出作业</td></tr>
<tr><td>高温天气</td><td>中暑</td><td>人身伤害</td><td>1</td><td>3</td><td>7</td><td>21</td><td>2</td><td>（1）合理安排外出工作，及时规避高温天气；
（2）配备防暑药品</td></tr>
<tr><td rowspan="3">检修前准备</td><td>安全措施确认</td><td>（1）安全措施不全或不正确；
（2）走错间隔</td><td>（1）触电；
（2）设备事故</td><td>1</td><td>1</td><td>7</td><td>7</td><td>1</td><td>（1）工作负责人、工作许可人应认真检查工作票所列安全措施是否正确、完备，是否符合现场实际条件；
（2）检修前确认设备间隔位置；
（3）戴绝缘手套，穿绝缘鞋和防电弧服；
（4）使用合格的验电设备验电</td></tr>
<tr><td>安全交底</td><td>（1）扩大工作范围；
（2）走错间隔或误碰带电设备</td><td>（1）触电；
（2）设备事故</td><td>1</td><td>1</td><td>7</td><td>7</td><td>1</td><td>（1）工作前对工作班成员进行工作任务明示；
（2）对工作班成员进行安全技术交底</td></tr>
<tr><td>工器具准备</td><td>（1）使用的工器具无法达到检修作业要求；
（2）工具不全，或工具破损；
（3）使用的试验仪器超过检验期</td><td>触电</td><td>1</td><td>1</td><td>7</td><td>7</td><td>1</td><td>检修前确认工器具及试验仪器状态，使用合格的工器具及试验仪器</td></tr>
</table>

续表

作业步骤		危害因素	可能导致的后果	风险评价					控制措施
				L	E	C	D	风险程度	
检修前准备	个人防护用品准备	(1) 未正确戴安全帽、绝缘手套，穿绝缘靴； (2) 个人防护用品防护等级不符合要求或过期	(1) 触电； (2) 机械伤害	1	1	15	15	1	(1) 正确戴安全帽、绝缘手套，穿绝缘靴； (2) 使用合格的个人防护用品
	工作班成员精神状态确认	(1) 无法正常完成指定工作； (2) 作业过程中无法清醒判断设备是否带电	(1) 触电； (2) 机械伤害； (3) 设备故障	1	1	15	15	1	合理安排工作班成员，精神状态不佳者禁止工作
	执行安全措施	(1) 拉错开关、走错间隔； (2) 漏执行安全措施	(1) 触电； (2) 设备事故	1	1	15	15	1	(1) 严格按照工作票执行安全措施； (2) 执行安全措施时必须有监护人在场
	环境	(1) 道路泥泞、湿滑； (2) 雷、雨、雪天气	(1) 车辆伤害； (2) 人身伤害	10	3	3	90	3	(1) 提前注意天气变化，有效规避恶劣天气； (2) 遇特殊路况，减速慢行； (3) 正确使用安全保护用具（安全帽、劳保鞋等）
	车辆	(1) 车辆缺陷； (2) 超速行驶	人身伤害	6	3	3	54	2	(1) 行车前检查车辆状况； (2) 系好安全带，减速慢行
检修过程	核对设备位置	(1) 走错间隔； (2) 误碰带电设备； (3) 高处坠落	(1) 触电、灼伤； (2) 其他人身伤害； (3) 设备事故	3	1	15	45	2	(1) 戴绝缘手套、安全帽，穿绝缘鞋； (2) 谨防误碰或接触带电体； (3) 正确佩戴安全带、安全帽
	环境检测主机故障处理	(1) 带电作业； (2) 设备缺陷； (3) 高处作业	(1) 触电； (2) 人身伤害； (3) 设备事故	3	1	15	45	2	(1) 正确使用安全工器具； (2) 与带电设备保持安全距离； (3) 执行工作监护制度； (4) 确保设备断电后再开始工作； (5) 严禁抛、丢工器具； (6) 高处作业前佩戴安全帽、安全带、限位绳
完工阶段	完工恢复	(1) 连接件和紧固件螺栓紧固未达标； (2) 临时短接线、接地线未拆除； (3) 检修后设备接线不正确	(1) 设备事故； (2) 电灼伤	1	1	15	15	1	(1) 用力矩扳手检查连接件和紧固件螺栓； (2) 严格按照工作票执行恢复工作； (3) 恢复工作后，经工作负责人最终检查确认，方可办理工作终结手续
	结束工作	(1) 遗漏工器具； (2) 现场遗留检修杂物； (3) 不结束工作票	设备事故	1	1	15	15	1	(1) 收齐并检查工器具； (2) 清扫检修现场； (3) 结束工作票

2. 温度传感器故障处理

<table>
<tr><td colspan="3">部门：</td><td colspan="6">分析日期：</td><td>记录编号：</td></tr>
<tr><td colspan="3">作业地点或分析范围：环境检测设备</td><td colspan="7">分析人：</td></tr>
<tr><td colspan="10">作业内容描述：温度传感器故障处理</td></tr>
<tr><td colspan="10">主要作业风险：(1) 因使用不合适的工器具、穿戴不合适的劳动防护用品导致巡检人员受伤害；(2) 触电；(3) 灼伤；(4) 跌倒；(5) 车辆伤害；(6) 高处坠落</td></tr>
<tr><td colspan="10">控制措施：(1) 正确穿戴劳动防护用品，正确使用工器具；(2) 进入巡检现场检查周围环境；(3) 配备防暑药品</td></tr>
<tr><td colspan="3">工作执行人签名：</td><td>日期：</td><td colspan="5">工作负责人开工前确认签名：</td><td>日期：</td></tr>
<tr><td colspan="2" rowspan="2">作业步骤</td><td rowspan="2">危害因素</td><td rowspan="2">可能导致的后果</td><td colspan="5">风险评价</td><td rowspan="2">控制措施</td></tr>
<tr><td>L</td><td>E</td><td>C</td><td>D</td><td>风险程度</td></tr>
<tr><td rowspan="3">作业环境</td><td>环境潮湿</td><td>(1) 设备潮湿引起短路；
(2) 安全距离不够</td><td>(1) 触电、电弧灼伤；
(2) 其他人身伤害；
(3) 设备事故</td><td>1</td><td>3</td><td>15</td><td>45</td><td>2</td><td>(1) 加强通风；
(2) 保持设备干燥</td></tr>
<tr><td>雷、雨、雪天气</td><td>(1) 感应雷电流；
(2) 道路湿滑、泥泞</td><td>(1) 触电、火灾灼伤；
(2) 跌倒</td><td>1</td><td>3</td><td>7</td><td>21</td><td>2</td><td>(1) 正确戴安全帽；
(2) 正确穿绝缘鞋；
(3) 雷雨天气禁止外出作业</td></tr>
<tr><td>高温天气</td><td>中暑</td><td>人身伤害</td><td>1</td><td>3</td><td>7</td><td>21</td><td>2</td><td>(1) 合理安排外出工作，及时规避高温天气；
(2) 配备防暑药品</td></tr>
<tr><td rowspan="3">检修前准备</td><td>安全措施确认</td><td>(1) 安全措施不全或不正确；
(2) 走错间隔</td><td>(1) 触电；
(2) 设备事故</td><td>1</td><td>1</td><td>7</td><td>7</td><td>1</td><td>(1) 工作负责人、工作许可人应认真检查工作票所列安全措施是否正确、完备，是否符合现场实际条件；
(2) 检修前确认设备间隔位置；
(3) 戴绝缘手套，穿绝缘鞋和防电弧服；
(4) 使用合格的验电设备进行验电</td></tr>
<tr><td>安全交底</td><td>(1) 扩大工作范围；
(2) 走错间隔或误碰带电设备</td><td>(1) 触电；
(2) 设备事故</td><td>1</td><td>1</td><td>7</td><td>7</td><td>1</td><td>(1) 工作前对工作班成员进行工作任务明示；
(2) 对工作班成员进行安全技术交底</td></tr>
<tr><td>工器具准备</td><td>(1) 使用的工器具无法达到检修作业要求；
(2) 工具不全，或工具破损；
(3) 使用的试验仪器超过检验期</td><td>触电</td><td>1</td><td>1</td><td>7</td><td>7</td><td>1</td><td>检修前确认工器具及试验仪器状态，使用合格的工器具及试验仪器</td></tr>
</table>

续表

作业步骤		危害因素	可能导致的后果	风险评价					控制措施
				L	E	C	D	风险程度	
检修前准备	个人防护用品准备	（1）未正确使用安全帽、绝缘手套、绝缘靴； （2）个人防护用品防护等级不符合要求或过期	（1）触电； （2）机械伤害	1	1	15	15	1	（1）正确戴安全帽、绝缘手套，穿绝缘靴； （2）使用合格的个人防护用品
	工作班成员精神状态确认	（1）无法正常完成指定工作； （2）作业过程中无法清醒判断设备是否带电	（1）触电； （2）机械伤害； （3）设备故障	1	1	15	15	1	合理安排工作班成员，精神状态不佳者禁止工作
	执行安全措施	（1）拉错开关、走错间隔； （2）漏执行安全措施	（1）触电； （2）设备事故	1	1	15	15	1	（1）严格按照工作票执行安全措施； （2）执行安全措施时必须有监护人在场
	环境	（1）道路泥泞、湿滑； （2）雷、雨、雪天气	（1）车辆伤害； （2）人身伤害	10	3	3	90	3	（1）提前注意天气变化，有效规避恶劣天气； （2）遇特殊路况，减速慢行； （3）正确使用安全保护用具（安全帽、劳保鞋等）
	车辆	（1）车辆缺陷； （2）超速行驶	人身伤害	6	3	3	54	2	（1）行车前检查车辆状况； （2）系好安全带，减速慢行
检修过程	核对设备位置	（1）走错间隔； （2）误碰带电设备； （3）高处坠落	（1）触电、灼伤； （2）其他人身伤害； （3）设备事故	3	1	15	45	2	（1）戴绝缘手套、安全帽，穿绝缘鞋； （2）谨防误碰或接触带电体； （3）正确佩戴安全带、安全帽
	温度传感器故障处理	（1）带电作业； （2）设备缺陷； （3）高处作业	（1）触电； （2）人身伤害； （3）设备事故	3	1	15	45	2	（1）正确使用安全工器具； （2）与带电设备保持安全距离； （3）执行工作监护制度； （4）确保设备断电后再开始工作； （5）严禁抛、丢工器具； （6）高处作业前佩戴安全帽、安全带、限位绳
完工阶段	完工恢复	检修后设备接线不正确	（1）设备事故； （2）电灼伤	1	1	15	15	1	（1）严格按照工作票执行恢复工作； （2）恢复工作后，经工作负责人最终检查确认，方可办理工作终结手续
	结束工作	（1）遗漏工器具； （2）现场遗留检修杂物； （3）不结束工作票	设备事故	1	1	15	15	1	（1）收齐并检查工器具； （2）清扫检修现场； （3）结束工作票

3. 湿度传感器故障处理

<table>
<tr><td colspan="3">部门：</td><td colspan="6">分析日期：</td><td>记录编号：</td></tr>
<tr><td colspan="3">作业地点或分析范围：环境检测设备</td><td colspan="7">分析人：</td></tr>
<tr><td colspan="10">作业内容描述：湿度传感器故障处理</td></tr>
<tr><td colspan="10">主要作业风险：(1) 因使用不合适的工器具、穿戴不合适的劳动防护用品导致巡检人员受伤害；(2) 触电；(3) 灼伤；(4) 跌倒；(5) 车辆伤害；(6) 高处坠落</td></tr>
<tr><td colspan="10">控制措施：(1) 正确穿戴劳动防护用品，正确使用工器具；(2) 进入巡检现场检查周围环境；(3) 配备防暑药品</td></tr>
<tr><td colspan="3">工作执行人签名：</td><td>日期：</td><td colspan="5">工作负责人开工前确认签名：</td><td>日期：</td></tr>
<tr><td colspan="2" rowspan="2">作业步骤</td><td rowspan="2">危害因素</td><td rowspan="2">可能导致的后果</td><td colspan="5">风险评价</td><td rowspan="2">控制措施</td></tr>
<tr><td>L</td><td>E</td><td>C</td><td>D</td><td>风险程度</td></tr>
<tr><td rowspan="3">作业环境</td><td>环境潮湿</td><td>(1) 设备潮湿引起短路；
(2) 安全距离不够</td><td>(1) 触电、电弧灼伤；
(2) 其他人身伤害；
(3) 设备事故</td><td>1</td><td>3</td><td>15</td><td>45</td><td>2</td><td>(1) 加强通风；
(2) 保持设备干燥</td></tr>
<tr><td>雷、雨、雪天气</td><td>(1) 感应雷电流；
(2) 道路湿滑、泥泞</td><td>(1) 触电、火灾灼伤；
(2) 跌倒</td><td>1</td><td>3</td><td>7</td><td>21</td><td>2</td><td>(1) 正确戴安全帽；
(2) 正确穿绝缘鞋；
(3) 雷雨天气禁止外出作业</td></tr>
<tr><td>高温天气</td><td>中暑</td><td>人身伤害</td><td>1</td><td>3</td><td>7</td><td>21</td><td>2</td><td>(1) 合理安排外出工作，及时规避高温天气；
(2) 配备防暑药品</td></tr>
<tr><td rowspan="3">检修前准备</td><td>安全措施确认</td><td>(1) 安全措施不全或不正确；
(2) 走错间隔</td><td>(1) 触电；
(2) 设备事故</td><td>1</td><td>1</td><td>7</td><td>7</td><td>1</td><td>(1) 工作负责人、工作许可人应认真检查工作票所列安全措施是否正确、完备，是否符合现场实际条件；
(2) 检修前确认设备间隔位置；
(3) 戴绝缘手套，穿绝缘鞋和防电弧服；
(4) 使用合格的验电设备验电</td></tr>
<tr><td>安全交底</td><td>(1) 扩大工作范围；
(2) 走错间隔或误碰带电设备</td><td>(1) 触电；
(2) 设备事故</td><td>1</td><td>1</td><td>7</td><td>7</td><td>1</td><td>(1) 工作前对工作班成员进行工作任务明示；
(2) 对工作班成员进行安全技术交底</td></tr>
<tr><td>工器具准备</td><td>(1) 使用的工器具无法达到检修作业要求；
(2) 工具不全，或工具破损；
(3) 使用的试验仪器超过检验期</td><td>触电</td><td>1</td><td>1</td><td>7</td><td>7</td><td>1</td><td>检修前确认工器具及试验仪器状态，使用合格的工器具及试验仪器</td></tr>
</table>

续表

<table>
<tr><th colspan="2" rowspan="2">作业步骤</th><th rowspan="2">危害因素</th><th rowspan="2">可能导致的后果</th><th colspan="5">风险评价</th><th rowspan="2">控制措施</th></tr>
<tr><th>L</th><th>E</th><th>C</th><th>D</th><th>风险程度</th></tr>
<tr><td rowspan="5">检修前准备</td><td>个人防护用品准备</td><td>（1）未正确使用安全帽、绝缘手套、绝缘靴；
（2）个人防护用品防护等级不符合要求或过期</td><td>（1）触电；
（2）机械伤害</td><td>1</td><td>1</td><td>15</td><td>15</td><td>1</td><td>（1）正确戴安全帽、绝缘手套，穿绝缘靴；
（2）使用合格的个人防护用品</td></tr>
<tr><td>工作班成员精神状态确认</td><td>（1）无法正常完成指定工作；
（2）作业过程中无法清醒判断设备是否带电</td><td>（1）触电；
（2）机械伤害；
（3）设备故障</td><td>1</td><td>1</td><td>15</td><td>15</td><td>1</td><td>合理安排工作班成员，精神状态不佳者禁止工作</td></tr>
<tr><td>执行安全措施</td><td>（1）拉错开关、走错间隔；
（2）漏执行安全措施</td><td>（1）触电；
（2）设备事故</td><td>1</td><td>1</td><td>15</td><td>15</td><td>1</td><td>（1）严格按照工作票执行安全措施；
（2）执行安全措施时必须有监护人在场</td></tr>
<tr><td>环境</td><td>（1）道路泥泞、湿滑；
（2）雷、雨、雪天气</td><td>（1）车辆伤害；
（2）人身伤害</td><td>10</td><td>3</td><td>3</td><td>90</td><td>3</td><td>（1）提前注意天气变化，有效规避恶劣天气；
（2）遇特殊路况，减速慢行；
（3）正确使用安全保护用具（安全帽、劳保鞋等）</td></tr>
<tr><td>车辆</td><td>（1）车辆缺陷；
（2）超速行驶</td><td>人身伤害</td><td>6</td><td>3</td><td>3</td><td>54</td><td>2</td><td>（1）行车前检查车辆状况；
（2）系好安全带，减速慢行</td></tr>
<tr><td rowspan="2">检修过程</td><td>核对设备位置</td><td>（1）走错间隔；
（2）误碰带电设备；
（3）高处坠落</td><td>（1）触电、灼伤；
（2）其他人身伤害；
（3）设备事故</td><td>3</td><td>1</td><td>15</td><td>45</td><td>2</td><td>（1）戴绝缘手套、安全帽，穿绝缘鞋；
（2）谨防误碰或接触带电体；
（3）正确佩戴安全带、安全帽</td></tr>
<tr><td>湿度传感器故障处理</td><td>（1）带电作业；
（2）设备缺陷；
（3）高处作业</td><td>（1）触电；
（2）人身伤害；
（3）设备事故</td><td>3</td><td>1</td><td>15</td><td>45</td><td>2</td><td>（1）正确使用安全工器具；
（2）与带电设备保持安全距离；
（3）执行工作监护制度；
（4）确保设备断电后再开始工作；
（5）严禁抛、丢工器具；
（6）高处作业前佩戴安全帽、安全带、限位绳</td></tr>
<tr><td rowspan="2">完工阶段</td><td>完工恢复</td><td>检修后设备接线不正确</td><td>（1）设备事故；
（2）电灼伤</td><td>1</td><td>1</td><td>15</td><td>15</td><td>1</td><td>（1）严格按照工作票执行恢复工作；
（2）恢复工作后，经工作负责人最终检查确认，方可办理工作终结手续</td></tr>
<tr><td>结束工作</td><td>（1）遗漏工器具；
（2）现场遗留检修杂物；
（3）不结束工作票</td><td>设备事故</td><td>1</td><td>1</td><td>15</td><td>15</td><td>1</td><td>（1）收齐并检查工器具；
（2）清扫检修现场；
（3）结束工作票</td></tr>
</table>

4. 辐射传感器故障处理

<table>
<tr><td colspan="3">部门：</td><td colspan="5">分析日期：</td><td>记录编号：</td></tr>
<tr><td colspan="3">作业地点或分析范围：环境检测设备</td><td colspan="6">分析人：</td></tr>
<tr><td colspan="9">作业内容描述：辐射传感器故障处理</td></tr>
<tr><td colspan="9">主要作业风险：(1) 因使用不合适的工器具、穿戴不合适的劳动防护用品导致巡检人员受伤害；(2) 触电；(3) 灼伤；(4) 跌倒；(5) 车辆伤害；(6) 高处坠落</td></tr>
<tr><td colspan="9">控制措施：(1) 正确穿戴劳动防护用品，正确使用工器具；(2) 进入巡检现场检查周围环境；(3) 配备防暑药品</td></tr>
<tr><td colspan="2">工作执行人签名：</td><td>日期：</td><td colspan="5">工作负责人开工前确认签名：</td><td>日期：</td></tr>
<tr><td colspan="2" rowspan="2">作业步骤</td><td rowspan="2">危害因素</td><td rowspan="2">可能导致的后果</td><td colspan="5">风险评价</td><td rowspan="2">控制措施</td></tr>
<tr><td>L</td><td>E</td><td>C</td><td>D</td><td>风险程度</td></tr>
<tr><td rowspan="3">作业环境</td><td>环境潮湿</td><td>(1) 设备潮湿引起短路；
(2) 安全距离不够</td><td>(1) 触电、电弧灼伤；
(2) 其他人身伤害；
(3) 设备事故</td><td>1</td><td>3</td><td>15</td><td>45</td><td>2</td><td>(1) 加强通风；
(2) 保持设备干燥</td></tr>
<tr><td>雷、雨、雪天气</td><td>(1) 感应雷电流；
(2) 道路湿滑、泥泞</td><td>(1) 触电、火灾灼伤；
(2) 跌倒</td><td>1</td><td>3</td><td>7</td><td>21</td><td>2</td><td>(1) 正确戴安全帽；
(2) 正确穿绝缘鞋；
(3) 雷雨天气禁止外出作业</td></tr>
<tr><td>高温天气</td><td>中暑</td><td>人身伤害</td><td>1</td><td>3</td><td>7</td><td>21</td><td>2</td><td>(1) 合理安排外出工作，及时规避高温天气；
(2) 配备防暑药品</td></tr>
<tr><td rowspan="3">检修前准备</td><td>安全措施确认</td><td>(1) 安全措施不全或不正确；
(2) 走错间隔</td><td>(1) 触电；
(2) 设备事故</td><td>1</td><td>1</td><td>7</td><td>7</td><td>1</td><td>(1) 工作负责人、工作许可人应认真检查工作票所列安全措施是否正确、完备，是否符合现场实际条件；
(2) 检修前确认设备间隔位置；
(3) 戴绝缘手套，穿绝缘鞋和防电弧服；
(4) 使用合格的验电设备验电</td></tr>
<tr><td>安全交底</td><td>(1) 扩大工作范围；
(2) 走错间隔或误碰带电设备</td><td>(1) 触电；
(2) 设备事故</td><td>1</td><td>1</td><td>7</td><td>7</td><td>1</td><td>(1) 工作前对工作班成员进行工作任务明示；
(2) 对工作班成员进行安全技术交底</td></tr>
<tr><td>工器具准备</td><td>(1) 使用的工器具无法达到检修作业要求；
(2) 工具不全，或工具破损；
(3) 使用的试验仪器超过检验期</td><td>触电</td><td>1</td><td>1</td><td>7</td><td>7</td><td>1</td><td>检修前确认工器具及试验仪器状态，使用合格的工器具及试验仪器</td></tr>
</table>

续表

作业步骤		危害因素	可能导致的后果	风险评价					控制措施
				L	E	C	D	风险程度	
检修前准备	个人防护用品准备	(1) 未正确佩戴安全帽、绝缘手套，穿绝缘靴； (2) 个人防护用品防护等级不符合要求或过期	(1) 触电； (2) 机械伤害	1	1	15	15	1	(1) 正确戴安全帽、绝缘手套，穿绝缘靴； (2) 使用合格的个人防护用品
	工作班成员精神状态确认	(1) 无法正常完成指定工作； (2) 作业过程中无法清醒判断设备是否带电	(1) 触电； (2) 机械伤害； (3) 设备故障	1	1	15	15	1	合理安排工作班成员，精神状态不佳者禁止工作
	执行安全措施	(1) 拉错开关、走错间隔； (2) 漏执行安全措施	(1) 触电； (2) 设备事故	1	1	15	15	1	(1) 严格按照工作票执行安全措施； (2) 执行安全措施时必须有监护人在场
	环境	(1) 道路泥泞、湿滑； (2) 雷、雨、雪天气	(1) 车辆伤害； (2) 人身伤害	10	3	3	90	3	(1) 提前注意天气变化，有效规避恶劣天气； (2) 遇特殊路况，减速慢行； (3) 正确使用安全保护用具（安全帽、劳保鞋等）
	车辆	(1) 车辆缺陷； (2) 超速行驶	人身伤害	6	3	3	54	2	(1) 行车前检查车辆状况； (2) 系好安全带，减速慢行
检修过程	核对设备位置	(1) 走错间隔； (2) 误碰带电设备； (3) 高处坠落	(1) 触电、灼伤； (2) 其他人身伤害； (3) 设备事故	3	1	15	45	2	(1) 戴绝缘手套、安全帽，穿绝缘鞋； (2) 谨防误碰或接触带电体； (3) 正确佩戴安全带、安全帽
	辐射传感器故障处理	(1) 带电作业； (2) 设备缺陷； (3) 高处作业	(1) 触电； (2) 人身伤害； (3) 设备事故	3	1	15	45	2	(1) 正确使用安全工器具； (2) 与带电设备保持安全距离； (3) 执行工作监护制度； (4) 确保设备断电后再开始工作； (5) 严禁抛、丢工器具； (6) 高处作业前佩戴安全帽、安全带、限位绳
完工阶段	完工恢复	检修后设备接线不正确	(1) 设备事故； (2) 电灼伤	1	1	15	15	1	(1) 严格按照工作票执行恢复工作； (2) 恢复工作后，经工作负责人最终检查确认，方可办理工作终结手续
	结束工作	(1) 遗漏工器具； (2) 现场遗留检修杂物； (3) 不结束工作票	设备事故	1	1	15	15	1	(1) 收齐并检查工器具； (2) 清扫检修现场； (3) 结束工作票

5. 风向、风速仪故障处理

<table>
<tr><td colspan="4">部门：</td><td colspan="5">分析日期：</td><td>记录编号：</td></tr>
<tr><td colspan="4">作业地点或分析范围：环境检测设备</td><td colspan="6">分析人：</td></tr>
<tr><td colspan="10">作业内容描述：风向、风速仪故障处理</td></tr>
<tr><td colspan="10">主要作业风险：(1) 因使用不合适的工器具、穿戴不合适的劳动防护用品导致巡检人员受伤害；(2) 触电；(3) 灼伤；(4) 跌倒；(5) 车辆伤害；(6) 高处坠落</td></tr>
<tr><td colspan="10">控制措施：(1) 正确穿戴劳动防护用品，正确使用工器具；(2) 进入巡检现场检查周围环境；(3) 配备防暑药品</td></tr>
<tr><td colspan="3">工作执行人签名：</td><td>日期：</td><td colspan="5">工作负责人开工前确认签名：</td><td>日期：</td></tr>
<tr><td colspan="2" rowspan="2">作业步骤</td><td rowspan="2">危害因素</td><td rowspan="2">可能导致的后果</td><td colspan="5">风险评价</td><td rowspan="2">控制措施</td></tr>
<tr><td>L</td><td>E</td><td>C</td><td>D</td><td>风险程度</td></tr>
<tr><td rowspan="3">作业环境</td><td>环境潮湿</td><td>(1) 设备潮湿引起短路；
(2) 安全距离不够</td><td>(1) 触电、电弧灼伤；
(2) 其他人身伤害；
(3) 设备事故</td><td>1</td><td>3</td><td>15</td><td>45</td><td>2</td><td>(1) 加强通风；
(2) 保持设备干燥</td></tr>
<tr><td>雷、雨、雪天气</td><td>(1) 感应雷电流；
(2) 道路湿滑、泥泞</td><td>(1) 触电、火灾灼伤；
(2) 跌倒</td><td>1</td><td>3</td><td>7</td><td>21</td><td>2</td><td>(1) 正确戴安全帽；
(2) 正确穿绝缘鞋；
(3) 雷雨天气禁止外出作业</td></tr>
<tr><td>高温天气</td><td>中暑</td><td>人身伤害</td><td>1</td><td>3</td><td>7</td><td>21</td><td>2</td><td>(1) 合理安排外出工作，及时规避高温天气；
(2) 配备防暑药品</td></tr>
<tr><td rowspan="3">检修前准备</td><td>安全措施确认</td><td>(1) 安全措施不全或不正确；
(2) 走错间隔</td><td>(1) 触电；
(2) 设备事故</td><td>1</td><td>1</td><td>7</td><td>7</td><td>1</td><td>(1) 工作负责人、工作许可人应认真检查工作票所列安全措施是否正确、完备，是否符合现场实际条件；
(2) 检修前确认设备间隔位置；
(3) 戴绝缘手套，穿绝缘鞋和防电弧服；
(4) 使用合格的验电设备验电</td></tr>
<tr><td>安全交底</td><td>(1) 扩大工作范围；
(2) 走错间隔或误碰带电设备</td><td>(1) 触电；
(2) 设备事故</td><td>1</td><td>1</td><td>7</td><td>7</td><td>1</td><td>(1) 工作前对工作班成员进行工作任务明示；
(2) 对工作班成员进行安全技术交底</td></tr>
<tr><td>工器具准备</td><td>(1) 使用的工器具无法达到检修作业要求；
(2) 工具不全，或工具破损；
(3) 使用的试验仪器超过检验期</td><td>触电</td><td>1</td><td>1</td><td>7</td><td>7</td><td>1</td><td>检修前确认工器具及试验仪器状态，使用合格的工器具及试验仪器</td></tr>
</table>

续表

<table>
<tr><th colspan="2" rowspan="2">作业步骤</th><th rowspan="2">危害因素</th><th rowspan="2">可能导致的后果</th><th colspan="5">风险评价</th><th rowspan="2">控制措施</th></tr>
<tr><th>L</th><th>E</th><th>C</th><th>D</th><th>风险程度</th></tr>
<tr><td rowspan="5">检修前准备</td><td>个人防护用品准备</td><td>（1）未正确使用安全帽、绝缘手套、绝缘靴；
（2）个人防护用品防护等级不符合要求或过期</td><td>（1）触电；
（2）机械伤害</td><td>1</td><td>1</td><td>15</td><td>15</td><td>1</td><td>（1）正确戴安全帽、绝缘手套，穿绝缘靴；
（2）使用合格的个人防护用品</td></tr>
<tr><td>工作班成员精神状态确认</td><td>（1）无法正常完成指定工作；
（2）作业过程中无法清醒判断设备是否带电</td><td>（1）触电；
（2）机械伤害；
（3）设备故障</td><td>1</td><td>1</td><td>15</td><td>15</td><td>1</td><td>合理安排工作班成员，精神状态不佳者禁止工作</td></tr>
<tr><td>执行安全措施</td><td>（1）拉错开关、走错间隔；
（2）漏执行安全措施</td><td>（1）触电；
（2）设备事故</td><td>1</td><td>1</td><td>15</td><td>15</td><td>1</td><td>（1）严格按照工作票执行安全措施；
（2）执行安全措施时必须有监护人在场</td></tr>
<tr><td>环境</td><td>（1）道路泥泞、湿滑；
（2）雷、雨、雪天气</td><td>（1）车辆伤害；
（2）人身伤害</td><td>10</td><td>3</td><td>3</td><td>90</td><td>3</td><td>（1）提前注意天气变化，有效规避恶劣天气；
（2）遇特殊路况，减速慢行；
（3）正确使用安全保护用具（安全帽、劳保鞋等）</td></tr>
<tr><td>车辆</td><td>（1）车辆缺陷；
（2）超速行驶</td><td>人身伤害</td><td>6</td><td>3</td><td>3</td><td>54</td><td>2</td><td>（1）行车前检查车辆状况；
（2）系好安全带，减速慢行</td></tr>
<tr><td rowspan="2">检修过程</td><td>核对设备位置</td><td>（1）走错间隔；
（2）误碰带电设备；
（3）高处坠落</td><td>（1）触电、灼伤；
（2）其他人身伤害；
（3）设备事故</td><td>3</td><td>1</td><td>15</td><td>45</td><td>2</td><td>（1）戴绝缘手套、安全帽，穿绝缘鞋；
（2）谨防误碰或接触带电体；
（3）正确佩戴安全带、安全帽</td></tr>
<tr><td>风向、风速仪故障处理</td><td>（1）带电作业；
（2）设备缺陷；
（3）高处作业</td><td>（1）触电；
（2）人身伤害；
（3）设备事故</td><td>3</td><td>1</td><td>15</td><td>45</td><td>2</td><td>（1）正确使用安全工器具；
（2）与带电设备保持安全距离；
（3）执行工作监护制度；
（4）确保设备断电后再开始工作；
（5）严禁抛、丢工器具；
（6）高处作业前佩戴安全帽、安全带、限位绳</td></tr>
<tr><td rowspan="2">完工阶段</td><td>完工恢复</td><td>检修后设备接线不正确</td><td>（1）设备事故；
（2）电灼伤</td><td>1</td><td>1</td><td>15</td><td>15</td><td>1</td><td>（1）严格按照工作票执行恢复工作；
（2）恢复工作后，经工作负责人最终检查确认，方可办理工作终结手续</td></tr>
<tr><td>结束工作</td><td>（1）遗漏工器具；
（2）现场遗留检修杂物；
（3）不结束工作票</td><td>设备事故</td><td>1</td><td>1</td><td>15</td><td>15</td><td>1</td><td>（1）收齐并检查工器具；
（2）清扫检修现场；
（3）结束工作票</td></tr>
</table>

八、电气设备操作

1. 110kV 支线由线路检修改为冷备用

<table>
<tr><td colspan="3">部门：</td><td colspan="6">分析日期：</td><td>记录编号：</td></tr>
<tr><td colspan="3">作业地点或分析范围：主变压器区域</td><td colspan="7">分析人：</td></tr>
<tr><td colspan="10">作业内容描述：110kV 支线由线路检修改为冷备用</td></tr>
<tr><td colspan="10">主要作业风险：(1) 因工作对象不清或错误，或填错操作票造成误送电或设备带电；(2) 因走错间隔、误拉或误合开关造成触电、电弧灼伤、火灾、设备异常、设备故障</td></tr>
<tr><td colspan="10">控制措施：(1) 正确填写、核对操作票，双人确认操作电源系统、标牌和设备的双重名称；(2) 操作时戴绝缘手套、面罩，穿绝缘鞋和防电弧服，正确使用验电器</td></tr>
<tr><td colspan="3">工作执行人签名：</td><td>日期：</td><td colspan="5">工作负责人开工前确认签名：</td><td>日期：</td></tr>
<tr><td colspan="2" rowspan="2">作业步骤</td><td rowspan="2">危害因素</td><td rowspan="2">可能导致的后果</td><td colspan="5">风险评价</td><td rowspan="2">控制措施</td></tr>
<tr><td>L</td><td>E</td><td>C</td><td>D</td><td>风险程度</td></tr>
<tr><td>作业环境</td><td>天气潮湿</td><td>设备潮湿引起短路</td><td>(1) 触电、电弧灼伤；
(2) 设备事故</td><td>1</td><td>3</td><td>15</td><td>45</td><td>2</td><td>(1) 选择适当时机操作，湿度过大时应采取相应措施；
(2) 保持设备干燥</td></tr>
<tr><td rowspan="6">操作前准备</td><td>接收操作指令</td><td>工作对象不清楚</td><td>(1) 触电；
(2) 设备事故</td><td>1</td><td>1</td><td>15</td><td>15</td><td>1</td><td>明确操作目的，防止弄错对象</td></tr>
<tr><td>确定操作对象、核对设备运行方式</td><td>误操作其他设备</td><td>(1) 触电；
(2) 设备事故</td><td>1</td><td>1</td><td>15</td><td>15</td><td>1</td><td>正确核对设备位置、名称和状态</td></tr>
<tr><td>填写操作票</td><td>填错操作票引起误操作</td><td>(1) 触电；
(2) 设备事故</td><td>3</td><td>1</td><td>15</td><td>15</td><td>1</td><td>(1) 正确填写操作票，检查操作票填写内容是否正确；
(2) 操作票填完后必须经监护人和值长确认无误</td></tr>
<tr><td>选择合适的工器具</td><td>工器具选择不当</td><td>(1) 触电；
(2) 拖延检修进度</td><td>3</td><td>1</td><td>45</td><td>45</td><td>2</td><td>(1) 选择合适的工器具；
(2) 检查工器具，应完好、可靠；
(3) 正确使用工器具</td></tr>
<tr><td>穿戴合适的防护用品</td><td>防护用品穿戴不规范</td><td>(1) 触电；
(2) 电弧灼伤；
(3) 机械伤害</td><td>3</td><td>1</td><td>45</td><td>45</td><td>2</td><td>(1) 戴安全帽、穿绝缘鞋；
(2) 穿长袖工作服，扣好衣服和袖口；
(3) 戴绝缘手套</td></tr>
<tr><td>通信联系</td><td>通信不畅或通信错误</td><td>(1) 扩大事故；
(2) 加重人员伤害</td><td>3</td><td>1</td><td>45</td><td>45</td><td>2</td><td>(1) 携带对讲机，操作时保持联系；
(2) 保持通信设备电量充足</td></tr>
</table>

续表

作业步骤		危害因素	可能导致的后果	风险评价					控制措施
				L	E	C	D	风险程度	
操作前准备	工作班成员精神状态确认	（1）无法正常完成指定工作； （2）作业过程中无法清醒判断危险点	（1）触电； （2）设备事故	3	1	15	45	2	合理安排工作班成员，精神状态不佳者禁止工作
	环境	雷雨天气	（1）触电； （2）设备事故	3	1	15	45	2	雷雨天气禁止工作
操作过程	核对设备初始位置	（1）走错间隔； （2）误分合开关	（1）触电； （2）电弧灼伤； （3）设备事故	3	1	15	45	2	（1）戴绝缘手套、安全帽，穿绝缘鞋； （2）核实操作票内容和设备状态； （3）执行监护制度，唱票，确认设备位置、名称标牌，严格执行操作票制度； （4）与带电体保持安全距离
	拉开线路接地开关	（1）未确认操作内容； （2）误碰带电体； （3）操作顺序不当	（1）触电； （2）电弧灼伤； （3）设备事故	3	1	15	45	2	（1）核对设备名称和编号，检查设备状态； （2）戴绝缘手套、安全帽，穿绝缘鞋； （3）操作时与开关保持一定距离； （4）操作前确认上一步骤已完成； （5）开关合上后要对机械、电气指示进行确认
操作后	检查作业现场	有工具遗留在作业现场	设备事故	3	1	15	45	2	操作完成后对现场进行检查，确保没有工具遗漏

2. 主变压器由检修改为冷备用

<table>
<tr><td colspan="4">部门：</td><td colspan="6">分析日期：</td><td>记录编号：</td></tr>
<tr><td colspan="4">作业地点或分析范围：主变压器区域</td><td colspan="7">分析人：</td></tr>
<tr><td colspan="11">作业内容描述：主变压器由检修改为冷备用</td></tr>
<tr><td colspan="11">主要作业风险：(1) 因工作对象不清或错误，或填错操作票造成误送电或设备带电；(2) 因走错间隔、误拉或误合开关造成触电、电弧灼伤、火灾、设备异常、设备故障</td></tr>
<tr><td colspan="11">控制措施：(1) 正确填写、核对工作票，双人确认操作电源系统、标牌和设备双重名称；(2) 操作时戴绝缘手套、面罩，穿绝缘鞋和防电弧服，正确使用验电器</td></tr>
<tr><td colspan="3">工作执行人签名：</td><td>日期：</td><td colspan="6">工作负责人开工前确认签名：</td><td>日期：</td></tr>
<tr><td colspan="2" rowspan="2">作业步骤</td><td rowspan="2">危害因素</td><td rowspan="2">可能导致的后果</td><td colspan="5">风险评价</td><td colspan="2" rowspan="2">控制措施</td></tr>
<tr><td>L</td><td>E</td><td>C</td><td>D</td><td>风险程度</td></tr>
<tr><td>作业环境</td><td>天气潮湿</td><td>设备潮湿引起短路</td><td>(1) 触电、电弧灼伤；
(2) 设备事故</td><td>1</td><td>3</td><td>15</td><td>45</td><td>2</td><td colspan="2">(1) 选择适当时机操作，湿度过大时应采取相应措施；
(2) 保持设备干燥</td></tr>
<tr><td rowspan="7">操作前准备</td><td>接收操作指令</td><td>工作对象不清楚</td><td>(1) 触电；
(2) 设备事故</td><td>1</td><td>1</td><td>15</td><td>15</td><td>1</td><td colspan="2">明确操作目的，防止弄错对象</td></tr>
<tr><td>确定操作对象、核对设备运行方式</td><td>误操作其他设备</td><td>(1) 触电；
(2) 设备事故</td><td>1</td><td>1</td><td>15</td><td>15</td><td>1</td><td colspan="2">正确核对设备位置、名称和状态</td></tr>
<tr><td>填写操作票</td><td>填错操作票引起误操作</td><td>(1) 触电；
(2) 设备事故</td><td>3</td><td>1</td><td>15</td><td>15</td><td>1</td><td colspan="2">(1) 正确填写操作票，检查操作票填写内容是否正确；
(2) 操作票填完后必须经监护人和值长确认无误</td></tr>
<tr><td>选择合适的工器具</td><td>工器具选择不当</td><td>(1) 触电；
(2) 拖延检修进度</td><td>3</td><td>1</td><td>45</td><td>45</td><td>2</td><td colspan="2">(1) 选择合适的工器具；
(2) 检查工器具，应完好、可靠；
(3) 正确使用工器具</td></tr>
<tr><td>穿戴合适的防护用品</td><td>防护用品穿戴不规范</td><td>(1) 触电；
(2) 电弧灼伤；
(3) 机械伤害</td><td>3</td><td>1</td><td>45</td><td>45</td><td>2</td><td colspan="2">(1) 戴安全帽、穿绝缘鞋；
(2) 穿长袖工作服，扣好衣服和袖口；
(3) 戴绝缘手套</td></tr>
<tr><td>通信联系</td><td>通信不畅或通信错误</td><td>(1) 扩大事故；
(2) 加重人员伤害</td><td>3</td><td>1</td><td>45</td><td>45</td><td>2</td><td colspan="2">(1) 携带对讲机，操作时保持联系；
(2) 保持通信设备电量充足</td></tr>
</table>

续表

作业步骤		危害因素	可能导致的后果	风险评价					控制措施
				L	*E*	*C*	*D*	风险程度	
操作前准备	工作班成员精神状态确认	（1）无法正常完成指定工作； （2）作业过程中无法清醒判断危险点	（1）触电； （2）设备事故	3	1	15	45	2	合理安排工作班成员，精神状态不佳者禁止工作
	环境	雷雨天气	（1）触电； （2）设备事故	3	1	15	45	2	雷雨天气禁止工作
操作过程	核对设备初始位置	（1）走错间隔； （2）误分、合开关或闸刀	（1）触电； （2）电弧灼伤； （3）设备事故	3	1	15	45	2	（1）戴绝缘手套、安全帽，穿绝缘鞋； （2）核实操作票内容和设备状态； （3）执行监护制度，唱票，确认设备位置、名称标牌，严格执行操作票制度； （4）与带电体保持安全距离
	拆除主变压器35kV侧接地线一组	（1）未确认操作内容； （2）误碰带电体； （3）操作顺序不当	（1）触电； （2）电弧灼伤； （3）设备事故	3	1	15	45	2	（1）核对设备名称和编号，检查设备状态； （2）戴绝缘手套、安全帽，穿绝缘鞋； （3）操作时与开关保持一定距离； （4）操作前确认上一步骤已完成； （5）对机械、电气指示进行确认
	拆除主变压器110kV侧接地线一组	（1）未确认操作内容； （2）误碰带电体； （3）操作顺序不当	（1）触电； （2）电弧灼伤； （3）设备事故	3	1	15	45	2	（1）核对设备名称和编号，检查设备状态； （2）戴绝缘手套、安全帽，穿绝缘鞋； （3）操作时与开关保持一定距离； （4）操作前确认上一步骤已完成
	拉开主变压器110kV中性点接地开关	（1）未确认操作内容； （2）误碰带电体； （3）操作顺序不当	（1）触电； （2）电弧灼伤； （3）设备事故	3	1	15	45	2	（1）核对设备名称和编号，检查设备状态； （2）戴绝缘手套、安全帽，穿绝缘鞋； （3）操作时与开关保持一定距离； （4）操作前确认上一步骤已完成
操作后	检查作业现场	有工具遗留在作业现场	设备事故	3	1	15	45	2	操作完成后对现场进行检查，确保没有工具遗漏

3. 主变压器110kV开关由检修改为冷备用

<table>
<tr><td colspan="3">部门：</td><td colspan="6">分析日期：</td><td>记录编号：</td></tr>
<tr><td colspan="3">作业地点或分析范围：主变压器区域</td><td colspan="7">分析人：</td></tr>
<tr><td colspan="10">作业内容描述：主变压器110kV开关由检修改为冷备用</td></tr>
<tr><td colspan="10">主要作业风险：(1) 因工作对象不清或错误，或填错操作票造成误送电或设备带电；(2) 因走错间隔、误拉或误合开关造成触电、电弧灼伤、火灾、设备异常、设备故障</td></tr>
<tr><td colspan="10">控制措施：(1) 正确填写、核对工作票，双人确认操作电源系统、标牌和设备双重名称；(2) 操作时戴绝缘手套、面罩，穿绝缘鞋和防电弧服，正确使用验电器</td></tr>
<tr><td colspan="3">工作执行人签名：</td><td>日期：</td><td colspan="5">工作负责人开工前确认签名：</td><td>日期：</td></tr>
<tr><td colspan="2" rowspan="2">作业步骤</td><td rowspan="2">危害因素</td><td rowspan="2">可能导致的后果</td><td colspan="5">风险评价</td><td rowspan="2">控制措施</td></tr>
<tr><td>L</td><td>E</td><td>C</td><td>D</td><td>风险程度</td></tr>
<tr><td>作业环境</td><td>天气潮湿</td><td>设备潮湿引起短路</td><td>(1) 触电、电弧灼伤；
(2) 设备事故</td><td>1</td><td>3</td><td>15</td><td>45</td><td>2</td><td>(1) 选择适当时机操作，湿度过大时应采取相应措施；
(2) 保持设备干燥</td></tr>
<tr><td rowspan="7">操作前准备</td><td>接收操作指令</td><td>工作对象不清楚</td><td>(1) 触电；
(2) 设备事故</td><td>1</td><td>1</td><td>15</td><td>15</td><td>1</td><td>明确操作目的，防止弄错对象</td></tr>
<tr><td>确定操作对象、核对设备运行方式</td><td>误操作其他设备</td><td>(1) 触电；
(2) 设备事故</td><td>1</td><td>1</td><td>15</td><td>15</td><td>1</td><td>正确核对设备位置、名称和状态</td></tr>
<tr><td>填写操作票</td><td>填错操作票引起误操作</td><td>(1) 触电；
(2) 设备事故</td><td>3</td><td>1</td><td>15</td><td>15</td><td>1</td><td>(1) 正确填写操作票，检查操作票填写内容是否正确；
(2) 操作票填完后须经监护人和值长确认无误</td></tr>
<tr><td>选择合适的工器具</td><td>工器具选择不当</td><td>(1) 触电；
(2) 拖延检修进度</td><td>3</td><td>1</td><td>45</td><td>45</td><td>2</td><td>(1) 选择合适的工器具；
(2) 检查工器具，应完好、可靠；
(3) 正确使用工器具</td></tr>
<tr><td>穿戴合适的防护用品</td><td>防护用品穿戴不规范</td><td>(1) 触电；
(2) 电弧灼伤；
(3) 机械伤害</td><td>3</td><td>1</td><td>45</td><td>45</td><td>2</td><td>(1) 戴安全帽、穿绝缘鞋；
(2) 穿长袖工作服，扣好衣服和袖口；
(3) 戴绝缘手套</td></tr>
<tr><td>通信联系</td><td>通信不畅或通信错误</td><td>(1) 扩大事故；
(2) 加重人员伤害</td><td>3</td><td>1</td><td>45</td><td>45</td><td>2</td><td>(1) 携带对讲机，操作时保持联系；
(2) 保持通信设备电量充足</td></tr>
</table>

续表

<table>
<tr><td colspan="2" rowspan="2">作业步骤</td><td rowspan="2">危害因素</td><td rowspan="2">可能导致的后果</td><td colspan="5">风险评价</td><td rowspan="2">控制措施</td></tr>
<tr><td>L</td><td>E</td><td>C</td><td>D</td><td>风险程度</td></tr>
<tr><td rowspan="2">操作前准备</td><td>工作班成员精神状态确认</td><td>（1）无法正常完成指定工作；
（2）作业过程中无法清醒判断危险点</td><td>（1）触电；
（2）设备事故</td><td>3</td><td>1</td><td>15</td><td>45</td><td>2</td><td>合理安排工作班成员，精神状态不佳者禁止工作</td></tr>
<tr><td>环境</td><td>雷雨天气</td><td>（1）触电；
（2）设备事故</td><td>3</td><td>1</td><td>15</td><td>45</td><td>2</td><td>雷雨天气禁止工作</td></tr>
<tr><td rowspan="2">操作过程</td><td>核对设备初始位置</td><td>（1）走错间隔；
（2）误分、合开关或闸刀</td><td>（1）触电；
（2）电弧灼伤；
（3）设备事故</td><td>3</td><td>1</td><td>15</td><td>45</td><td>2</td><td>（1）戴绝缘手套、安全帽，穿绝缘鞋；
（2）核实操作票内容和设备状态；
（3）执行监护制度，唱票，确认设备位置、名称标牌，严格执行操作票制度；
（4）与带电体保持安全距离</td></tr>
<tr><td>拉开主变压器110kV开关主变压器侧接地开关</td><td>（1）未确认操作内容；
（2）误碰带电体；
（3）操作顺序不当</td><td>（1）触电；
（2）电弧灼伤；
（3）设备事故</td><td>3</td><td>1</td><td>15</td><td>45</td><td>2</td><td>（1）核对设备名称和编号，检查设备状态；
（2）戴绝缘手套、安全帽，穿绝缘鞋；
（3）操作前确认上一步骤已完成；
（4）对机械、电气指示进行确认</td></tr>
<tr><td>操作后</td><td>检查作业现场</td><td>有工具遗留在作业现场</td><td>设备事故</td><td>3</td><td>1</td><td>15</td><td>45</td><td>2</td><td>操作完成后对现场进行检查，确保没有工具遗漏</td></tr>
</table>

4. 主变压器35kV开关由检修改为冷备用

<table>
<tr><td colspan="3">部门：</td><td colspan="5">分析日期：</td><td>记录编号：</td></tr>
<tr><td colspan="3">作业地点或分析范围：主变压器35kV开关柜</td><td colspan="6">分析人：</td></tr>
<tr><td colspan="9">作业内容描述：主变压器35kV开关由检修改为冷备用</td></tr>
<tr><td colspan="9">主要作业风险：(1) 因工作对象不清或错误，或填错操作票造成误送电或设备带电；(2) 因走错间隔、误拉或误合开关造成触电、电弧灼伤、火灾、设备异常、设备故障</td></tr>
<tr><td colspan="9">控制措施：(1) 正确填写、核对工作票，双人确认操作电源系统、标牌和设备双重名称；(2) 操作时戴绝缘手套、面罩，穿绝缘鞋和防电弧服，正确使用验电器</td></tr>
<tr><td colspan="3">工作执行人签名：</td><td>日期：</td><td colspan="4">工作负责人开工前确认签名：</td><td>日期：</td></tr>
<tr><td colspan="2" rowspan="2">作业步骤</td><td rowspan="2">危害因素</td><td rowspan="2">可能导致的后果</td><td colspan="5">风险评价</td><td rowspan="2">控制措施</td></tr>
<tr><td>L</td><td>E</td><td>C</td><td>D</td><td>风险程度</td></tr>
<tr><td>作业环境</td><td>天气潮湿</td><td>设备潮湿引起短路</td><td>(1) 触电、电弧灼伤；
(2) 设备事故</td><td>1</td><td>3</td><td>15</td><td>45</td><td>2</td><td>(1) 选择适当时机操作，湿度过大时应采取相应措施；
(2) 保持设备干燥</td></tr>
<tr><td rowspan="7">操作前准备</td><td>接收操作指令</td><td>工作对象不清楚</td><td>(1) 触电；
(2) 设备事故</td><td>1</td><td>1</td><td>15</td><td>15</td><td>1</td><td>明确操作目的，防止弄错对象</td></tr>
<tr><td>确定操作对象、核对设备运行方式</td><td>误操作其他设备</td><td>(1) 触电；
(2) 设备事故</td><td>1</td><td>1</td><td>15</td><td>15</td><td>1</td><td>正确核对设备位置、名称和状态</td></tr>
<tr><td>填写操作票</td><td>填错操作票引起误操作</td><td>(1) 触电；
(2) 设备事故</td><td>3</td><td>1</td><td>15</td><td>15</td><td>1</td><td>(1) 正确填写操作票，检查操作票填写内容是否正确；
(2) 操作票填完后必须经监护人和值长确认无误</td></tr>
<tr><td>选择合适的工器具</td><td>工器具选择不当</td><td>(1) 触电；
(2) 拖延检修进度</td><td>3</td><td>1</td><td>45</td><td>45</td><td>2</td><td>(1) 选择合适的工器具；
(2) 检查工器具，应完好可靠；
(3) 正确使用工器具</td></tr>
<tr><td>穿戴合适的防护用品</td><td>防护用品穿戴不规范</td><td>(1) 触电；
(2) 电弧灼伤；
(3) 机械伤害</td><td>3</td><td>1</td><td>45</td><td>45</td><td>2</td><td>(1) 戴安全帽、穿绝缘鞋；
(2) 穿长袖工作服，扣好衣服和袖口；
(3) 戴绝缘手套</td></tr>
<tr><td>通信联系</td><td>通信不畅或通信错误</td><td>(1) 扩大事故；
(2) 加重人员伤害</td><td>3</td><td>1</td><td>45</td><td>45</td><td>2</td><td>(1) 携带对讲机，操作时保持联系；
(2) 保持通信设备电量充足</td></tr>
</table>

续表

作业步骤		危害因素	可能导致的后果	风险评价					控制措施
				L	E	C	D	风险程度	
操作前准备	工作班成员精神状态确认	（1）无法正常完成指定工作； （2）作业过程中无法清醒判断危险点	（1）触电； （2）设备事故	3	1	15	45	2	合理安排工作班成员，精神状态不佳者禁止工作
	环境	雷雨天气	（1）触电； （2）设备事故	3	1	15	45	2	雷雨天气禁止工作
操作过程	核对设备初始位置	（1）走错间隔； （2）误分、合开关或闸刀	（1）触电； （2）电弧灼伤； （3）设备事故	3	1	15	45	2	（1）戴绝缘手套、安全帽，穿绝缘鞋； （2）核实操作票内容和设备状态； （3）执行监护制度，唱票，确认设备位置、名称标牌，严格执行操作票制度； （4）与带电体保持安全距离
	测量主变压器35kV开关上、下触头间绝缘电阻	（1）未确认操作内容； （2）误碰带电体； （3）操作顺序不当	（1）触电； （2）电弧灼伤； （3）设备事故	3	1	15	45	2	（1）核对设备名称和编号，检查设备状态； （2）戴绝缘手套、安全帽，穿绝缘鞋； （3）操作时与开关保持一定距离； （4）操作前确认上一步骤已完成； （5）对机械、电气指示进行确认； （6）验电、放电
	测量主变压器35kV开关绝缘电阻	操作不当	（1）触电； （2）机械伤害	3	1	15	45	2	（1）核对设备名称和编号，检查设备状态； （2）戴绝缘手套、安全帽，穿绝缘鞋； （3）操作前确认上一步骤已完成； （4）对机械、电气指示进行确认； （5）验电、放电
	将主变压器35kV开关小车推至“试验”位置	（1）未确认操作内容； （2）误碰带电体； （3）操作顺序不当	（1）触电； （2）电弧灼伤； （3）设备事故	3	1	15	45	2	（1）核对设备名称和编号，检查设备状态； （2）戴绝缘手套、安全帽，穿绝缘鞋； （3）操作时与开关保持一定距离； （4）操作前确认上一步骤已完成； （5）对机械、电气指示进行确认
操作后	检查作业现场	有工具遗留在作业现场	设备事故	3	1	15	45	2	操作完成后对现场进行检查，确保没有工具遗漏

5. 35kV 母线由检修改为冷备用

<table>
<tr><td colspan="3">部门：</td><td colspan="5">分析日期：</td><td>记录编号：</td></tr>
<tr><td colspan="3">作业地点或分析范围：35kV 配电室</td><td colspan="6">分析人：</td></tr>
<tr><td colspan="9">作业内容描述：35kV 母线由检修改为冷备用</td></tr>
<tr><td colspan="9">主要作业风险：（1）因工作对象不清或错误，或填错操作票造成误送电或设备带电；（2）因走错间隔、误拉或误合开关造成触电、电弧灼伤、火灾、设备异常、设备故障</td></tr>
<tr><td colspan="9">控制措施：（1）正确填写、核对工作票，双人确认操作电源系统、标牌和设备双重名称；（2）操作时戴绝缘手套、面罩，穿绝缘鞋和防电弧服，正确使用验电器</td></tr>
<tr><td colspan="3">工作执行人签名：</td><td>日期：</td><td colspan="4">工作负责人开工前确认签名：</td><td>日期：</td></tr>
<tr><td colspan="2" rowspan="2">作业步骤</td><td rowspan="2">危害因素</td><td rowspan="2">可能导致的后果</td><td colspan="5">风险评价</td><td rowspan="2">控制措施</td></tr>
<tr><td>L</td><td>E</td><td>C</td><td>D</td><td>风险程度</td></tr>
<tr><td>作业环境</td><td>天气潮湿</td><td>设备潮湿引起短路</td><td>（1）触电、电弧灼伤；
（2）设备事故</td><td>1</td><td>3</td><td>15</td><td>45</td><td>2</td><td>（1）选择适当时机操作，湿度过大时应采取相应措施；
（2）保持设备干燥</td></tr>
<tr><td rowspan="6">操作前准备</td><td>接收操作指令</td><td>工作对象不清楚</td><td>（1）触电；
（2）设备事故</td><td>1</td><td>1</td><td>15</td><td>15</td><td>1</td><td>明确操作目的，防止弄错对象</td></tr>
<tr><td>确定操作对象、核对设备运行方式</td><td>误操作其他设备</td><td>（1）触电；
（2）设备事故</td><td>1</td><td>1</td><td>15</td><td>15</td><td>1</td><td>正确核对设备位置、名称和状态</td></tr>
<tr><td>填写操作票</td><td>填错操作票引起误操作</td><td>（1）触电；
（2）设备事故</td><td>3</td><td>1</td><td>15</td><td>15</td><td>1</td><td>（1）正确填写操作票，检查操作票填写内容是否正确；
（2）操作票填完后必须经监护人和值长确认无误</td></tr>
<tr><td>选择合适的工器具</td><td>工器具选择不当</td><td>（1）触电；
（2）拖延检修进度</td><td>3</td><td>1</td><td>45</td><td>45</td><td>2</td><td>（1）选择合适的工器具；
（2）检查工器具，应完好、可靠；
（3）正确使用工器具</td></tr>
<tr><td>穿戴合适的防护用品</td><td>防护用品穿戴不规范</td><td>（1）触电；
（2）电弧灼伤；
（3）机械伤害</td><td>3</td><td>1</td><td>45</td><td>45</td><td>2</td><td>（1）戴安全帽、穿绝缘鞋；
（2）穿长袖工作服，扣好衣服和袖口；
（3）戴绝缘手套</td></tr>
<tr><td>通信联系</td><td>通信不畅或通信错误</td><td>（1）扩大事故；
（2）加重人员伤害</td><td>3</td><td>1</td><td>45</td><td>45</td><td>2</td><td>（1）携带对讲机，操作时保持联系；
（2）保持通信设备电量充足</td></tr>
</table>

续表

作业步骤		危害因素	可能导致的后果	风险评价					控制措施
				L	E	C	D	风险程度	
操作前准备	工作班成员精神状态确认	（1）无法正常完成指定工作； （2）作业过程中无法清醒判断危险点	（1）触电； （2）设备事故	3	1	15	45	2	合理安排工作班成员，精神状态不佳者禁止工作
	环境	雷雨天气	（1）触电； （2）设备事故	3	1	15	45	2	雷雨天气禁止工作
操作过程	核对设备初始位置	（1）走错间隔； （2）误碰带电设备	（1）触电； （2）电弧灼伤； （3）设备事故	3	1	15	45	2	（1）戴绝缘手套、安全帽，穿绝缘鞋； （2）核实操作票内容和设备状态； （3）执行监护制度，唱票，确认设备位置、名称标牌，严格执行操作票制度； （4）与带电体保持安全距离
	将35kV母线验电小车拉至“检修”位置	（1）未确认操作内容； （2）误碰带电体； （3）操作顺序不当	（1）触电； （2）电弧灼伤； （3）设备事故	3	1	15	45	2	（1）核对设备名称和编号，检查设备状态； （2）戴绝缘手套、安全帽，穿绝缘鞋； （3）操作时与开关保持一定距离； （4）操作前确认上一步骤已完成
	测量35kV母线绝缘电阻	（1）未确认操作内容； （2）误碰带电体； （3）操作顺序不当	（1）触电； （2）电弧灼伤； （3）设备事故	3	1	15	45	2	（1）核对设备名称和编号，检查设备状态； （2）戴绝缘手套、安全帽，穿绝缘鞋； （3）操作时与开关保持一定距离； （4）操作前确认上一步骤已完成； （5）对机械、电气指示进行确认； （6）验电、放电
	将主变压器35kV开关拉至“试验”位置	（1）未确认操作内容； （2）误碰带电体； （3）操作顺序不当	（1）触电； （2）电弧灼伤； （3）设备事故	3	1	15	45	2	（1）核对设备名称和编号，检查设备状态； （2）戴绝缘手套、安全帽，穿绝缘鞋； （3）操作时与开关保持一定距离； （4）操作前确认上一步骤已完成
操作后	检查作业现场	有工具遗留在作业现场	设备事故	3	1	15	45	2	操作完成后对现场进行检查，确保没有工具遗漏

6. 站用变压器及 35kV 开关由检修改为冷备用

<table>
<tr><td colspan="3">部门：</td><td colspan="6">分析日期：</td><td>记录编号：</td></tr>
<tr><td colspan="3">作业地点或分析范围：35kV 配电室</td><td colspan="7">分析人：</td></tr>
<tr><td colspan="10">作业内容描述：站用变压器及 35kV 开关由检修改为冷备用</td></tr>
<tr><td colspan="10">主要作业风险：(1) 因工作对象不清或错误，或填错操作票造成误送电或设备带电；(2) 因走错间隔、误拉或误合开关造成触电、电弧灼伤、火灾、设备异常、设备故障</td></tr>
<tr><td colspan="10">控制措施：(1) 正确填写、核对工作票，双人确认操作电源系统、标牌和设备双重名称；(2) 操作时戴绝缘手套、面罩，穿绝缘鞋和防电弧服，正确使用验电器</td></tr>
<tr><td colspan="2">工作执行人签名：</td><td>日期：</td><td colspan="6">工作负责人开工前确认签名：</td><td>日期：</td></tr>
<tr><td colspan="2" rowspan="2">作业步骤</td><td rowspan="2">危害因素</td><td rowspan="2">可能导致的后果</td><td colspan="5">风险评价</td><td rowspan="2">控制措施</td></tr>
<tr><td>L</td><td>E</td><td>C</td><td>D</td><td>风险程度</td></tr>
<tr><td>作业环境</td><td>天气潮湿</td><td>设备潮湿引起短路</td><td>(1) 触电、电弧灼伤；
(2) 设备事故</td><td>1</td><td>3</td><td>15</td><td>45</td><td>2</td><td>(1) 选择适当时机操作，湿度过大时应采取相应措施；
(2) 保持设备干燥</td></tr>
<tr><td rowspan="7">操作前准备</td><td>接收操作指令</td><td>工作对象不清楚</td><td>(1) 触电；
(2) 设备事故</td><td>1</td><td>1</td><td>15</td><td>15</td><td>1</td><td>明确操作目的，防止弄错对象</td></tr>
<tr><td>确定操作对象、核对设备运行方式</td><td>误操作其他设备</td><td>(1) 触电；
(2) 设备事故</td><td>1</td><td>1</td><td>15</td><td>15</td><td>1</td><td>正确核对设备位置、名称和状态</td></tr>
<tr><td>填写操作票</td><td>填错操作票引起误操作</td><td>(1) 触电；
(2) 设备事故</td><td>3</td><td>1</td><td>15</td><td>15</td><td>1</td><td>(1) 正确填写操作票，检查操作票填写内容是否正确；
(2) 操作票填完后必须经监护人和值长确认无误</td></tr>
<tr><td>选择合适的工器具</td><td>工器具选择不当</td><td>(1) 触电；
(2) 拖延检修进度</td><td>3</td><td>1</td><td>45</td><td>45</td><td>2</td><td>(1) 选择合适的工器具；
(2) 检查工器具，应完好、可靠；
(3) 正确使用工器具</td></tr>
<tr><td>穿戴合适的防护用品</td><td>防护用品穿戴不规范</td><td>(1) 触电；
(2) 电弧灼伤；
(3) 机械伤害</td><td>3</td><td>1</td><td>45</td><td>45</td><td>2</td><td>(1) 戴安全帽、穿绝缘鞋；
(2) 穿长袖工作服，扣好衣服和袖口；
(3) 戴绝缘手套</td></tr>
<tr><td>通信联系</td><td>通信不畅或通信错误</td><td>(1) 扩大事故；
(2) 加重人员伤害</td><td>3</td><td>1</td><td>45</td><td>45</td><td>2</td><td>(1) 携带对讲机，操作时保持联系；
(2) 保持通信设备电量充足</td></tr>
</table>

续表

<table>
<tr><th colspan="2" rowspan="2">作业步骤</th><th rowspan="2">危害因素</th><th rowspan="2">可能导致的后果</th><th colspan="5">风险评价</th><th rowspan="2">控制措施</th></tr>
<tr><th>L</th><th>E</th><th>C</th><th>D</th><th>风险程度</th></tr>
<tr><td>操作前准备</td><td>工作班成员精神状态确认</td><td>(1) 无法正常完成指定工作；
(2) 作业过程中无法清醒判断危险点</td><td>(1) 触电；
(2) 设备事故</td><td>3</td><td>1</td><td>15</td><td>45</td><td>2</td><td>合理安排工作班成员，精神状态不佳者禁止工作</td></tr>
<tr><td rowspan="5">操作过程</td><td>核对35kV站用变压器接地开关初始位置</td><td>(1) 走错间隔；
(2) 误分、合开关或闸刀</td><td>(1) 触电；
(2) 电弧灼伤；
(3) 设备事故</td><td>3</td><td>1</td><td>15</td><td>45</td><td>2</td><td>(1) 戴绝缘手套、安全帽，穿绝缘鞋；
(2) 核实操作票内容和设备状态；
(3) 执行监护制度，唱票，确认设备位置、名称标牌，严格执行操作票制度；
(4) 与带电体保持安全距离</td></tr>
<tr><td>拆除站用变压器400V侧接地线</td><td>(1) 未确认操作内容；
(2) 误碰带电体；
(3) 操作顺序不当</td><td>(1) 触电；
(2) 电弧灼伤；
(3) 设备事故</td><td>3</td><td>1</td><td>15</td><td>45</td><td>2</td><td>(1) 核对设备名称和编号，检查设备状态；
(2) 戴绝缘手套、安全帽，穿绝缘鞋；
(3) 操作时与开关保持一定距离</td></tr>
<tr><td>拉开站用变压器35kV中性点消弧线圈接地开关</td><td>(1) 未确认操作内容；
(2) 误碰带电体；
(3) 操作顺序不当</td><td>(1) 触电；
(2) 电弧灼伤；
(3) 设备事故</td><td>3</td><td>1</td><td>15</td><td>45</td><td>2</td><td>(1) 核对设备名称和编号，检查设备状态；
(2) 戴绝缘手套、安全帽，穿绝缘鞋；
(3) 操作时与开关保持一定距离；
(4) 开关合上后要对机械、电气指示进行确认；
(5) 操作前将远方、就地转换开关切换到“就地”位置</td></tr>
<tr><td>拉开35kV站用变压器接地开关</td><td>(1) 未确认操作内容；
(2) 误碰带电体；
(3) 操作顺序不当</td><td>(1) 触电；
(2) 电弧灼伤；
(3) 设备事故</td><td>3</td><td>1</td><td>15</td><td>45</td><td>2</td><td>(1) 核对设备名称和编号，检查设备状态；
(2) 戴绝缘手套、安全帽，穿绝缘鞋；
(3) 操作时与开关保持一定距离；
(4) 开关合上后要对机械、电气指示进行确认；
(5) 操作前将远方、就地转换开关切换到“就地”位置</td></tr>
<tr><td>测量站用变压器高、低压侧绝缘电阻</td><td>操作不当</td><td>(1) 触电；
(2) 机械伤害</td><td>3</td><td>1</td><td>15</td><td>45</td><td>2</td><td>(1) 核对设备名称和编号，检查设备状态；
(2) 戴绝缘手套、安全帽，穿绝缘鞋；
(3) 操作前确认上一步骤已完成；
(4) 对机械、电气指示进行确认；
(5) 验电、放电</td></tr>
</table>

续表

作业步骤		危害因素	可能导致的后果	风险评价					控制措施
				L	E	C	D	风险程度	
操作过程	测量站用变压器35kV开关触头绝缘电阻	操作不当	（1）触电； （2）机械伤害	3	1	15	45	2	（1）核对设备名称和编号，检查设备状态； （2）戴绝缘手套、安全帽，穿绝缘鞋； （3）操作前确认上一步骤已完成； （4）对机械、电气指示进行确认； （5）验电、放电
操作过程	将站用变压器35kV开关拉至“试验”位置	（1）未确认操作内容； （2）误碰带电体； （3）操作顺序不当	（1）触电； （2）电弧灼伤； （3）设备事故	3	1	15	45	2	（1）核对设备名称和编号，检查设备状态； （2）戴绝缘手套、安全帽，穿绝缘鞋； （3）操作时与开关保持一定距离； （4）开关合上后要对机械、电气指示进行确认； （5）操作前将远方、就地转换开关切换到“就地”位置
操作后	检查作业现场	有工具遗留在作业现场	设备事故	3	1	15	45	2	操作完成后对现场进行检查，确保没有工具遗漏

7. 35kV集电线路由开关及线路检修改为冷备用

部门：			分析日期：					记录编号：	
作业地点或分析范围：集电线路			分析人：						
作业内容描述：35kV集电线路由开关及线路检修改为冷备用									
主要作业风险：(1) 因工作对象不清或错误，或填错操作票造成误送电或设备带电；(2) 因走错间隔、误拉或误合开关造成触电、电弧灼伤、火灾、设备异常、设备故障									
控制措施：(1) 正确填写、核对操作票，双人确认操作电源系统、标牌和设备的双重名称；(2) 操作时戴绝缘手套、面罩，穿绝缘鞋和防电弧服，正确使用验电器									
工作执行人签名：		日期：	工作负责人开工前确认签名：					日期：	
作业步骤		危害因素	可能导致的后果	风险评价					控制措施
				L	*E*	*C*	*D*	风险程度	
作业环境	天气潮湿	设备潮湿引起短路	(1) 触电、电弧灼伤； (2) 设备事故	1	3	15	45	2	(1) 选择适当时机操作，湿度过大时应采取相应措施； (2) 保持设备干燥
操作前准备	接收操作指令	工作对象不清楚	(1) 触电； (2) 设备事故	1	1	15	15	1	明确操作目的，防止弄错对象
	确定操作对象、核对设备运行方式	误操作其他设备	(1) 触电； (2) 设备事故	1	1	15	15	1	正确核对设备位置、名称和状态
	填写操作票	填错操作票引起误操作	(1) 触电； (2) 设备事故	3	1	15	15	1	(1) 正确填写操作票，检查操作票填写内容是否正确； (2) 操作票填完后必须经监护人和值长确认无误
	选择合适的工器具	工器具选择不当	(1) 触电； (2) 拖延检修进度	3	1	45	45	2	(1) 选择合适的工器具； (2) 检查工器具，应完好、可靠； (3) 正确使用工器具
	穿戴合适的防护用品	防护用品穿戴不规范	(1) 触电； (2) 电弧灼伤； (3) 机械伤害	3	1	45	45	2	(1) 戴安全帽、穿绝缘鞋； (2) 穿长袖工作服，扣好衣服和袖口； (3) 戴绝缘手套
	通信联系	通信不畅或通信错误	(1) 扩大事故； (2) 加重人员伤害	3	1	45	45	2	(1) 携带对讲机，操作时保持联系； (2) 保持通信设备电量充足
	工作班成员精神状态确认	(1) 无法正常完成指定工作； (2) 作业过程中无法清醒判断危险点	(1) 触电； (2) 设备事故	3	1	15	45	2	合理安排工作班成员，精神状态不佳者禁止工作
	环境	雷雨天气	(1) 触电； (2) 设备事故	3	1	15	45	2	雷雨天气禁止工作

续表

作业步骤		危害因素	可能导致的后果	风险评价					控制措施
				L	E	C	D	风险程度	
操作过程	核对设备初始位置	(1) 走错间隔； (2) 误分、合开关或闸刀	(1) 触电； (2) 电弧灼伤； (3) 设备事故	3	1	15	45	2	(1) 戴绝缘手套、安全帽，穿绝缘鞋； (2) 核实操作票内容和设备状态； (3) 执行监护制度，唱票，确认设备位置、名称标牌，严格执行操作票制度； (4) 与带电体保持安全距离
	拉开集电线路接地开关	(1) 未确认操作内容； (2) 误碰带电体； (3) 操作顺序不当	(1) 触电； (2) 电弧灼伤； (3) 设备事故	3	1	15	45	2	(1) 核对设备名称和编号，检查设备状态； (2) 戴绝缘手套、安全帽，穿绝缘鞋； (3) 操作时与开关保持一定距离； (4) 操作前确认上一步骤已完成； (5) 开关合闸后要对机械、电气指示进行确认
	测量集电线路绝缘电阻	操作不当	(1) 触电； (2) 机械伤害	3	1	15	45	2	(1) 核对设备名称和编号，检查设备状态； (2) 戴绝缘手套、安全帽，穿绝缘鞋； (3) 操作前确认上一步骤已完成； (4) 对机械、电气指示进行确认； (5) 验电、放电
	测量集电开关绝缘电阻	操作不当	(1) 触电； (2) 机械伤害	3	1	15	45	2	(1) 核对设备名称和编号，检查设备状态； (2) 戴绝缘手套、安全帽，穿绝缘鞋； (3) 操作前确认上一步骤已完成； (4) 对机械、电气指示进行确认； (5) 验电、放电
	将集电开关摇至“试验”位置	(1) 未确认操作内容； (2) 误碰带电体； (3) 操作顺序不当	(1) 触电； (2) 电弧灼伤； (3) 设备事故	3	1	15	45	2	(1) 核对设备名称和编号，检查设备状态； (2) 戴绝缘手套、安全帽，穿绝缘鞋； (3) 操作时与开关保持一定距离； (4) 操作前确认上一步骤已完成
操作后	检查作业现场	有工具遗留在作业现场	设备事故	3	1	15	45	2	操作完成后对现场进行检查，确保没有工具遗漏

8. 箱式变压器由检修改为冷备用

<table>
<tr><td colspan="4">部门：</td><td colspan="5">分析日期：</td><td colspan="2">记录编号：</td></tr>
<tr><td colspan="4">作业地点或分析范围：箱式变压器</td><td colspan="7">分析人：</td></tr>
<tr><td colspan="11">作业内容描述：箱式变压器由检修改为冷备用</td></tr>
<tr><td colspan="11">主要作业风险：(1) 因工作对象不清或错误，或填错操作票造成误送电或设备带电；(2) 因走错间隔、误拉或误合开关造成触电、电弧灼伤、火灾、设备异常、设备故障</td></tr>
<tr><td colspan="11">控制措施：(1) 正确填写和核对工作票，双人确认操作电源系统、标牌和设备双重名称；(2) 操作时戴绝缘手套、面罩，穿绝缘鞋和防电弧服，正确使用验电器</td></tr>
<tr><td colspan="3">工作执行人签名：</td><td>日期：</td><td colspan="6">工作负责人开工前确认签名：</td><td>日期：</td></tr>
<tr><td colspan="2" rowspan="2">作业步骤</td><td rowspan="2">危害因素</td><td rowspan="2">可能导致的后果</td><td colspan="5">风险评价</td><td colspan="2" rowspan="2">控制措施</td></tr>
<tr><td>L</td><td>E</td><td>C</td><td>D</td><td>风险程度</td></tr>
<tr><td>作业环境</td><td>天气潮湿</td><td>设备潮湿引起短路</td><td>(1) 触电、电弧灼伤；
(2) 设备事故</td><td>1</td><td>3</td><td>15</td><td>45</td><td>2</td><td colspan="2">(1) 选择适当时机操作，湿度过大时应采取相应措施；
(2) 保持设备干燥</td></tr>
<tr><td rowspan="7">操作前准备</td><td>接收操作指令</td><td>工作对象不清楚</td><td>(1) 触电；
(2) 设备事故</td><td>1</td><td>1</td><td>15</td><td>15</td><td>1</td><td colspan="2">明确操作目的，防止弄错对象</td></tr>
<tr><td>确定操作对象、核对设备运行方式</td><td>误操作其他设备</td><td>(1) 触电；
(2) 设备事故</td><td>1</td><td>1</td><td>15</td><td>15</td><td>1</td><td colspan="2">正确核对设备位置、名称和状态</td></tr>
<tr><td>填写操作票</td><td>填错操作票引起误操作</td><td>(1) 触电；
(2) 设备事故</td><td>3</td><td>1</td><td>15</td><td>15</td><td>1</td><td colspan="2">(1) 正确填写操作票，检查操作票填写内容是否正确；
(2) 操作票填完后必须经监护人和值长确认无误</td></tr>
<tr><td>选择合适的工器具</td><td>工器具选择不当</td><td>(1) 触电；
(2) 拖延检修进度</td><td>3</td><td>1</td><td>45</td><td>45</td><td>2</td><td colspan="2">(1) 选择合适的工器具；
(2) 检查工器具，应完好、可靠；
(3) 正确使用工器具</td></tr>
<tr><td>穿戴合适的防护用品</td><td>防护用品穿戴不规范</td><td>(1) 触电；
(2) 电弧灼伤；
(3) 机械伤害</td><td>3</td><td>1</td><td>45</td><td>45</td><td>2</td><td colspan="2">(1) 戴安全帽、穿绝缘鞋；
(2) 穿长袖工作服，扣好衣服和袖口；
(3) 戴绝缘手套</td></tr>
<tr><td>通信联系</td><td>通信不畅或通信错误</td><td>(1) 扩大事故；
(2) 加重人员伤害</td><td>3</td><td>1</td><td>45</td><td>45</td><td>2</td><td colspan="2">(1) 携带对讲机，操作时保持联系；
(2) 保持通信设备电量充足</td></tr>
</table>

续表

作业步骤		危害因素	可能导致的后果	风险评价					控制措施
				L	E	C	D	风险程度	
操作前准备	工作班成员精神状态确认	（1）无法正常完成指定工作； （2）作业过程中无法清醒判断危险点	（1）触电； （2）设备事故	3	1	15	45	2	合理安排工作班成员，精神状态不佳者禁止工作
	环境	雷雨天气	（1）触电； （2）设备事故	3	1	15	45	2	雷雨天气禁止工作
操作过程	核对设备初始位置	（1）走错间隔； （2）误分、合开关或闸刀	（1）触电； （2）电弧灼伤； （3）设备事故	3	1	15	45	2	（1）戴绝缘手套、安全帽，穿绝缘鞋； （2）核实操作票内容和设备状态； （3）执行监护制度，唱票，确认设备位置、名称标牌，严格执行操作票制度； （4）与带电体保持安全距离
	拉开箱式变压器接地开关	（1）未确认操作内容； （2）误碰带电体； （3）操作顺序不当	（1）触电； （2）电弧灼伤； （3）设备事故	3	1	15	45	2	（1）核对设备名称和编号，检查设备状态； （2）戴绝缘手套、安全帽，穿绝缘鞋； （3）操作时与开关保持一定距离； （4）操作前确认上一步骤已完成； （5）开关合闸后要对机械、电气指示进行确认
操作后	检查作业现场	有工具遗留在作业现场	设备事故	3	1	15	45	2	操作完成后对现场进行检查，确保没有工具遗漏

9. 主变压器由冷备用改为110kV充电运行

部门：			分析日期：					记录编号：
作业地点或分析范围：主变压器区域			分析人：					
作业内容描述：主变压器由冷备用改为110kV充电运行								
主要作业风险：(1) 因工作对象不清或错误，或填错操作票造成误送电或设备带电；(2) 因走错间隔、误拉或误合开关造成触电、电弧灼伤、火灾、设备异常、设备故障								
控制措施：(1) 正确填写、核对工作票，双人确认操作电源系统、标牌和设备双重名称；(2) 操作时戴绝缘手套、面罩，穿绝缘鞋和防电弧服，正确使用验电器								
工作执行人签名：		日期：	工作负责人开工前确认签名：					日期：

作业步骤		危害因素	可能导致的后果	风险评价					控制措施
				L	*E*	*C*	*D*	风险程度	
作业环境	天气潮湿	设备潮湿引起短路	(1) 触电、电弧灼伤； (2) 设备事故	1	3	15	45	2	(1) 选择适当时机操作，湿度过大时应采取相应措施； (2) 保持设备干燥
操作前准备	接收操作指令	工作对象不清楚	(1) 触电； (2) 设备事故	1	1	15	15	1	明确操作目的，防止弄错对象
	确定操作对象、核对设备运行方式	误操作其他设备	(1) 触电； (2) 设备事故	1	1	15	15	1	正确核对设备位置、名称和状态
	填写操作票	填错操作票引起误操作	(1) 触电； (2) 设备事故	3	1	15	15	1	(1) 正确填写操作票，检查操作票填写内容是否正确； (2) 操作票填完后必须经监护人和值长确认无误
	选择合适的工器具	工器具选择不当	(1) 触电； (2) 拖延检修进度	3	1	45	45	2	(1) 选择合适的工器具； (2) 检查工器具，应完好、可靠； (3) 正确使用工器具
	穿戴合适的防护用品	防护用品穿戴不规范	(1) 触电； (2) 电弧灼伤； (3) 机械伤害	3	1	45	45	2	(1) 戴安全帽、穿绝缘鞋； (2) 穿长袖工作服，扣好衣服和袖口； (3) 戴绝缘手套
	通信联系	通信不畅或通信错误	(1) 扩大事故； (2) 加重人员伤害	3	1	45	45	2	(1) 携带对讲机，操作时保持联系； (2) 保持通信设备电量充足

续表

作业步骤		危害因素	可能导致的后果	风险评价					控制措施
				L	E	C	D	风险程度	
操作前准备	工作班成员精神状态确认	（1）无法正常完成指定工作； （2）作业过程中无法清醒判断危险点	（1）触电； （2）设备事故	3	1	15	45	2	合理安排工作班成员，精神状态不佳者禁止工作
	环境	雷雨天气	（1）触电； （2）设备事故	3	1	15	45	2	雷雨天气禁止工作
操作过程	核对设备初始位置	（1）走错间隔； （2）误分、合开关或闸刀	（1）触电； （2）电弧灼伤； （3）设备事故	3	1	15	45	2	（1）戴绝缘手套、安全帽，穿绝缘鞋； （2）核实操作票内容和设备状态； （3）执行监护制度，唱票，确认设备位置、名称标牌，严格执行操作票制度； （4）与带电体保持安全距离
	合上线路闸刀	（1）未确认操作内容； （2）误碰带电体； （3）操作顺序不当	（1）触电； （2）电弧灼伤； （3）设备事故	3	1	15	45	2	（1）核对设备名称和编号，检查设备状态； （2）戴绝缘手套、安全帽，穿绝缘鞋； （3）操作时与开关保持一定距离； （4）开关合上后要对机械、电气指示进行确认； （5）对机械、电气指示进行确认
	合上主变压器110kV闸刀	（1）未确认操作内容； （2）误碰带电体； （3）操作顺序不当	（1）触电； （2）电弧灼伤； （3）设备事故	3	1	15	45	2	（1）核对设备名称和编号，检查设备状态； （2）戴绝缘手套、安全帽，穿绝缘鞋； （3）操作时与开关保持一定距离； （4）开关合上后要对机械、电气指示进行确认； （5）对机械、电气指示进行确认
	合上主变压器110kV开关	（1）未确认操作内容； （2）误碰带电体； （3）操作顺序不当	（1）触电； （2）电弧灼伤； （3）设备事故	3	1	15	45	2	（1）核对设备名称和编号，检查设备状态； （2）戴绝缘手套、安全帽，穿绝缘鞋； （3）操作时与开关保持一定距离； （4）开关合上后要对机械、电气指示进行确认； （5）操作前将远方就地转换开关切换到“远方”位置
操作后	检查作业现场	有工具遗留在作业现场	设备事故	3	1	15	45	2	操作完成后对现场进行检查，确保没有工具遗漏

10. 35kV 母线由冷备用改为运行

<table>
<tr><td colspan="5">部门：</td><td colspan="5">分析日期：</td><td>记录编号：</td></tr>
<tr><td colspan="5">作业地点或分析范围：主变压器区域</td><td colspan="6">分析人：</td></tr>
<tr><td colspan="11">作业内容描述：35kV 母线由冷备用改为运行</td></tr>
<tr><td colspan="11">主要作业风险：（1）因工作对象不清或错误，或填错操作票造成误送电或设备带电；（2）因走错间隔、误拉或误合开关造成触电、电弧灼伤、火灾、设备异常、设备故障</td></tr>
<tr><td colspan="11">控制措施：（1）正确填写和核对工作票，双人确认操作电源系统、标牌和设备双重名称；（2）操作时戴绝缘手套、面罩，穿绝缘鞋和防电弧服，正确使用验电器</td></tr>
<tr><td colspan="4">工作执行人签名：</td><td>日期：</td><td colspan="5">工作负责人开工前确认签名：</td><td>日期：</td></tr>
<tr><td colspan="2" rowspan="2">作业步骤</td><td rowspan="2">危害因素</td><td rowspan="2" colspan="2">可能导致的后果</td><td colspan="5">风险评价</td><td rowspan="2">控制措施</td></tr>
<tr><td>L</td><td>E</td><td>C</td><td>D</td><td>风险程度</td></tr>
<tr><td>作业环境</td><td>天气潮湿</td><td>设备潮湿引起短路</td><td colspan="2">（1）触电、电弧灼伤；
（2）设备事故</td><td>1</td><td>3</td><td>15</td><td>45</td><td>2</td><td>（1）选择适当时机操作，湿度过大时应采取相应措施；
（2）保持设备干燥</td></tr>
<tr><td rowspan="6">操作前准备</td><td>接收操作指令</td><td>工作对象不清楚</td><td colspan="2">（1）触电；
（2）设备事故</td><td>1</td><td>1</td><td>15</td><td>15</td><td>1</td><td>明确操作目的，防止弄错对象</td></tr>
<tr><td>确定操作对象、核对设备运行方式</td><td>误操作其他设备</td><td colspan="2">（1）触电；
（2）设备事故</td><td>1</td><td>1</td><td>15</td><td>15</td><td>1</td><td>正确核对设备位置、名称和状态</td></tr>
<tr><td>填写操作票</td><td>填错操作票引起误操作</td><td colspan="2">（1）触电；
（2）设备事故</td><td>3</td><td>1</td><td>15</td><td>15</td><td>1</td><td>（1）正确填写操作票，检查操作票填写内容是否正确；
（2）操作票填完后必须经监护人和值长确认无误</td></tr>
<tr><td>选择合适的工器具</td><td>工器具选择不当</td><td colspan="2">（1）触电；
（2）拖延检修进度</td><td>3</td><td>1</td><td>45</td><td>45</td><td>2</td><td>（1）选择合适的工器具；
（2）检查工器具，应完好、可靠；
（3）正确使用工器具</td></tr>
<tr><td>穿戴合适的防护用品</td><td>防护用品穿戴不规范</td><td colspan="2">（1）触电；
（2）电弧灼伤；
（3）机械伤害</td><td>3</td><td>1</td><td>45</td><td>45</td><td>2</td><td>（1）戴安全帽、穿绝缘鞋；
（2）穿长袖工作服，扣好衣服和袖口；
（3）戴绝缘手套</td></tr>
<tr><td>通信联系</td><td>通信不畅或通信错误</td><td colspan="2">（1）扩大事故；
（2）加重人员伤害</td><td>3</td><td>1</td><td>45</td><td>45</td><td>2</td><td>（1）携带对讲机，操作时保持联系；
（2）保持通信设备电量充足</td></tr>
</table>

续表

作业步骤		危害因素	可能导致的后果	风险评价					控制措施
				L	*E*	*C*	*D*	风险程度	
操作前准备	工作班成员精神状态确认	(1) 无法正常完成指定工作； (2) 作业过程中无法清醒判断危险点	(1) 触电； (2) 设备事故	3	1	15	45	2	合理安排工作班成员，精神状态不佳者禁止工作
	环境	雷雨天气	(1) 触电； (2) 设备事故	3	1	15	45	2	雷雨天气禁止工作
操作过程	核对设备初始位置	(1) 走错间隔； (2) 误分、合开关或闸刀	(1) 触电； (2) 电弧灼伤； (3) 设备事故	3	1	15	45	2	(1) 戴绝缘手套、安全帽，穿绝缘鞋； (2) 核实操作票内容和设备状态； (3) 执行监护制度，唱票，确认设备位置、名称标牌，严格执行操作票制度； (4) 与带电体保持安全距离
	将主变压器35kV开关摇至“工作”位置	(1) 未确认操作内容； (2) 误碰带电体； (3) 操作顺序不当	(1) 触电； (2) 电弧灼伤； (3) 设备事故	3	1	15	45	2	(1) 核对设备名称和编号，检查设备状态； (2) 戴绝缘手套、安全帽，穿绝缘鞋； (3) 操作时与开关保持安全距离
	合上主变压器35kV开关	(1) 未确认操作内容； (2) 误碰带电体； (3) 操作顺序不当	(1) 触电； (2) 电弧灼伤； (3) 设备事故	3	1	15	45	2	(1) 核对设备名称和编号，检查设备状态； (2) 戴绝缘手套、安全帽，穿绝缘鞋； (3) 操作时与开关保持安全距离； (4) 开关合上后要对机械、电气指示进行确认； (5) 操作前将远方、就地转换开关切换到“远方”位置
操作后	检查作业现场	有工具遗留在作业现场	设备事故	3	1	15	45	2	操作完成后对现场进行检查，确保没有工具遗漏

11. 站用变压器由冷备用改为35kV充电运行

<table>
<tr><td colspan="3">部门：</td><td colspan="5">分析日期：</td><td>记录编号：</td></tr>
<tr><td colspan="3">作业地点或分析范围：35kV配电室</td><td colspan="6">分析人：</td></tr>
<tr><td colspan="9">作业内容描述：站用变压器由冷备用改为35kV充电运行</td></tr>
<tr><td colspan="9">主要作业风险：(1) 因工作对象不清或错误，或填错操作票造成误送电或设备带电；(2) 因走错间隔、误拉或误合开关造成触电、电弧灼伤、火灾、设备异常、设备故障</td></tr>
<tr><td colspan="9">控制措施：(1) 正确填写、核对工作票，双人确认操作电源系统、标牌和设备双重名称；(2) 操作时戴绝缘手套、面罩，穿绝缘鞋和防电弧服，正确使用验电器</td></tr>
<tr><td colspan="2">工作执行人签名：</td><td>日期：</td><td colspan="5">工作负责人开工前确认签名：</td><td>日期：</td></tr>
<tr><td colspan="2" rowspan="2">作业步骤</td><td rowspan="2">危害因素</td><td rowspan="2">可能导致的后果</td><td colspan="5">风险评价</td><td rowspan="2">控制措施</td></tr>
<tr><td>L</td><td>E</td><td>C</td><td>D</td><td>风险程度</td></tr>
<tr><td>作业环境</td><td>天气潮湿</td><td>设备潮湿引起短路</td><td>(1) 触电、电弧灼伤；
(2) 设备事故</td><td>1</td><td>3</td><td>15</td><td>45</td><td>2</td><td>(1) 选择适当时机操作，湿度过大时应采取相应措施；
(2) 保持设备干燥</td></tr>
<tr><td rowspan="6">操作前准备</td><td>接收操作指令</td><td>工作对象不清楚</td><td>(1) 触电；
(2) 设备事故</td><td>1</td><td>1</td><td>15</td><td>15</td><td>1</td><td>明确操作目的，防止弄错对象</td></tr>
<tr><td>确定操作对象、核对设备运行方式</td><td>误操作其他设备</td><td>(1) 触电；
(2) 设备事故</td><td>1</td><td>1</td><td>15</td><td>15</td><td>1</td><td>正确核对设备位置、名称和状态</td></tr>
<tr><td>填写操作票</td><td>填错操作票引起误操作</td><td>(1) 触电；
(2) 设备事故</td><td>3</td><td>1</td><td>15</td><td>15</td><td>1</td><td>(1) 正确填写操作票，检查操作票填写内容是否正确；
(2) 操作票填完后必须经监护人和值长确认无误</td></tr>
<tr><td>选择合适的工器具</td><td>工器具选择不当</td><td>(1) 触电；
(2) 拖延检修进度</td><td>3</td><td>1</td><td>45</td><td>45</td><td>2</td><td>(1) 选择合适的工器具；
(2) 检查工器具，应完好、可靠；
(3) 正确使用工器具</td></tr>
<tr><td>穿戴合适的防护用品</td><td>防护用品穿戴不规范</td><td>(1) 触电；
(2) 电弧灼伤；
(3) 机械伤害</td><td>3</td><td>1</td><td>45</td><td>45</td><td>2</td><td>(1) 戴安全帽、穿绝缘鞋；
(2) 穿长袖工作服，扣好衣服和袖口；
(3) 戴绝缘手套</td></tr>
<tr><td>通信联系</td><td>通信不畅或通信错误</td><td>(1) 扩大事故；
(2) 加重人员伤害</td><td>3</td><td>1</td><td>45</td><td>45</td><td>2</td><td>(1) 携带对讲机，操作时保持联系；
(2) 保持通信设备电量充足</td></tr>
</table>

续表

<table>
<tr><th colspan="2" rowspan="2">作业步骤</th><th rowspan="2">危害因素</th><th rowspan="2">可能导致的后果</th><th colspan="5">风险评价</th><th rowspan="2">控制措施</th></tr>
<tr><th>L</th><th>E</th><th>C</th><th>D</th><th>风险程度</th></tr>
<tr><td rowspan="2">操作前准备</td><td>工作班成员精神状态确认</td><td>(1) 无法正常完成指定工作；
(2) 作业过程中无法清醒判断危险点</td><td>(1) 触电；
(2) 设备事故</td><td>3</td><td>1</td><td>15</td><td>45</td><td>2</td><td>合理安排工作班成员，精神状态不佳者禁止工作</td></tr>
<tr><td>环境</td><td>雷雨天气</td><td>(1) 触电；
(2) 设备事故</td><td>3</td><td>1</td><td>15</td><td>45</td><td>2</td><td>雷雨天气禁止工作</td></tr>
<tr><td rowspan="3">操作过程</td><td>核对设备初始位置</td><td>(1) 走错间隔；
(2) 误分、合开关或闸刀</td><td>(1) 触电；
(2) 电弧灼伤；
(3) 设备事故</td><td>3</td><td>1</td><td>15</td><td>45</td><td>2</td><td>(1) 戴绝缘手套、安全帽，穿绝缘鞋；
(2) 核实操作票内容和设备状态；
(3) 执行监护制度，唱票，确认设备位置、名称标牌，严格执行操作票制度；
(4) 与带电体保持安全距离</td></tr>
<tr><td>将站用变压器35kV开关摇至“工作”位置</td><td>(1) 未确认操作内容；
(2) 误碰带电体；
(3) 操作顺序不当</td><td>(1) 触电；
(2) 电弧灼伤；
(3) 设备事故</td><td>3</td><td>1</td><td>15</td><td>45</td><td>2</td><td>(1) 核对设备名称和编号，检查设备状态；
(2) 戴绝缘手套、安全帽，穿绝缘鞋；
(3) 操作时与开关保持一定距离；
(4) 开关合上后要对机械、电气指示进行确认；
(5) 对机械、电气指示进行确认</td></tr>
<tr><td>合上站用变压器35kV开关</td><td>(1) 未确认操作内容；
(2) 误碰带电体；
(3) 操作顺序不当</td><td>(1) 触电；
(2) 电弧灼伤；
(3) 设备事故</td><td>3</td><td>1</td><td>15</td><td>45</td><td>2</td><td>(1) 核对设备名称和编号，检查设备状态；
(2) 戴绝缘手套、安全帽，穿绝缘鞋；
(3) 操作时与开关保持一定距离；
(4) 操作前确认上一步骤已完成；
(5) 操作前将远方、就地转换开关切换到“远方”位置</td></tr>
<tr><td>操作后</td><td>检查作业现场</td><td>有工具遗留在作业现场</td><td>设备事故</td><td>3</td><td>1</td><td>15</td><td>45</td><td>2</td><td>操作完成后对现场进行检查，确保没有工具遗漏</td></tr>
</table>

12. 400V 站用段母线由备用电源供电改为工作电源供电

<table>
<tr><td colspan="3">部门：</td><td colspan="5">分析日期：</td><td>记录编号：</td></tr>
<tr><td colspan="3">作业地点或分析范围：400V 配电室</td><td colspan="6">分析人：</td></tr>
<tr><td colspan="9">作业内容描述：400V 站用段母线由备用电源供电改为工作电源供电</td></tr>
<tr><td colspan="9">主要作业风险：(1) 因工作对象不清或错误，或填错操作票造成误送电或设备带电；(2) 因走错间隔、误拉或误合开关造成触电、电弧灼伤、火灾、设备异常、设备故障</td></tr>
<tr><td colspan="9">控制措施：(1) 正确填写、核对工作票，双人确认操作电源系统、标牌和设备双重名称；(2) 操作时戴绝缘手套、面罩，穿绝缘鞋和防电弧服，正确使用验电器</td></tr>
<tr><td colspan="2">工作执行人签名：</td><td>日期：</td><td colspan="5">工作负责人开工前确认签名：</td><td>日期：</td></tr>
<tr><td rowspan="2">作业步骤</td><td rowspan="2">危害因素</td><td rowspan="2">可能导致的后果</td><td colspan="5">风险评价</td><td rowspan="2">控制措施</td></tr>
<tr><td>L</td><td>E</td><td>C</td><td>D</td><td>风险程度</td></tr>
<tr><td>作业环境：天气潮湿</td><td>设备潮湿引起短路</td><td>(1) 触电、电弧灼伤；
(2) 设备事故</td><td>1</td><td>3</td><td>15</td><td>45</td><td>2</td><td>(1) 选择适当时机操作，湿度过大时应采取相应措施；
(2) 保持设备干燥</td></tr>
<tr><td>操作前准备：接收操作指令</td><td>工作对象不清楚</td><td>(1) 触电；
(2) 设备事故</td><td>1</td><td>1</td><td>15</td><td>15</td><td>1</td><td>明确操作目的，防止弄错对象</td></tr>
<tr><td>确定操作对象、核对设备运行方式</td><td>误操作其他设备</td><td>(1) 触电；
(2) 设备事故</td><td>1</td><td>1</td><td>15</td><td>15</td><td>1</td><td>正确核对设备位置、名称和状态</td></tr>
<tr><td>填写操作票</td><td>填错操作票引起误操作</td><td>(1) 触电；
(2) 设备事故</td><td>3</td><td>1</td><td>15</td><td>15</td><td>1</td><td>(1) 正确填写操作票，检查操作票填写内容是否正确；
(2) 操作票填完后必须经监护人和值长确认无误</td></tr>
<tr><td>选择合适的工器具</td><td>工器具选择不当</td><td>(1) 触电；
(2) 拖延检修进度</td><td>3</td><td>1</td><td>45</td><td>45</td><td>2</td><td>(1) 选择合适的工器具；
(2) 检查工器具，应完好、可靠；
(3) 正确使用工器具</td></tr>
<tr><td>穿戴合适的防护用品</td><td>防护用品穿戴不规范</td><td>(1) 触电；
(2) 电弧灼伤；
(3) 机械伤害</td><td>3</td><td>1</td><td>45</td><td>45</td><td>2</td><td>(1) 戴安全帽、穿绝缘鞋；
(2) 穿长袖工作服，扣好衣服和袖口；
(3) 戴绝缘手套</td></tr>
<tr><td>通信联系</td><td>通信不畅或通信错误</td><td>(1) 扩大事故；
(2) 加重人员伤害</td><td>3</td><td>1</td><td>45</td><td>45</td><td>2</td><td>(1) 携带对讲机，操作时保持联系；
(2) 保持通信设备电量充足</td></tr>
</table>

续表

作业步骤		危害因素	可能导致的后果	风险评价					控制措施
				L	E	C	D	风险程度	
操作前准备	工作班成员精神状态确认	（1）无法正常完成指定工作； （2）作业过程中无法清醒判断危险点	（1）触电； （2）设备事故	3	1	15	45	2	合理安排工作班成员，精神状态不佳者禁止工作
	环境	雷雨天气	（1）触电； （2）设备事故	3	1	15	45	2	雷雨天气禁止工作
操作过程	核对设备初始位置	（1）走错间隔； （2）误分、合开关或闸刀	（1）触电； （2）电弧灼伤； （3）设备事故	3	1	15	45	2	（1）戴绝缘手套、安全帽，穿绝缘鞋； （2）核实操作票内容和设备状态； （3）执行监护制度，唱票，确认设备位置、名称标牌，严格执行操作票制度； （4）与带电体保持安全距离
	合上400V站用段进线闸刀二	（1）未确认操作内容； （2）误碰带电体； （3）操作顺序不当	（1）触电； （2）电弧灼伤； （3）设备事故	3	1	15	45	2	（1）核对设备名称和编号，检查设备状态； （2）戴绝缘手套、安全帽，穿绝缘鞋； （3）操作时与开关保持一定距离； （4）开关合上后要对机械、电气指示进行确认； （5）操作前将远方、就地转换开关切换到“就地”位置
	拉开400V站用段进线闸刀一	（1）未确认操作内容； （2）误碰带电体； （3）操作顺序不当	（1）触电； （2）电弧灼伤； （3）设备事故	3	1	15	45	2	（1）核对设备名称和编号，检查设备状态； （2）戴绝缘手套、安全帽，穿绝缘鞋； （3）操作时与开关保持一定距离； （4）操作前确认上一步骤已完成； （5）闸刀合闸后要对机械、电气指示进行确认
操作后	检查作业现场	有工具遗留在作业现场	设备事故	3	1	15	45	2	操作完成后对现场进行检查，确保没有工具遗漏

13. 35kV 集电线路由冷备用改为运行

<table>
<tr><td colspan="4">部门：</td><td colspan="5">分析日期：</td><td>记录编号：</td></tr>
<tr><td colspan="4">作业地点或分析范围：集电线路</td><td colspan="6">分析人：</td></tr>
<tr><td colspan="10">作业内容描述：35kV 集电线路由冷备用改为运行</td></tr>
<tr><td colspan="10">主要作业风险：(1) 因工作对象不清或错误，或填错操作票造成误送电或设备带电；(2) 因走错间隔、误拉或误合开关造成触电、电弧灼伤、火灾、设备异常、设备故障</td></tr>
<tr><td colspan="10">控制措施：(1) 正确填写、核对工作票，双人确认操作电源系统、标牌和设备双重名称；(2) 操作时戴绝缘手套、面罩，穿绝缘鞋和防电弧服，正确使用验电器</td></tr>
<tr><td colspan="3">工作执行人签名：</td><td>日期：</td><td colspan="5">工作负责人开工前确认签名：</td><td>日期：</td></tr>
<tr><td colspan="2" rowspan="2">作业步骤</td><td rowspan="2">危害因素</td><td rowspan="2">可能导致的后果</td><td colspan="5">风险评价</td><td rowspan="2">控制措施</td></tr>
<tr><td>L</td><td>E</td><td>C</td><td>D</td><td>风险程度</td></tr>
<tr><td>作业环境</td><td>天气潮湿</td><td>设备潮湿引起短路</td><td>(1) 触电、电弧灼伤；
(2) 设备事故</td><td>1</td><td>3</td><td>15</td><td>45</td><td>2</td><td>(1) 选择适当时机操作，湿度过大时应采取相应措施；
(2) 保持设备干燥</td></tr>
<tr><td rowspan="6">操作前准备</td><td>接收操作指令</td><td>工作对象不清楚</td><td>(1) 触电；
(2) 设备事故</td><td>1</td><td>1</td><td>15</td><td>15</td><td>1</td><td>明确操作目的，防止弄错对象</td></tr>
<tr><td>确定操作对象、核对设备运行方式</td><td>误操作其他设备</td><td>(1) 触电；
(2) 设备事故</td><td>1</td><td>1</td><td>15</td><td>15</td><td>1</td><td>正确核对设备位置、名称和状态</td></tr>
<tr><td>填写操作票</td><td>填错操作票引起误操作</td><td>(1) 触电；
(2) 设备事故</td><td>3</td><td>1</td><td>15</td><td>15</td><td>1</td><td>(1) 正确填写操作票，检查操作票填写内容是否正确；
(2) 操作票填完后必须经监护人和值长确认无误</td></tr>
<tr><td>选择合适的工器具</td><td>工器具选择不当</td><td>(1) 触电；
(2) 拖延检修进度</td><td>3</td><td>1</td><td>45</td><td>45</td><td>2</td><td>(1) 选择合适的工器具；
(2) 检查工器具，应完好、可靠；
(3) 正确使用工器具</td></tr>
<tr><td>穿戴合适的防护用品</td><td>防护用品穿戴不规范</td><td>(1) 触电；
(2) 电弧灼伤；
(3) 机械伤害</td><td>3</td><td>1</td><td>45</td><td>45</td><td>2</td><td>(1) 戴安全帽、穿绝缘鞋；
(2) 穿长袖工作服，扣好衣服和袖口；
(3) 戴绝缘手套</td></tr>
<tr><td>通信联系</td><td>通信不畅或通信错误</td><td>(1) 扩大事故；
(2) 加重人员伤害</td><td>3</td><td>1</td><td>45</td><td>45</td><td>2</td><td>(1) 携带对讲机，操作时保持联系；
(2) 保持通信设备电量充足</td></tr>
</table>

续表

作业步骤		危害因素	可能导致的后果	风险评价					控制措施
				L	E	C	D	风险程度	
操作前准备	工作班成员精神状态确认	(1) 无法正常完成指定工作； (2) 作业过程中无法清醒判断危险点	(1) 触电； (2) 设备事故	3	1	15	45	2	合理安排工作班成员，精神状态不佳者禁止工作
	环境	雷雨天气	(1) 触电； (2) 设备事故	3	1	15	45	2	雷雨天气禁止工作
操作过程	核对设备初始位置	(1) 走错间隔； (2) 误分、合开关或闸刀	(1) 触电； (2) 电弧灼伤； (3) 设备事故	3	1	15	45	2	(1) 戴绝缘手套、安全帽，穿绝缘鞋； (2) 核实操作票内容和设备状态； (3) 执行监护制度，唱票，确认设备位置、名称标牌，严格执行操作票制度； (4) 与带电体保持安全距离
	将35kV集电开关摇至“工作”位置	(1) 未确认操作内容； (2) 误碰带电体； (3) 操作顺序不当	(1) 触电； (2) 电弧灼伤； (3) 设备事故	3	1	15	45	2	(1) 核对设备名称和编号，检查设备状态； (2) 戴绝缘手套、安全帽，穿绝缘鞋； (3) 操作时与开关保持一定距离； (4) 操作前确认上一步骤已完成； (5) 操作前将远方、就地转换开关切换到“远方”位置
	合上35kV集电开关	(1) 未确认操作内容； (2) 误碰带电体； (3) 操作顺序不当	(1) 触电； (2) 电弧灼伤； (3) 设备事故	3	1	15	45	2	(1) 核对设备名称和编号，检查设备状态； (2) 戴绝缘手套、安全帽，穿绝缘鞋； (3) 操作时与开关保持一定距离； (4) 操作前确认上一步骤已完成； (5) 操作前将远方、就地转换开关切换到“就地”位置
	合上箱式变压器35kV开关	(1) 未确认操作内容； (2) 误碰带电体； (3) 操作顺序不当	(1) 触电； (2) 电弧灼伤； (3) 设备事故	3	1	15	45	2	(1) 核对设备名称和编号，检查设备状态； (2) 戴绝缘手套、安全帽，穿绝缘鞋； (3) 操作时与开关保持一定距离； (4) 开关合上后要对机械、电气指示进行确认； (5) 操作前将远方、就地转换开关切换到“就地”位置
操作后	检查作业现场	有工具遗留在作业现场	设备事故	3	1	15	45	2	操作完成后对现场进行检查，确保没有工具遗漏

14. 箱式变压器由冷备用改为运行

<table>
<tr><td colspan="4">部门：</td><td colspan="5">分析日期：</td><td>记录编号：</td></tr>
<tr><td colspan="4">作业地点或分析范围：箱式变压器</td><td colspan="6">分析人：</td></tr>
<tr><td colspan="10">作业内容描述：箱式变压器由冷备用改为运行</td></tr>
<tr><td colspan="10">主要作业风险：(1) 因工作对象不清或错误，或填错操作票造成误送电或设备带电；(2) 因走错间隔、误拉或误合开关造成触电、电弧灼伤、火灾、设备异常、设备故障</td></tr>
<tr><td colspan="10">控制措施：(1) 正确填写、核对工作票，双人确认操作电源系统、标牌和设备双重名称；(2) 操作时戴绝缘手套、面罩，穿绝缘鞋和防电弧服，正确使用验电器</td></tr>
<tr><td colspan="3">工作执行人签名：</td><td>日期：</td><td colspan="5">工作负责人开工前确认签名：</td><td>日期：</td></tr>
<tr><td colspan="2" rowspan="2">作业步骤</td><td rowspan="2">危害因素</td><td rowspan="2">可能导致的后果</td><td colspan="5">风险评价</td><td rowspan="2">控制措施</td></tr>
<tr><td>L</td><td>E</td><td>C</td><td>D</td><td>风险程度</td></tr>
<tr><td>作业环境</td><td>天气潮湿</td><td>设备潮湿引起短路</td><td>(1) 触电、电弧灼伤；
(2) 设备事故</td><td>1</td><td>3</td><td>15</td><td>45</td><td>2</td><td>(1) 选择适当时机操作，湿度过大时应采取相应措施；
(2) 保持设备干燥</td></tr>
<tr><td rowspan="6">操作前准备</td><td>接收操作指令</td><td>工作对象不清楚</td><td>(1) 触电；
(2) 设备事故</td><td>1</td><td>1</td><td>15</td><td>15</td><td>1</td><td>明确操作目的，防止弄错对象</td></tr>
<tr><td>确定操作对象、核对设备运行方式</td><td>误操作其他设备</td><td>(1) 触电；
(2) 设备事故</td><td>1</td><td>1</td><td>15</td><td>15</td><td>1</td><td>正确核对设备位置、名称和状态</td></tr>
<tr><td>填写操作票</td><td>填错操作票引起误操作</td><td>(1) 触电；
(2) 设备事故</td><td>3</td><td>1</td><td>15</td><td>15</td><td>1</td><td>(1) 正确填写操作票，检查操作票填写内容是否正确；
(2) 操作票填完后必须经监护人和值长确认无误</td></tr>
<tr><td>选择合适的工器具</td><td>工器具选择不当</td><td>(1) 触电；
(2) 拖延检修进度</td><td>3</td><td>1</td><td>45</td><td>45</td><td>2</td><td>(1) 选择合适的工器具；
(2) 检查工器具，应完好、可靠；
(3) 正确使用工器具</td></tr>
<tr><td>穿戴合适的防护用品</td><td>防护用品穿戴不规范</td><td>(1) 触电；
(2) 电弧灼伤；
(3) 机械伤害</td><td>3</td><td>1</td><td>45</td><td>45</td><td>2</td><td>(1) 戴安全帽、穿绝缘鞋；
(2) 穿长袖工作服，扣好衣服和袖口；
(3) 戴绝缘手套</td></tr>
<tr><td>通信联系</td><td>通信不畅或通信错误</td><td>(1) 扩大事故；
(2) 加重人员伤害</td><td>3</td><td>1</td><td>45</td><td>45</td><td>2</td><td>(1) 携带对讲机，操作时保持联系；
(2) 保持通信设备电量充足</td></tr>
</table>

续表

作业步骤		危害因素	可能导致的后果	风险评价					控制措施
				L	E	C	D	风险程度	
操作前准备	工作班成员精神状态确认	(1) 无法正常完成指定工作； (2) 作业过程中无法清醒判断危险点	(1) 触电； (2) 设备事故	3	1	15	45	2	合理安排工作班成员，精神状态不佳者禁止工作
	环境	雷雨天气	(1) 触电； (2) 设备事故	3	1	15	45	2	雷雨天气禁止工作
操作过程	核对设备初始位置	(1) 走错间隔； (2) 误分、合开关或闸刀	(1) 触电； (2) 电弧灼伤； (3) 设备事故	3	1	15	45	2	(1) 戴绝缘手套、安全帽，穿绝缘鞋； (2) 核实操作票内容和设备状态； (3) 执行监护制度，唱票，确认设备位置、名称标牌，严格执行操作票制度； (4) 与带电体保持安全距离
	合上箱式变压器35kV开关	(1) 未确认操作内容； (2) 误碰带电体； (3) 操作顺序不当	(1) 触电； (2) 电弧灼伤； (3) 设备事故	3	1	15	45	2	(1) 核对设备名称和编号，检查设备状态； (2) 戴绝缘手套、安全帽，穿绝缘鞋； (3) 操作时与开关保持一定距离； (4) 开关合上后要对机械、电气指示进行确认； (5) 操作前将远方、就地转换开关切换到“就地”位置
	合上箱式变压器500V开关	(1) 未确认操作内容； (2) 误碰带电体； (3) 操作顺序不当	(1) 触电； (2) 电弧灼伤； (3) 设备事故	3	1	15	45	2	(1) 核对设备名称和编号，检查设备状态； (2) 戴绝缘手套、安全帽，穿绝缘鞋； (3) 操作时与开关保持一定距离； (4) 操作前确认上一步骤已完成； (5) 操作前将远方、就地转换开关切换到“就地”位置
操作后	检查作业现场	有工具遗留在作业现场	设备事故	3	1	15	45	2	操作完成后对现场进行检查，确保没有工具遗漏

15. 无功补偿变压器及35kV开关由检修改为冷备用

<table>
<tr><td colspan="4">部门：</td><td colspan="5">分析日期：</td><td>记录编号：</td></tr>
<tr><td colspan="4">作业地点或分析范围：35kV 配电室</td><td colspan="6">分析人：</td></tr>
<tr><td colspan="10">作业内容描述：无功补偿变压器及35kV开关由检修改为冷备用</td></tr>
<tr><td colspan="10">主要作业风险：(1) 因工作对象不清或错误，或填错操作票造成误送电或设备带电；(2) 因走错间隔、误拉或误合开关造成触电、电弧灼伤、火灾、设备异常、设备故障</td></tr>
<tr><td colspan="10">控制措施：(1) 正确填写、核对工作票，双人确认操作电源系统、标牌和设备双重名称；(2) 操作时戴绝缘手套、面罩，穿绝缘鞋和防电弧服，正确使用验电器</td></tr>
<tr><td colspan="3">工作执行人签名：</td><td>日期：</td><td colspan="5">工作负责人开工前确认签名：</td><td>日期：</td></tr>
<tr><td colspan="2" rowspan="2">作业步骤</td><td rowspan="2">危害因素</td><td rowspan="2">可能导致的后果</td><td colspan="5">风险评价</td><td rowspan="2">控制措施</td></tr>
<tr><td>L</td><td>E</td><td>C</td><td>D</td><td>风险程度</td></tr>
<tr><td>作业环境</td><td>天气潮湿</td><td>设备潮湿引起短路</td><td>(1) 触电、电弧灼伤；
(2) 设备事故</td><td>1</td><td>3</td><td>15</td><td>45</td><td>2</td><td>(1) 选择适当时机操作，湿度过大时应采取相应措施；
(2) 保持设备干燥</td></tr>
<tr><td rowspan="5">操作前准备</td><td>接收操作指令</td><td>工作对象不清楚</td><td>(1) 触电；
(2) 设备事故</td><td>1</td><td>1</td><td>15</td><td>15</td><td>1</td><td>明确操作目的，防止弄错对象</td></tr>
<tr><td>确定操作对象、核对设备运行方式</td><td>误操作其他设备</td><td>(1) 触电；
(2) 设备事故</td><td>1</td><td>1</td><td>15</td><td>15</td><td>1</td><td>正确核对设备位置、名称和状态</td></tr>
<tr><td>填写操作票</td><td>填错操作票引起误操作</td><td>(1) 触电；
(2) 设备事故</td><td>3</td><td>1</td><td>15</td><td>15</td><td>1</td><td>(1) 正确填写操作票，检查操作票填写内容是否正确；
(2) 操作票填完后必须经监护人和值长确认无误</td></tr>
<tr><td>选择合适的工器具</td><td>工器具选择不当</td><td>(1) 触电；
(2) 拖延检修进度</td><td>3</td><td>1</td><td>45</td><td>45</td><td>2</td><td>(1) 选择合适的工器具；
(2) 检查工器具，应完好、可靠；
(3) 正确使用工器具</td></tr>
<tr><td>穿戴合适的防护用品</td><td>防护用品穿戴不规范</td><td>(1) 触电；
(2) 电弧灼伤；
(3) 机械伤害</td><td>3</td><td>1</td><td>45</td><td>45</td><td>2</td><td>(1) 戴安全帽、穿绝缘鞋；
(2) 穿长袖工作服，扣好衣服和袖口；
(3) 戴绝缘手套</td></tr>
</table>

续表

作业步骤		危害因素	可能导致的后果	风险评价					控制措施
				L	E	C	D	风险程度	
操作前准备	通信联系	通信不畅或通信错误	（1）扩大事故； （2）加重人员伤害	3	1	45	45	2	（1）携带对讲机，操作时保持联系； （2）保持通信设备电量充足
	工作班成员精神状态确认	（1）无法正常完成指定工作； （2）作业过程中无法清醒判断危险点	（1）触电； （2）设备事故	3	1	15	45	2	合理安排工作班成员，精神状态不佳者禁止工作
	环境	雷雨天气	（1）触电； （2）设备事故	3	1	15	45	2	雷雨天气禁止工作
操作过程	核对设备初始位置	（1）走错间隔； （2）误分、合开关或闸刀	（1）触电； （2）电弧灼伤； （3）设备事故	3	1	15	45	2	（1）戴绝缘手套、安全帽，穿绝缘鞋； （2）核实操作票内容和设备状态； （3）执行监护制度，唱票，确认设备位置、名称标牌，严格执行操作票制度； （4）与带电体保持安全距离
	拉开35kV无功补偿变压器侧接地开关	（1）未确认操作内容； （2）误碰带电体； （3）操作顺序不当	（1）触电； （2）电弧灼伤； （3）设备事故	3	1	15	45	2	（1）核对设备名称和编号，检查设备状态； （2）戴绝缘手套、安全帽，穿绝缘鞋； （3）操作时与开关保持一定距离； （4）操作前确认上一步骤已完成； （5）闸刀合闸后要对机械、电气指示进行确认
	拉开无功补偿变压器35kV开关侧接地开关	（1）未确认操作内容； （2）误碰带电体； （3）操作顺序不当	（1）触电； （2）电弧灼伤； （3）设备事故	3	1	15	45	2	（1）核对设备名称和编号，检查设备状态； （2）戴绝缘手套、安全帽，穿绝缘鞋； （3）操作时与开关保持一定距离； （4）操作前确认上一步骤已完成
	测量无功补偿变压器高、低压侧绝缘电阻	操作不当	（1）触电； （2）机械伤害	3	1	15	45	2	（1）核对设备名称和编号，检查设备状态； （2）戴绝缘手套、安全帽，穿绝缘鞋； （3）操作前确认上一步骤已完成； （4）对机械、电气指示进行确认； （5）验电、放电

续表

<table>
<tr><th colspan="2" rowspan="2">作业步骤</th><th rowspan="2">危害因素</th><th rowspan="2">可能导致的后果</th><th colspan="5">风险评价</th><th rowspan="2">控制措施</th></tr>
<tr><th>L</th><th>E</th><th>C</th><th>D</th><th>风险程度</th></tr>
<tr><td rowspan="2">操作过程</td><td>测量无功补偿变压器 35kV 开关触头绝缘电阻</td><td>操作不当</td><td>（1）触电；
（2）机械伤害</td><td>3</td><td>1</td><td>15</td><td>45</td><td>2</td><td>（1）核对设备名称和编号，检查设备状态；
（2）戴绝缘手套、安全帽，穿绝缘鞋；
（3）操作前确认上一步骤已完成；
（4）对机械、电气指示进行确认；
（5）验电、放电</td></tr>
<tr><td>将无功补偿变压器 35kV 开关摇至“试验”位置</td><td>（1）未确认操作内容；
（2）误碰带电体；
（3）操作顺序不当</td><td>（1）触电；
（2）电弧灼伤；
（3）设备事故</td><td>3</td><td>1</td><td>15</td><td>45</td><td>2</td><td>（1）核对设备名称和编号，检查设备状态；
（2）戴绝缘手套、安全帽，穿绝缘鞋；
（3）操作时与开关保持一定距离；
（4）开关合上后要对机械、电气指示进行确认；
（5）操作前将远方、就地转换开关切换到“就地”位置</td></tr>
<tr><td>操作后</td><td>检查作业现场</td><td>有工具遗留在作业现场</td><td>设备事故</td><td>3</td><td>1</td><td>15</td><td>45</td><td>2</td><td>操作完成后对现场进行检查，确保没有工具遗漏</td></tr>
</table>

16. 无功补偿变压器由冷备用改为运行

<table>
<tr><td colspan="4">部门：</td><td colspan="6">分析日期：</td><td>记录编号：</td></tr>
<tr><td colspan="4">作业地点或分析范围：35kV 配电室</td><td colspan="7">分析人：</td></tr>
<tr><td colspan="11">作业内容描述：无功补偿变压器由冷备用改为运行</td></tr>
<tr><td colspan="11">主要作业风险：(1) 因工作对象不清或错误，或填错操作票造成误送电或设备带电；(2) 因走错间隔、误拉或误合开关造成触电、电弧灼伤、火灾、设备异常、设备故障</td></tr>
<tr><td colspan="11">控制措施：(1) 正确填写、核对工作票，双人确认操作电源系统、标牌和设备双重名称；(2) 操作时戴绝缘手套、面罩，穿绝缘鞋和防电弧服，正确使用验电器</td></tr>
<tr><td colspan="3">工作执行人签名：</td><td>日期：</td><td colspan="6">工作负责人开工前确认签名：</td><td>日期：</td></tr>
<tr><td colspan="2" rowspan="2">作业步骤</td><td rowspan="2">危害因素</td><td rowspan="2">可能导致的后果</td><td colspan="5">风险评价</td><td colspan="2" rowspan="2">控制措施</td></tr>
<tr><td>L</td><td>E</td><td>C</td><td>D</td><td>风险程度</td></tr>
<tr><td>作业环境</td><td>天气潮湿</td><td>设备潮湿引起短路</td><td>(1) 触电、电弧灼伤；
(2) 设备事故</td><td>1</td><td>3</td><td>15</td><td>45</td><td>2</td><td colspan="2">(1) 选择适当时机操作，湿度过大时应采取相应措施；
(2) 保持设备干燥</td></tr>
<tr><td rowspan="7">操作前准备</td><td>接收操作指令</td><td>工作对象不清楚</td><td>(1) 触电；
(2) 设备事故</td><td>1</td><td>1</td><td>15</td><td>15</td><td>1</td><td colspan="2">明确操作目的，防止弄错对象</td></tr>
<tr><td>确定操作对象、核对设备运行方式</td><td>误操作其他设备</td><td>(1) 触电；
(2) 设备事故</td><td>1</td><td>1</td><td>15</td><td>15</td><td>1</td><td colspan="2">正确核对设备位置、名称和状态</td></tr>
<tr><td>填写操作票</td><td>填错操作票引起误操作</td><td>(1) 触电；
(2) 设备事故</td><td>3</td><td>1</td><td>15</td><td>15</td><td>1</td><td colspan="2">(1) 正确填写操作票，检查操作票填写内容是否正确；
(2) 操作票填完后必须经监护人和值长确认无误</td></tr>
<tr><td>选择合适的工器具</td><td>工器具选择不当</td><td>(1) 触电；
(2) 拖延检修进度</td><td>3</td><td>1</td><td>45</td><td>45</td><td>2</td><td colspan="2">(1) 选择合适的工器具；
(2) 检查工器具，应完好、可靠；
(3) 正确使用工器具</td></tr>
<tr><td>穿戴合适的防护用品</td><td>防护用品穿戴不规范</td><td>(1) 触电；
(2) 电弧灼伤；
(3) 机械伤害</td><td>3</td><td>1</td><td>45</td><td>45</td><td>2</td><td colspan="2">(1) 戴安全帽、穿绝缘鞋；
(2) 穿长袖工作服，扣好衣服和袖口；
(3) 戴绝缘手套</td></tr>
<tr><td>通信联系</td><td>通信不畅或通信错误</td><td>(1) 扩大事故；
(2) 加重人员伤害</td><td>3</td><td>1</td><td>45</td><td>45</td><td>2</td><td colspan="2">(1) 携带对讲机，操作时保持联系；
(2) 保持通信设备电量充足</td></tr>
</table>

续表

作业步骤		危害因素	可能导致的后果	风险评价					控制措施
				L	*E*	*C*	*D*	风险程度	
操作前准备	工作班成员精神状态确认	（1）无法正常完成指定工作； （2）作业过程中无法清醒判断危险点	（1）触电； （2）设备事故	3	1	15	45	2	合理安排工作班成员，精神状态不佳者禁止工作
	环境	雷雨天气	（1）触电； （2）设备事故	3	1	15	45	2	雷雨天气禁止工作
操作过程	核对设备初始位置	（1）走错间隔； （2）误分、合开关或闸刀	（1）触电； （2）电弧灼伤； （3）设备事故	3	1	15	45	2	（1）戴绝缘手套、安全帽，穿绝缘鞋； （2）核实操作票内容和设备状态； （3）执行监护制度，唱票，确认设备位置、名称标牌，严格执行操作票制度； （4）与带电体保持安全距离
	合上无功补偿变压器35kV闸刀	（1）未确认操作内容； （2）误碰带电体； （3）操作顺序不当	（1）触电； （2）电弧灼伤； （3）设备事故	3	1	15	45	2	（1）核对设备名称和编号，检查设备状态； （2）戴绝缘手套、安全帽，穿绝缘鞋； （3）操作时与开关保持一定距离； （4）开关合上后要对机械、电气指示进行确认； （5）操作前将远方、就地转换开关切换到“就地”位置
	将无功补偿变压器35kV开关摇至“工作”位置	（1）未确认操作内容； （2）误碰带电体； （3）操作顺序不当	（1）触电； （2）电弧灼伤； （3）设备事故	3	1	15	45	2	（1）核对设备名称和编号，检查设备状态； （2）戴绝缘手套、安全帽，穿绝缘鞋； （3）操作时与开关保持一定距离； （4）开关合上后要对机械、电气指示进行确认； （5）操作前将远方、就地转换开关切换到“就地”位置
	合上无功补偿变压器35kV开关	（1）未确认操作内容； （2）误碰带电体； （3）操作顺序不当	（1）触电； （2）电弧灼伤； （3）设备事故	3	1	15	45	2	（1）核对设备名称和编号，检查设备状态； （2）戴绝缘手套、安全帽，穿绝缘鞋； （3）操作时与开关保持一定距离； （4）操作前确认上一步骤已完成； （5）操作前将远方、就地转换开关切换到“远方”位置

续表

作业步骤		危害因素	可能导致的后果	风险评价					控制措施
				L	E	C	D	风险程度	
操作过程	启动无功补偿装置	（1）未确认操作内容； （2）操作顺序不当	设备事故	3	1	15	45	2	核对设备名称和编号，检查设备状态
操作后	检查作业现场	有工具遗留在作业现场	设备事故	3	1	15	45	2	操作完成后对现场进行检查，确保没有工具遗漏

17. 400V站用段母线由工作电源供电改为备用电源供电

部门：			分析日期：					记录编号：
作业地点或分析范围：400V配电室			分析人：					
作业内容描述：400V站用段母线由工作电源供电改为备用电源供电								
主要作业风险：(1) 因工作对象不清或错误，或填错操作票造成误送电或设备带电；(2) 因走错间隔、误拉或误合开关造成触电、电弧灼伤、火灾、设备异常、设备故障								
控制措施：(1) 正确填写、核对工作票，双人确认操作电源系统、标牌和设备双重名称；(2) 操作时戴绝缘手套、面罩，穿绝缘鞋和防电弧服，正确使用验电器								
工作执行人签名：		日期：	工作负责人开工前确认签名：					日期：

作业步骤		危害因素	可能导致的后果	风险评价					控制措施
				L	E	C	D	风险程度	
作业环境	天气潮湿	设备潮湿引起短路	(1) 触电、电弧灼伤； (2) 设备事故	1	3	15	45	2	(1) 选择适当时机操作，湿度过大时应采取相应措施； (2) 保持设备干燥
操作前准备	接收操作指令	工作对象不清楚	(1) 触电； (2) 设备事故	1	1	15	15	1	明确操作目的，防止弄错对象
	确定操作对象、核对设备运行方式	误操作其他设备	(1) 触电； (2) 设备事故	1	1	15	15	1	正确核对设备位置、名称和状态
	填写操作票	填错操作票引起误操作	(1) 触电； (2) 设备事故	3	1	15	15	1	(1) 正确填写操作票，检查操作票填写内容是否正确； (2) 操作票填完后必须经监护人和值长确认无误
	选择合适的工器具	工器具选择不当	(1) 触电； (2) 拖延检修进度	3	1	45	45	2	(1) 选择合适的工器具； (2) 检查工器具，应完好、可靠； (3) 正确使用工器具
	穿戴合适的防护用品	防护用品穿戴不规范	(1) 触电； (2) 电弧灼伤； (3) 机械伤害	3	1	45	45	2	(1) 戴安全帽、穿绝缘鞋； (2) 穿长袖工作服，扣好衣服和袖口； (3) 戴绝缘手套
	通信联系	通信不畅或通信错误	(1) 扩大事故； (2) 加重人员伤害	3	1	45	45	2	(1) 携带对讲机，操作时保持联系； (2) 保持通信设备电量充足

续表

<table>
<tr><th colspan="2" rowspan="2">作业步骤</th><th rowspan="2">危害因素</th><th rowspan="2">可能导致的后果</th><th colspan="5">风险评价</th><th rowspan="2">控制措施</th></tr>
<tr><th>L</th><th>E</th><th>C</th><th>D</th><th>风险程度</th></tr>
<tr><td rowspan="2">操作前准备</td><td>工作班成员精神状态确认</td><td>（1）无法正常完成指定工作；
（2）作业过程中无法清醒判断危险点</td><td>（1）触电；
（2）设备事故</td><td>3</td><td>1</td><td>15</td><td>45</td><td>2</td><td>合理安排工作班成员，精神状态不佳者禁止工作</td></tr>
<tr><td>环境</td><td>雷雨天气</td><td>（1）触电；
（2）设备事故</td><td>3</td><td>1</td><td>15</td><td>45</td><td>2</td><td>雷雨天气禁止工作</td></tr>
<tr><td rowspan="3">操作过程</td><td>核对设备初始位置</td><td>（1）走错间隔；
（2）误分、合开关或闸刀</td><td>（1）触电；
（2）电弧灼伤；
（3）设备事故</td><td>3</td><td>1</td><td>15</td><td>45</td><td>2</td><td>（1）戴绝缘手套、安全帽，穿绝缘鞋；
（2）核实操作票内容和设备状态；
（3）执行监护制度，唱票，确认设备位置、名称标牌，严格执行操作票制度；
（4）与带电体保持安全距离</td></tr>
<tr><td>合上400V站用段进线闸刀一</td><td>（1）未确认操作内容；
（2）误碰带电体；
（3）操作顺序不当</td><td>（1）触电；
（2）电弧灼伤；
（3）设备事故</td><td>3</td><td>1</td><td>15</td><td>45</td><td>2</td><td>（1）核对设备名称和编号，检查设备状态；
（2）戴绝缘手套、安全帽，穿绝缘鞋；
（3）操作时与开关保持一定距离；
（4）开关合上后要对机械、电气指示进行确认；
（5）操作前将远方、就地转换开关切换到“就地”位置</td></tr>
<tr><td>拉开400V站用段进线闸刀二</td><td>（1）未确认操作内容；
（2）误碰带电体；
（3）操作顺序不当</td><td>（1）触电；
（2）电弧灼伤；
（3）设备事故</td><td>3</td><td>1</td><td>15</td><td>45</td><td>2</td><td>（1）核对设备名称和编号，检查设备状态；
（2）戴绝缘手套、安全帽，穿绝缘鞋；
（3）操作时与开关保持一定距离；
（4）操作前确认上一步骤已完成；
（5）闸刀合闸后要对机械、电气指示进行确认</td></tr>
<tr><td>操作后</td><td>检查作业现场</td><td>有工具遗留在作业现场</td><td>设备事故</td><td>3</td><td>1</td><td>15</td><td>45</td><td>2</td><td>操作完成后对现场进行检查，确保没有工具遗漏</td></tr>
</table>

18. 箱式变压器由运行改为冷备用

<table>
<tr><td colspan="4">部门：</td><td colspan="5">分析日期：</td><td>记录编号：</td></tr>
<tr><td colspan="4">作业地点或分析范围：箱式变压器</td><td colspan="6">分析人：</td></tr>
<tr><td colspan="10">作业内容描述：箱式变压器由运行改为冷备用</td></tr>
<tr><td colspan="10">主要作业风险：(1) 因工作对象不清或错误，或填错操作票造成误送电或设备带电；(2) 因走错间隔、误拉或误合开关造成触电、电弧灼伤、火灾、设备异常、设备故障</td></tr>
<tr><td colspan="10">控制措施：(1) 正确填写、核对工作票，双人确认操作电源系统、标牌和设备双重名称；(2) 操作时戴绝缘手套、面罩，穿绝缘鞋和防电弧服，正确使用验电器</td></tr>
<tr><td colspan="3">工作执行人签名：</td><td>日期：</td><td colspan="5">工作负责人开工前确认签名：</td><td>日期：</td></tr>
<tr><td colspan="2" rowspan="2">作业步骤</td><td rowspan="2">危害因素</td><td rowspan="2">可能导致的后果</td><td colspan="5">风险评价</td><td rowspan="2">控制措施</td></tr>
<tr><td>L</td><td>E</td><td>C</td><td>D</td><td>风险程度</td></tr>
<tr><td>作业环境</td><td>天气潮湿</td><td>设备潮湿引起短路</td><td>(1) 触电、电弧灼伤；
(2) 设备事故</td><td>1</td><td>3</td><td>15</td><td>45</td><td>2</td><td>(1) 选择适当时机操作，湿度过大时应采取相应措施；
(2) 保持设备干燥</td></tr>
<tr><td rowspan="6">操作前准备</td><td>接收操作指令</td><td>工作对象不清楚</td><td>(1) 触电；
(2) 设备事故</td><td>1</td><td>1</td><td>15</td><td>15</td><td>1</td><td>明确操作目的，防止弄错对象</td></tr>
<tr><td>确定操作对象、核对设备运行方式</td><td>误操作其他设备</td><td>(1) 触电；
(2) 设备事故</td><td>1</td><td>1</td><td>15</td><td>15</td><td>1</td><td>正确核对设备位置、名称和状态</td></tr>
<tr><td>填写操作票</td><td>填错操作票引起误操作</td><td>(1) 触电；
(2) 设备事故</td><td>3</td><td>1</td><td>15</td><td>15</td><td>1</td><td>(1) 正确填写操作票，检查操作票填写内容是否正确；
(2) 操作票填完后必须经监护人和值长确认无误</td></tr>
<tr><td>选择合适的工器具</td><td>工器具选择不当</td><td>(1) 触电；
(2) 拖延检修进度</td><td>3</td><td>1</td><td>45</td><td>45</td><td>2</td><td>(1) 选择合适的工器具；
(2) 检查工器具，应完好、可靠；
(3) 正确使用工器具</td></tr>
<tr><td>穿戴合适的防护用品</td><td>防护用品穿戴不规范</td><td>(1) 触电；
(2) 电弧灼伤；
(3) 机械伤害</td><td>3</td><td>1</td><td>45</td><td>45</td><td>2</td><td>(1) 戴安全帽、穿绝缘鞋；
(2) 穿长袖工作服，扣好衣服和袖口；
(3) 戴绝缘手套</td></tr>
<tr><td>通信联系</td><td>通信不畅或通信错误</td><td>(1) 扩大事故；
(2) 加重人员伤害</td><td>3</td><td>1</td><td>45</td><td>45</td><td>2</td><td>(1) 携带对讲机，操作时保持联系；
(2) 保持通信设备电量充足</td></tr>
</table>

续表

<table>
<tr><th colspan="2" rowspan="2">作业步骤</th><th rowspan="2">危害因素</th><th rowspan="2">可能导致的后果</th><th colspan="5">风险评价</th><th rowspan="2">控制措施</th></tr>
<tr><th>L</th><th>E</th><th>C</th><th>D</th><th>风险程度</th></tr>
<tr><td rowspan="2">操作前准备</td><td>工作班成员精神状态确认</td><td>(1) 无法正常完成指定工作;
(2) 作业过程中无法清醒判断危险点</td><td>(1) 触电;
(2) 设备事故</td><td>3</td><td>1</td><td>15</td><td>45</td><td>2</td><td>合理安排工作班成员，精神状态不佳者禁止工作</td></tr>
<tr><td>环境</td><td>雷雨天气</td><td>(1) 触电;
(2) 设备事故</td><td>3</td><td>1</td><td>15</td><td>45</td><td>2</td><td>雷雨天气禁止工作</td></tr>
<tr><td rowspan="3">操作过程</td><td>核对设备初始位置</td><td>(1) 走错间隔;
(2) 误分、合开关或闸刀</td><td>(1) 触电;
(2) 电弧灼伤;
(3) 设备事故</td><td>3</td><td>1</td><td>15</td><td>45</td><td>2</td><td>(1) 戴绝缘手套、安全帽，穿绝缘鞋;
(2) 核实操作票内容和设备状态;
(3) 执行监护制度，唱票，确认设备位置、名称标牌，严格执行操作票制度;
(4) 与带电体保持安全距离</td></tr>
<tr><td>拉开箱式变压器 500V 开关</td><td>(1) 未确认操作内容;
(2) 误碰带电体;
(3) 操作顺序不当</td><td>(1) 触电;
(2) 电弧灼伤;
(3) 设备事故</td><td>3</td><td>1</td><td>15</td><td>45</td><td>2</td><td>(1) 核对设备名称和编号，检查设备状态;
(2) 戴绝缘手套、安全帽，穿绝缘鞋;
(3) 操作时与开关保持一定距离;
(4) 开关合上后要对机械、电气指示进行确认;
(5) 操作前将远方、就地转换开关切换到“就地”位置</td></tr>
<tr><td>拉开箱式变压器 35kV 开关</td><td>(1) 未确认操作内容;
(2) 误碰带电体;
(3) 操作顺序不当</td><td>(1) 触电;
(2) 电弧灼伤;
(3) 设备事故</td><td>3</td><td>1</td><td>15</td><td>45</td><td>2</td><td>(1) 核对设备名称和编号，检查设备状态;
(2) 戴绝缘手套、安全帽，穿绝缘鞋;
(3) 操作时与开关保持一定距离;
(4) 操作前确认上一步骤已完成;
(5) 操作前将远方、就地转换开关切换到“就地”位置</td></tr>
<tr><td>操作后</td><td>检查作业现场</td><td>有工具遗留在作业现场</td><td>设备事故</td><td>3</td><td>1</td><td>15</td><td>45</td><td>2</td><td>操作完成后对现场进行检查，确保没有工具遗漏</td></tr>
</table>

19. 35kV 集电线路由运行改为冷备用

部门：			分析日期：					记录编号：
作业地点或分析范围：集电线路			分析人：					
作业内容描述：35kV 集电线路由运行改为冷备用								
主要作业风险：(1) 因工作对象不清或错误，或填错操作票造成误送电或设备带电；(2) 因走错间隔、误拉或误合开关造成触电、电弧灼伤、火灾、设备异常、设备故障								
控制措施：(1) 正确填写、核对工作票，双人确认操作电源系统、标牌和设备双重名称；(2) 操作时戴绝缘手套、面罩，穿绝缘鞋和防电弧服，正确使用验电器								
工作执行人签名：		日期：	工作负责人开工前确认签名：				日期：	

	作业步骤	危害因素	可能导致的后果	风险评价					控制措施
				L	*E*	*C*	*D*	风险程度	
作业环境	天气潮湿	设备潮湿引起短路	(1) 触电、电弧灼伤； (2) 设备事故	1	3	15	45	2	(1) 选择适当时机操作，湿度过大时应采取相应措施； (2) 保持设备干燥
操作前准备	接收操作指令	工作对象不清楚	(1) 触电； (2) 设备事故	1	1	15	15	1	明确操作目的，防止弄错对象
	确定操作对象、核对设备运行方式	误操作其他设备	(1) 触电； (2) 设备事故	1	1	15	15	1	正确核对设备位置、名称和状态
	填写操作票	填错操作票引起误操作	(1) 触电； (2) 设备事故	3	1	15	15	1	(1) 正确填写操作票，检查操作票填写内容是否正确； (2) 操作票填完后必须经监护人和值长确认无误
	选择合适的工器具	工器具选择不当	(1) 触电； (2) 拖延检修进度	3	1	45	45	2	(1) 选择合适的工器具； (2) 检查工器具，应完好、可靠； (3) 正确使用工器具
	穿戴合适的防护用品	防护用品穿戴不规范	(1) 触电； (2) 电弧灼伤； (3) 机械伤害	3	1	45	45	2	(1) 戴安全帽、穿绝缘鞋； (2) 穿长袖工作服，扣好衣服和袖口； (3) 戴绝缘手套
	通信联系	通信不畅或通信错误	(1) 扩大事故； (2) 加重人员伤害	3	1	45	45	2	(1) 携带对讲机，操作时保持联系； (2) 保持通信设备电量充足

续表

作业步骤		危害因素	可能导致的后果	风险评价					控制措施
				L	E	C	D	风险程度	
操作前准备	工作班成员精神状态确认	(1) 无法正常完成指定工作; (2) 作业过程中无法清醒判断危险点	(1) 触电; (2) 设备事故	3	1	15	45	2	合理安排工作班成员，精神状态不佳者禁止工作
	环境	雷雨天气	(1) 触电; (2) 设备事故	3	1	15	45	2	雷雨天气禁止工作
操作过程	核对设备初始位置	(1) 走错间隔; (2) 误分、合开关或闸刀	(1) 触电; (2) 电弧灼伤; (3) 设备事故	3	1	15	45	2	(1) 戴绝缘手套、安全帽，穿绝缘鞋; (2) 核实操作票内容和设备状态; (3) 执行监护制度，唱票，确认设备位置、名称标牌，严格执行操作票制度; (4) 与带电体保持安全距离
	拉开箱式变压器500V开关	(1) 未确认操作内容; (2) 误碰带电体; (3) 操作顺序不当	(1) 触电; (2) 电弧灼伤; (3) 设备事故	3	1	15	45	2	(1) 核对设备名称和编号，检查设备状态; (2) 戴绝缘手套、安全帽，穿绝缘鞋; (3) 操作时与开关保持一定距离; (4) 操作前确认上一步骤已完成; (5) 操作前将远方、就地转换开关切换到“就地”位置
	拉开箱式变压器35kV开关	(1) 未确认操作内容; (2) 误碰带电体; (3) 操作顺序不当	(1) 触电; (2) 电弧灼伤; (3) 设备事故	3	1	15	45	2	(1) 核对设备名称和编号，检查设备状态; (2) 戴绝缘手套、安全帽，穿绝缘鞋; (3) 操作时与开关保持一定距离; (4) 开关合上后要对机械、电气指示进行确认; (5) 操作前将远方、就地转换开关切换到“就地”位置
	拉开35kV集电开关	(1) 未确认操作内容; (2) 误碰带电体; (3) 操作顺序不当	(1) 触电; (2) 电弧灼伤; (3) 设备事故	3	1	15	45	2	(1) 核对设备名称和编号，检查设备状态; (2) 戴绝缘手套、安全帽，穿绝缘鞋; (3) 操作时与开关保持一定距离; (4) 操作前确认上一步骤已完成; (5) 操作前将远方、就地转换开关切换到“就地”位置

续表

作业步骤		危害因素	可能导致的后果	风险评价					控制措施
				L	E	C	D	风险程度	
操作过程	将 35kV 集电开关小车摇至“试验”位置	（1）未确认操作内容； （2）误碰带电体； （3）操作顺序不当	（1）触电； （2）电弧灼伤； （3）设备事故	3	1	15	45	2	（1）核对设备名称和编号，检查设备状态； （2）戴绝缘手套、安全帽，穿绝缘鞋； （3）操作时与开关保持一定距离； （4）操作前确认上一步骤已完成； （5）操作前将远方、就地转换开关切换到“远方”位置
操作后	检查作业现场	有工具遗留在作业现场	设备事故	3	1	15	45	2	操作完成后对现场进行检查，确保没有工具遗漏

20. 35kV站用变压器由运行改为冷备用

<table>
<tr><td colspan="4">部门：</td><td colspan="5">分析日期：</td><td>记录编号：</td></tr>
<tr><td colspan="4">作业地点或分析范围：35kV配电室</td><td colspan="6">分析人：</td></tr>
<tr><td colspan="10">作业内容描述：35kV站用变压器由运行改为冷备用</td></tr>
<tr><td colspan="10">主要作业风险：(1) 因工作对象不清或错误，或填错操作票造成误送电或设备带电；(2) 因走错间隔、误拉或误合开关造成触电、电弧灼伤、火灾、设备异常、设备故障。</td></tr>
<tr><td colspan="10">控制措施：(1) 正确填写、核对工作票，双人确认操作电源系统、标牌和设备双重名称；(2) 操作时戴绝缘手套、面罩，穿绝缘鞋和防电弧服，正确使用验电器</td></tr>
<tr><td colspan="3">工作执行人签名：</td><td>日期：</td><td colspan="5">工作负责人开工前确认签名：</td><td>日期：</td></tr>
<tr><td colspan="2" rowspan="2">作业步骤</td><td rowspan="2">危害因素</td><td rowspan="2">可能导致的后果</td><td colspan="5">风险评价</td><td rowspan="2">控制措施</td></tr>
<tr><td>L</td><td>E</td><td>C</td><td>D</td><td>风险程度</td></tr>
<tr><td>作业环境</td><td>天气潮湿</td><td>设备潮湿引起短路</td><td>(1) 触电、电弧灼伤；
(2) 设备事故</td><td>1</td><td>3</td><td>15</td><td>45</td><td>2</td><td>(1) 选择适当时机操作，湿度过大时应采取相应措施；
(2) 保持设备干燥</td></tr>
<tr><td rowspan="7">操作前准备</td><td>接收操作指令</td><td>工作对象不清楚</td><td>(1) 触电；
(2) 设备事故</td><td>1</td><td>1</td><td>15</td><td>15</td><td>1</td><td>明确操作目的，防止弄错对象</td></tr>
<tr><td>确定操作对象、核对设备运行方式</td><td>误操作其他设备</td><td>(1) 触电；
(2) 设备事故</td><td>1</td><td>1</td><td>15</td><td>15</td><td>1</td><td>正确核对设备位置、名称和状态</td></tr>
<tr><td>填写操作票</td><td>填错操作票引起误操作</td><td>(1) 触电；
(2) 设备事故</td><td>3</td><td>1</td><td>15</td><td>15</td><td>1</td><td>(1) 正确填写操作票，检查操作票填写内容是否正确；
(2) 操作票填完后必须经监护人和值长确认无误</td></tr>
<tr><td>选择合适的工器具</td><td>工器具选择不当</td><td>(1) 触电；
(2) 拖延检修进度</td><td>3</td><td>1</td><td>45</td><td>45</td><td>2</td><td>(1) 选择合适的工器具；
(2) 检查工器具，应完好、可靠；
(3) 正确使用工器具</td></tr>
<tr><td>穿戴合适的防护用品</td><td>防护用品穿戴不规范</td><td>(1) 触电；
(2) 电弧灼伤；
(3) 机械伤害</td><td>3</td><td>1</td><td>45</td><td>45</td><td>2</td><td>(1) 戴安全帽、穿绝缘鞋；
(2) 穿长袖工作服，扣好衣服和袖口；
(3) 戴绝缘手套</td></tr>
<tr><td>通信联系</td><td>通信不畅或通信错误</td><td>(1) 扩大事故；
(2) 加重人员伤害</td><td>3</td><td>1</td><td>45</td><td>45</td><td>2</td><td>(1) 携带对讲机，操作时保持联系；
(2) 保持通信设备电量充足</td></tr>
</table>

续表

<table>
<tr><th colspan="2" rowspan="2">作业步骤</th><th rowspan="2">危害因素</th><th rowspan="2">可能导致的后果</th><th colspan="5">风险评价</th><th rowspan="2">控制措施</th></tr>
<tr><th>L</th><th>E</th><th>C</th><th>D</th><th>风险程度</th></tr>
<tr><td rowspan="2">操作前准备</td><td>工作班成员精神状态确认</td><td>（1）无法正常完成指定工作；
（2）作业过程中无法清醒判断危险点</td><td>（1）触电；
（2）设备事故</td><td>3</td><td>1</td><td>15</td><td>45</td><td>2</td><td>合理安排工作班成员，精神状态不佳者禁止工作</td></tr>
<tr><td>环境</td><td>雷雨天气</td><td>（1）触电；
（2）设备事故</td><td>3</td><td>1</td><td>15</td><td>45</td><td>2</td><td>雷雨天气禁止工作</td></tr>
<tr><td rowspan="3">操作过程</td><td>核对设备初始位置</td><td>（1）走错间隔；
（2）误分、合开关或闸刀</td><td>（1）触电；
（2）电弧灼伤；
（3）设备事故</td><td>3</td><td>1</td><td>15</td><td>45</td><td>2</td><td>（1）戴绝缘手套、安全帽，穿绝缘鞋；
（2）核实操作票内容和设备状态；
（3）执行监护制度，唱票，确认设备位置、名称标牌，严格执行操作票制度；
（4）与带电体保持安全距离</td></tr>
<tr><td>拉开站用变压器 35kV 开关</td><td>（1）未确认操作内容；
（2）误碰带电体；
（3）操作顺序不当</td><td>（1）触电；
（2）电弧灼伤；
（3）设备事故</td><td>3</td><td>1</td><td>15</td><td>45</td><td>2</td><td>（1）核对设备名称和编号，检查设备状态；
（2）戴绝缘手套、安全帽，穿绝缘鞋；
（3）操作时与开关保持一定距离；
（4）开关合上后要对机械、电气指示进行确认；
（5）对机械、电气指示进行确认</td></tr>
<tr><td>将站用变压器 35kV 开关摇至“试验”位置</td><td>（1）未确认操作内容；
（2）误碰带电体；
（3）操作顺序不当</td><td>（1）触电；
（2）电弧灼伤；
（3）设备事故</td><td>3</td><td>1</td><td>15</td><td>45</td><td>2</td><td>（1）核对设备名称和编号，检查设备状态；
（2）戴绝缘手套、安全帽，穿绝缘鞋；
（3）操作时与开关保持一定距离；
（4）操作前确认上一步骤已完成；
（5）操作前将远方、就地转换开关切换到“远方”位置</td></tr>
<tr><td>操作后</td><td>检查作业现场</td><td>有工具遗留在作业现场</td><td>设备事故</td><td>3</td><td>1</td><td>15</td><td>45</td><td>2</td><td>操作完成后对现场进行检查，确保没有工具遗漏</td></tr>
</table>

21. 无功补偿变压器由运行改为冷备用

<table>
<tr><td colspan="5">部门：</td><td colspan="5">分析日期：</td><td>记录编号：</td></tr>
<tr><td colspan="5">作业地点或分析范围：无功补偿变压器</td><td colspan="6">分析人：</td></tr>
<tr><td colspan="11">作业内容描述：无功补偿变压器由运行改为冷备用</td></tr>
<tr><td colspan="11">主要作业风险：(1) 因工作对象不清或错误，或填错操作票造成误送电或设备带电；(2) 因走错间隔、误拉或误合开关造成触电、电弧灼伤、火灾、设备异常、设备故障</td></tr>
<tr><td colspan="11">控制措施：(1) 正确填写、核对工作票，双人确认操作电源系统、标牌和设备双重名称；(2) 操作时戴绝缘手套、面罩，穿绝缘鞋和防电弧服，正确使用验电器</td></tr>
<tr><td colspan="3">工作执行人签名：</td><td>日期：</td><td colspan="6">工作负责人开工前确认签名：</td><td>日期：</td></tr>
<tr><td colspan="2" rowspan="2">作业步骤</td><td rowspan="2">危害因素</td><td rowspan="2">可能导致的后果</td><td colspan="5">风险评价</td><td colspan="2" rowspan="2">控制措施</td></tr>
<tr><td>L</td><td>E</td><td>C</td><td>D</td><td>风险程度</td></tr>
<tr><td>作业环境</td><td>天气潮湿</td><td>设备潮湿引起短路</td><td>(1) 触电、电弧灼伤；
(2) 设备事故</td><td>1</td><td>3</td><td>15</td><td>45</td><td>2</td><td colspan="2">(1) 选择适当时机操作，湿度过大时应采取相应措施；
(2) 保持设备干燥</td></tr>
<tr><td rowspan="7">操作前准备</td><td>接收操作指令</td><td>工作对象不清楚</td><td>(1) 触电；
(2) 设备事故</td><td>1</td><td>1</td><td>15</td><td>15</td><td>1</td><td colspan="2">明确操作目的，防止弄错对象</td></tr>
<tr><td>确定操作对象、核对设备运行方式</td><td>误操作其他设备</td><td>(1) 触电；
(2) 设备事故</td><td>1</td><td>1</td><td>15</td><td>15</td><td>1</td><td colspan="2">正确核对设备位置、名称和状态</td></tr>
<tr><td>填写操作票</td><td>填错操作票引起误操作</td><td>(1) 触电；
(2) 设备事故</td><td>3</td><td>1</td><td>15</td><td>15</td><td>1</td><td colspan="2">(1) 正确填写操作票，检查操作票填写内容是否正确；
(2) 操作票填完后必须经监护人和值长确认无误</td></tr>
<tr><td>选择合适的工器具</td><td>工器具选择不当</td><td>(1) 触电；
(2) 拖延检修进度</td><td>3</td><td>1</td><td>45</td><td>45</td><td>2</td><td colspan="2">(1) 选择合适的工器具；
(2) 检查工器具，应完好、可靠；
(3) 正确使用工器具</td></tr>
<tr><td>穿戴合适的防护用品</td><td>防护用品穿戴不规范</td><td>(1) 触电；
(2) 电弧灼伤；
(3) 机械伤害</td><td>3</td><td>1</td><td>45</td><td>45</td><td>2</td><td colspan="2">(1) 戴安全帽、穿绝缘鞋；
(2) 穿长袖工作服，扣好衣服和袖口；
(3) 戴绝缘手套</td></tr>
<tr><td>通信联系</td><td>通信不畅或通信错误</td><td>(1) 扩大事故；
(2) 加重人员伤害</td><td>3</td><td>1</td><td>45</td><td>45</td><td>2</td><td colspan="2">(1) 携带对讲机，操作时保持联系；
(2) 保持通信设备电量充足</td></tr>
</table>

续表

作业步骤		危害因素	可能导致的后果	风险评价					控制措施
				L	E	C	D	风险程度	
操作前准备	工作班成员精神状态确认	(1) 无法正常完成指定工作; (2) 作业过程中无法清醒判断危险点	(1) 触电; (2) 设备事故	3	1	15	45	2	合理安排工作班成员，精神状态不佳者禁止工作
	环境	雷雨天气	(1) 触电; (2) 设备事故	3	1	15	45	2	雷雨天气禁止工作
操作过程	核对设备初始位置	(1) 走错间隔; (2) 误分、合开关或闸刀	(1) 触电; (2) 电弧灼伤; (3) 设备事故	3	1	15	45	2	(1) 戴绝缘手套、安全帽，穿绝缘鞋; (2) 核实操作票内容和设备状态; (3) 执行监护制度，唱票，确认设备位置、名称标牌，严格执行操作票制度; (4) 与带电体保持安全距离
	停运无功补偿装置	(1) 未确认操作内容; (2) 操作顺序不当	设备事故	3	1	15	45	2	核对设备名称和编号，检查设备状态
	拉开无功补偿变压器35kV开关	(1) 未确认操作内容; (2) 误碰带电体; (3) 操作顺序不当	(1) 触电; (2) 电弧灼伤; (3) 设备事故	3	1	15	45	2	(1) 核对设备名称和编号，检查设备状态; (2) 戴绝缘手套、安全帽，穿绝缘鞋; (3) 操作时与开关保持一定距离; (4) 操作前确认上一步骤已完成; (5) 操作前将远方、就地转换开关切换到“远方”位置
	将无功补偿变压器35kV开关摇至“试验”位置	(1) 未确认操作内容; (2) 误碰带电体; (3) 操作顺序不当	(1) 触电; (2) 电弧灼伤; (3) 设备事故	3	1	15	45	2	(1) 核对设备名称和编号，检查设备状态; (2) 戴绝缘手套、安全帽，穿绝缘鞋; (3) 操作时与开关保持一定距离; (4) 开关合上后要对机械、电气指示进行确认; (5) 操作前将远方、就地转换开关切换到“就地”位置
操作后	检查作业现场	有工具遗留在作业现场	设备事故	3	1	15	45	2	操作完成后对现场进行检查，确保没有工具遗漏

22. 110kV 主变压器由运行改为冷备用

<table>
<tr><td colspan="3">部门：</td><td colspan="5">分析日期：</td><td>记录编号：</td></tr>
<tr><td colspan="3">作业地点或分析范围：主变压器区域</td><td colspan="6">分析人：</td></tr>
<tr><td colspan="9">作业内容描述：110kV 主变压器由运行改为冷备用</td></tr>
<tr><td colspan="9">主要作业风险：(1) 因工作对象不清或错误或填错操作票造成误送电或设备带电；(2) 因走错间隔、误拉或误合开关造成触电、电弧灼伤、火灾、设备异常或故障</td></tr>
<tr><td colspan="9">控制措施：(1) 正确填写和核对工作票，双人确认操作电源系统、标牌和设备双重名称；(2) 操作时戴绝缘手套、面罩，穿绝缘鞋和防电弧服，正确使用验电器</td></tr>
<tr><td colspan="2">工作执行人签名：</td><td>日期：</td><td colspan="5">工作负责人开工前确认签名：</td><td>日期：</td></tr>
<tr><td rowspan="2" colspan="2">作业步骤</td><td rowspan="2">危害因素</td><td rowspan="2">可能导致的后果</td><td colspan="5">风险评价</td><td rowspan="2">控制措施</td></tr>
<tr><td>L</td><td>E</td><td>C</td><td>D</td><td>风险程度</td></tr>
<tr><td>作业环境</td><td>天气潮湿</td><td>设备潮湿引起短路</td><td>(1) 触电、电弧灼伤；
(2) 设备事故</td><td>1</td><td>3</td><td>15</td><td>45</td><td>2</td><td>(1) 选择适当时机操作，湿度过大时应采取相应措施；
(2) 保持设备干燥</td></tr>
<tr><td rowspan="7">操作前准备</td><td>接收操作指令</td><td>工作对象不清楚</td><td>(1) 触电；
(2) 设备事故</td><td>1</td><td>1</td><td>15</td><td>15</td><td>1</td><td>明确操作目的，防止弄错对象</td></tr>
<tr><td>确定操作对象、核对设备运行方式</td><td>误操作其他设备</td><td>(1) 触电；
(2) 设备事故</td><td>1</td><td>1</td><td>15</td><td>15</td><td>1</td><td>正确核对设备位置、名称和状态</td></tr>
<tr><td>填写操作票</td><td>填错操作票引起误操作</td><td>(1) 触电；
(2) 设备事故</td><td>3</td><td>1</td><td>15</td><td>15</td><td>1</td><td>(1) 正确填写操作票，检查操作票填写内容是否正确；
(2) 操作票填完后必须经监护人和值长确认无误</td></tr>
<tr><td>选择合适的工器具</td><td>工器具选择不当</td><td>(1) 触电；
(2) 拖延检修进度</td><td>3</td><td>1</td><td>45</td><td>45</td><td>2</td><td>(1) 选择合适的工器具；
(2) 检查工器具，应完好、可靠；
(3) 正确使用工器具</td></tr>
<tr><td>穿戴合适的防护用品</td><td>防护用品穿戴不规范</td><td>(1) 触电；
(2) 电弧灼伤；
(3) 机械伤害</td><td>3</td><td>1</td><td>45</td><td>45</td><td>2</td><td>(1) 戴安全帽、穿绝缘鞋；
(2) 穿长袖工作服，扣好衣服和袖口；
(3) 戴绝缘手套</td></tr>
<tr><td>通信联系</td><td>通信不畅或通信错误</td><td>(1) 扩大事故；
(2) 加重人员伤害</td><td>3</td><td>1</td><td>45</td><td>45</td><td>2</td><td>(1) 携带对讲机，操作时保持联系；
(2) 保持通信设备电量充足</td></tr>
</table>

续表

<table>
<tr><th colspan="2" rowspan="2">作业步骤</th><th rowspan="2">危害因素</th><th rowspan="2">可能导致的后果</th><th colspan="5">风险评价</th><th rowspan="2">控制措施</th></tr>
<tr><th>L</th><th>E</th><th>C</th><th>D</th><th>风险程度</th></tr>
<tr><td rowspan="2">操作前准备</td><td>工作班成员精神状态确认</td><td>(1) 无法正常完成指定工作；
(2) 作业过程中无法清醒判断危险点</td><td>(1) 触电；
(2) 设备事故</td><td>3</td><td>1</td><td>15</td><td>45</td><td>2</td><td>合理安排工作班成员，精神状态不佳者禁止工作</td></tr>
<tr><td>环境</td><td>雷雨天气</td><td>(1) 触电；
(2) 设备事故</td><td>3</td><td>1</td><td>15</td><td>45</td><td>2</td><td>雷雨天气禁止工作</td></tr>
<tr><td rowspan="4">操作过程</td><td>核对设备初始位置</td><td>(1) 走错间隔；
(2) 误分、合开关或闸刀</td><td>(1) 触电；
(2) 电弧灼伤；
(3) 设备事故</td><td>3</td><td>1</td><td>15</td><td>45</td><td>2</td><td>(1) 戴绝缘手套、安全帽，穿绝缘鞋；
(2) 核实操作票内容和设备状态；
(3) 执行监护制度，唱票，确认设备位置、名称标牌，严格执行操作票制度；
(4) 与带电体保持安全距离</td></tr>
<tr><td>拉开主变压器35kV开关</td><td>(1) 未确认操作内容；
(2) 误碰带电体；
(3) 操作顺序不当</td><td>(1) 触电；
(2) 电弧灼伤；
(3) 设备事故</td><td>3</td><td>1</td><td>15</td><td>45</td><td>2</td><td>(1) 核对设备名称和编号，检查设备状态；
(2) 戴绝缘手套、安全帽，穿绝缘鞋；
(3) 操作时与开关保持一定距离；
(4) 对设备机械、电气指示进行确认；
(5) 操作前将远方、就地转换开关切换到“远方”位置</td></tr>
<tr><td>将主变压器35kV开关小车摇至“试验”位置</td><td>(1) 未确认操作内容；
(2) 误碰带电体；
(3) 操作顺序不当</td><td>(1) 触电；
(2) 电弧灼伤；
(3) 设备事故</td><td>3</td><td>1</td><td>15</td><td>45</td><td>2</td><td>(1) 核对设备名称和编号，检查设备状态；
(2) 戴绝缘手套、安全帽，穿绝缘鞋；
(3) 操作时与开关保持一定距离；
(4) 对设备机械、电气指示进行确认</td></tr>
<tr><td>拉开主变压器110kV开关</td><td>(1) 未确认操作内容；
(2) 误碰带电体；
(3) 操作顺序不当</td><td>(1) 触电；
(2) 电弧灼伤；
(3) 设备事故</td><td>3</td><td>1</td><td>15</td><td>45</td><td>2</td><td>(1) 核对设备名称和编号，检查设备状态；
(2) 戴绝缘手套、安全帽，穿绝缘鞋；
(3) 操作时与开关保持一定距离；
(4) 对设备机械、电气指示进行确认；
(5) 操作前将远方、就地转换开关切换到“远方”位置</td></tr>
</table>

续表

<table>
<tr><th colspan="2" rowspan="2">作业步骤</th><th rowspan="2">危害因素</th><th rowspan="2">可能导致的后果</th><th colspan="5">风险评价</th><th rowspan="2">控制措施</th></tr>
<tr><th>L</th><th>E</th><th>C</th><th>D</th><th>风险程度</th></tr>
<tr><td rowspan="2">操作过程</td><td>拉开主变压器110kV开关</td><td>(1) 未确认操作内容;
(2) 误碰带电体;
(3) 操作顺序不当</td><td>(1) 触电;
(2) 电弧灼伤;
(3) 设备事故</td><td>3</td><td>1</td><td>15</td><td>45</td><td>2</td><td>(1) 核对设备名称和编号，检查设备状态;
(2) 戴绝缘手套、安全帽，穿绝缘鞋;
(3) 操作时与开关保持一定距离;
(4) 对设备机械、电气指示进行确认;
(5) 操作前将远方、就地转换开关切换到“远方”位置</td></tr>
<tr><td>拉开线路开关</td><td>(1) 未确认操作内容;
(2) 误碰带电体;
(3) 操作顺序不当</td><td>(1) 触电;
(2) 电弧灼伤;
(3) 设备事故</td><td>3</td><td>1</td><td>15</td><td>45</td><td>2</td><td>(1) 核对设备名称和编号，检查设备状态;
(2) 戴绝缘手套、安全帽，穿绝缘鞋;
(3) 操作时与开关保持一定距离;
(4) 对设备机械、电气指示进行确认;
(5) 操作前将远方、就地转换开关切换到“远方”位置</td></tr>
<tr><td>操作后</td><td>检查作业现场</td><td>有工具遗留在作业现场</td><td>设备事故</td><td>3</td><td>1</td><td>15</td><td>45</td><td>2</td><td>操作完成后对现场进行检查，确保没有工具遗漏</td></tr>
</table>

23. 110kV 支线由冷备用改为线路检修

<table>
<tr><td colspan="3">部门：</td><td colspan="5">分析日期：</td><td>记录编号：</td></tr>
<tr><td colspan="3">作业地点或分析范围：主变压器区域</td><td colspan="6">分析人：</td></tr>
<tr><td colspan="9">作业内容描述：110kV 支线由冷备用改为线路检修</td></tr>
<tr><td colspan="9">主要作业风险：(1) 因工作对象不清或错误，或填错操作票造成误送电或设备带电；(2) 因走错间隔、误拉或误合开关造成触电、电弧灼伤、火灾、设备异常、设备故障</td></tr>
<tr><td colspan="9">控制措施：(1) 正确填写、核对工作票，双人确认操作电源系统、标牌和设备双重名称；(2) 操作时戴绝缘手套、面罩，穿绝缘鞋和防电弧服，正确使用验电器</td></tr>
<tr><td colspan="2">工作执行人签名：</td><td>日期：</td><td colspan="5">工作负责人开工前确认签名：</td><td>日期：</td></tr>
<tr><td rowspan="2" colspan="2">作业步骤</td><td rowspan="2">危害因素</td><td rowspan="2">可能导致的后果</td><td colspan="5">风险评价</td><td rowspan="2">控制措施</td></tr>
<tr><td>L</td><td>E</td><td>C</td><td>D</td><td>风险程度</td></tr>
<tr><td>作业环境</td><td>天气潮湿</td><td>设备潮湿引起短路</td><td>(1) 触电、电弧灼伤；
(2) 设备事故</td><td>1</td><td>3</td><td>15</td><td>45</td><td>2</td><td>(1) 选择适当时机操作，湿度过大时应采取相应措施；
(2) 保持设备干燥</td></tr>
<tr><td rowspan="7">操作前准备</td><td>接收操作指令</td><td>工作对象不清楚</td><td>(1) 触电；
(2) 设备事故</td><td>1</td><td>1</td><td>15</td><td>15</td><td>1</td><td>明确操作目的，防止弄错对象</td></tr>
<tr><td>确定操作对象、核对设备运行方式</td><td>误操作其他设备</td><td>(1) 触电；
(2) 设备事故</td><td>1</td><td>1</td><td>15</td><td>15</td><td>1</td><td>正确核对设备位置、名称和状态</td></tr>
<tr><td>填写操作票</td><td>填错操作票引起误操作</td><td>(1) 触电；
(2) 设备事故</td><td>3</td><td>1</td><td>15</td><td>15</td><td>1</td><td>(1) 正确填写操作票，检查操作票填写内容是否正确；
(2) 操作票填完后必须经监护人和值长确认无误</td></tr>
<tr><td>选择合适的工器具</td><td>工器具选择不当</td><td>(1) 触电；
(2) 拖延检修进度</td><td>3</td><td>1</td><td>45</td><td>45</td><td>2</td><td>(1) 选择合适的工器具；
(2) 检查工器具，应完好、可靠；
(3) 正确使用工器具</td></tr>
<tr><td>穿戴合适的防护用品</td><td>防护用品穿戴不规范</td><td>(1) 触电；
(2) 电弧灼伤；
(3) 机械伤害</td><td>3</td><td>1</td><td>45</td><td>45</td><td>2</td><td>(1) 戴安全帽、穿绝缘鞋；
(2) 穿长袖工作服，扣好衣服和袖口；
(3) 戴绝缘手套</td></tr>
<tr><td>通信联系</td><td>通信不畅或通信错误</td><td>(1) 扩大事故；
(2) 加重人员伤害</td><td>3</td><td>1</td><td>45</td><td>45</td><td>2</td><td>(1) 携带对讲机，操作时保持联系；
(2) 保持通信设备电量充足</td></tr>
</table>

续表

作业步骤		危害因素	可能导致的后果	风险评价					控制措施
				L	E	C	D	风险程度	
操作前准备	工作班成员精神状态确认	（1）无法正常完成指定工作； （2）作业过程中无法清醒判断危险点	（1）触电； （2）设备事故	3	1	15	45	2	合理安排工作班成员，精神状态不佳者禁止工作
	环境	雷雨天气	（1）触电； （2）设备事故	3	1	15	45	2	雷雨天气禁止工作
操作过程	核对设备初始位置	（1）走错间隔； （2）误分、合开关或闸刀	（1）触电； （2）电弧灼伤； （3）设备事故	3	1	15	45	2	（1）戴绝缘手套、安全帽，穿绝缘鞋； （2）核实操作票内容和设备状态； （3）执行监护制度，唱票，确认设备位置、名称标牌，严格执行操作票制度； （4）与带电体保持安全距离
	合上线路接地开关	（1）未确认操作内容； （2）误碰带电体； （3）操作顺序不当	（1）触电； （2）电弧灼伤； （3）设备事故	3	1	15	45	2	（1）核对设备名称和编号，检查设备状态； （2）戴绝缘手套、安全帽，穿绝缘鞋； （3）操作时与开关保持一定距离； （4）操作前确认上一步骤已完成； （5）合闸前验明支线确无电压； （6）合闸后要对机械、电气指示进行确认
操作后	检查作业现场	有工具遗留在作业现场	设备事故	3	1	15	45	2	操作完成后对现场进行检查，确保没有工具遗漏

24. 35kV集电线路由冷备用改为开关及线路检修

部门：								分析日期：	记录编号：
作业地点或分析范围：集电线路								分析人：	
作业内容描述：35kV集电线路由冷备用改为开关及线路检修									
主要作业风险：(1) 因工作对象不清或错误，或填错操作票造成误送电或设备带电；(2) 因走错间隔、误拉或误合开关造成触电、电弧灼伤、火灾、设备异常、设备故障									
控制措施：(1) 正确填写、核对工作票，双人确认操作电源系统、标牌和设备双重名称；(2) 操作时戴绝缘手套、面罩，穿绝缘鞋和防电弧服，正确使用验电器									
工作执行人签名：		日期：	工作负责人开工前确认签名：						日期：
作业步骤		危害因素	可能导致的后果	风险评价					控制措施
				L	E	C	D	风险程度	
作业环境	天气潮湿	设备潮湿引起短路	(1) 触电、电弧灼伤； (2) 设备事故	1	3	15	45	2	(1) 选择适当时机操作，湿度过大时应采取相应措施； (2) 保持设备干燥
操作前准备	接收操作指令	工作对象不清楚	(1) 触电； (2) 设备事故	1	1	15	15	1	明确操作目的，防止弄错对象
	确定操作对象、核对设备运行方式	误操作其他设备	(1) 触电； (2) 设备事故	1	1	15	15	1	正确核对设备位置、名称和状态
	填写操作票	填错操作票引起误操作	(1) 触电； (2) 设备事故	3	1	15	15	1	(1) 正确填写操作票，检查操作票填写内容是否正确； (2) 操作票填完后必须经监护人和值长确认无误
	选择合适的工器具	工器具选择不当	(1) 触电； (2) 拖延检修进度	3	1	45	45	2	(1) 选择合适的工器具； (2) 检查工器具，应完好、可靠； (3) 正确使用工器具
	穿戴合适的防护用品	防护用品穿戴不规范	(1) 触电； (2) 电弧灼伤； (3) 机械伤害	3	1	45	45	2	(1) 戴安全帽、穿绝缘鞋； (2) 穿长袖工作服，扣好衣服和袖口； (3) 戴绝缘手套
	通信联系	通信不畅或通信错误	(1) 扩大事故； (2) 加重人员伤害	3	1	45	45	2	(1) 携带对讲机，操作时保持联系； (2) 保持通信设备电量充足

续表

<table>
<tr><th colspan="2" rowspan="2">作业步骤</th><th rowspan="2">危害因素</th><th rowspan="2">可能导致的后果</th><th colspan="5">风险评价</th><th rowspan="2">控制措施</th></tr>
<tr><th>L</th><th>E</th><th>C</th><th>D</th><th>风险程度</th></tr>
<tr><td rowspan="2">操作前准备</td><td>工作班成员精神状态确认</td><td>（1）无法正常完成指定工作；
（2）作业过程中无法清醒判断危险点</td><td>（1）触电；
（2）设备事故</td><td>3</td><td>1</td><td>15</td><td>45</td><td>2</td><td>合理安排工作班成员，精神状态不佳者禁止工作</td></tr>
<tr><td>环境</td><td>雷雨天气</td><td>（1）触电；
（2）设备事故</td><td>3</td><td>1</td><td>15</td><td>45</td><td>2</td><td>雷雨天气禁止工作</td></tr>
<tr><td rowspan="3">操作过程</td><td>核对设备初始位置</td><td>（1）走错间隔；
（2）误分、合开关或闸刀</td><td>（1）触电；
（2）电弧灼伤；
（3）设备事故</td><td>3</td><td>1</td><td>15</td><td>45</td><td>2</td><td>（1）戴绝缘手套、安全帽，穿绝缘鞋；
（2）核实操作票内容和设备状态；
（3）执行监护制度，唱票，确认设备位置、名称标牌，严格执行操作票制度；
（4）与带电体保持安全距离</td></tr>
<tr><td>合上集电线路接地开关</td><td>（1）未确认操作内容；
（2）误碰带电体；
（3）操作顺序不当</td><td>（1）触电；
（2）电弧灼伤；
（3）设备事故</td><td>3</td><td>1</td><td>15</td><td>45</td><td>2</td><td>（1）核对设备名称和编号，检查设备状态；
（2）戴绝缘手套、安全帽，穿绝缘鞋；
（3）操作时与开关保持一定距离；
（4）操作前确认上一步骤已完成；
（5）合闸前验明确无电压；
（6）合闸后要对机械、电气指示进行确认</td></tr>
<tr><td>将集电开关摇至“检修”位置</td><td>（1）未确认操作内容；
（2）误碰带电体；
（3）操作顺序不当</td><td>（1）触电；
（2）电弧灼伤；
（3）设备事故</td><td>3</td><td>1</td><td>15</td><td>45</td><td>2</td><td>（1）核对设备名称和编号，检查设备状态；
（2）戴绝缘手套、安全帽，穿绝缘鞋；
（3）操作时与开关保持一定距离；
（4）操作前确认上一步骤已完成</td></tr>
<tr><td>操作后</td><td>检查作业现场</td><td>有工具遗留在作业现场</td><td>设备事故</td><td>3</td><td>1</td><td>15</td><td>45</td><td>2</td><td>操作完成后对现场进行检查，确保没有工具遗漏</td></tr>
</table>

25. 箱式变压器由热备用改为检修

<table>
<tr><td colspan="3">部门：</td><td colspan="5">分析日期：</td><td>记录编号：</td></tr>
<tr><td colspan="3">作业地点或分析范围：箱式变压器</td><td colspan="6">分析人：</td></tr>
<tr><td colspan="9">作业内容描述：箱式变压器由热备用改为检修</td></tr>
<tr><td colspan="9">主要作业风险：(1) 因工作对象不清或错误，或填错操作票造成误送电或设备带电；(2) 因走错间隔、误拉或误合开关造成触电、电弧灼伤、火灾、设备异常、设备故障</td></tr>
<tr><td colspan="9">控制措施：(1) 正确填写、核对工作票，双人确认操作电源系统、标牌和设备双重名称；(2) 操作时戴绝缘手套、面罩，穿绝缘鞋和防电弧服，正确使用验电器</td></tr>
<tr><td colspan="3">工作执行人签名：</td><td>日期：</td><td colspan="4">工作负责人开工前确认签名：</td><td>日期：</td></tr>
<tr><td colspan="2" rowspan="2">作业步骤</td><td rowspan="2">危害因素</td><td rowspan="2">可能导致的后果</td><td colspan="5">风险评价</td><td rowspan="2">控制措施</td></tr>
<tr><td>L</td><td>E</td><td>C</td><td>D</td><td>风险程度</td></tr>
<tr><td>作业环境</td><td>天气潮湿</td><td>设备潮湿引起短路</td><td>(1) 触电、电弧灼伤；
(2) 设备事故</td><td>1</td><td>3</td><td>15</td><td>45</td><td>2</td><td>(1) 选择适当时机操作，湿度过大时应采取相应措施；
(2) 保持设备干燥</td></tr>
<tr><td rowspan="6">操作前准备</td><td>接收操作指令</td><td>工作对象不清楚</td><td>(1) 触电；
(2) 设备事故</td><td>1</td><td>1</td><td>15</td><td>15</td><td>1</td><td>明确操作目的，防止弄错对象</td></tr>
<tr><td>确定操作对象、核对设备运行方式</td><td>误操作其他设备</td><td>(1) 触电；
(2) 设备事故</td><td>1</td><td>1</td><td>15</td><td>15</td><td>1</td><td>正确核对设备位置、名称和状态</td></tr>
<tr><td>填写操作票</td><td>填错操作票引起误操作</td><td>(1) 触电；
(2) 设备事故</td><td>3</td><td>1</td><td>15</td><td>15</td><td>1</td><td>(1) 正确填写操作票，检查操作票填写内容是否正确；
(2) 操作票填完必须经监护人和值长确认无误</td></tr>
<tr><td>选择合适的工器具</td><td>工器具选择不当</td><td>(1) 触电；
(2) 拖延检修进度</td><td>3</td><td>1</td><td>45</td><td>45</td><td>2</td><td>(1) 选择合适的工器具；
(2) 检查工器具，应完好、可靠；
(3) 正确使用工器具</td></tr>
<tr><td>穿戴合适的防护用品</td><td>防护用品穿戴不规范</td><td>(1) 触电；
(2) 电弧灼伤；
(3) 机械伤害</td><td>3</td><td>1</td><td>45</td><td>45</td><td>2</td><td>(1) 戴安全帽、穿绝缘鞋；
(2) 穿长袖工作服，扣好衣服和袖口；
(3) 戴绝缘手套</td></tr>
<tr><td>通信联系</td><td>通信不畅或通信错误</td><td>(1) 扩大事故；
(2) 加重人员伤害</td><td>3</td><td>1</td><td>45</td><td>45</td><td>2</td><td>(1) 携带对讲机，操作时保持联系；
(2) 保持通信设备电量充足</td></tr>
</table>

续表

作业步骤		危害因素	可能导致的后果	风险评价					控制措施
				L	E	C	D	风险程度	
操作前准备	工作班成员精神状态确认	（1）无法正常完成指定工作； （2）作业过程中无法清醒判断危险点	（1）触电； （2）设备事故	3	1	15	45	2	合理安排工作班成员，精神状态不佳者禁止工作
	环境	雷雨天气	（1）触电； （2）设备事故	3	1	15	45	2	雷雨天气禁止工作
操作过程	核对设备初始位置	（1）走错间隔； （2）误分、合开关或闸刀	（1）触电； （2）电弧灼伤； （3）设备事故	3	1	15	45	2	（1）戴绝缘手套、安全帽，穿绝缘鞋； （2）核实操作票内容和设备状态； （3）执行监护制度，唱票，确认设备位置、名称标牌，严格执行操作票制度； （4）与带电体保持安全距离
	合上箱式变压器接地开关	（1）未确认操作内容； （2）误碰带电体； （3）操作顺序不当	（1）触电； （2）电弧灼伤； （3）设备事故	3	1	15	45	2	（1）核对设备名称和编号，检查设备状态； （2）戴绝缘手套、安全帽，穿绝缘鞋； （3）操作时与开关保持一定距离； （4）操作前确认上一步骤已完成； （5）合闸前验明确无电压； （6）合闸后要对机械、电气指示进行确认
操作后	检查作业现场	有工具遗留在作业现场	设备事故	3	1	15	45	2	操作完成后对现场进行检查，确保没有工具遗漏

26. 35kV 站用变压器由运行改为开关及本体检修

部门：			分析日期：					记录编号：
作业地点或分析范围：35kV 配电室			分析人：					
作业内容描述：35kV 站用变压器由运行改为开关及本体检修								
主要作业风险：(1) 因工作对象不清或错误，或填错操作票造成误送电或设备带电；(2) 因走错间隔、误拉或误合开关造成触电、电弧灼伤、火灾、设备异常、设备故障								
控制措施：(1) 正确填写和核对工作票，双人确认操作电源系统、标牌和设备双重名称；(2) 操作时戴绝缘手套、面罩，穿绝缘鞋和防电弧服，正确使用验电器								
工作执行人签名：		日期：	工作负责人开工前确认签名：					日期：

作业步骤		危害因素	可能导致的后果	风险评价					控制措施
				L	*E*	*C*	*D*	风险程度	
作业环境	天气潮湿	设备潮湿引起短路	(1) 触电、电弧灼伤； (2) 设备事故	1	3	15	45	2	(1) 选择适当时机操作，湿度过大时应采取相应措施； (2) 保持设备干燥
操作前准备	接收操作指令	工作对象不清楚	(1) 触电； (2) 设备事故	1	1	15	15	1	明确操作目的，防止弄错对象
	确定操作对象、核对设备运行方式	误操作其他设备	(1) 触电； (2) 设备事故	1	1	15	15	1	正确核对设备位置、名称和状态
	填写操作票	填错操作票引起误操作	(1) 触电； (2) 设备事故	3	1	15	15	1	(1) 正确填写操作票，检查操作票填写内容是否正确； (2) 操作票填完后必须经监护人和值长确认无误
	选择合适的工器具	工器具选择不当	(1) 触电； (2) 拖延检修进度	3	1	45	45	2	(1) 选择合适的工器具； (2) 检查工器具，应完好可靠； (3) 正确使用工器具
	穿戴合适的防护用品	防护用品穿戴不规范	(1) 触电； (2) 电弧灼伤； (3) 机械伤害	3	1	45	45	2	(1) 戴安全帽、穿绝缘鞋； (2) 穿长袖工作服，扣好衣服和袖口； (3) 戴绝缘手套
	通信联系	通信不畅或通信错误	(1) 扩大事故； (2) 加重人员伤害	3	1	45	45	2	(1) 携带对讲机，操作时保持联系； (2) 保持通信设备电量充足
	工作班成员精神状态确认	(1) 无法正常完成指定工作； (2) 作业过程中无法清醒判断危险点	(1) 触电； (2) 设备事故	3	1	15	45	2	合理安排工作班成员，精神状态不佳者禁止工作

续表

<table>
<tr><th colspan="2" rowspan="2">作业步骤</th><th rowspan="2">危害因素</th><th rowspan="2">可能导致的后果</th><th colspan="5">风险评价</th><th rowspan="2">控制措施</th></tr>
<tr><th>L</th><th>E</th><th>C</th><th>D</th><th>风险程度</th></tr>
<tr><td rowspan="5">操作过程</td><td>核对设备初始位置</td><td>（1）走错间隔；
（2）误分、合开关或闸刀</td><td>（1）触电；
（2）电弧灼伤；
（3）设备事故</td><td>3</td><td>1</td><td>15</td><td>45</td><td>2</td><td>（1）戴绝缘手套、安全帽，穿绝缘鞋；
（2）核实操作票内容和设备状态；
（3）执行监护制度，唱票，确认设备位置、名称标牌，严格执行操作票制度；
（4）与带电体保持安全距离</td></tr>
<tr><td>在站用变压器高、低压侧验明确无电压</td><td>（1）未确认操作内容；
（2）误碰带电体；
（3）操作顺序不当</td><td>（1）触电；
（2）电弧灼伤；
（3）设备事故</td><td>3</td><td>1</td><td>15</td><td>45</td><td>2</td><td>（1）核对设备名称和编号，检查设备状态；
（2）戴绝缘手套、安全帽，穿绝缘鞋；
（3）操作时与带电设备保持安全距离</td></tr>
<tr><td>合上站用变压器35kV接地开关</td><td>（1）未确认操作内容；
（2）误碰带电体；
（3）操作顺序不当</td><td>（1）触电；
（2）电弧灼伤；
（3）设备事故</td><td>3</td><td>1</td><td>15</td><td>45</td><td>2</td><td>（1）核对设备名称和编号，检查设备状态；
（2）戴绝缘手套、安全帽，穿绝缘鞋；
（3）操作时与带电设备保持安全距离；
（4）开关合上后要对机械、电气指示进行确认</td></tr>
<tr><td>在站用变压器400V侧装设400V接地线一组</td><td>（1）操作不当；
（2）误碰带电体</td><td>（1）触电；
（2）机械伤害</td><td>3</td><td>1</td><td>15</td><td>45</td><td>2</td><td>（1）核对设备名称和编号，检查设备状态；
（2）戴绝缘手套、安全帽，穿绝缘鞋；
（3）操作前确认上一步骤已完成；
（4）安装牢固、可靠</td></tr>
<tr><td>将站用变压器35kV开关拉至“检修”位置</td><td>（1）未确认操作内容；
（2）误碰带电体；
（3）操作顺序不当</td><td>（1）触电；
（2）电弧灼伤；
（3）设备事故</td><td>3</td><td>1</td><td>15</td><td>45</td><td>2</td><td>（1）核对设备名称和编号，检查设备状态；
（2）戴绝缘手套、安全帽，穿绝缘鞋；
（3）操作时与带电设备保持安全距离；
（4）开关合上后要对机械、电气指示进行确认；
（5）操作前将远方、就地转换开关切换到“就地”位置</td></tr>
<tr><td>操作后</td><td>检查作业现场</td><td>有工具遗留在作业现场</td><td>设备事故</td><td>3</td><td>1</td><td>15</td><td>45</td><td>2</td><td>操作完成后对现场进行检查，确保没有工具遗漏</td></tr>
</table>

27. 无功补偿变压器由本体及35kV开关检修改为冷备用

<table>
<tr><td colspan="4">部门：</td><td colspan="5">分析日期：</td><td>记录编号：</td></tr>
<tr><td colspan="4">作业地点或分析范围：35kV配电室</td><td colspan="6">分析人：</td></tr>
<tr><td colspan="10">作业内容描述：无功补偿变压器由本体及35kV开关检修改为冷备用</td></tr>
<tr><td colspan="10">主要作业风险：(1) 因工作对象不清或错误，或填错操作票造成误送电或设备带电；(2) 因走错间隔、误拉或误合开关造成触电、电弧灼伤、火灾、设备异常、故障设备</td></tr>
<tr><td colspan="10">控制措施：(1) 正确填写、核对工作票，双人确认操作电源系统、标牌和设备的双重名称；(2) 操作时戴绝缘手套、面罩，穿绝缘鞋和防电弧服，正确使用验电器</td></tr>
<tr><td colspan="3">工作执行人签名：</td><td>日期：</td><td colspan="5">工作负责人开工前确认签名：</td><td>日期：</td></tr>
<tr><td colspan="2" rowspan="2">作业步骤</td><td rowspan="2">危害因素</td><td rowspan="2">可能导致的后果</td><td colspan="5">风险评价</td><td rowspan="2">控制措施</td></tr>
<tr><td>L</td><td>E</td><td>C</td><td>D</td><td>风险程度</td></tr>
<tr><td>作业环境</td><td>天气潮湿</td><td>设备潮湿引起短路</td><td>(1) 触电、电弧灼伤；
(2) 设备事故</td><td>1</td><td>3</td><td>15</td><td>45</td><td>2</td><td>(1) 选择适当时机操作，湿度过大时应采取相应措施；
(2) 保持设备干燥</td></tr>
<tr><td rowspan="6">操作前准备</td><td>接收操作指令</td><td>工作对象不清楚</td><td>(1) 触电；
(2) 设备事故</td><td>1</td><td>1</td><td>15</td><td>15</td><td>1</td><td>明确操作目的，防止弄错对象</td></tr>
<tr><td>确定操作对象、核对设备运行方式</td><td>误操作其他设备</td><td>(1) 触电；
(2) 设备事故</td><td>1</td><td>1</td><td>15</td><td>15</td><td>1</td><td>正确核对设备位置、名称和状态</td></tr>
<tr><td>填写操作票</td><td>填错操作票引起误操作</td><td>(1) 触电；
(2) 设备事故</td><td>3</td><td>1</td><td>15</td><td>15</td><td>1</td><td>(1) 正确填写操作票，检查操作票填写内容是否正确；
(2) 操作票填完后必须经监护人和值长确认无误</td></tr>
<tr><td>选择合适的工器具</td><td>工器具选择不当</td><td>(1) 触电；
(2) 拖延检修进度</td><td>3</td><td>1</td><td>45</td><td>45</td><td>2</td><td>(1) 选择合适的工器具；
(2) 检查工器具，应完好、可靠；
(3) 正确使用工器具</td></tr>
<tr><td>穿戴合适的防护用品</td><td>防护用品穿戴不规范</td><td>(1) 触电；
(2) 电弧灼伤；
(3) 机械伤害</td><td>3</td><td>1</td><td>45</td><td>45</td><td>2</td><td>(1) 戴安全帽、穿绝缘鞋；
(2) 穿长袖工作服，扣好衣服和袖口；
(3) 戴绝缘手套</td></tr>
<tr><td>通信联系</td><td>通信不畅或通信错误</td><td>(1) 扩大事故；
(2) 加重人员伤害</td><td>3</td><td>1</td><td>45</td><td>45</td><td>2</td><td>(1) 携带对讲机，操作时保持联系；
(2) 保持通信设备电量充足</td></tr>
</table>

续表

作业步骤		危害因素	可能导致的后果	风险评价					控制措施
				L	E	C	D	风险程度	
操作前准备	工作班成员精神状态确认	（1）无法正常完成指定工作； （2）作业过程中无法清醒判断危险点	（1）触电； （2）设备事故	3	1	15	45	2	合理安排工作班成员，精神状态不佳者禁止工作
	环境	雷雨天气	（1）触电； （2）设备事故	3	1	15	45	2	雷雨天气禁止工作
操作过程	核对设备初始位置	（1）走错间隔； （2）误分、合开关或闸刀	（1）触电； （2）电弧灼伤； （3）设备事故	3	1	15	45	2	（1）戴绝缘手套、安全帽，穿绝缘鞋； （2）核实操作票内容和设备状态； （3）执行监护制度，唱票，确认设备位置、名称标牌，严格执行操作票制度； （4）与带电体保持安全距离
	在无功补偿变压器高、低压侧验明确无电压	（1）未确认操作内容； （2）误碰带电体； （3）操作顺序不当	（1）触电； （2）电弧灼伤； （3）设备事故	3	1	15	45	2	（1）核对设备名称和编号，检查设备状态； （2）戴绝缘手套、安全帽，穿绝缘鞋； （3）操作时与带电设备保持安全距离
	合上无功补偿变压器35kV开关侧接地开关	（1）未确认操作内容； （2）误碰带电体； （3）操作顺序不当	（1）触电； （2）电弧灼伤； （3）设备事故	3	1	15	45	2	（1）核对设备名称和编号，检查设备状态； （2）戴绝缘手套、安全帽，穿绝缘鞋； （3）操作时保持一定距离； （4）操作前确认上一步骤已完成； （5）闸刀合闸后要对机械、电气指示进行确认
	合上35kV无功补偿变压器侧接地开关	（1）未确认操作内容； （2）误碰带电体； （3）操作顺序不当	（1）触电； （2）电弧灼伤； （3）设备事故	3	1	15	45	2	（1）核对设备名称和编号，检查设备状态； （2）戴绝缘手套、安全帽，穿绝缘鞋； （3）操作时保持一定距离； （4）操作前确认上一步骤已完成； （5）闸刀合闸后要对机械、电气指示进行确认
	在无功补偿变压器10kV侧装设10kV接地线一组	（1）操作不当； （2）误碰带电体	（1）触电； （2）机械伤害	3	1	15	45	2	（1）核对设备名称和编号，检查设备状态； （2）戴绝缘手套、安全帽，穿绝缘鞋； （3）操作前确认上一步骤已完成； （4）安装牢固、可靠

续表

<table>
<tr><th colspan="2" rowspan="2">作业步骤</th><th rowspan="2">危害因素</th><th rowspan="2">可能导致的后果</th><th colspan="5">风险评价</th><th rowspan="2">控制措施</th></tr>
<tr><th>L</th><th>E</th><th>C</th><th>D</th><th>风险程度</th></tr>
<tr><td>操作过程</td><td>将无功补偿变压器35kV开关摇至“检修”位置</td><td>(1) 未确认操作内容；
(2) 误碰带电体；
(3) 操作顺序不当</td><td>(1) 触电；
(2) 电弧灼伤；
(3) 设备事故</td><td>3</td><td>1</td><td>15</td><td>45</td><td>2</td><td>(1) 核对设备名称和编号，检查设备状态；
(2) 戴绝缘手套、安全帽，穿绝缘鞋；
(3) 操作时与带电设备保持一定距离；
(4) 开关合上后要对机械、电气指示进行确认</td></tr>
<tr><td>操作后</td><td>检查作业现场</td><td>有工具遗留在作业现场</td><td>设备事故</td><td>3</td><td>1</td><td>15</td><td>45</td><td>2</td><td>操作完成后对现场进行检查，确保没有工具遗漏</td></tr>
</table>

28. 35kV 母线由冷备用改为检修

部门：	分析日期：	记录编号：
作业地点或分析范围：35kV 配电室	分析人：	
作业内容描述：35kV 母线由冷备用改为检修		
主要作业风险：(1) 因工作对象不清或错误，或填错操作票造成误送电或设备带电；(2) 因走错间隔、误拉或误合开关造成触电、电弧灼伤、火灾、设备异常、设备故障		
控制措施：(1) 正确填写和核对工作票，双人确认操作电源系统、标牌和设备双重名称；(2) 操作时戴绝缘手套、面罩，穿绝缘鞋和防电弧服，正确使用验电器		
工作执行人签名： 日期：	工作负责人开工前确认签名：	日期：

作业步骤		危害因素	可能导致的后果	风险评价					控制措施
				L	E	C	D	风险程度	
作业环境	天气潮湿	设备潮湿引起短路	(1) 触电、电弧灼伤； (2) 设备事故	1	3	15	45	2	(1) 选择适当时机操作，湿度过大时应采取相应措施； (2) 保持设备干燥
操作前准备	接收操作指令	工作对象不清楚	(1) 触电； (2) 设备事故	1	1	15	15	1	明确操作目的，防止弄错对象
	确定操作对象、核对设备运行方式	误操作其他设备	(1) 触电； (2) 设备事故	1	1	15	15	1	正确核对设备位置、名称和状态
	填写操作票	填错操作票引起误操作	(1) 触电； (2) 设备事故	3	1	15	15	1	(1) 正确填写操作票，检查操作票填写内容是否正确； (2) 操作票填完后必须经监护人和值长确认无误
	选择合适的工器具	工器具选择不当	(1) 触电； (2) 拖延检修进度	3	1	45	45	2	(1) 选择合适的工器具； (2) 检查工器具，应完好、可靠； (3) 正确使用工器具
	穿戴合适的防护用品	防护用品穿戴不规范	(1) 触电； (2) 电弧灼伤； (3) 机械伤害	3	1	45	45	2	(1) 戴安全帽、穿绝缘鞋； (2) 穿长袖工作服，扣好衣服和袖口； (3) 戴绝缘手套
	通信联系	通信不畅或通信错误	(1) 扩大事故； (2) 加重人员伤害	3	1	45	45	2	(1) 携带对讲机，操作时保持联系； (2) 保持通信设备电量充足

续表

作业步骤		危害因素	可能导致的后果	风险评价					控制措施
				L	E	C	D	风险程度	
操作前准备	工作班成员精神状态确认	（1）无法正常完成指定工作； （2）作业过程中无法清醒判断危险点	（1）触电； （2）设备事故	3	1	15	45	2	合理安排工作班成员，精神状态不佳者禁止工作
	环境	雷雨天气	（1）触电； （2）设备事故	3	1	15	45	2	雷雨天气禁止工作
操作过程	核对设备初始位置	（1）走错间隔； （2）误碰带电设备	（1）触电； （2）电弧灼伤； （3）设备事故	3	1	15	45	2	（1）戴绝缘手套、安全帽，穿绝缘鞋； （2）核实操作票内容和设备状态； （3）执行监护制度，唱票，确认设备位置、名称标牌，严格执行操作票制度； （4）与带电体保持安全距离
	验明35kV母线确无电压	（1）未确认操作内容； （2）误碰带电体； （3）操作顺序不当	（1）触电； （2）电弧灼伤； （3）设备事故	3	1	15	45	2	（1）核对设备名称和编号，检查设备状态； （2）戴绝缘手套、安全帽，穿绝缘鞋； （3）操作时与带电设备保持一定距离
	将35kV母线验电小车拉至“工作”位置	（1）未确认操作内容； （2）误碰带电体； （3）操作顺序不当	（1）触电； （2）电弧灼伤； （3）设备事故	3	1	15	45	2	（1）核对设备名称和编号，检查设备状态； （2）戴绝缘手套、安全帽，穿绝缘鞋； （3）操作时与带电设备保持一定距离； （4）操作前确认上一步骤已完成
	将主变压器35kV开关拉至“检修”位置	（1）未确认操作内容； （2）误碰带电体； （3）操作顺序不当	（1）触电； （2）电弧灼伤； （3）设备事故	3	1	15	45	2	（1）核对设备名称和编号，检查设备状态； （2）戴绝缘手套、安全帽，穿绝缘鞋； （3）操作时与带电设备保持一定距离； （4）操作前确认上一步骤已完成
操作后	检查作业现场	有工具遗留在作业现场	设备事故	3	1	15	45	2	操作完成后对现场进行检查，确保没有工具遗漏

29. 主变压器110kV开关由冷备用改为检修

<table>
<tr><td colspan="3">部门：</td><td colspan="6">分析日期：</td><td>记录编号：</td></tr>
<tr><td colspan="3">作业地点或分析范围：主变压器区域</td><td colspan="7">分析人：</td></tr>
<tr><td colspan="10">作业内容描述：主变压器110kV开关由冷备用改为检修</td></tr>
<tr><td colspan="10">主要作业风险：(1) 因工作对象不清或错误，或填错操作票造成误送电或设备带电；(2) 因走错间隔、误拉或误合开关造成触电、电弧灼伤、火灾、设备异常、设备故障</td></tr>
<tr><td colspan="10">控制措施：(1) 正确填写、核对工作票，双人确认操作电源系统、标牌和设备双重名称；(2) 操作时戴绝缘手套、面罩，穿绝缘鞋和防电弧服，正确使用验电器</td></tr>
<tr><td colspan="3">工作执行人签名：</td><td>日期：</td><td colspan="5">工作负责人开工前确认签名：</td><td>日期：</td></tr>
<tr><td colspan="2" rowspan="2">作业步骤</td><td rowspan="2">危害因素</td><td rowspan="2">可能导致的后果</td><td colspan="5">风险评价</td><td rowspan="2">控制措施</td></tr>
<tr><td>L</td><td>E</td><td>C</td><td>D</td><td>风险程度</td></tr>
<tr><td>作业环境</td><td>天气潮湿</td><td>设备潮湿引起短路</td><td>(1) 触电、电弧灼伤；
(2) 设备事故</td><td>1</td><td>3</td><td>15</td><td>45</td><td>2</td><td>(1) 选择适当时机操作，湿度过大时应采取相应措施；
(2) 保持设备干燥</td></tr>
<tr><td rowspan="6">操作前准备</td><td>接收操作指令</td><td>工作对象不清楚</td><td>(1) 触电；
(2) 设备事故</td><td>1</td><td>1</td><td>15</td><td>15</td><td>1</td><td>明确操作目的，防止弄错对象</td></tr>
<tr><td>确定操作对象、核对设备运行方式</td><td>误操作其他设备</td><td>(1) 触电；
(2) 设备事故</td><td>1</td><td>1</td><td>15</td><td>15</td><td>1</td><td>正确核对设备位置、名称和状态</td></tr>
<tr><td>填写操作票</td><td>填错操作票引起误操作</td><td>(1) 触电；
(2) 设备事故</td><td>3</td><td>1</td><td>15</td><td>15</td><td>1</td><td>(1) 正确填写操作票，检查操作票填写内容是否正确；
(2) 操作票填完后须经监护人和值长确认无误</td></tr>
<tr><td>选择合适的工器具</td><td>工器具选择不当</td><td>(1) 触电；
(2) 拖延检修进度</td><td>3</td><td>1</td><td>45</td><td>45</td><td>2</td><td>(1) 选择合适的工器具；
(2) 检查工器具，应完好、可靠；
(3) 正确使用工器具</td></tr>
<tr><td>穿戴合适的防护用品</td><td>防护用品穿戴不规范</td><td>(1) 触电；
(2) 电弧灼伤；
(3) 机械伤害</td><td>3</td><td>1</td><td>45</td><td>45</td><td>2</td><td>(1) 戴安全帽、穿绝缘鞋；
(2) 穿长袖工作服，扣好衣服和袖口；
(3) 戴绝缘手套</td></tr>
<tr><td>通信联系</td><td>通信不畅或通信错误</td><td>(1) 扩大事故；
(2) 加重人员伤害</td><td>3</td><td>1</td><td>45</td><td>45</td><td>2</td><td>(1) 携带对讲机，操作时保持联系；
(2) 保持通信设备电量充足</td></tr>
</table>

续表

作业步骤		危害因素	可能导致的后果	风险评价					控制措施
				L	E	C	D	风险程度	
操作前准备	工作班成员精神状态确认	（1）无法正常完成指定工作；（2）作业过程中无法清醒判断危险点	（1）触电；（2）设备事故	3	1	15	45	2	合理安排工作班成员，精神状态不佳者禁止工作
	环境	雷雨天气	（1）触电；（2）设备事故	3	1	15	45	2	雷雨天气禁止工作
操作过程	核对设备初始位置	（1）走错间隔；（2）误分、合开关或闸刀	（1）触电；（2）电弧灼伤；（3）设备事故	3	1	15	45	2	（1）戴绝缘手套、安全帽，穿绝缘鞋；（2）核实操作票内容和设备状态；（3）执行监护制度，唱票，确认设备位置、名称标牌，严格执行操作票制度；（4）与带电体保持安全距离
	合上主变压器110kV开关主变压器侧接地开关	（1）未确认操作内容；（2）误碰带电体；（3）操作顺序不当	（1）触电；（2）电弧灼伤；（3）设备事故	3	1	15	45	2	（1）核对设备名称和编号，检查设备状态；（2）戴绝缘手套、安全帽，穿绝缘鞋；（3）操作前确认上一步骤已完成；（4）对机械、电气指示进行确认
操作后	检查作业现场	有工具遗留在作业现场	设备事故	3	1	15	45	2	操作完成后对现场进行检查，确保没有工具遗漏

30. 主变压器35kV开关由冷备用改为检修

<table>
<tr><td colspan="3">部门：</td><td colspan="5">分析日期：</td><td>记录编号：</td></tr>
<tr><td colspan="3">作业地点或分析范围：主变压器区域</td><td colspan="6">分析人：</td></tr>
<tr><td colspan="9">作业内容描述：主变压器35kV开关由冷备用改为检修</td></tr>
<tr><td colspan="9">主要作业风险：(1) 因工作对象不清或错误，或填错操作票造成误送电或设备带电；(2) 因走错间隔、误拉或误合开关造成触电、电弧灼伤、火灾、设备异常、设备故障</td></tr>
<tr><td colspan="9">控制措施：(1) 正确填写、核对工作票，双人确认操作电源系统、标牌和设备双重名称；(2) 操作时戴绝缘手套、面罩，穿绝缘鞋和防电弧服，正确使用验电器</td></tr>
<tr><td colspan="2">工作执行人签名：</td><td>日期：</td><td colspan="5">工作负责人开工前确认签名：</td><td>日期：</td></tr>
<tr><td rowspan="2" colspan="2">作业步骤</td><td rowspan="2">危害因素</td><td rowspan="2">可能导致的后果</td><td colspan="5">风险评价</td><td rowspan="2">控制措施</td></tr>
<tr><td>L</td><td>E</td><td>C</td><td>D</td><td>风险程度</td></tr>
<tr><td>作业环境</td><td>天气潮湿</td><td>设备潮湿引起短路</td><td>(1) 触电、电弧灼伤；
(2) 设备事故</td><td>1</td><td>3</td><td>15</td><td>45</td><td>2</td><td>(1) 选择适当时机操作，湿度过大时应采取相应措施；
(2) 保持设备干燥</td></tr>
<tr><td rowspan="7">操作前准备</td><td>接收操作指令</td><td>工作对象不清楚</td><td>(1) 触电；
(2) 设备事故</td><td>1</td><td>1</td><td>15</td><td>15</td><td>1</td><td>明确操作目的，防止弄错对象</td></tr>
<tr><td>确定操作对象、核对设备运行方式</td><td>误操作其他设备</td><td>(1) 触电；
(2) 设备事故</td><td>1</td><td>1</td><td>15</td><td>15</td><td>1</td><td>正确核对设备位置、名称和状态</td></tr>
<tr><td>填写操作票</td><td>填错操作票引起误操作</td><td>(1) 触电；
(2) 设备事故</td><td>3</td><td>1</td><td>15</td><td>15</td><td>1</td><td>(1) 正确填写操作票，检查操作票填写内容是否正确；
(2) 操作票填完后必须经监护人和值长确认无误</td></tr>
<tr><td>选择合适的工器具</td><td>工器具选择不当</td><td>(1) 触电；
(2) 拖延检修进度</td><td>3</td><td>1</td><td>45</td><td>45</td><td>2</td><td>(1) 选择合适的工器具；
(2) 检查工器具，应完好、可靠；
(3) 正确使用工器具</td></tr>
<tr><td>穿戴合适的防护用品</td><td>防护用品穿戴不规范</td><td>(1) 触电；
(2) 电弧灼伤；
(3) 机械伤害</td><td>3</td><td>1</td><td>45</td><td>45</td><td>2</td><td>(1) 戴安全帽、穿绝缘鞋；
(2) 穿长袖工作服，扣好衣服和袖口；
(3) 戴绝缘手套</td></tr>
<tr><td>通信联系</td><td>通信不畅或通信错误</td><td>(1) 扩大事故；
(2) 加重人员伤害</td><td>3</td><td>1</td><td>45</td><td>45</td><td>2</td><td>(1) 携带对讲机，操作时保持联系；
(2) 保持通信设备电量充足</td></tr>
</table>

续表

<table>
<tr><th colspan="2" rowspan="2">作业步骤</th><th rowspan="2">危害因素</th><th rowspan="2">可能导致的后果</th><th colspan="5">风险评价</th><th rowspan="2">控制措施</th></tr>
<tr><th>L</th><th>E</th><th>C</th><th>D</th><th>风险程度</th></tr>
<tr><td rowspan="2">操作前准备</td><td>工作班成员精神状态确认</td><td>(1) 无法正常完成指定工作；
(2) 作业过程中无法清醒判断危险点</td><td>(1) 触电；
(2) 设备事故</td><td>3</td><td>1</td><td>15</td><td>45</td><td>2</td><td>合理安排工作班成员，精神状态不佳者禁止工作</td></tr>
<tr><td>环境</td><td>雷雨天气</td><td>(1) 触电；
(2) 设备事故</td><td>3</td><td>1</td><td>15</td><td>45</td><td>2</td><td>雷雨天气禁止工作</td></tr>
<tr><td rowspan="2">操作过程</td><td>核对设备初始位置</td><td>(1) 走错间隔；
(2) 误分、合开关或闸刀</td><td>(1) 触电；
(2) 电弧灼伤；
(3) 设备事故</td><td>3</td><td>1</td><td>15</td><td>45</td><td>2</td><td>(1) 戴绝缘手套、安全帽，穿绝缘鞋；
(2) 核实操作票内容和设备状态；
(3) 执行监护制度，唱票，确认设备位置、名称标牌，严格执行操作票制度；
(4) 与带电体保持安全距离</td></tr>
<tr><td>将主变压器35kV开关小车拉至“检修”位置</td><td>(1) 未确认操作内容；
(2) 误碰带电体；
(3) 操作顺序不当</td><td>(1) 触电；
(2) 电弧灼伤；
(3) 设备事故</td><td>3</td><td>1</td><td>15</td><td>45</td><td>2</td><td>(1) 核对设备名称和编号，检查设备状态；
(2) 戴绝缘手套、安全帽，穿绝缘鞋；
(3) 操作时与带电设备保持一定距离；
(4) 操作前确认上一步骤已完成；
(5) 对机械、电气指示进行确认</td></tr>
<tr><td>操作后</td><td>检查作业现场</td><td>有工具遗留在作业现场</td><td>设备事故</td><td>3</td><td>1</td><td>15</td><td>45</td><td>2</td><td>操作完成后对现场进行检查，确保没有工具遗漏</td></tr>
</table>

31. 110kV 主变压器由冷备用改为检修

<table>
<tr><td colspan="3">部门：</td><td colspan="5">分析日期：</td><td>记录编号：</td></tr>
<tr><td colspan="3">作业地点或分析范围：主变压器区域</td><td colspan="6">分析人：</td></tr>
<tr><td colspan="9">作业内容描述：110kV 主变压器由冷备用改为检修</td></tr>
<tr><td colspan="9">主要作业风险：(1) 因工作对象不清或错误，或填错操作票造成误送电或设备带电；(2) 因走错间隔、误拉或误合开关造成触电、电弧灼伤、火灾、设备异常、设备故障。</td></tr>
<tr><td colspan="9">控制措施：(1) 正确填写、核对工作票，双人确认操作电源系统、标牌和设备双重名称；(2) 操作时戴绝缘手套、面罩，穿绝缘鞋和防电弧服，正确使用验电器</td></tr>
<tr><td colspan="2">工作执行人签名：</td><td>日期：</td><td colspan="5">工作负责人开工前确认签名：</td><td>日期：</td></tr>
<tr><td rowspan="2">作业步骤</td><td rowspan="2">危害因素</td><td rowspan="2">可能导致的后果</td><td colspan="5">风险评价</td><td rowspan="2">控制措施</td></tr>
<tr><td>L</td><td>E</td><td>C</td><td>D</td><td>风险程度</td></tr>
<tr><td>作业环境
天气潮湿</td><td>设备潮湿引起短路</td><td>(1) 触电、电弧灼伤；
(2) 设备事故</td><td>1</td><td>3</td><td>15</td><td>45</td><td>2</td><td>(1) 选择适当时机操作，湿度过大时应采取相应措施；
(2) 保持设备干燥</td></tr>
<tr><td>操作前准备
接收操作指令</td><td>工作对象不清楚</td><td>(1) 触电；
(2) 设备事故</td><td>1</td><td>1</td><td>15</td><td>15</td><td>1</td><td>明确操作目的，防止弄错对象</td></tr>
<tr><td>确定操作对象、核对设备运行方式</td><td>误操作其他设备</td><td>(1) 触电；
(2) 设备事故</td><td>1</td><td>1</td><td>15</td><td>15</td><td>1</td><td>正确核对设备位置、名称和状态</td></tr>
<tr><td>填写操作票</td><td>填错操作票引起误操作</td><td>(1) 触电；
(2) 设备事故</td><td>3</td><td>1</td><td>15</td><td>15</td><td>1</td><td>(1) 正确填写操作票，检查操作票填写内容是否正确；
(2) 操作票填完后须经监护人和值长确认无误</td></tr>
<tr><td>选择合适的工器具</td><td>工器具选择不当</td><td>(1) 触电；
(2) 拖延检修进度</td><td>3</td><td>1</td><td>45</td><td>45</td><td>2</td><td>(1) 选择合适的工器具；
(2) 检查工器具，应完好、可靠；
(3) 正确使用工器具</td></tr>
<tr><td>穿戴合适的防护用品</td><td>防护用品穿戴不规范</td><td>(1) 触电；
(2) 电弧灼伤；
(3) 机械伤害</td><td>3</td><td>1</td><td>45</td><td>45</td><td>2</td><td>(1) 戴安全帽、穿绝缘鞋；
(2) 穿长袖工作服，扣好衣服和袖口；
(3) 戴绝缘手套</td></tr>
<tr><td>通信联系</td><td>通信不畅或通信错误</td><td>(1) 扩大事故；
(2) 加重人员伤害</td><td>3</td><td>1</td><td>45</td><td>45</td><td>2</td><td>(1) 携带对讲机，操作时保持联系；
(2) 保持通信设备电量充足</td></tr>
</table>

续表

作业步骤		危害因素	可能导致的后果	风险评价					控制措施
				L	E	C	D	风险程度	
操作前准备	工作班成员精神状态确认	(1) 无法正常完成指定工作； (2) 作业过程中无法清醒判断危险点	(1) 触电； (2) 设备事故	3	1	15	45	2	合理安排工作班成员，精神状态不佳者禁止工作
	环境	雷雨天气	(1) 触电； (2) 设备事故	3	1	15	45	2	雷雨天气禁止工作
操作过程	核对设备初始位置	(1) 走错间隔； (2) 误分、合开关或闸刀	(1) 触电； (2) 电弧灼伤； (3) 设备事故	3	1	15	45	2	(1) 戴绝缘手套、安全帽，穿绝缘鞋； (2) 核实操作票内容和设备状态； (3) 执行监护制度，唱票，确认设备位置、名称标牌，严格执行操作票制度； (4) 与带电体保持安全距离
	在主变压器高、低压侧验明确无电压	(1) 未确认操作内容； (2) 误碰带电体； (3) 操作顺序不当	(1) 触电； (2) 电弧灼伤； (3) 设备事故	3	1	15	45	2	(1) 核对设备名称和编号，检查设备状态； (2) 戴绝缘手套、安全帽，穿绝缘鞋； (3) 操作时与带电设备保持安全距离
	在主变压器35kV侧装设35kV接地线一组	(1) 未确认操作内容； (2) 误碰带电体； (3) 操作顺序不当	(1) 触电； (2) 电弧灼伤； (3) 设备事故	3	1	15	45	2	(1) 核对设备名称和编号，检查设备状态； (2) 戴绝缘手套、安全帽，穿绝缘鞋； (3) 操作时与带电设备保持安全距离； (4) 操作前确认上一步骤已完成； (5) 接地线电压等级相对应且安全牢固可靠
	在主变压器110kV侧装设110kV接地线一组	(1) 未确认操作内容； (2) 误碰带电体； (3) 操作顺序不当	(1) 触电； (2) 电弧灼伤； (3) 设备事故	3	1	15	45	2	(1) 核对设备名称和编号，检查设备状态； (2) 戴绝缘手套、安全帽，穿绝缘鞋； (3) 操作时与带电设备保持安全距离； (4) 操作前确认上一步骤已完成； (5) 接地线电压等级对应，且安装安全、牢固、可靠
操作后	检查作业现场	有工具遗留在作业现场	设备事故	3	1	15	45	2	操作完成后对现场进行检查，确保没有工具遗漏

九、光伏设备检修

1. 更换光伏组件

<table>
<tr><td colspan="4">部门：</td><td colspan="5">分析日期：</td><td>记录编号：</td></tr>
<tr><td colspan="4">作业地点或分析范围：光伏组件</td><td colspan="6">分析人：</td></tr>
<tr><td colspan="10">作业内容描述：更换光伏组件</td></tr>
<tr><td colspan="10">主要作业风险：(1) 因使用不合适的工器具、穿戴不合适的劳动防护用品导致巡检人员受伤害；(2) 触电；(3) 灼伤；(4) 跌倒；(5) 车辆伤害；(6) 高处坠落</td></tr>
<tr><td colspan="10">控制措施：(1) 正确穿戴劳动防护用品，正确使用工器具；(2) 进入巡检现场检查周围环境；(3) 配备防暑药品</td></tr>
<tr><td colspan="3">工作执行人签名：</td><td>日期：</td><td colspan="5">工作负责人开工前确认签名：</td><td>日期：</td></tr>
<tr><td colspan="2" rowspan="2">作业步骤</td><td rowspan="2">危害因素</td><td rowspan="2">可能导致的后果</td><td colspan="5">风险评价</td><td rowspan="2">控制措施</td></tr>
<tr><td>L</td><td>E</td><td>C</td><td>D</td><td>风险程度</td></tr>
<tr><td rowspan="2">作业环境</td><td>雷、雨、雪天气</td><td>(1) 雷击；
(2) 道路湿滑、泥泞</td><td>(1) 触电、火灾灼伤；
(2) 跌倒</td><td>1</td><td>3</td><td>7</td><td>21</td><td>2</td><td>(1) 正确戴安全帽；
(2) 正确穿绝缘鞋；
(3) 雷雨天气禁止外出作业</td></tr>
<tr><td>高温天气</td><td>中暑</td><td>人身伤害</td><td>1</td><td>3</td><td>7</td><td>21</td><td>2</td><td>(1) 合理安排外出工作，及时规避高温天气；
(2) 配备防暑药品</td></tr>
<tr><td rowspan="3">检修前准备</td><td>安全措施确认</td><td>(1) 安全措施不全或不正确；
(2) 走错间隔</td><td>(1) 触电；
(2) 设备事故</td><td>1</td><td>1</td><td>7</td><td>7</td><td>1</td><td>(1) 工作负责人、工作许可人应认真检查工作票所列安全措施是否正确、完备，是否符合现场实际条件；
(2) 检修前确认设备间隔位置；
(3) 戴绝缘手套，穿绝缘鞋和防电弧服；
(4) 使用合格的验电设备验电</td></tr>
<tr><td>安全交底</td><td>(1) 扩大工作范围；
(2) 走错间隔或误碰带电设备</td><td>(1) 触电；
(2) 设备事故</td><td>1</td><td>1</td><td>7</td><td>7</td><td>1</td><td>(1) 工作前对工作班成员进行工作任务明示；
(2) 对工作班成员进行安全技术交底</td></tr>
<tr><td>工器具准备</td><td>(1) 使用的工器具无法达到检修作业要求；
(2) 工具不全，或工具破损；
(3) 使用的试验仪器超过检验期</td><td>触电</td><td>1</td><td>1</td><td>7</td><td>7</td><td>1</td><td>检修前确认工器具及试验仪器状态，使用合格的工器具及试验仪器</td></tr>
</table>

续表

作业步骤		危害因素	可能导致的后果	风险评价					控制措施
				L	E	C	D	风险程度	
检修前准备	个人防护用品准备	(1) 未正确使用安全帽、绝缘手套、绝缘靴； (2) 个人防护用品防护等级不符合要求或过期	(1) 触电； (2) 机械伤害	1	1	15	15	1	(1) 正确戴安全帽、绝缘手套，穿绝缘靴； (2) 使用合格的个人防护用品
	工作班成员精神状态确认	(1) 无法正常完成指定工作； (2) 作业过程中无法清醒判断设备是否带电	(1) 触电； (2) 机械伤害； (3) 设备故障	1	1	15	15	1	合理安排工作班成员，精神状态不佳者禁止工作
	执行安全措施	(1) 拉错开关、走错间隔； (2) 漏执行安全措施	(1) 触电； (2) 设备事故	1	1	15	15	1	(1) 严格按照工作票执行安全措施； (2) 执行安全措施时必须有监护人在场
	环境	(1) 道路泥泞、湿滑； (2) 雷、雨、雪天气	(1) 车辆伤害； (2) 跌倒	10	3	3	90	3	(1) 提前注意天气变化，有效规避恶劣天气； (2) 遇特殊路况，减速慢行； (3) 正确使用安全保护用具（安全帽、劳保鞋等）
	车辆	(1) 车辆缺陷； (2) 超速行驶	人身伤害	6	3	3	54	2	(1) 行车前检查车辆状况； (2) 系好安全带，减速慢行
检修过程	停运对应控制器或逆变器	(1) 走错位置； (2) 设备缺陷	(1) 触电； (2) 高处坠落	1	2	15	30	2	(1) 戴绝缘手套、安全帽； (2) 使用钳形电流表验电
	更换光伏组件	(1) 设备缺陷； (2) 高处作业	(1) 触电； (2) 高处坠落	1	2	15	30	2	(1) 观察光伏组件外观是否存在严重损坏，组件是否有效接地； (2) 断电后，并用万用表测量组件边框确无电压； (3) 高处作业前佩戴安全帽、安全带、限位绳
	紧固光伏组件	(1) 设备缺陷； (2) 高处作业	(1) 触电； (2) 高处坠落	1	2	15	30	2	(1) 观察光伏组件外观是否存在严重损坏，组件是否有效接地； (2) 断电后，并用万用表测量组件边框确无电压； (3) 高处作业前佩戴安全帽、安全带、限位绳
	安装 MC4 插头	(1) 走错位置； (2) 设备缺陷	(1) 触电； (2) 高处坠落	1	2	15	30	2	(1) 戴绝缘手套、安全帽； (2) 使用钳形电流表验电

续表

<table>
<tr><th colspan="2" rowspan="2">作业步骤</th><th rowspan="2">危害因素</th><th rowspan="2">可能导致的后果</th><th colspan="5">风险评价</th><th rowspan="2">控制措施</th></tr>
<tr><th>L</th><th>E</th><th>C</th><th>D</th><th>风险程度</th></tr>
<tr><td rowspan="2">完工阶段</td><td>完工恢复</td><td>（1）连接件和紧固件螺栓紧固未达标；
（2）临时短接线、接地线未拆除；
（3）检修后设备接线不正确</td><td>（1）设备事故；
（2）电灼伤</td><td>1</td><td>1</td><td>15</td><td>15</td><td>1</td><td>（1）检查连接件和紧固件螺栓；
（2）严格按照工作票执行恢复工作；
（3）恢复工作后，经工作负责人最终检查确认，方可办理工作终结手续</td></tr>
<tr><td>结束工作</td><td>（1）遗漏工器具；
（2）现场遗留检修杂物；
（3）不结束工作票</td><td>设备事故</td><td>1</td><td>1</td><td>15</td><td>15</td><td>1</td><td>（1）收齐并检查工器具；
（2）清扫检修现场；
（3）结束工作票</td></tr>
</table>

2. 可调节支架传动轴卡涩处理

<table>
<tr><td colspan="4">部门：</td><td colspan="5">分析日期：</td><td>记录编号：</td></tr>
<tr><td colspan="4">作业地点或分析范围：可调节支架</td><td colspan="6">分析人：</td></tr>
<tr><td colspan="10">作业内容描述：可调节支架传动轴卡涩处理</td></tr>
<tr><td colspan="10">主要作业风险：(1) 人员思想不稳；(2) 人员精神状态不佳；(3) 着火；(4) 高处落物；(5) 车辆伤害；(6) 环境因素；(7) 触电；(8) 高处坠落</td></tr>
<tr><td colspan="10">控制措施：(1) 办理工作票，手动停机并切至维护状态，挂牌；(2) 穿戴个人防护用品；(3) 设备恢复运行状态前进行全面检查</td></tr>
<tr><td colspan="2">工作负责人签名：</td><td>日期：</td><td colspan="2">工作票签发人签名：</td><td colspan="2">日期：</td><td colspan="2">工作许可人签名：</td><td>日期：</td></tr>
<tr><td colspan="2" rowspan="2">作业步骤</td><td rowspan="2">危害因素</td><td rowspan="2">可能导致的后果</td><td colspan="5">风险评价</td><td rowspan="2">控制措施</td></tr>
<tr><td>L</td><td>E</td><td>C</td><td>D</td><td>风险程度</td></tr>
<tr><td>作业环境</td><td>环境</td><td>(1) 雷雨天气；
(2) 冬季覆冰掉落；
(3) 夏季高温作业；
(4) 水上巡检；
(5) 蛇虫叮咬</td><td>人身伤害</td><td>1</td><td>6</td><td>7</td><td>42</td><td>2</td><td>(1) 雷雨天气禁止靠近设备，不得从事巡检工作，突遇雷雨天气时及时撤离；
(2) 光伏组件上有结冰现象且有覆冰掉落危险时，禁止人员靠近；
(3) 夏季高温作业时，做好防暑措施；
(4) 水上设备巡检时，正确穿着救生衣；
(5) 在户外草丛中行走时，做好防蛇、蜜蜂等叮咬工作</td></tr>
<tr><td rowspan="3">检修前准备</td><td>交通</td><td>(1) 车况异常；
(2) 驾乘人员未正确系安全带；
(3) 道路湿滑</td><td>(1) 人身伤害；
(2) 车辆事故</td><td>10</td><td>3</td><td>3</td><td>90</td><td>3</td><td>(1) 出车前检查车况；
(2) 行车过程中，驾乘人员正确系好安全带；
(3) 根据道路情况，车辆减速慢行，并定期对道路进行清理维护</td></tr>
<tr><td>安全措施确认</td><td>拉错开关或误送电导致设备带电或误动</td><td>(1) 触电；
(2) 机械伤害；
(3) 设备故障</td><td>1</td><td>1</td><td>7</td><td>7</td><td>1</td><td>(1) 办理工作票，确认执行安全措施；
(2) 使用个人防护用品；
(3) 在平单轴电动机电源空气断路器处悬挂“禁止合闸，有人工作”标示牌</td></tr>
<tr><td>安全交底</td><td>(1) 扩大工作范围；
(2) 走错机位或误碰带电设备</td><td>(1) 触电；
(2) 设备故障</td><td>1</td><td>1</td><td>7</td><td>7</td><td>1</td><td>(1) 工作前对工作班成员进行工作地点及任务明示；
(2) 对工作班成员进行安全技术交底</td></tr>
</table>

续表

<table>
<tr><th colspan="2" rowspan="2">作业步骤</th><th rowspan="2">危害因素</th><th rowspan="2">可能导致的后果</th><th colspan="5">风险评价</th><th rowspan="2">控制措施</th></tr>
<tr><th>L</th><th>E</th><th>C</th><th>D</th><th>风险程度</th></tr>
<tr><td rowspan="3">检修前准备</td><td>个人防护用品准备</td><td>（1）未正确戴安全帽、穿工作服；
（2）个人防护用品防护等级不符合要求或过期；
（3）水上作业时，未穿着救生衣</td><td>（1）触电；
（2）其他伤害；
（3）人身伤害</td><td>1</td><td>1</td><td>15</td><td>15</td><td>1</td><td>（1）正确穿戴安全帽及工作服；
（2）使用在安全使用期内的安全带，并正确佩戴；
（3）水上作业时，正确穿着救生衣</td></tr>
<tr><td>工器具准备</td><td>（1）使用的工器具无法达到工作要求；
（2）工具不全，或工具破损；
（3）工具未定期检测或检测不合格</td><td>（1）机械伤害；
（2）触电</td><td>1</td><td>1</td><td>7</td><td>7</td><td>1</td><td>（1）做好工具、消耗材料的准备工作；
（2）使用电动工具前要检查其是否合格，电源要有剩余电流动作装置，使用结束立即关掉电源，使用期间如遇停电应立即拔掉电源，防止来电时电动工具突然自行转动，对工作人员或设备造成机械伤害；
（3）使用工器具前要进行检查，确认扳手没有裂痕、断口等安全隐患后方可使用，严禁使用活扳手，应使用梅花扳手</td></tr>
<tr><td>工作班成员精神状态确认</td><td>（1）无法正常完成指定工作；
（2）作业过程中无法清醒判断带电设备及旋转设备；
（3）作业过程中出现昏厥现象</td><td>（1）触电；
（2）机械伤害；
（3）高处坠落；
（4）设备故障</td><td>1</td><td>1</td><td>15</td><td>15</td><td>1</td><td>合理安排工作班成员，精神状态不佳者禁止工作</td></tr>
<tr><td rowspan="2">检修过程</td><td>攀爬平单轴</td><td>（1）平单轴传动机构松动；
（2）工器具未摆放在正确位置；
（3）未系安全带或未正确系好安全带</td><td>（1）高处坠落；
（2）物体打击；
（3）工器具损坏</td><td>1</td><td>2</td><td>15</td><td>30</td><td>2</td><td>（1）开工前检查平单轴传动机构是否牢固；
（2）加固不牢固传动轴；
（3）系好安全带，使用工具袋等；
（4）水上作业时正确穿着救生衣</td></tr>
<tr><td>可调节支架传动轴卡涩处理</td><td>（1）误碰其他带电设备；
（2）身体接触润滑油脂</td><td>（1）设备故障；
（2）触电；
（3）油腐蚀</td><td>1</td><td>2</td><td>15</td><td>30</td><td>2</td><td>（1）与带电设备保持安全距离，并对带电区域悬挂标示牌；
（2）工作人员应穿绝缘鞋；
（3）添加油脂时，戴防油腐蚀手套</td></tr>
<tr><td>恢复检验</td><td>结束工作</td><td>（1）遗漏工器具；
（2）现场遗留检修杂物；
（3）不结束工作票；
（4）工作班成员未全部撤离</td><td>（1）人身伤害；
（2）设备故障</td><td>1</td><td>3</td><td>15</td><td>45</td><td>2</td><td>（1）收齐并检查工器具；
（2）清扫检修现场；
（3）结束工作票</td></tr>
</table>

3. 可调节支架传感器故障处理

<table>
<tr><td colspan="3">部门：</td><td colspan="6">分析日期：</td><td>记录编号：</td></tr>
<tr><td colspan="3">作业地点或分析范围：可调节支架</td><td colspan="7">分析人：</td></tr>
<tr><td colspan="10">作业内容描述：可调节支架传感器故障处理</td></tr>
<tr><td colspan="10">主要作业风险：(1) 人员思想不稳；(2) 人员精神状态不佳；(3) 着火；(4) 高处落物；(5) 车辆伤害；(6) 环境因素；(7) 触电；(8) 高处坠落；(9) 机械伤害</td></tr>
<tr><td colspan="10">控制措施：(1) 办理工作票，手动停机并切至维护状态，挂牌；(2) 穿戴个人防护用品；(3) 设备恢复运行状态前进行全面检查</td></tr>
<tr><td colspan="2">工作负责人签名：</td><td>日期：</td><td>工作票签发人签名：</td><td colspan="3">日期：</td><td colspan="2">工作许可人签名：</td><td>日期：</td></tr>
<tr><td colspan="2" rowspan="2">作业步骤</td><td rowspan="2">危害因素</td><td rowspan="2">可能导致的后果</td><td colspan="5">风险评价</td><td rowspan="2">控制措施</td></tr>
<tr><td>L</td><td>E</td><td>C</td><td>D</td><td>风险程度</td></tr>
<tr><td>作业环境</td><td>环境</td><td>(1) 雷雨天气；
(2) 冬季覆冰掉落；
(3) 夏季高温作业；
(4) 水上作业；
(5) 蛇虫叮咬</td><td>人身伤害</td><td>1</td><td>6</td><td>7</td><td>42</td><td>2</td><td>(1) 雷雨天气禁止靠近设备，不得从事巡检工作，突遇雷雨天气时及时撤离；
(2) 光伏组件上有结冰现象且有覆冰掉落危险时，禁止人员靠近；
(3) 夏季高温作业时，做好防暑措施；
(4) 水上作业时，正确穿着救生衣；
(5) 在户外草丛中行走时，做好防蛇、蜜蜂等叮咬工作</td></tr>
<tr><td rowspan="3">检修前准备</td><td>交通</td><td>(1) 车况异常；
(2) 驾乘人员未正确系安全带；
(3) 道路湿滑</td><td>(1) 人身伤害；
(2) 车辆事故</td><td>10</td><td>3</td><td>3</td><td>90</td><td>3</td><td>(1) 出车前检查车况；
(2) 行车过程中，驾乘人员正确系好安全带；
(3) 根据道路情况，车辆减速慢行，并定期对道路进行清理维护</td></tr>
<tr><td>安全措施确认</td><td>(1) 拉错开关或误送电导致设备带电或误动；
(2) 可调节支架未停运</td><td>(1) 触电；
(2) 机械伤害；
(3) 设备故障</td><td>1</td><td>1</td><td>7</td><td>7</td><td>1</td><td>(1) 办理工作票，确认执行安全措施；
(2) 使用个人防护用品；
(3) 在可调节支架控制空气断路器处悬挂“禁止合闸，有人工作”标示牌</td></tr>
<tr><td>安全交底</td><td>(1) 扩大工作范围；
(2) 错机位或误碰带电设备</td><td>(1) 触电；
(2) 设备故障</td><td>1</td><td>1</td><td>7</td><td>7</td><td>1</td><td>(1) 工作前对工作班成员进行工作地点及任务明示；
(2) 对工作班成员进行安全技术交底</td></tr>
</table>

续表

作业步骤		危害因素	可能导致的后果	风险评价					控制措施
				L	E	C	D	风险程度	
检修前准备	个人防护用品准备	(1) 未正确戴安全帽、穿工作服； (2) 使用不合格的安全带； (3) 水上作业时，未穿着救生衣	(1) 触电； (2) 其他伤害； (3) 人身伤害	1	1	15	15	1	(1) 正确穿戴安全帽及工作服； (2) 使用在安全使用期内的安全带，并正确佩戴； (3) 水上作业时，正确穿着救生衣
	工器具准备	(1) 使用的工器具无法达到工作要求； (2) 工具不全，或工具破损； (3) 工具未定期检测或检测不合格	(1) 机械伤害； (2) 触电	1	1	7	7	1	(1) 做好工具、消耗材料的准备工作； (2) 使用的工具要检测合格； (3) 使用工器具前要进行检查，确认扳手没有裂痕、断口等安全隐患后方可使用，严禁使用活扳手，应使用梅花扳手
	工作班成员精神状态确认	(1) 无法正常完成指定工作； (2) 作业过程中无法清醒判断带电设备及旋转设备； (3) 作业过程中出现昏厥现象	(1) 触电； (2) 机械伤害； (3) 高处坠落； (4) 设备故障	1	1	15	15	1	合理安排工作班成员，精神状态不佳者禁止工作
检修过程	攀爬可调节支架	(1) 可调节支架传动机构松动； (2) 携带的工器具未放在工具袋中； (3) 未系安全带或未正确系好安全带	(1) 高处坠落； (2) 物体打击； (3) 工器具损坏； (4) 人身伤害	1	2	15	30	2	(1) 开工前检查可调节支架传动机构是否牢固； (2) 加固不牢固传动轴； (3) 系好安全带，使用工具袋等； (4) 水上作业时，正确穿着救生衣

续表

<table>
<tr><th colspan="2" rowspan="2">作业步骤</th><th rowspan="2">危害因素</th><th rowspan="2">可能导致的后果</th><th colspan="5">风险评价</th><th rowspan="2">控制措施</th></tr>
<tr><th>L</th><th>E</th><th>C</th><th>D</th><th>风险程度</th></tr>
<tr><td>检修过程</td><td>可调节支架传感器故障处理</td><td>（1）误碰其他带电设备；
（2）装错接线；
（3）野蛮拆装设备；
（4）虚接线路；
（5）作业区域下方未严格执行隔离措施；
（6）驱动电动机滑落</td><td>（1）设备故障；
（2）触电</td><td>1</td><td>2</td><td>15</td><td>30</td><td>2</td><td>（1）与带电设备保持安全距离，并对带电区域悬挂标示牌，装设围栏；
（2）工作人员应穿绝缘鞋；
（3）更换电气元件时，要注意检查控制箱各路电源是否停电，且各个接线端子、裸露线头可能从其他回路反送电，工作时应按要求戴好绝缘手套、穿好绝缘鞋、螺丝刀绑好绝缘胶布；
（4）严禁不正确的使用工器具造成设备损坏，如用过大、过小的扳手替代标准尺寸的扳手，用一字螺丝刀替代十字螺丝刀；用十字螺丝刀替代内六角或内梅花螺丝刀等；
（5）严禁野蛮拆装、检修设备，造成螺丝过力滑丝、设备开裂、设备变形等；
（6）拆卸接线前，先记录每个接线位置，安装时按记录逐一接线，并检查接线是否牢固；
（7）拆卸驱动电动机前，现将驱动电动机固定牢，仔细检查固定绳索，应无断股、无开裂，所承受的荷重不准超过规定；
（8）禁止绳锁与其他易损设备接触；
（9）作业地点半径 5m 内禁止人员逗留</td></tr>
<tr><td>恢复检验</td><td>结束工作</td><td>（1）遗漏工器具；
（2）现场遗留检修杂物；
（3）不结束工作票；
（4）工作班成员未全部撤离</td><td>（1）人身伤害；
（2）设备故障</td><td>1</td><td>3</td><td>15</td><td>45</td><td>2</td><td>（1）收齐并检查工器具；
（2）清扫检修现场；
（3）结束工作票</td></tr>
</table>

4. 清洗光伏组件

<table>
<tr><td colspan="4">部门：</td><td colspan="5">分析日期：</td><td>记录编号：</td></tr>
<tr><td colspan="4">作业地点或分析范围：光伏组件区域</td><td colspan="6">分析人：</td></tr>
<tr><td colspan="10">作业内容描述：清洗光伏组件</td></tr>
<tr><td colspan="10">主要作业风险：(1) 因使用不合适的工器具、穿戴不合适的劳动防护用品导致巡检人员受伤害；(2) 触电；(3) 灼伤；(4) 跌倒；(5) 车辆伤害；(6) 高处坠落</td></tr>
<tr><td colspan="10">控制措施：(1) 正确穿劳动防护用品，正确使用工器具；(2) 不得擅自扩大工作范围；(3) 配备防暑药品</td></tr>
<tr><td colspan="2">工作负责人签名：</td><td>日期：</td><td>工作票签发人签名：</td><td colspan="3">日期：</td><td colspan="2">工作许可人签名：</td><td>日期：</td></tr>
<tr><td colspan="2" rowspan="2">作业步骤</td><td rowspan="2">危害因素</td><td rowspan="2">可能导致的后果</td><td colspan="5">风险评价</td><td rowspan="2">控制措施</td></tr>
<tr><td>L</td><td>E</td><td>C</td><td>D</td><td>风险程度</td></tr>
<tr><td>作业环境</td><td>环境</td><td>(1) 雷雨天气；
(2) 冬季覆冰掉落；
(3) 夏季高温作业；
(4) 水上作业；
(5) 蛇虫叮咬</td><td>人身伤害</td><td>1</td><td>6</td><td>7</td><td>42</td><td>2</td><td>(1) 雷雨天气禁止靠近设备，不得从事巡检工作，突遇雷雨天气时及时撤离；
(2) 光伏组件上有结冰现象且有覆冰掉落危险时，禁止人员靠近；
(3) 夏季高温作业时，做好防暑措施；
(4) 水上作业时，正确穿着救生衣；
(5) 在户外草丛中行走时，做好防蛇、蜜蜂等叮咬工作</td></tr>
<tr><td rowspan="4">检修前准备</td><td>安全措施确认</td><td>(1) 安全措施不全或不正确；
(2) 走错间隔</td><td>(1) 触电；
(2) 设备事故</td><td>1</td><td>1</td><td>7</td><td>7</td><td>1</td><td>(1) 工作负责人、工作许可人应认真检查工作票所列安全措施是否正确、完备，是否符合现场实际条件；
(2) 工作前确认工作位置</td></tr>
<tr><td>安全交底</td><td>(1) 扩大工作范围；
(2) 走错间隔或误碰带电设备</td><td>(1) 触电；
(2) 设备事故</td><td>1</td><td>1</td><td>7</td><td>7</td><td>1</td><td>(1) 工作前对工作班成员进行工作任务明示；
(2) 对工作班成员进行安全技术交底</td></tr>
<tr><td>工器具准备</td><td>(1) 使用的工器具无法达到作业要求；
(2) 工具不全，或工具破损</td><td>(1) 触电；
(2) 机械伤害</td><td>1</td><td>1</td><td>7</td><td>7</td><td>1</td><td>工作前确认使用合格的工器具</td></tr>
<tr><td>个人防护用品准备</td><td>(1) 未正确使用安全帽、绝缘手套、绝缘靴；
(2) 个人防护用品防护等级不符合要求或过期</td><td>(1) 触电；
(2) 机械伤害</td><td>1</td><td>1</td><td>15</td><td>15</td><td>1</td><td>(1) 正确戴安全帽、绝缘手套，穿绝缘靴；
(2) 使用合格的个人防护用品</td></tr>
</table>

续表

作业步骤		危害因素	可能导致的后果	风险评价					控制措施
				L	E	C	D	风险程度	
检修前准备	工作班成员精神状态确认	（1）无法正常完成指定工作； （2）作业过程中无法清醒判断设备是否带电	（1）触电； （2）机械伤害； （3）设备故障	1	1	15	15	1	合理安排工作班成员，精神状态不佳者禁止工作
	高处坠落	（1）踩踏采光带； （2）高处作业	高处坠落	1	1	15	15	1	（1）严禁踩踏采光带； （2）使用脚手架时需做好防护
	环境	（1）道路泥泞、湿滑； （2）雷、雨、雪天气	（1）车辆伤害； （2）跌倒	10	3	3	90	3	（1）提前注意天气变化，有效规避恶劣天气； （2）遇特殊路况，减速慢行； （3）正确使用安全保护用具（安全帽、劳保鞋等）
	车辆	（1）车辆缺陷； （2）超速行驶	人身伤害	6	3	3	54	2	（1）行车前检查车辆状况； （2）系好安全带，减速慢行
检修过程	给光伏组件表面冲水	设备缺陷	（1）触电； （2）高处坠落	1	2	15	30	2	（1）观察光伏组件外观是否存在严重损坏，组件是否有效接地； （2）禁止踩踏光伏组件； （3）禁止触碰带电设备
	擦拭光伏组件表面	（1）设备缺陷； （2）高处坠落	（1）触电； （2）高处坠落	1	2	15	30	2	（1）观察光伏组件外观是否存在严重损坏，组件是否有效接地； （2）禁止踩踏光伏组件； （3）禁止触碰带电设备； （4）高处作业时系好安全带
恢复检验	结束工作	（1）遗漏工器具； （2）现场遗留检修杂物； （3）不结束工作票； （4）工作班成员未全部撤离	（1）人身伤害； （2）设备故障	1	3	15	45	2	（1）收齐并检查工器具； （2）清扫现场； （3）结束工作票

5. 光伏区域除草

<table>
<tr><td colspan="3">部门：</td><td colspan="5">分析日期：</td><td>记录编号：</td></tr>
<tr><td colspan="3">作业地点或分析范围：光伏组件区域</td><td colspan="6">分析人：</td></tr>
<tr><td colspan="9">作业内容描述：光伏区域除草</td></tr>
<tr><td colspan="9">主要作业风险：（1）人员思想不稳；（2）人员精神状态不佳；（3）着火；（4）高处落物；（5）车辆伤害；（6）环境因素；（7）触电；（8）机械伤害</td></tr>
<tr><td colspan="9">控制措施：（1）办理工作票，手动停机并切至维护状态，挂牌；（2）穿戴个人防护用品</td></tr>
<tr><td colspan="2">工作负责人签名：</td><td>日期：</td><td colspan="2">工作票签发人签名：</td><td colspan="2">日期：</td><td>工作许可人签名：</td><td>日期：</td></tr>
</table>

<table>
<tr><th colspan="2" rowspan="2">作业步骤</th><th rowspan="2">危害因素</th><th rowspan="2">可能导致的后果</th><th colspan="5">风险评价</th><th rowspan="2">控制措施</th></tr>
<tr><th>L</th><th>E</th><th>C</th><th>D</th><th>风险程度</th></tr>
<tr><td>作业环境</td><td>环境</td><td>（1）雷雨天气；
（2）冬季覆冰掉落；
（3）夏季高温作业；
（4）水上作业；
（5）蛇虫叮咬</td><td>人身伤害</td><td>1</td><td>6</td><td>7</td><td>42</td><td>2</td><td>（1）雷雨天气禁止靠近设备，不得从事巡检工作，突遇雷雨天气时及时撤离；
（2）光伏组件上有结冰现象且有覆冰掉落危险时，禁止人员靠近；
（3）夏季高温作业做好防暑措施；
（4）水上作业时，正确穿着救生衣；
（5）在户外草丛中行走时，做好防蛇、蜜蜂等叮咬工作</td></tr>
<tr><td rowspan="3">检修前准备</td><td>交通</td><td>（1）车况异常；
（2）驾乘人员未正确系安全带；
（3）道路湿滑</td><td>（1）人身伤害；
（2）车辆事故</td><td>10</td><td>3</td><td>3</td><td>90</td><td>3</td><td>（1）出车前检查车况；
（2）行车过程中，驾乘人员正确系好安全带；
（3）根据道路情况，车辆减速慢行，并定期对道路进行清理维护</td></tr>
<tr><td>安全措施确认</td><td>（1）拉错开关或误送电导致设备带电或误动；
（2）可调节支架未停运</td><td>（1）触电；
（2）机械伤害；
（3）设备故障</td><td>1</td><td>1</td><td>7</td><td>7</td><td>1</td><td>（1）办理工作票，确认执行安全措施；
（2）使用个人防护用品；
（3）在可调节支架控制空气断路器处悬挂“禁止合闸，有人工作”标示牌</td></tr>
<tr><td>安全交底</td><td>（1）扩大工作范围；
（2）错机位或误碰带电设备</td><td>（1）触电；
（2）设备故障</td><td>1</td><td>1</td><td>7</td><td>7</td><td>1</td><td>（1）工作前对工作班成员进行工作地点及任务明示；
（2）对工作班成员进行安全技术交底</td></tr>
</table>

续表

作业步骤		危害因素	可能导致的后果	风险评价					控制措施
				L	E	C	D	风险程度	
检修前准备	个人防护用品准备	(1) 未正确戴安全帽、穿工作服； (2) 使用不合格的安全带； (3) 水上作业时，未穿着救生衣	(1) 触电； (2) 其他伤害； (3) 人身伤害	1	1	15	15	1	(1) 正确穿戴安全帽、工作服； (2) 使用在安全使用期内的安全带，并正确佩戴； (3) 水上作业时，正确穿着救生衣
	工器具准备	(1) 使用的工器具无法达到工作要求； (2) 工具不全，或工具破损； (3) 工具未定期检测或检测不合格	(1) 机械伤害； (2) 触电	1	1	7	7	1	(1) 做好工具、消耗材料的准备工作； (2) 使用的工具要检测合格； (3) 使用工器具前要进行检查，确认扳手没有裂痕、断口等安全隐患后方可使用，严禁使用活扳手，应使用梅花扳手
	工作班成员精神状态确认	(1) 无法正常完成指定工作； (2) 作业过程中无法清醒判断带电设备及旋转设备； (3) 作业过程中出现昏厥现象	(1) 触电； (2) 机械伤害； (3) 高处坠落； (4) 设备故障	1	1	15	15	1	合理安排工作班成员，精神状态不佳者禁止工作
检修过程	光伏区域除草	(1) 误碰带电设备； (2) 携带的工器具未放在工具袋中； (3) 割草机等转动设备误伤	(1) 触电； (2) 工器具损坏； (3) 机械伤害	1	2	15	30	2	(1) 与带电设备保持安全距离； (2) 使用工具袋等； (3) 使用割草机等机械设备时必须安装防护罩
	光伏区域喷洒除草剂	(1) 误碰其他带电设备； (2) 误吸食除草剂	(1) 触电； (2) 人身伤害	1	2	15	30	2	(1) 与带电设备保持安全距离； (2) 佩戴口罩等防护用具
检修过程	结束工作	(1) 遗漏工器具； (2) 现场遗留检修杂物； (3) 不结束工作票； (4) 工作班成员未全部撤离	(1) 人身伤害； (2) 设备故障	1	3	15	45	2	(1) 收齐并检查工器具； (2) 清扫检修现场； (3) 结束工作票

6. 光伏控制器功率模块故障处理

<table>
<tr><td colspan="3">部门：</td><td colspan="5">分析日期：</td><td>记录编号：</td></tr>
<tr><td colspan="3">作业地点或分析范围：光伏控制器（汇流箱）</td><td colspan="6">分析人：</td></tr>
<tr><td colspan="9">作业内容描述：光伏控制器功率模块故障处理</td></tr>
<tr><td colspan="9">主要作业风险：（1）因使用不合适的工器具、穿戴不合适的劳动防护用品导致巡检人员受伤害；（2）触电；（3）灼伤；（4）跌倒；（5）车辆伤害；（6）高处坠落</td></tr>
<tr><td colspan="9">控制措施：（1）正确穿戴劳动防护用品，正确使用工器具；（2）进入巡检现场检查周围环境；（3）配备防暑药品</td></tr>
<tr><td colspan="2">工作执行人签名：</td><td>日期：</td><td colspan="5">工作负责人开工前确认签名：</td><td>日期：</td></tr>
<tr><td rowspan="2" colspan="2">作业步骤</td><td rowspan="2">危害因素</td><td rowspan="2">可能导致的后果</td><td colspan="5">风险评价</td><td rowspan="2">控制措施</td></tr>
<tr><td>L</td><td>E</td><td>C</td><td>D</td><td>风险程度</td></tr>
<tr><td rowspan="3">作业环境</td><td>环境潮湿</td><td>（1）设备潮湿引起短路；
（2）安全距离不够</td><td>（1）触电、电弧灼伤；
（2）其他人身伤害；
（3）设备事故</td><td>1</td><td>3</td><td>15</td><td>45</td><td>2</td><td>（1）加强通风，调整；
（2）保持设备干燥</td></tr>
<tr><td>雷、雨、雪天气</td><td>（1）感应雷电流；
（2）道路湿滑、泥泞</td><td>（1）触电、火灾灼伤；
（2）跌倒</td><td>1</td><td>3</td><td>7</td><td>21</td><td>2</td><td>（1）正确戴安全帽；
（2）正确穿绝缘鞋；
（3）雷雨天气禁止外出作业</td></tr>
<tr><td>高温天气</td><td>中暑</td><td>人身伤害</td><td>1</td><td>3</td><td>7</td><td>21</td><td>2</td><td>（1）合理安排外出工作，及时规避高温天气；
（2）配备防暑药品</td></tr>
<tr><td rowspan="3">检修前准备</td><td>安全措施确认</td><td>（1）安全措施不全或不正确；
（2）走错间隔</td><td>（1）触电；
（2）设备事故</td><td>1</td><td>1</td><td>7</td><td>7</td><td>1</td><td>（1）工作负责人、工作许可人应认真检查工作票所列安全措施是否正确、完备，是否符合现场实际条件；
（2）检修前确认设备间隔位置；
（3）戴绝缘手套，穿绝缘鞋和防电弧服；
（4）使用合格的验电设备验电</td></tr>
<tr><td>安全交底</td><td>（1）扩大工作范围；
（2）走错间隔或误碰带电设备</td><td>（1）触电；
（2）设备事故</td><td>1</td><td>1</td><td>7</td><td>7</td><td>1</td><td>（1）工作前对工作班成员进行工作任务明示；
（2）对工作班成员进行安全技术交底</td></tr>
<tr><td>工器具准备</td><td>（1）使用的工器具无法达到检修作业要求；
（2）工具不全，或工具破损；
（3）使用的试验仪器超过检验期</td><td>触电</td><td>1</td><td>1</td><td>7</td><td>7</td><td>1</td><td>检修前确认工器具及试验仪器状态，使用合格的工器具及试验仪器</td></tr>
</table>

续表

<table>
<tr><th colspan="2" rowspan="2">作业步骤</th><th rowspan="2">危害因素</th><th rowspan="2">可能导致的后果</th><th colspan="5">风险评价</th><th rowspan="2">控制措施</th></tr>
<tr><th>L</th><th>E</th><th>C</th><th>D</th><th>风险程度</th></tr>
<tr><td rowspan="5">检修前准备</td><td>个人防护用品准备</td><td>（1）未正确使用安全帽、绝缘手套、穿绝缘靴；
（2）个人防护用品防护等级不符合要求或过期</td><td>（1）触电；
（2）机械伤害</td><td>1</td><td>1</td><td>15</td><td>15</td><td>1</td><td>（1）正确戴安全帽、绝缘手套，穿绝缘靴；
（2）使用合格的个人防护用品</td></tr>
<tr><td>工作班成员精神状态确认</td><td>（1）无法正常完成指定工作；
（2）作业过程中无法清醒判断设备是否带电</td><td>（1）触电；
（2）机械伤害；
（3）设备故障</td><td>1</td><td>1</td><td>15</td><td>15</td><td>1</td><td>合理安排工作班成员，精神状态不佳者禁止工作</td></tr>
<tr><td>执行安全措施</td><td>（1）拉错开关、走错间隔；
（2）漏执行安全措施</td><td>（1）触电；
（2）设备事故</td><td>1</td><td>1</td><td>15</td><td>15</td><td>1</td><td>（1）严格按照工作票执行安全措施；
（2）执行安全措施时必须有监护人在场</td></tr>
<tr><td>环境</td><td>（1）道路泥泞、湿滑；
（2）雷、雨、雪天气</td><td>（1）车辆伤害；
（2）人身伤害</td><td>10</td><td>3</td><td>3</td><td>90</td><td>3</td><td>（1）提前注意天气变化，有效规避恶劣天气；
（2）遇特殊路况，减速慢行；
（3）正确使用安全保护用具（安全帽、劳保鞋等）</td></tr>
<tr><td>车辆</td><td>（1）车辆缺陷；
（2）超速行驶</td><td>人身伤害</td><td>6</td><td>3</td><td>3</td><td>54</td><td>2</td><td>（1）行车前检查车辆状况；
（2）系好安全带，减速慢行</td></tr>
<tr><td rowspan="3">检修过程</td><td>停运对应控制器隔离开关</td><td>（1）走错位置；
（2）设备缺陷</td><td>（1）触电；
（2）高处坠落</td><td>1</td><td>2</td><td>15</td><td>30</td><td>2</td><td>（1）戴绝缘手套、安全帽；
（2）使用钳形电流表验电</td></tr>
<tr><td>核对直流侧空气断路器位置</td><td>（1）设备缺陷；
（2）空气断路器未拉开，停电不彻底；
（3）带负荷拉开关</td><td>（1）触电、灼伤；
（2）其他人身伤害；
（3）设备事故</td><td>3</td><td>1</td><td>15</td><td>45</td><td>2</td><td>（1）戴绝缘手套、安全帽，穿绝缘鞋；
（2）核实操作票内容和设备状态；
（3）执行监护制度，唱票，确认设备位置、名称标牌，严格执行操作票制度；
（4）谨防误碰或接触带电体</td></tr>
<tr><td>光伏控制器功率模块故障处理</td><td>（1）带电作业；
（2）设备缺陷</td><td>（1）触电；
（2）人身伤害；
（3）设备事故</td><td>3</td><td>1</td><td>15</td><td>45</td><td>2</td><td>（1）正确使用工器具；
（2）核实操作票内容和设备状态；
（3）执行监护制度，唱票，确认设备位置、名称标牌，严格执行操作票制度；
（4）停电操作必须戴绝缘手套、安全帽，穿绝缘鞋；
（5）确保设备已断电</td></tr>
</table>

续表

<table>
<tr><th colspan="2" rowspan="2">作业步骤</th><th rowspan="2">危害因素</th><th rowspan="2">可能导致的后果</th><th colspan="5">风险评价</th><th rowspan="2">控制措施</th></tr>
<tr><th>L</th><th>E</th><th>C</th><th>D</th><th>风险程度</th></tr>
<tr><td rowspan="2">完工阶段</td><td>完工恢复</td><td>检修后设备接线不正确</td><td>（1）设备事故；
（2）电灼伤</td><td>1</td><td>1</td><td>15</td><td>15</td><td>1</td><td>（1）严格按照工作票执行恢复工作；
（2）恢复工作后，经工作负责人最终检查确认，方可办理工作终结手续；
（3）核对现场接线情况，确认接线正确</td></tr>
<tr><td>结束工作</td><td>（1）遗漏工器具；
（2）现场遗留检修杂物；
（3）不结束工作票</td><td>设备事故</td><td>1</td><td>1</td><td>15</td><td>15</td><td>1</td><td>（1）收齐并检查工器具；
（2）清扫检修现场；
（3）结束工作票</td></tr>
</table>

7. 光伏控制器控制板故障处理

<table>
<tr><td colspan="3">部门：</td><td colspan="5">分析日期：</td><td>记录编号：</td></tr>
<tr><td colspan="3">作业地点或分析范围：光伏控制器（汇流箱）</td><td colspan="6">分析人：</td></tr>
<tr><td colspan="9">作业内容描述：光伏控制器控制板故障处理</td></tr>
<tr><td colspan="9">主要作业风险：(1) 因使用不合适的工器具、穿戴不合适的劳动防护用品导致巡检人员受伤害；(2) 触电；(3) 灼伤；(4) 跌倒；(5) 车辆伤害；(6) 高处坠落</td></tr>
<tr><td colspan="9">控制措施：(1) 正确穿戴劳动防护用品，正确使用工器具；(2) 进入巡检现场检查周围环境；(3) 配备防暑药品</td></tr>
<tr><td colspan="2">工作执行人签名：</td><td>日期：</td><td colspan="5">工作负责人开工前确认签名：</td><td>日期：</td></tr>
<tr><td rowspan="2">作业步骤</td><td rowspan="2">危害因素</td><td rowspan="2">可能导致的后果</td><td colspan="5">风险评价</td><td rowspan="2">控制措施</td></tr>
<tr><td>L</td><td>E</td><td>C</td><td>D</td><td>风险程度</td></tr>
<tr><td>作业环境
环境潮湿</td><td>(1) 设备潮湿引起短路；
(2) 安全距离不够</td><td>(1) 触电、电弧灼伤；
(2) 其他人身伤害；
(3) 设备事故</td><td>1</td><td>3</td><td>15</td><td>45</td><td>2</td><td>(1) 加强通风，调整；
(2) 保持设备干燥</td></tr>
<tr><td>作业环境
雷、雨、雪天气</td><td>(1) 感应雷电流；
(2) 道路湿滑、泥泞</td><td>(1) 触电、火灾灼伤；
(2) 跌倒</td><td>1</td><td>3</td><td>7</td><td>21</td><td>2</td><td>(1) 正确戴安全帽；
(2) 正确穿绝缘鞋；
(3) 雷雨天气禁止外出作业</td></tr>
<tr><td>作业环境
高温天气</td><td>中暑</td><td>人身伤害</td><td>1</td><td>3</td><td>7</td><td>21</td><td>2</td><td>(1) 合理安排外出工作，及时规避高温天气；
(2) 配备防暑药品</td></tr>
<tr><td>检修前准备
安全措施确认</td><td>(1) 安全措施不全或不正确；
(2) 走错间隔</td><td>(1) 触电；
(2) 设备事故</td><td>1</td><td>1</td><td>7</td><td>7</td><td>1</td><td>(1) 工作负责人、工作许可人应认真检查工作票所列安全措施是否正确、完备，是否符合现场实际条件；
(2) 检修前确认设备间隔位置；
(3) 戴绝缘手套，穿绝缘鞋和防电弧服；
(4) 使用合格的验电设备验电</td></tr>
<tr><td>检修前准备
安全交底</td><td>(1) 扩大工作范围；
(2) 走错间隔或误碰带电设备</td><td>(1) 触电；
(2) 设备事故</td><td>1</td><td>1</td><td>7</td><td>7</td><td>1</td><td>(1) 工作前对工作班成员进行工作任务明示；
(2) 对工作班成员进行安全技术交底</td></tr>
<tr><td>检修前准备
工器具准备</td><td>(1) 使用的工器具无法达到检修作业要求；
(2) 工具不全，或工具破损；
(3) 使用的试验仪器超过检验期</td><td>触电</td><td>1</td><td>1</td><td>7</td><td>7</td><td>1</td><td>检修前确认工器具及试验仪器状态，使用合格的工器具及试验仪器</td></tr>
</table>

续表

<table>
<tr><th colspan="2" rowspan="2">作业步骤</th><th rowspan="2">危害因素</th><th rowspan="2">可能导致的后果</th><th colspan="5">风险评价</th><th rowspan="2">控制措施</th></tr>
<tr><th>L</th><th>E</th><th>C</th><th>D</th><th>风险程度</th></tr>
<tr><td rowspan="5">检修前准备</td><td>个人防护用品准备</td><td>(1) 未正确使用安全帽、绝缘手套、穿绝缘靴;
(2) 个人防护用品防护等级不符合要求或过期</td><td>(1) 触电;
(2) 机械伤害</td><td>1</td><td>1</td><td>15</td><td>15</td><td>1</td><td>(1) 正确戴安全帽、绝缘手套，穿绝缘靴;
(2) 使用合格的个人防护用品</td></tr>
<tr><td>工作班成员精神状态确认</td><td>(1) 无法正常完成指定工作;
(2) 作业过程中无法清醒判断设备是否带电</td><td>(1) 触电;
(2) 机械伤害;
(3) 设备故障</td><td>1</td><td>1</td><td>15</td><td>15</td><td>1</td><td>合理安排工作班成员，精神状态不佳者禁止工作</td></tr>
<tr><td>执行安全措施</td><td>(1) 拉错开关、走错间隔;
(2) 漏执行安全措施</td><td>(1) 触电;
(2) 设备事故</td><td>1</td><td>1</td><td>15</td><td>15</td><td>1</td><td>(1) 严格按照工作票执行安全措施;
(2) 执行安全措施时必须有监护人在场</td></tr>
<tr><td>环境</td><td>(1) 道路泥泞、湿滑;
(2) 雷、雨、雪天气</td><td>(1) 车辆伤害;
(2) 人身伤害</td><td>10</td><td>3</td><td>3</td><td>90</td><td>3</td><td>(1) 提前注意天气变化，有效规避恶劣天气;
(2) 遇特殊路况，减速慢行;
(3) 正确使用安全保护用具（安全帽、劳保鞋等）</td></tr>
<tr><td>车辆</td><td>(1) 车辆缺陷;
(2) 超速行驶</td><td>人身伤害</td><td>6</td><td>3</td><td>3</td><td>54</td><td>2</td><td>(1) 行车前检查车辆状况;
(2) 系好安全带，减速慢行</td></tr>
<tr><td rowspan="3">检修过程</td><td>停运对应控制器隔离开关</td><td>(1) 走错位置;
(2) 设备缺陷</td><td>(1) 触电;
(2) 高处坠落</td><td>1</td><td>2</td><td>15</td><td>30</td><td>2</td><td>(1) 戴绝缘手套、安全帽;
(2) 使用钳形电流表验电</td></tr>
<tr><td>核对直流侧空气断路器位置</td><td>(1) 设备缺陷;
(2) 空气断路器未拉开，停电不彻底;
(3) 带负荷拉开关</td><td>(1) 触电、灼伤;
(2) 其他人身伤害;
(3) 设备事故</td><td>3</td><td>1</td><td>15</td><td>45</td><td>2</td><td>(1) 戴绝缘手套、安全帽，穿绝缘鞋;
(2) 核实操作票内容和设备状态;
(3) 执行监护制度，唱票，确认设备位置、名称标牌，严格执行操作票制度;
(4) 谨防误碰或接触带电体</td></tr>
<tr><td>光伏控制器控制板故障处理</td><td>(1) 带电作业;
(2) 设备缺陷</td><td>(1) 触电;
(2) 人身伤害;
(3) 设备事故</td><td>3</td><td>1</td><td>15</td><td>45</td><td>2</td><td>(1) 正确使用工器具;
(2) 核实操作票内容和设备状态;
(3) 执行监护制度，唱票，确认设备位置、名称标牌，严格执行操作票制度;
(4) 停电操作必须戴绝缘手套、安全帽，穿绝缘鞋;
(5) 确保设备已断电</td></tr>
</table>

续表

作业步骤		危害因素	可能导致的后果	风险评价					控制措施
				L	E	C	D	风险程度	
完工阶段	完工恢复	检修后设备接线不正确	(1) 设备事故; (2) 电灼伤	1	1	15	15	1	(1) 严格按照工作票执行恢复工作; (2) 恢复工作后,经工作负责人最终检查确认,方可办理工作终结手续; (3) 核对现场接线情况,确认接线正确
	结束工作	(1) 遗漏工器具; (2) 现场遗留检修杂物; (3) 不结束工作票	设备事故	1	1	15	15	1	(1) 收齐并检查工器具; (2) 清扫检修现场; (3) 结束工作票

8. 光伏控制器电感器故障处理

<table>
<tr><td colspan="4">部门：</td><td colspan="5">分析日期：</td><td>记录编号：</td></tr>
<tr><td colspan="4">作业地点或分析范围：光伏控制器</td><td colspan="6">分析人：</td></tr>
<tr><td colspan="10">作业内容描述：光伏控制器电感器故障处理</td></tr>
<tr><td colspan="10">主要作业风险：(1) 因使用不合适的工器具、穿戴不合适的劳动防护用品导致巡检人员受伤害；(2) 触电；(3) 灼伤；(4) 跌倒；(5) 车辆伤害；(6) 高处坠落</td></tr>
<tr><td colspan="10">控制措施：(1) 正确穿戴劳动防护用品，正确使用工器具；(2) 进入巡检现场检查周围环境；(3) 配备防暑药品</td></tr>
<tr><td colspan="3">工作执行人签名：</td><td>日期：</td><td colspan="5">工作负责人开工前确认签名：</td><td>日期：</td></tr>
<tr><td colspan="2" rowspan="2">作业步骤</td><td rowspan="2">危害因素</td><td rowspan="2">可能导致的后果</td><td colspan="5">风险评价</td><td rowspan="2">控制措施</td></tr>
<tr><td>L</td><td>E</td><td>C</td><td>D</td><td>风险程度</td></tr>
<tr><td rowspan="3">作业环境</td><td>环境潮湿</td><td>(1) 设备潮湿引起短路；
(2) 安全距离不够</td><td>(1) 触电、电弧灼伤；
(2) 其他人身伤害；
(3) 设备事故</td><td>1</td><td>3</td><td>15</td><td>45</td><td>2</td><td>(1) 加强通风，调整；
(2) 保持设备干燥</td></tr>
<tr><td>雷、雨、雪天气</td><td>(1) 感应雷电流；
(2) 道路湿滑、泥泞</td><td>(1) 触电、火灾灼伤；
(2) 跌倒</td><td>1</td><td>3</td><td>7</td><td>21</td><td>2</td><td>(1) 正确戴安全帽；
(2) 正确穿绝缘鞋；
(3) 雷雨天气禁止外出作业</td></tr>
<tr><td>高温天气</td><td>中暑</td><td>人身伤害</td><td>1</td><td>3</td><td>7</td><td>21</td><td>2</td><td>(1) 合理安排外出工作，及时规避高温天气；
(2) 配备防暑药品</td></tr>
<tr><td rowspan="3">检修前准备</td><td>安全措施确认</td><td>(1) 安全措施不全或不正确；
(2) 走错间隔</td><td>(1) 触电；
(2) 设备事故</td><td>1</td><td>1</td><td>7</td><td>7</td><td>1</td><td>(1) 工作负责人、工作许可人应认真检查工作票所列安全措施是否正确、完备，是否符合现场实际条件；
(2) 检修前确认设备间隔位置；
(3) 戴绝缘手套，穿绝缘鞋和防电弧服；
(4) 使用合格的验电设备验电</td></tr>
<tr><td>安全交底</td><td>(1) 扩大工作范围；
(2) 走错间隔或误碰带电设备</td><td>(1) 触电；
(2) 设备事故</td><td>1</td><td>1</td><td>7</td><td>7</td><td>1</td><td>(1) 工作前对工作班成员进行工作任务明示；
(2) 对工作班成员进行安全技术交底</td></tr>
<tr><td>工器具准备</td><td>(1) 使用的工器具无法达到检修作业要求；
(2) 工具不全，或工具破损；
(3) 使用的试验仪器超过检验期</td><td>触电</td><td>1</td><td>1</td><td>7</td><td>7</td><td>1</td><td>检修前确认工器具及试验仪器状态，使用合格的工器具及试验仪器</td></tr>
</table>

续表

作业步骤		危害因素	可能导致的后果	风险评价					控制措施
				L	*E*	*C*	*D*	风险程度	
检修前准备	个人防护用品准备	（1）未正确使用安全帽、绝缘手套、穿绝缘靴； （2）个人防护用品防护等级不符合要求或过期	（1）触电； （2）机械伤害	1	1	15	15	1	（1）正确戴安全帽、绝缘手套，穿绝缘靴； （2）使用合格的个人防护用品
	工作班成员精神状态确认	（1）无法正常完成指定工作； （2）作业过程中无法清醒判断设备是否带电	（1）触电； （2）机械伤害； （3）设备故障	1	1	15	15	1	合理安排工作班成员，精神状态不佳者禁止工作
	执行安全措施	（1）拉错开关、走错间隔； （2）漏执行安全措施	（1）触电； （2）设备事故	1	1	15	15	1	（1）严格按照工作票执行安全措施； （2）执行安全措施时必须有监护人在场
	环境	（1）道路泥泞、湿滑； （2）雷、雨、雪天气	（1）车辆伤害； （2）人身伤害	10	3	3	90	3	（1）提前注意天气变化，有效规避恶劣天气； （2）遇特殊路况，减速慢行； （3）正确使用安全保护用具（安全帽、劳保鞋等）
	车辆	（1）车辆缺陷； （2）超速行驶	人身伤害	6	3	3	54	2	（1）行车前检查车辆状况； （2）系好安全带，减速慢行
检修过程	停运对应控制器隔离开关	（1）走错位置； （2）设备缺陷	（1）触电； （2）高处坠落	1	2	15	30	2	（1）戴绝缘手套、安全帽； （2）使用钳形电流表验电
	核对直流侧空气开关位置	（1）设备缺陷； （2）空气开关未拉开，停电不彻底； （3）带负荷拉开关	（1）触电、灼伤； （2）其他人身伤害； （3）设备事故	3	1	15	45	2	（1）戴绝缘手套、安全帽，穿绝缘鞋； （2）核实操作票内容和设备状态； （3）执行监护制度，唱票，确认设备位置、名称标牌，严格执行操作票制度； （4）谨防误碰或接触带电体
	光伏控制器电感器故障处理	（1）带电作业； （2）设备缺陷	（1）触电； （2）人身伤害； （3）设备事故	3	1	15	45	2	（1）正确使用工器具； （2）核实操作票内容和设备状态； （3）执行监护制度，唱票，确认设备位置、名称标牌，严格执行操作票制度； （4）停电操作必须戴绝缘手套、安全帽，穿绝缘鞋； （5）确保设备已断电

续表

作业步骤		危害因素	可能导致的后果	风险评价					控制措施
				L	*E*	*C*	*D*	风险程度	
完工阶段	完工恢复	检修后设备接线不正确	(1) 设备事故; (2) 电灼伤	1	1	15	15	1	(1) 严格按照工作票执行恢复工作; (2) 恢复工作后，经工作负责人最终检查确认，方可办理工作终结手续; (3) 核对现场接线情况，确认接线正确
	结束工作	(1) 遗漏工器具; (2) 现场遗留检修杂物; (3) 不结束工作票	设备事故	1	1	15	15	1	(1) 收齐并检查工器具; (2) 清扫检修现场; (3) 结束工作票

9. 光伏控制器直流输出开关故障处理

<table>
<tr><td colspan="3">部门：</td><td colspan="5">分析日期：</td><td colspan="2">记录编号：</td></tr>
<tr><td colspan="3">作业地点或分析范围：</td><td colspan="7">分析人：</td></tr>
<tr><td colspan="10">作业内容描述：光伏控制器直流输出开关故障处理</td></tr>
<tr><td colspan="10">主要作业风险：(1) 因使用不合适的工器具、穿戴不合适的劳动防护用品导致巡检人员受伤害；(2) 触电；(3) 灼伤；(4) 跌倒；(5) 车辆伤害；(6) 高处坠落</td></tr>
<tr><td colspan="10">控制措施：(1) 正确穿戴劳动防护用品，正确使用工器具；(2) 进入巡检现场检查周围环境；(3) 配备防暑药品</td></tr>
<tr><td colspan="3">工作执行人签名：</td><td>日期：</td><td colspan="5">工作负责人开工前确认签名：</td><td>日期：</td></tr>
<tr><td colspan="2" rowspan="2">作业步骤</td><td rowspan="2">危害因素</td><td rowspan="2">可能导致的后果</td><td colspan="5">风险评价</td><td rowspan="2">控制措施</td></tr>
<tr><td>L</td><td>E</td><td>C</td><td>D</td><td>风险程度</td></tr>
<tr><td rowspan="3">作业环境</td><td>环境潮湿</td><td>(1) 设备潮湿引起短路；
(2) 安全距离不够</td><td>(1) 触电、电弧灼伤；
(2) 其他人身伤害；
(3) 设备事故</td><td>1</td><td>3</td><td>15</td><td>45</td><td>2</td><td>(1) 加强通风，调整；
(2) 保持设备干燥</td></tr>
<tr><td>雷、雨、雪天气</td><td>(1) 感应雷电流；
(2) 道路湿滑、泥泞</td><td>(1) 触电、火灾灼伤；
(2) 跌倒</td><td>1</td><td>3</td><td>7</td><td>21</td><td>2</td><td>(1) 正确戴安全帽；
(2) 正确穿绝缘鞋；
(3) 雷雨天气禁止外出作业</td></tr>
<tr><td>高温天气</td><td>中暑</td><td>人身伤害</td><td>1</td><td>3</td><td>7</td><td>21</td><td>2</td><td>(1) 合理安排外出工作，及时规避高温天气；
(2) 配备防暑药品</td></tr>
<tr><td rowspan="3">检修前准备</td><td>安全措施确认</td><td>(1) 安全措施不全或不正确；
(2) 走错间隔</td><td>(1) 触电；
(2) 设备事故</td><td>1</td><td>1</td><td>7</td><td>7</td><td>1</td><td>(1) 工作负责人、工作许可人应认真检查工作票所列安全措施是否正确、完备，是否符合现场实际条件；
(2) 检修前确认设备间隔位置；
(3) 戴绝缘手套，穿绝缘鞋和防电弧服；
(4) 使用合格的验电设备验电</td></tr>
<tr><td>安全交底</td><td>(1) 扩大工作范围；
(2) 走错间隔或误碰带电设备</td><td>(1) 触电；
(2) 设备事故</td><td>1</td><td>1</td><td>7</td><td>7</td><td>1</td><td>(1) 工作前对工作班成员进行工作任务明示；
(2) 对工作班成员进行安全技术交底</td></tr>
<tr><td>工器具准备</td><td>(1) 使用的工器具无法达到检修作业要求；
(2) 工具不全，或工具破损；
(3) 使用的试验仪器超过检验期</td><td>触电</td><td>1</td><td>1</td><td>7</td><td>7</td><td>1</td><td>检修前确认工器具及试验仪器状态，使用合格的工器具及试验仪器</td></tr>
</table>

续表

<table>
<tr><th colspan="2" rowspan="2">作业步骤</th><th rowspan="2">危害因素</th><th rowspan="2">可能导致的后果</th><th colspan="5">风险评价</th><th rowspan="2">控制措施</th></tr>
<tr><th>L</th><th>E</th><th>C</th><th>D</th><th>风险程度</th></tr>
<tr><td rowspan="5">检修前准备</td><td>个人防护用品准备</td><td>（1）未正确使用安全帽、绝缘手套、穿绝缘靴；
（2）个人防护用品防护等级不符合要求或过期</td><td>（1）触电；
（2）机械伤害</td><td>1</td><td>1</td><td>15</td><td>15</td><td>1</td><td>（1）正确戴安全帽、绝缘手套，穿绝缘靴；
（2）使用合格的个人防护用品</td></tr>
<tr><td>工作班成员精神状态确认</td><td>（1）无法正常完成指定工作；
（2）作业过程中无法清醒判断设备是否带电</td><td>（1）触电；
（2）机械伤害；
（3）设备故障</td><td>1</td><td>1</td><td>15</td><td>15</td><td>1</td><td>合理安排工作班成员，精神状态不佳者禁止工作</td></tr>
<tr><td>执行安全措施</td><td>（1）拉错开关、走错间隔；
（2）漏执行安全措施</td><td>（1）触电；
（2）设备事故</td><td>1</td><td>1</td><td>15</td><td>15</td><td>1</td><td>（1）严格按照工作票执行安全措施；
（2）执行安全措施时必须有监护人在场</td></tr>
<tr><td>环境</td><td>（1）道路泥泞、湿滑；
（2）雷、雨、雪天气</td><td>（1）车辆伤害；
（2）人身伤害</td><td>10</td><td>3</td><td>3</td><td>90</td><td>3</td><td>（1）提前注意天气变化，有效规避恶劣天气；
（2）遇特殊路况，减速慢行；
（3）正确使用安全保护用具（安全帽、劳保鞋等）</td></tr>
<tr><td>车辆</td><td>（1）车辆缺陷；
（2）超速行驶</td><td>人身伤害</td><td>6</td><td>3</td><td>3</td><td>54</td><td>2</td><td>（1）行车前检查车辆状况；
（2）系好安全带，减速慢行</td></tr>
<tr><td rowspan="3">检修过程</td><td>停运对应控制器隔离开关</td><td>（1）走错位置；
（2）设备缺陷</td><td>（1）触电；
（2）高处坠落</td><td>1</td><td>2</td><td>15</td><td>30</td><td>2</td><td>（1）戴绝缘手套、安全帽；
（2）使用钳形电流表验电</td></tr>
<tr><td>核对直流侧空气开关位置</td><td>（1）设备缺陷；
（2）空气开关未拉开，停电不彻底；
（3）带负荷拉开关</td><td>（1）触电、灼伤；
（2）其他人身伤害；
（3）设备事故</td><td>3</td><td>1</td><td>15</td><td>45</td><td>2</td><td>（1）戴绝缘手套、安全帽，穿绝缘鞋；
（2）核实操作票内容和设备状态；
（3）执行监护制度，唱票，确认设备位置、名称标牌，严格执行操作票制度；
（4）谨防误碰或接触带电体</td></tr>
<tr><td>直流输出开关故障处理</td><td>（1）带电作业；
（2）设备缺陷</td><td>（1）触电；
（2）人身伤害；
（3）设备事故</td><td>3</td><td>1</td><td>15</td><td>45</td><td>2</td><td>（1）正确使用工器具；
（2）核实操作票内容和设备状态；
（3）执行监护制度，唱票，确认设备位置、名称标牌，严格执行操作票制度；
（4）停电操作必须戴绝缘手套、安全帽，穿绝缘鞋；
（5）确保设备已断电</td></tr>
</table>

续表

作业步骤		危害因素	可能导致的后果	风险评价					控制措施
				L	*E*	*C*	*D*	风险程度	
完工阶段	完工恢复	检修后设备接线不正确	（1）设备事故； （2）电灼伤	1	1	15	15	1	（1）严格按照工作票执行恢复工作； （2）恢复工作后，经工作负责人最终检查确认，方可办理工作终结手续； （3）核对现场接线情况，确认接线正确
	结束工作	（1）遗漏工器具； （2）现场遗留检修杂物； （3）不结束工作票	设备事故	1	1	15	15	1	（1）收齐并检查工器具； （2）清扫检修现场； （3）结束工作票

10. 35kV 开关柜加热器故障处理

<table>
<tr><td colspan="3">部门：</td><td colspan="6">分析日期：</td><td>记录编号：</td></tr>
<tr><td colspan="3">作业地点或分析范围：35kV 开关柜</td><td colspan="7">分析人：</td></tr>
<tr><td colspan="10">作业内容描述：35kV 开关柜加热器故障处理</td></tr>
<tr><td colspan="10">主要作业风险：(1) 人员精神状态不佳；(2) 触电；(3) 设备事故；(4) 走错间隔；(5) 机械伤害；(6) 作业环境危害</td></tr>
<tr><td colspan="10">控制措施：(1) 办理工作票、操作票；(2) 穿戴个人防护用品；(3) 设备恢复运行状态前进行全面检查；(4) 工作前对工作班成员进行安全交底</td></tr>
<tr><td>工作负责人签名：</td><td>日期：</td><td>工作票签发人签名：</td><td colspan="3">日期：</td><td colspan="3">工作许可人签名：</td><td>日期：</td></tr>
<tr><td colspan="2" rowspan="2">作业步骤</td><td rowspan="2">危害因素</td><td rowspan="2">可能导致的后果</td><td colspan="5">风险评价</td><td rowspan="2">控制措施</td></tr>
<tr><td>L</td><td>E</td><td>C</td><td>D</td><td>风险程度</td></tr>
<tr><td>作业环境</td><td>环境</td><td>夏季高温作业</td><td>人身伤害</td><td>3</td><td>1</td><td>1</td><td>3</td><td>1</td><td>夏季高温作业做好防暑措施</td></tr>
<tr><td rowspan="5">检修前准备</td><td>工作班成员精神状态确认</td><td>(1) 无法正常完成指定工作；
(2) 作业过程中出现昏厥现象</td><td>(1) 触电；
(2) 设备故障</td><td>1</td><td>1</td><td>15</td><td>15</td><td>1</td><td>合理安排工作班成员，精神状态不佳者禁止工作</td></tr>
<tr><td>安全措施确认</td><td>(1) 拉错开关或误送电导致设备带电或误动；
(2) 未执行工作票、操作票所列的安全措施</td><td>(1) 触电；
(2) 设备故障</td><td>1</td><td>3</td><td>7</td><td>21</td><td>2</td><td>(1) 办理操作票、工作票，严格执行工作票、操作票所列的安全措施；
(2) 使用个人防护用品</td></tr>
<tr><td>安全交底</td><td>(1) 走错间隔；
(2) 未交代现场情况</td><td>(1) 触电；
(2) 设备故障</td><td>1</td><td>3</td><td>7</td><td>21</td><td>2</td><td>(1) 工作前向工作班成员告知危险点，交代作业活动范围、内容、安全措施和注意事项；
(2) 对工作班成员进行安全技术交底</td></tr>
<tr><td>个人防护用品准备</td><td>未正确穿戴安全帽及工作服</td><td>(1) 触电；
(2) 其他伤害</td><td>3</td><td>0.5</td><td>15</td><td>22.5</td><td>2</td><td>正确穿戴安全帽及工作服</td></tr>
<tr><td>工器具准备</td><td>(1) 使用的工器具无法达到工作要求；
(2) 工具不全，或工具破损；
(3) 工具未定期检测或检测不合格</td><td>(1) 机械伤害；
(2) 触电</td><td>1</td><td>1</td><td>7</td><td>7</td><td>1</td><td>(1) 做好工具、消耗材料的准备工作；
(2) 使用电动工具前要检查其是否合格，电源要有剩余电流动作装置，使用结束立即关掉电源，使用期间如遇停电应立即拔掉电源，防止来电时电动工具突然自行转动，对工作人员或设备造成机械伤害；
(3) 使用工器具前要进行检查，确认扳手没有裂痕、断口等安全隐患后方可使用，严禁使用活扳手，应使用力矩扳手及梅花扳手；
(4) 作业前检查工器具，应合格、完好</td></tr>
</table>

续表

作业步骤		危害因素	可能导致的后果	风险评价					控制措施
				L	E	C	D	风险程度	
检修过程	35kV开关柜加热器故障处理	(1) 误碰其他带电设备； (2) 接线错误； (3) 野蛮拆装设备； (4) 检修设备控制电源未断开； (5) 使用不符合规格的工器具； (6) 虚接线路	(1) 设备故障； (2) 触电； (3) 机械伤害	3	1	7	21	2	(1) 工作前应停电、验电，检查工作点是否带电，检查安全措施正确、完备后方可开工，工作过程中不得擅自更改安全措施； (2) 检查工作点上、下间隔是否带电，工作点与带电负荷或母线安全距离是否足够； (3) 进行回路改造或者更换电气元件时，要注意检查控制柜各路电源是否停电，且接线端子、裸露线头可能从其他回路反送电，工作时应按要求戴好绝缘手套、穿好绝缘鞋、螺丝刀绑好绝缘胶布； (4) 严禁错误使用工器具造成设备损坏，如用过大、过小的扳手替代标准尺寸的扳手，用一字螺丝刀替代十字螺丝刀，用十字螺丝刀替代内六角或内梅花螺丝刀等； (5) 严禁野蛮拆装、检修设备，造成螺丝过力滑丝、设备开裂、设备变形等； (6) 拆卸接线前，先记录每个接线的位置，安装时按记录逐一接线，并检查接线是否牢固
恢复检验	结束工作	(1) 遗漏工器具； (2) 现场遗留检修杂物； (3) 不结束工作票； (4) 工作班成员未全部撤离	(1) 人身伤害； (2) 设备故障	3	3	3	27	2	(1) 收齐并检查工器具； (2) 清扫检修现场； (3) 结束工作票

11. 35kV开关柜互感器故障处理

<table>
<tr><td colspan="4">部门：</td><td colspan="5">分析日期：</td><td>记录编号：</td></tr>
<tr><td colspan="4">作业地点或分析范围：35kV开关柜</td><td colspan="6">分析人：</td></tr>
<tr><td colspan="10">作业内容描述：35kV开关柜互感器故障处理</td></tr>
<tr><td colspan="10">主要作业风险：(1) 人员精神状态不佳；(2) 触电；(3) 设备事故；(4) 走错间隔；(5) 机械伤害；(6) 作业环境危害</td></tr>
<tr><td colspan="10">控制措施：(1) 办理工作票、操作票；(2) 穿戴个人防护用品；(3) 设备恢复运行状态前进行全面检查；(4) 工作前对工作班成员进行安全交底</td></tr>
<tr><td colspan="2">工作负责人签名：</td><td>日期：</td><td>工作票签发人签名：</td><td colspan="2">日期：</td><td colspan="3">工作许可人签名：</td><td>日期：</td></tr>
<tr><td colspan="2" rowspan="2">作业步骤</td><td rowspan="2">危害因素</td><td rowspan="2">可能导致的后果</td><td colspan="5">风险评价</td><td rowspan="2">控制措施</td></tr>
<tr><td>L</td><td>E</td><td>C</td><td>D</td><td>风险程度</td></tr>
<tr><td>作业环境</td><td>环境</td><td>(1) 光线不足，地面光滑；
(2) 室内潮湿；
(3) 夏季高温作业</td><td>(1) 人身伤害；
(2) 设备损坏；
(3) 触电</td><td>1</td><td>6</td><td>7</td><td>42</td><td>2</td><td>(1) 工作前做好检修前的准备工作，铺好防滑垫，准备好临时检修照明；
(2) 检查室内湿度，湿度过大时应采取相应措施，保持设备干燥；
(3) 夏季高温作业时做好防暑措施</td></tr>
<tr><td rowspan="4">检修前准备</td><td>工作班成员精神状态确认</td><td>(1) 无法正常完成指定工作；
(2) 作业过程中无法清醒判断带电设备；
(3) 作业过程中出现昏厥现象</td><td>(1) 触电；
(2) 设备故障</td><td>1</td><td>1</td><td>15</td><td>15</td><td>1</td><td>合理安排工作班成员，精神状态不佳者禁止工作</td></tr>
<tr><td>安全措施确认</td><td>(1) 拉错开关或误送电导致设备带电或误动；
(2) 未执行工作票、操作票所列的安全措施</td><td>(1) 触电；
(2) 设备故障</td><td>1</td><td>3</td><td>7</td><td>21</td><td>2</td><td>(1) 办理操作票、工作票，严格执行工作票、操作票所列的安全措施；
(2) 使用个人防护用品</td></tr>
<tr><td>安全交底</td><td>(1) 走错间隔；
(2) 未交代现场情况</td><td>(1) 触电；
(2) 设备故障</td><td>1</td><td>3</td><td>7</td><td>21</td><td>2</td><td>(1) 工作前向工作班成员告知危险点，交代作业活动范围，内容及安全措施和注意事项；
(2) 对工作班成员进行安全技术交底</td></tr>
<tr><td>个人防护用品准备</td><td>未正确穿戴安全帽及工作服</td><td>(1) 其他伤害；
(2) 触电</td><td>3</td><td>0.5</td><td>15</td><td>22.5</td><td>2</td><td>(1) 正确穿戴安全帽及工作服；
(2) 正确戴绝缘手套</td></tr>
</table>

续表

作业步骤		危害因素	可能导致的后果	风险评价					控制措施
				L	*E*	*C*	*D*	风险程度	
检修前准备	工器具准备	（1）使用的工器具无法达到工作要求； （2）工具不全，或工具破损	（1）触电； （2）设备故障	1	1	7	7	1	（1）做好工具、消耗材料的准备工作； （2）使用电动工具前要检查合格，电源要有剩余电流动作装置，使用结束立即关掉电源，使用期间如遇停电应立即拔掉电源，防止来电时电动工具突然自行转动，对工作人员或设备造成机械伤害； （3）使用工器具前要进行检查，确认扳手没有裂痕、断口等安全隐患后方可使用，严禁使用活扳手，应使用力矩扳手及梅花扳手； （4）作业前检查工器具，应合格、完好
检修过程	35kV 开关柜互感器故障处理	（1）误碰其他带电设备； （2）接线错误； （3）野蛮拆装设备； （4）检修设备控制电源未断开； （5）使用不符合规格的工器具； （6）虚接线路	（1）设备故障； （2）触电； （3）机械伤害	3	1	7	21	2	（1）工作前应停电、验电，检查工作点是否带电，检查安全措施正确、完备后方可开工，工作过程中不得擅自更改安全措施； （2）检查工作点上、下间隔是否带电，工作点与带电负荷或母线安全距离是否足够； （3）进行回路改造或者更换电气元件时，要注意检查控制柜各路电源是否停电，且接线端子、裸露线头可能从其他回路反送电，工作时应按要求戴好绝缘手套、穿好绝缘鞋、螺丝刀绑好绝缘胶布； （4）严禁错误使用工器具造成设备损坏，如用过大、过小的扳手替代标准尺寸的扳手，用一字螺丝刀替代十字螺丝刀，用十字螺丝刀替代内六角或内梅花螺丝刀等； （5）严禁野蛮拆装、检修设备，造成螺丝过力滑丝、设备开裂、设备变形等； （6）拆卸接线前，先记录每个接线的位置，安装时按记录逐一接线，并检查接线是否牢固
恢复检验	结束工作	（1）遗漏工器具； （2）现场遗留检修杂物； （3）不结束工作票； （4）工作班成员未全部撤离	（1）人身伤害； （2）设备故障	3	3	3	27	2	（1）收齐并检查工器具； （2）清扫检修现场； （3）结束工作票

12. 35kV开关柜小车故障处理

<table>
<tr><td colspan="3">部门：</td><td colspan="5">分析日期：</td><td>记录编号：</td></tr>
<tr><td colspan="3">作业地点或分析范围：35kV开关柜</td><td colspan="6">分析人：</td></tr>
<tr><td colspan="9">作业内容描述：35kV开关柜小车故障处理</td></tr>
<tr><td colspan="9">主要作业风险：(1) 人员精神状态不佳；(2) 触电；(3) 设备事故；(4) 走错间隔；(5) 机械伤害；(6) 作业环境危害</td></tr>
<tr><td colspan="9">控制措施：(1) 办理工作票、操作票；(2) 穿戴个人防护用品；(3) 确认设备名称和间隔；(4) 设备恢复运行状态前进行全面检查；(5) 工作前对工作班成员进行安全交底</td></tr>
<tr><td colspan="9">工作负责人签名：　日期：　工作票签发人签名：　日期：　工作许可人签名：　日期：</td></tr>
<tr><th colspan="2" rowspan="2">作业步骤</th><th rowspan="2">危害因素</th><th rowspan="2">可能导致的后果</th><th colspan="5">风险评价</th><th rowspan="2">控制措施</th></tr>
<tr><th>L</th><th>E</th><th>C</th><th>D</th><th>风险程度</th></tr>
<tr><td>作业环境</td><td>环境</td><td>(1) 光线不足，地面光滑；
(2) 室内潮湿；
(3) 夏季高温作业</td><td>(1) 人身伤害；
(2) 设备损坏；
(3) 触电</td><td>1</td><td>6</td><td>7</td><td>42</td><td>2</td><td>(1) 工作前做好检修前的准备工作，铺好防滑垫，准备好临时检修照明；
(2) 检查室内湿度，湿度过大时应采取相应措施，保持设备干燥；
(3) 夏季高温作业做好防暑措施</td></tr>
<tr><td rowspan="5">检修前准备</td><td>工作班成员精神状态确认</td><td>(1) 无法正常完成指定工作；
(2) 作业过程中出现昏厥现象</td><td>(1) 触电；
(2) 设备故障</td><td>1</td><td>1</td><td>15</td><td>15</td><td>1</td><td>合理安排工作班成员，精神状态不佳者禁止工作</td></tr>
<tr><td>安全措施确认</td><td>(1) 拉错开关或误送电导致设备带电或误动；
(2) 未执行工作票、操作票所列的安全措施</td><td>(1) 触电；
(2) 设备故障</td><td>1</td><td>3</td><td>7</td><td>21</td><td>2</td><td>(1) 办理操作票、工作票，严格执行工作票、操作票所列的安全措施；
(2) 使用个人防护用品</td></tr>
<tr><td>安全交底</td><td>(1) 走错间隔；
(2) 未交代现场情况</td><td>(1) 触电；
(2) 设备故障</td><td>1</td><td>3</td><td>7</td><td>21</td><td>2</td><td>(1) 工作前向工作班成员告知危险点，交代作业活动范围、内容、安全措施和注意事项；
(2) 对工作班成员进行安全技术交底</td></tr>
<tr><td>个人防护用品准备</td><td>未正确穿戴安全帽及工作服</td><td>(1) 触电；
(2) 其他伤害</td><td>3</td><td>0.5</td><td>15</td><td>22.5</td><td>2</td><td>正确穿戴安全帽及工作服</td></tr>
<tr><td>工器具准备</td><td>(1) 使用的工器具无法达到工作要求；
(2) 工具不全，或工具破损；
(3) 工具未定期检测或检测不合格</td><td>(1) 机械伤害；
(2) 触电</td><td>1</td><td>1</td><td>7</td><td>7</td><td>1</td><td>(1) 做好工具、消耗材料的准备工作；
(2) 使用电动工具前要检查其是否合格，电源要有剩余电流动作装置，使用结束立即关掉电源，使用期间如遇停电应立即拔掉电源，防止来电时电动工具突然自行转动，对工作人员或设备造成机械伤害；
(3) 使用工器具前要进行检查，确认扳手没有裂痕、断口等安全隐患后方可使用，严禁使用活扳手，应使用力矩扳手及梅花扳手；
(4) 作业前检查工器具，应合格、完好</td></tr>
</table>

续表

<table>
<tr><th colspan="2" rowspan="2">作业步骤</th><th rowspan="2">危害因素</th><th rowspan="2">可能导致的后果</th><th colspan="5">风险评价</th><th rowspan="2">控制措施</th></tr>
<tr><th>L</th><th>E</th><th>C</th><th>D</th><th>风险程度</th></tr>
<tr><td>检修过程</td><td>35kV 开关柜小车故障处理</td><td>（1）误碰其他带电设备；
（2）接线错误；
（3）野蛮拆装设备；
（4）检修设备控制电源未断开；
（5）使用不符合规格的工器具；
（6）虚接线路</td><td>（1）触电；
（2）机械伤害；
（3）设备故障</td><td>3</td><td>1</td><td>7</td><td>21</td><td>2</td><td>（1）工作前应停电、验电，检查工作点是否带电，检查安全措施正确、完备后方可开工，工作过程中不得擅自更改安全措施；
（2）检查工作点上、下间隔是否带电，工作点与带电负荷或母线安全距离是否足够；
（3）进行回路改造或者更换电气元件时，要注意检查控制柜各路电源是否停电，且接线端子、裸露线头可能从其他回路反送电，工作时应按要求戴好绝缘手套、穿好绝缘鞋、螺丝刀绑好绝缘胶布；
（4）严禁错误使用工器具造成设备损坏，如用过大、过小的扳手替代标准尺寸的扳手；用一字螺丝刀替代十字螺丝刀，用十字螺丝刀替代内六角或内梅花螺丝刀等；
（5）严禁野蛮拆装、检修设备，造成螺丝过力滑丝、设备开裂、设备变形等；
（6）拆卸接线前，先记录每个接线的位置，安装时按记录逐一接线，并检查接线是否牢固</td></tr>
<tr><td>恢复检验</td><td>结束工作</td><td>（1）遗漏工器具；
（2）现场遗留检修杂物；
（3）不结束工作票；
（4）工作班成员未全部撤离</td><td>（1）人身伤害；
（2）设备故障</td><td>3</td><td>3</td><td>3</td><td>27</td><td>2</td><td>（1）收齐并检查工器具；
（2）清扫检修现场；
（3）结束工作票</td></tr>
</table>

13. 35kV开关柜开关本体故障处理

<table>
<tr><td colspan="4">部门：</td><td colspan="6">分析日期：</td><td>记录编号：</td></tr>
<tr><td colspan="4">作业地点或分析范围：35kV开关柜</td><td colspan="7">分析人：</td></tr>
<tr><td colspan="11">作业内容描述：35kV开关柜开关本体故障处理</td></tr>
<tr><td colspan="11">主要作业风险：(1) 人员精神状态不佳；(2) 触电；(3) 设备事故；(4) 走错间隔；(5) 机械伤害；(6) 作业环境危害</td></tr>
<tr><td colspan="11">控制措施：(1) 办理工作票、操作票；(2) 穿戴个人防护用品；(3) 确认设备名称和间隔；(4) 设备恢复运行状态前进行全面检查；(5) 工作前对工作班成员进行安全交底</td></tr>
<tr><td colspan="2">工作负责人签名：</td><td>日期：</td><td>工作票签发人签名：</td><td colspan="3">日期：</td><td colspan="2">工作许可人签名：</td><td colspan="2">日期：</td></tr>
<tr><td colspan="2" rowspan="2">作业步骤</td><td rowspan="2">危害因素</td><td rowspan="2">可能导致的后果</td><td colspan="5">风险评价</td><td colspan="2" rowspan="2">控制措施</td></tr>
<tr><td>L</td><td>E</td><td>C</td><td>D</td><td>风险程度</td></tr>
<tr><td>作业环境</td><td>环境</td><td>(1) 光线不足，地面光滑；
(2) 室内潮湿；
(3) 夏季高温作业</td><td>(1) 人身伤害；
(2) 设备损坏；
(3) 触电</td><td>1</td><td>6</td><td>7</td><td>42</td><td>2</td><td colspan="2">(1) 工作前做好检修前的准备工作，铺好防滑垫，准备好临时检修照明；
(2) 检查室内湿度，湿度过大时应采取相应措施，保持设备干燥；
(3) 夏季高温作业时做好防暑措施</td></tr>
<tr><td rowspan="4">检修前准备</td><td>工作班成员精神状态确认</td><td>(1) 无法正常完成指定工作；
(2) 作业过程中出现昏厥现象</td><td>(1) 触电；
(2) 设备故障</td><td>1</td><td>1</td><td>15</td><td>15</td><td>1</td><td colspan="2">合理安排工作班成员，精神状态不佳者禁止工作</td></tr>
<tr><td>安全措施确认</td><td>(1) 拉错开关或误送电导致设备带电或误动；
(2) 未执行工作票、操作票所列的安全措施</td><td>(1) 触电；
(2) 设备故障</td><td>1</td><td>3</td><td>7</td><td>21</td><td>2</td><td colspan="2">(1) 办理操作票、工作票，严格执行工作票、操作票所列的安全措施；
(2) 使用个人防护用品</td></tr>
<tr><td>安全交底</td><td>(1) 走错间隔；
(2) 未交代现场情况</td><td>(1) 触电；
(2) 设备故障</td><td>1</td><td>3</td><td>7</td><td>21</td><td>2</td><td colspan="2">(1) 工作前向工作班成员告知危险点，交代作业活动范围、内容、安全措施和注意事项；
(2) 对工作班成员进行安全技术交底</td></tr>
<tr><td>个人防护用品准备</td><td>未正确穿戴安全帽及工作服</td><td>(1) 触电；
(2) 其他伤害</td><td>3</td><td>0.5</td><td>15</td><td>22.5</td><td>2</td><td colspan="2">正确穿戴安全帽及工作服</td></tr>
</table>

续表

<table>
<tr><th colspan="2" rowspan="2">作业步骤</th><th rowspan="2">危害因素</th><th rowspan="2">可能导致的后果</th><th colspan="5">风险评价</th><th rowspan="2">控制措施</th></tr>
<tr><th>L</th><th>E</th><th>C</th><th>D</th><th>风险程度</th></tr>
<tr><td>检修前准备</td><td>工器具准备</td><td>(1) 使用的工器具无法达到工作要求；
(2) 工具不全，或工具破损；
(3) 工具未定期检测或检测不合格</td><td>(1) 机械伤害；
(2) 触电</td><td>1</td><td>1</td><td>7</td><td>7</td><td>1</td><td>(1) 做好工具、消耗材料的准备工作；
(2) 使用电动工具前要检查其是否合格，电源要有剩余电流动作装置，使用结束立即关掉电源，使用期间如遇停电应立即拔掉电源，防止来电时电动工具突然自行转动，对工作人员或设备造成机械伤害；
(3) 使用工器具前要进行检查，确认扳手没有裂痕、断口等安全隐患后方可使用，严禁使用活扳手，应使用力矩扳手及梅花扳手；
(4) 作业前检查工器具，应合格、完好</td></tr>
<tr><td>检修过程</td><td>35kV 开关柜开关故障处理</td><td>(1) 误碰其他带电设备；
(2) 接线错误；
(3) 野蛮拆装设备；
(4) 检修设备控制电源未断开；
(5) 使用不符合规格的工器具；
(6) 虚接线路</td><td>(1) 设备故障；
(2) 触电；
(3) 机械伤害</td><td>3</td><td>1</td><td>7</td><td>21</td><td>2</td><td>(1) 工作前应停电、验电，检查工作点是否带电，检查安全措施正确、完备后方可开工，工作过程中不得擅自更改安全措施；
(2) 检查工作点上、下间隔是否带电，工作点与带电负荷或母线安全距离是否足够；
(3) 进行回路改造或者更换电气元件时，要注意检查控制柜各路电源是否停电，且接线端子、裸露线头可能从其他回路反送电，工作时应按要求戴好绝缘手套、穿好绝缘鞋、螺丝刀绑好绝缘胶布；
(4) 严禁错误使用工器具造成设备损坏，如用过大、过小的扳手替代标准尺寸的扳手，用一字螺丝刀替代十字螺丝刀，用十字螺丝刀替代内六角或内梅花螺丝刀等；
(5) 严禁野蛮拆装、检修设备，造成螺丝过力滑丝、设备开裂、设备变形等；
(6) 拆卸接线前，先记录每个接线的位置，安装时按记录逐一接线，并检查接线是否牢固</td></tr>
<tr><td>恢复检验</td><td>结束工作</td><td>(1) 遗漏工器具；
(2) 现场遗留检修杂物；
(3) 不结束工作票；
(4) 工作班成员未全部撤离</td><td>(1) 人身伤害；
(2) 设备故障</td><td>3</td><td>3</td><td>3</td><td>27</td><td>2</td><td>(1) 收齐并检查工器具；
(2) 清扫检修现场；
(3) 结束工作票</td></tr>
</table>

14. 35kV开关柜进、出线套管故障处理

<table>
<tr><td colspan="3">部门：</td><td colspan="5">分析日期：</td><td>记录编号：</td></tr>
<tr><td colspan="3">作业地点或分析范围：35kV 开关柜</td><td colspan="6">分析人：</td></tr>
<tr><td colspan="9">作业内容描述：35kV 开关柜进、出线套管故障处理</td></tr>
<tr><td colspan="9">主要作业风险：(1) 人员精神状态不佳；(2) 触电；(3) 设备事故；(4) 走错间隔；(5) 机械伤害；(6) 作业环境危害</td></tr>
<tr><td colspan="9">控制措施：(1) 办理工作票、操作票；(2) 穿戴个人防护用品；(3) 确认设备名称和间隔；(4) 设备恢复运行状态前进行全面检查；(5) 工作前对工作班成员进行安全交底</td></tr>
<tr><td>工作负责人签名：</td><td>日期：</td><td>工作票签发人签名：</td><td colspan="2">日期：</td><td colspan="3">工作许可人签名：</td><td>日期：</td></tr>
<tr><td rowspan="2" colspan="2">作业步骤</td><td rowspan="2">危害因素</td><td rowspan="2">可能导致的后果</td><td colspan="5">风险评价</td><td rowspan="2">控制措施</td></tr>
<tr><td>L</td><td>E</td><td>C</td><td>D</td><td>风险程度</td></tr>
<tr><td>作业环境</td><td>环境</td><td>(1) 光线不足，地面光滑；
(2) 室内潮湿；
(3) 夏季高温作业</td><td>(1) 人身伤害；
(2) 设备损坏；
(3) 触电</td><td>1</td><td>6</td><td>7</td><td>42</td><td>2</td><td>(1) 工作前做好检修前的准备工作，铺好防滑垫，准备好临时检修照明；
(2) 检查室内湿度，湿度过大时应采取相应措施，保持设备干燥；
(3) 夏季高温作业做好防暑措施</td></tr>
<tr><td rowspan="4">检修前准备</td><td>工作班成员精神状态确认</td><td>(1) 无法正常完成指定工作；
(2) 作业过程中出现昏厥现象</td><td>(1) 触电；
(2) 设备故障</td><td>1</td><td>1</td><td>15</td><td>15</td><td>1</td><td>合理安排工作班成员，精神状态不佳者禁止工作</td></tr>
<tr><td>安全措施确认</td><td>(1) 拉错开关或误送电导致设备带电或误动；
(2) 未执行工作票、操作票所列的安全措施</td><td>(1) 触电；
(2) 设备故障</td><td>1</td><td>3</td><td>7</td><td>21</td><td>2</td><td>(1) 办理操作票、工作票，严格执行工作票、操作票所列的安全措施；
(2) 使用个人防护用品</td></tr>
<tr><td>安全交底</td><td>(1) 走错间隔；
(2) 未交代现场情况</td><td>(1) 触电；
(2) 设备故障</td><td>1</td><td>3</td><td>7</td><td>21</td><td>2</td><td>(1) 工作前向工作班成员告知危险点，交代作业活动范围、内容、安全措施和注意事项；
(2) 对工作班成员进行安全技术交底</td></tr>
<tr><td>个人防护用品准备</td><td>未正确穿戴安全帽及工作服</td><td>(1) 触电；
(2) 其他伤害</td><td>3</td><td>0.5</td><td>15</td><td>22.5</td><td>2</td><td>正确穿戴安全帽及工作服</td></tr>
</table>

续表

作业步骤		危害因素	可能导致的后果	风险评价					控制措施
				L	E	C	D	风险程度	
检修前准备	工器具准备	（1）使用的工器具无法达到工作要求； （2）工具不全，或工具破损； （3）工具未定期检测或检测不合格	（1）机械伤害； （2）触电	1	1	7	7	1	（1）做好工具、消耗材料的准备工作； （2）使用电动工具前要检查其是否合格，电源要有剩余电流动作装置，使用结束立即关掉电源，使用期间如遇停电应立即拔掉电源，防止来电时电动工具突然自行转动，对工作人员或设备造成机械伤害； （3）使用工器具前要进行检查，确认扳手没有裂痕、断口等安全隐患后方可使用，严禁使用活扳手，应使用力矩扳手及梅花扳手； （4）作业前检查工器具，应合格、完好
检修过程	35kV 开关柜进、出线套管故障处理	（1）接线相序错误； （2）虚接线路； （3）套管上灰尘较多； （4）拆装时，未对套管进行固定； （5）野蛮拆装设备； （6）工具随手乱扔； （7）工作区域下方未做隔离措施	（1）设备故障； （2）物体打击； （3）高处坠落	3	1	7	21	2	（1）与带电设备保持安全距离，并对带电区域悬挂标示牌，装设围栏； （2）工作人员应穿绝缘鞋； （3）更换套管时，用酒精将中性点套管擦拭干净； （4）拆装套管时，用绳索将中性点套管固定； （5）工作区域下方做隔离措施； （6）禁止绳锁与其他易损设备接触； （7）进行回路改造或者更换电气元件时，要注意检查控制箱各路电源是否停电，且接线端子、裸露线头可能从其他回路反送电，工作时应按要求戴好绝缘手套、穿好绝缘鞋、螺丝刀绑好绝缘胶布； （8）严禁错误使用工器具对设备造成损坏，如用过大、过小的扳手替代标准尺寸的扳手，用一字螺丝刀替代十字螺丝刀，用十字螺丝刀替代内六角或内梅花螺丝刀等； （9）严禁野蛮拆装、检修设备，造成螺丝过力滑丝、设备开裂、设备变形等； （10）工作时，工具用完应立即放入工具包中； （11）拆卸接线前，先记录每个接线的位置，安装时按记录逐一接线，并检查接线是否牢固
恢复检验	结束工作	（1）遗漏工器具； （2）现场遗留检修杂物； （3）不结束工作票； （4）工作班成员未全部撤离	（1）人身伤害； （2）设备故障	3	3	3	27	2	（1）收齐并检查工器具； （2）清扫检修现场； （3）结束工作票

15. 35kV开关柜集电开关故障处理

<table>
<tr><td colspan="3">部门：</td><td colspan="6">分析日期：</td><td>记录编号：</td></tr>
<tr><td colspan="3">作业地点或分析范围：35kV开关柜</td><td colspan="7">分析人：</td></tr>
<tr><td colspan="10">作业内容描述：35kV开关柜集电开关故障处理</td></tr>
<tr><td colspan="10">主要作业风险：(1) 人员精神状态不佳；(2) 触电；(3) 设备事故；(4) 走错间隔；(5) 机械伤害；(6) 作业环境危害</td></tr>
<tr><td colspan="10">控制措施：(1) 办理工作票、操作票；(2) 穿戴个人防护用品；(3) 确认设备名称和间隔；(4) 设备恢复运行状态前进行全面检查；(5) 工作前对工作班成员进行安全交底</td></tr>
<tr><td colspan="2">工作负责人签名：</td><td>日期：</td><td colspan="2">工作票签发人签名：</td><td colspan="2">日期：</td><td colspan="2">工作许可人签名：</td><td>日期：</td></tr>
<tr><td colspan="2" rowspan="2">作业步骤</td><td rowspan="2">危害因素</td><td rowspan="2">可能导致的后果</td><td colspan="5">风险评价</td><td rowspan="2">控制措施</td></tr>
<tr><td>L</td><td>E</td><td>C</td><td>D</td><td>风险程度</td></tr>
<tr><td>作业环境</td><td>环境</td><td>(1) 光线不足，地面光滑；
(2) 室内潮湿；
(3) 夏季高温作业</td><td>(1) 人身伤害；
(2) 设备损坏；
(3) 触电</td><td>1</td><td>6</td><td>7</td><td>42</td><td>2</td><td>(1) 工作前做好检修前的准备工作，铺好防滑垫，准备好临时检修照明；
(2) 检查室内湿度，湿度过大时应采取相应措施，保持设备干燥；
(3) 夏季高温作业时做好防暑措施</td></tr>
<tr><td rowspan="4">检修前准备</td><td>工作班成员精神状态确认</td><td>(1) 无法正常完成指定工作；
(2) 作业过程中出现昏厥现象</td><td>(1) 触电；
(2) 设备故障</td><td>1</td><td>1</td><td>15</td><td>15</td><td>1</td><td>合理安排工作班成员，精神状态不佳者禁止工作</td></tr>
<tr><td>安全措施确认</td><td>(1) 拉错开关或误送电导致设备带电或误动；
(2) 未执行工作票、操作票所列的安全措施</td><td>(1) 触电；
(2) 设备故障</td><td>1</td><td>3</td><td>7</td><td>21</td><td>2</td><td>(1) 办理操作票、工作票，严格执行工作票、操作票所列的安全措施；
(2) 使用个人防护用品</td></tr>
<tr><td>安全交底</td><td>(1) 走错间隔；
(2) 未交代现场情况</td><td>(1) 触电；
(2) 设备故障</td><td>1</td><td>3</td><td>7</td><td>21</td><td>2</td><td>(1) 工作前向工作班成员告知危险点，交代作业活动范围、内容、安全措施和注意事项；
(2) 对工作班成员进行安全技术交底</td></tr>
<tr><td>个人防护用品准备</td><td>未正确穿戴安全帽及工作服</td><td>(1) 触电；
(2) 其他伤害</td><td>3</td><td>0.5</td><td>15</td><td>22.5</td><td>2</td><td>正确穿戴安全帽及工作服</td></tr>
</table>

续表

作业步骤		危害因素	可能导致的后果	风险评价					控制措施
				L	*E*	*C*	*D*	风险程度	
检修前准备	工器具准备	(1) 使用的工器具无法达到工作要求； (2) 工具不全，或工具破损； (3) 工具未定期检测或检测不合格	(1) 机械伤害； (2) 触电	1	1	7	7	1	(1) 做好工具、消耗材料的准备工作； (2) 使用电动工具前要检查其是否合格，电源要有剩余电流动作装置，使用结束立即关掉电源，使用期间如遇停电应立即拔掉电源，防止来电时电动工具突然自行转动，对工作人员或设备造成机械伤害； (3) 使用工器具前要进行检查，确认扳手没有裂痕、断口等安全隐患后方可使用，严禁使用活扳手，应使用力矩扳手及梅花扳手； (4) 作业前检查工器具，应合格、完好
检修过程	35kV 开关柜集电开关故障处理	(1) 误碰其他带电设备； (2) 接线错误； (3) 野蛮拆装设备； (4) 检修设备控制电源未断开； (5) 使用不符合规格的工器具； (6) 虚接线路； (7) 储能未释放导致机械伤人	(1) 触电； (2) 机械伤害； (3) 设备故障	3	1	7	21	2	(1) 工作前应停电、验电，检查工作点是否带电，检查安全措施正确、完备后方可开工，工作过程中不得擅自更改安全措施； (2) 检查工作点上、下间隔是否带电，工作点与带电负荷或母线安全距离是否足够； (3) 进行回路改造或者更换电气元件时，要注意检查控制柜各路电源是否停电，且接线端子、裸露线头可能从其他回路反送电，工作时应按要求戴好绝缘手套、穿好绝缘鞋、螺丝刀绑好绝缘胶布； (4) 严禁错误使用工器具造成设备损坏，如用过大、过小的扳手替代标准尺寸的扳手，用一字螺丝刀替代十字螺丝刀，用十字螺丝刀替代内六角或内梅花螺丝刀等； (5) 严禁野蛮拆装、检修设备，造成螺丝过力滑丝、设备开裂、设备变形等； (6) 拆卸接线前，先记录每个接线的位置，安装时按记录逐一接线，并检查接线是否牢固； (7) 处理开关故障时，应先将储能释放，避免机械伤人
恢复检验	结束工作	(1) 遗漏工器具； (2) 现场遗留检修杂物； (3) 不结束工作票； (4) 工作班成员未全部撤离	(1) 人身伤害； (2) 设备故障	3	3	3	27	2	(1) 收齐并检查工器具； (2) 清扫检修现场； (3) 结束工作票

16. 35kV开关柜分合闸线圈故障处理

<table>
<tr><td colspan="3">部门：</td><td colspan="6">分析日期：</td><td>记录编号：</td></tr>
<tr><td colspan="3">作业地点或分析范围：35kV开关柜</td><td colspan="7">分析人：</td></tr>
<tr><td colspan="10">作业内容描述：35kV开关柜分合闸线圈故障处理</td></tr>
<tr><td colspan="10">主要作业风险：(1) 人员精神状态不佳；(2) 触电；(3) 设备事故；(4) 走错间隔；(5) 机械伤害；(6) 作业环境危害</td></tr>
<tr><td colspan="10">控制措施：(1) 办理工作票、操作票；(2) 穿戴个人防护用品；(3) 确认设备名称和间隔；(4) 设备恢复运行状态前进行全面检查；(5) 工作前对工作班成员进行安全交底</td></tr>
<tr><td colspan="2">工作负责人签名：</td><td>日期：</td><td>工作票签发人签名：</td><td colspan="2">日期：</td><td colspan="3">工作许可人签名：</td><td>日期：</td></tr>
<tr><td colspan="2" rowspan="2">作业步骤</td><td rowspan="2">危害因素</td><td rowspan="2">可能导致的后果</td><td colspan="5">风险评价</td><td rowspan="2">控制措施</td></tr>
<tr><td>L</td><td>E</td><td>C</td><td>D</td><td>风险程度</td></tr>
<tr><td>作业环境</td><td>环境</td><td>(1) 光线不足，地面光滑；
(2) 夏季高温作业</td><td>人身伤害</td><td>1</td><td>1</td><td>7</td><td>7</td><td>1</td><td>(1) 检查室内湿度，湿度过大时应采取相应措施，保持设备干燥；
(2) 夏季高温作业时做好防暑措施</td></tr>
<tr><td rowspan="5">检修前准备</td><td>工作班成员精神状态确认</td><td>(1) 无法正常完成指定工作；
(2) 作业过程中出现昏厥现象</td><td>(1) 触电；
(2) 设备故障</td><td>1</td><td>1</td><td>15</td><td>15</td><td>1</td><td>合理安排工作班成员，精神状态不佳者禁止工作</td></tr>
<tr><td>安全措施确认</td><td>(1) 拉错开关或误送电导致设备带电或误动；
(2) 未执行工作票、操作票所列的安全措施</td><td>(1) 触电；
(2) 设备故障</td><td>1</td><td>3</td><td>7</td><td>21</td><td>2</td><td>(1) 办理操作票、工作票，严格执行工作票、操作票所列的安全措施；
(2) 使用个人防护用品</td></tr>
<tr><td>安全交底</td><td>(1) 走错间隔；
(2) 未交代现场情况</td><td>(1) 触电；
(2) 设备故障</td><td>1</td><td>3</td><td>7</td><td>21</td><td>2</td><td>(1) 工作前向工作班成员告知危险点，交代作业活动范围、内容、安全措施和注意事项；
(2) 对工作班成员进行安全技术交底</td></tr>
<tr><td>个人防护用品准备</td><td>未正确穿戴安全帽及工作服</td><td>(1) 触电；
(2) 其他伤害</td><td>3</td><td>0.5</td><td>15</td><td>22.5</td><td>2</td><td>正确穿戴安全帽及工作服</td></tr>
<tr><td>工器具准备</td><td>(1) 使用的工器具无法达到工作要求；
(2) 工具不全，或工具破损；
(3) 工具未定期检测或检测不合格</td><td>(1) 机械伤害；
(2) 触电</td><td>1</td><td>1</td><td>7</td><td>7</td><td>1</td><td>(1) 做好工具、消耗材料的准备工作；
(2) 使用电动工具前要检查其是否合格，电源要有剩余电流动作装置，使用结束立即关掉电源，使用期间如遇停电应立即拔掉电源，防止来电时电动工具突然自行转动，对工作人员或设备造成机械伤害；
(3) 使用工器具前要进行检查，确认扳手没有裂痕、断口等安全隐患后方可使用，严禁使用活扳手，应使用力矩扳手及梅花扳手；
(4) 作业前检查工器具，应合格、完好</td></tr>
</table>

续表

作业步骤		危害因素	可能导致的后果	风险评价					控制措施
				L	*E*	*C*	*D*	风险程度	
检修过程	35kV 开关柜分、合闸线圈故障处理	(1) 误碰其他带电设备； (2) 接线错误； (3) 野蛮拆装设备； (4) 检修设备控制电源未断开； (5) 使用不符合规格的工器具； (6) 虚接线路	(1) 设备故障； (2) 触电； (3) 机械伤害	3	1	7	21	2	(1) 工作前应停电、验电，检查工作点是否带电，检查安全措施正确、完备后方可开工，工作过程中不得擅自更改安全措施； (2) 检查工作点上、下间隔是否带电，工作点与带电负荷或母线安全距离是否足够； (3) 进行回路改造或者更换电气元件时，要注意检查控制柜各路电源是否停电，且接线端子、裸露线头可能从其他回路反送电，工作时应按要求戴好绝缘手套、穿好绝缘鞋、螺丝刀绑好绝缘胶布； (4) 严禁错误使用工器具造成设备损坏，如用过大、过小的扳手替代标准尺寸的扳手，用一字螺丝刀替代十字螺丝刀，用十字螺丝刀替代内六角或内梅花螺丝刀等； (5) 严禁野蛮拆装、检修设备，造成螺丝过力滑丝、设备开裂、设备变形等； (6) 拆卸接线前，先记录每个接线的位置，安装时按记录逐一接线，并检查接线是否牢固
恢复检验	结束工作	(1) 遗漏工器具； (2) 现场遗留检修杂物； (3) 不结束工作票； (4) 工作班成员未全部撤离	(1) 人身伤害； (2) 设备故障	3	3	3	27	2	(1) 收齐并检查工器具； (2) 清扫检修现场； (3) 结束工作票

17. 35kV 开关柜接地开关操动机构故障处理

<table>
<tr><td colspan="3">部门：</td><td colspan="6">分析日期：</td><td>记录编号：</td></tr>
<tr><td colspan="3">作业地点或分析范围：35kV 开关柜</td><td colspan="7">分析人：</td></tr>
<tr><td colspan="10">作业内容描述：35kV 开关柜接地开关操动机构故障处理</td></tr>
<tr><td colspan="10">主要作业风险：(1) 人员精神状态不佳；(2) 触电；(3) 设备事故；(4) 走错间隔；(5) 机械伤害</td></tr>
<tr><td colspan="10">控制措施：(1) 办理工作票、操作票；(2) 穿戴个人防护用品；(3) 确认设备名称和间隔；(4) 设备恢复运行状态前进行全面检查；(5) 工作前对工作班成员进行安全交底</td></tr>
<tr><td colspan="2">工作负责人签名：</td><td>日期：</td><td>工作票签发人签名：</td><td colspan="2">日期：</td><td colspan="3">工作许可人签名：</td><td>日期：</td></tr>
<tr><td colspan="2" rowspan="2">作业步骤</td><td rowspan="2">危害因素</td><td rowspan="2">可能导致的后果</td><td colspan="5">风险评价</td><td rowspan="2">控制措施</td></tr>
<tr><td>L</td><td>E</td><td>C</td><td>D</td><td>风险程度</td></tr>
<tr><td>作业环境</td><td>环境</td><td>夏季高温作业</td><td>人身伤害</td><td>3</td><td>1</td><td>1</td><td>3</td><td>1</td><td>夏季高温作业时做好防暑措施</td></tr>
<tr><td rowspan="5">检修前准备</td><td>工作班成员精神状态确认</td><td>(1) 无法正常完成指定工作；
(2) 作业过程中出现昏厥现象</td><td>(1) 触电；
(2) 设备故障</td><td>1</td><td>1</td><td>15</td><td>15</td><td>1</td><td>合理安排工作班成员，精神状态不佳者禁止工作</td></tr>
<tr><td>安全措施确认</td><td>(1) 拉错开关或误送电导致设备带电或误动；
(2) 未执行工作票、操作票所列的安全措施</td><td>(1) 触电；
(2) 设备故障</td><td>1</td><td>3</td><td>7</td><td>21</td><td>2</td><td>(1) 办理操作票、工作票，严格执行工作票、操作票所列的安全措施；
(2) 使用个人防护用品</td></tr>
<tr><td>安全交底</td><td>(1) 走错间隔；
(2) 未交代现场情况</td><td>(1) 触电；
(2) 设备故障</td><td>1</td><td>3</td><td>7</td><td>21</td><td>2</td><td>(1) 工作前向工作班成员告知危险点，交代作业活动范围、内容、安全措施和注意事项；
(2) 对工作班成员进行安全技术交底</td></tr>
<tr><td>个人防护用品准备</td><td>未正确穿戴安全帽及工作服</td><td>(1) 触电；
(2) 其他伤害</td><td>3</td><td>0.5</td><td>15</td><td>22.5</td><td>2</td><td>正确穿戴安全帽及工作服</td></tr>
<tr><td>工器具准备</td><td>(1) 使用的工器具无法达到工作要求；
(2) 工具不全，或工具破损；
(3) 工具未定期检测或检测不合格</td><td>(1) 机械伤害；
(2) 触电</td><td>1</td><td>1</td><td>7</td><td>7</td><td>1</td><td>(1) 做好工具、消耗材料的准备工作；
(2) 使用电动工具前要检查其是否合格，电源要有剩余电流动作装置，使用结束立即关掉电源，使用期间如遇停电应立即拔掉电源，防止来电时电动工具突然自行转动，对工作人员或设备造成机械伤害；
(3) 使用工器具前要进行检查，确认扳手没有裂痕、断口等安全隐患后方可使用，严禁使用活扳手，应使用力矩扳手及梅花扳手；
(4) 作业前检查工器具，应合格、完好</td></tr>
</table>

续表

作业步骤		危害因素	可能导致的后果	风险评价					控制措施
				L	*E*	*C*	*D*	风险程度	
检修过程	35kV开关柜接地开关操动机构故障处理	（1）误碰其他带电设备； （2）野蛮拆装设备； （3）检修设备控制电源未断开； （4）使用不符合规格的工器具	（1）触电； （2）机械伤害； （3）设备故障	3	1	7	21	2	（1）工作前应停电、验电，检查工作点是否带电，检查安全措施正确、完备后方可开工，工作过程中不得擅自更改安全措施； （2）检查工作点上、下间隔是否带电，工作点与带电负荷或母线安全距离是否足够； （3）严禁错误使用工器具对设备造成损坏，如用过大、过小的扳手替代标准尺寸的扳手，用一字螺丝刀替代十字螺丝刀，用十字螺丝刀替代内六角或内梅花螺丝刀等； （4）严禁野蛮拆装、检修设备，造成螺丝过力滑丝、设备开裂、设备变形等
恢复检验	结束工作	（1）遗漏工器具； （2）现场遗留检修杂物； （3）不结束工作票； （4）工作班成员未全部撤离	（1）人身伤害； （2）设备故障	3	3	3	27	2	（1）收齐并检查工器具； （2）清扫检修现场； （3）结束工作票

18. 35kV 开关柜避雷器故障处理

部门：		分析日期：		记录编号：	
作业地点或分析范围：35kV 开关柜		分析人：			
作业内容描述：35kV 开关柜避雷器故障处理					
主要作业风险：(1) 人员精神状态不佳；(2) 触电；(3) 设备事故；(4) 走错间隔；(5) 机械伤害					
控制措施：(1) 办理工作票、操作票；(2) 穿戴个人防护用品；(3) 确认设备名称和间隔；(4) 设备恢复运行状态前进行全面检查；(5) 工作前对工作班成员进行安全交底					
工作负责人签名：	日期：	工作票签发人签名：	日期：	工作许可人签名：	日期：

作业步骤		危害因素	可能导致的后果	风险评价					控制措施
				L	E	C	D	风险程度	
作业环境	环境	(1) 光线不足，地面光滑； (2) 夏季高温作业	人身伤害	1	1	7	7	1	(1) 检查室内湿度，湿度过大时应采取相应措施，保持设备干燥； (2) 夏季高温作业时做好防暑措施
检修前准备	工作班成员精神状态确认	(1) 无法正常完成指定工作； (2) 作业过程中出现昏厥现象	(1) 触电； (2) 设备故障	1	1	15	15	1	合理安排工作班成员，精神状态不佳者禁止工作
	安全措施确认	(1) 拉错开关或误送电导致设备带电或误动； (2) 未执行工作票、操作票所列的安全措施	(1) 触电； (2) 设备故障	1	3	7	21	2	(1) 办理操作票、工作票，严格执行工作票、操作票所列的安全措施； (2) 使用个人防护用品
	安全交底	(1) 走错间隔； (2) 未交代现场情况	(1) 触电； (2) 设备故障	1	3	7	21	2	(1) 工作前向工作班成员告知危险点，交代作业活动范围、内容、安全措施和注意事项； (2) 对工作班成员进行安全技术交底
	个人防护用品准备	未正确穿戴安全帽及工作服	(1) 触电； (2) 其他伤害	3	0.5	15	22.5	2	正确穿戴安全帽及工作服

续表

作业步骤		危害因素	可能导致的后果	风险评价					控制措施
				L	*E*	*C*	*D*	风险程度	
检修前准备	工器具准备	(1) 使用的工器具无法达到工作要求; (2) 工具不全，或工具破损; (3) 工具未定期检测或检测不合格	(1) 机械伤害; (2) 触电	1	1	7	7	1	(1) 做好工具、消耗材料的准备工作; (2) 使用电动工具前要检查其是否合格，电源要有剩余电流动作装置，使用结束立即关掉电源，使用期间如遇停电应立即拔掉电源，防止来电时电动工具突然自行转动，对工作人员或设备造成机械伤害; (3) 使用工器具前要进行检查，确认扳手没有裂痕、断口等安全隐患后方可使用，严禁使用活扳手，应使用力矩扳手及梅花扳手; (4) 作业前检查工器具，应合格、完好
检修过程	35kV 开关柜避雷器故障处理	(1) 误碰其他带电设备; (2) 接线错误; (3) 野蛮拆装设备; (4) 检修设备控制电源未断开; (5) 使用不符合规格的工器具; (6) 虚接线路	(1) 设备故障; (2) 触电; (3) 机械伤害	3	1	7	21	2	(1) 工作前应停电、验电，检查工作点是否带电，检查安全措施正确、完备后方可开工，工作过程中不得擅自更改安全措施; (2) 检查工作点上、下间隔是否带电，工作点与带电负荷或母线安全距离是否足够; (3) 进行回路改造或者更换电气元件时，要注意检查控制柜各路电源是否停电，且接线端子、裸露线头可能从其他回路反送电，工作时应按要求戴好绝缘手套、穿好绝缘鞋、螺丝刀绑好绝缘胶布; (4) 严禁不正确的使用工器具对设备造成损坏，如用过大、过小的扳手替代标准尺寸的扳手，用一字螺丝刀替代十字螺丝刀；用十字螺丝刀替代内六角或内梅花螺丝刀等; (5) 严禁野蛮拆装、检修设备，造成螺丝过力滑丝、设备开裂、设备变形等; (6) 拆卸接线前，先记录每个接线的位置，安装时按记录逐一接线，并检查接线是否牢固
恢复检验	结束工作	(1) 遗漏工器具; (2) 现场遗留检修杂物; (3) 不结束工作票; (4) 工作班成员未全部撤离	(1) 人身伤害; (2) 设备故障	3	3	3	27	2	(1) 收齐并检查工器具; (2) 清扫检修现场; (3) 结束工作票

19. 35kV开关柜母排故障处理

<table>
<tr><td colspan="3">部门：</td><td colspan="6">分析日期：</td><td>记录编号：</td></tr>
<tr><td colspan="3">作业地点或分析范围：35kV开关柜</td><td colspan="7">分析人：</td></tr>
<tr><td colspan="10">作业内容描述：35kV开关柜母排故障处理</td></tr>
<tr><td colspan="10">主要作业风险：(1) 人员精神状态不佳；(2) 触电；(3) 设备事故；(4) 走错间隔；(5) 机械伤害；(6) 着火；(7) 作业环境危害</td></tr>
<tr><td colspan="10">控制措施：(1) 办理工作票、操作票；(2) 穿戴个人防护用品；(3) 确认设备名称和间隔；(4) 设备恢复运行状态前进行全面检查；(5) 工作前对工作班成员进行安全交底</td></tr>
<tr><td colspan="2">工作负责人签名：</td><td>日期：</td><td colspan="2">工作票签发人签名：</td><td colspan="2">日期：</td><td colspan="2">工作许可人签名：</td><td>日期：</td></tr>
</table>

<table>
<tr><th colspan="2" rowspan="2">作业步骤</th><th rowspan="2">危害因素</th><th rowspan="2">可能导致的后果</th><th colspan="5">风险评价</th><th rowspan="2">控制措施</th></tr>
<tr><th>L</th><th>E</th><th>C</th><th>D</th><th>风险程度</th></tr>
<tr><td>作业环境</td><td>环境</td><td>(1) 光线不足，地面光滑；
(2) 室内潮湿；
(3) 夏季高温作业</td><td>(1) 人身伤害；
(2) 设备损坏；
(3) 触电</td><td>1</td><td>6</td><td>7</td><td>42</td><td>2</td><td>(1) 工作前做好检修前的准备工作，铺好防滑垫，准备好临时检修照明；
(2) 检查室内湿度，湿度过大时应采取相应措施，保持设备干燥；
(3) 夏季高温作业时做好防暑措施</td></tr>
<tr><td rowspan="5">检修前准备</td><td>工作班成员精神状态确认</td><td>(1) 无法正常完成指定工作；
(2) 作业过程中出现昏厥现象</td><td>(1) 触电；
(2) 设备故障</td><td>1</td><td>1</td><td>15</td><td>15</td><td>1</td><td>合理安排工作班成员，精神状态不佳者禁止工作</td></tr>
<tr><td>安全措施确认</td><td>(1) 拉错开关或误送电导致设备带电或误动；
(2) 未执行工作票、操作票所列的安全措施</td><td>(1) 触电；
(2) 设备故障</td><td>1</td><td>3</td><td>7</td><td>21</td><td>2</td><td>(1) 办理操作票、工作票，严格执行工作票、操作票所列的安全措施；
(2) 使用个人防护用品</td></tr>
<tr><td>安全交底</td><td>(1) 走错间隔；
(2) 未交代现场情况</td><td>(1) 触电；
(2) 设备故障</td><td>1</td><td>3</td><td>7</td><td>21</td><td>2</td><td>(1) 工作前向工作班成员告知危险点，交代作业活动范围、内容、安全措施和注意事项；
(2) 对工作班成员进行安全技术交底</td></tr>
<tr><td>个人防护用品准备</td><td>未正确穿戴安全帽及工作服</td><td>(1) 触电；
(2) 其他伤害</td><td>3</td><td>0.5</td><td>15</td><td>22.5</td><td>2</td><td>正确穿戴安全帽及工作服</td></tr>
<tr><td>工器具准备</td><td>(1) 使用的工器具无法达到工作要求；
(2) 工具不全，或工具破损；
(3) 工具未定期检测或检测不合格</td><td>(1) 机械伤害；
(2) 触电</td><td>1</td><td>1</td><td>7</td><td>7</td><td>1</td><td>(1) 做好工具、消耗材料的准备工作；
(2) 使用电动工具前要检查其是否合格，电源要有剩余电流动作装置，使用结束立即关掉电源，使用期间如遇停电应立即拔掉电源，防止来电时电动工具突然自行转动，对工作人员或设备造成机械伤害；
(3) 使用工器具前要进行检查，确认扳手没有裂痕、断口等安全隐患后方可使用，严禁使用活扳手，应使用力矩扳手及梅花扳手；
(4) 作业前检查工器具，应合格、完好</td></tr>
</table>

续表

作业步骤		危害因素	可能导致的后果	风险评价					控制措施
				L	E	C	D	风险程度	
检修过程	35kV 开关柜母排故障处理	(1) 误碰其他带电设备； (2) 接线错误； (3) 野蛮拆装设备； (4) 检修设备控制电源未断开； (5) 母排安装间隔不足； (6) 母排未装热缩管； (7) 加热热缩管时，现场不符合动火作业条件； (8) 母排螺栓力矩紧固不达标； (9) 临时用电电源剩余电流动作装置； (10) 使用材质不一样的母排和螺栓； (11) 使用不符合规格的工器具； (12) 虚接线路	(1) 设备故障； (2) 触电； (3) 机械伤害； (4) 着火	3	1	7	21	2	(1) 工作前应停电、验电，检查工作点是否带电，检查安全措施正确、完备后方可开工，工作过程中不得擅自更改安全措施； (2) 检查工作点上、下间隔是否带电，工作点与带电负荷或母线安全距离是否足够； (3) 检修前，确认原母排材质，选用与母排相同材质的螺栓，不可铜、铝混用； (4) 母排安装需使用配套的热缩管，加热热缩管可从左到右或者从右到左的单方向加热，也可以从中间向两头加热，避免空气留在热缩管内，应使热缩管收缩后紧紧地包裹电缆，且加热时不可过于靠近套管表面或集中在一处加热； (5) 动火作业前对动火作业使用的氧气、乙炔罐体及减压阀、胶皮管、烤枪、回火保护器进行检查，检查无问题后方可动火作业，动火结束后检查场地应无火种残留； (6) 动火作业下方铺设好防火毯，工作结束必须切断焊机电源并确认作业点周围无遗留火种后方可离开； (7) 正确、安全地使用经检验合格的带有剩余电流动作装置的电源线轴，且线轴配有专用检修箱电源插头； (8) 进行回路改造或者更换电气元件时，要注意检查控制柜各路电源是否停电，且接线端子、裸露线头可能从其他回路反送电，工作时应按要求戴好绝缘手套、穿好绝缘鞋、螺丝刀绑好绝缘胶布； (9) 严禁错误使用工器具对设备造成损坏，如用过大、过小的扳手替代标准尺寸的扳手，用一字螺丝刀替代十字螺丝刀，用十字螺丝刀替代内六角或内梅花螺丝刀等； (10) 严禁野蛮拆装、检修设备，造成螺丝过力滑丝、设备开裂、设备变形等； (11) 拆卸接线前，先记录每个接线的位置，安装时按记录逐一接线，并检查接线是否牢固； (12) 检修完成后逐一检查力矩是否符合要求

续表

作业步骤		危害因素	可能导致的后果	风险评价					控制措施
				L	E	C	D	风险程度	
恢复检验	结束工作	（1）遗漏工器具； （2）现场遗留检修杂物； （3）不结束工作票； （4）工作班成员未全部撤离	（1）人身伤害； （2）设备故障	3	3	3	27	2	（1）收齐并检查工器具； （2）清扫检修现场； （3）结束工作票

20. 35kV 母线穿箱套管更换

<table>
<tr><td colspan="3">部门：</td><td colspan="5">分析日期：</td><td>记录编号：</td></tr>
<tr><td colspan="3">作业地点或分析范围：35kV 配电室</td><td colspan="6">分析人：</td></tr>
<tr><td colspan="9">作业内容描述：35kV 母线穿箱套管更换</td></tr>
<tr><td colspan="9">主要作业风险：(1) 人员精神状态不佳；(2) 触电；(3) 设备事故；(4) 走错间隔；(5) 机械伤害</td></tr>
<tr><td colspan="9">控制措施：(1) 办理工作票、操作票；(2) 穿戴个人防护用品；(3) 确认设备名称和间隔；(4) 设备恢复运行状态前进行全面检查；(5) 工作前对工作班成员进行安全交底</td></tr>
<tr><td colspan="9">工作负责人签名：　日期：　工作票签发人签名：　日期：　工作许可人签名：　日期：</td></tr>
<tr><td rowspan="2" colspan="2">作业步骤</td><td rowspan="2">危害因素</td><td rowspan="2">可能导致的后果</td><td colspan="5">风险评价</td><td rowspan="2">控制措施</td></tr>
<tr><td>L</td><td>E</td><td>C</td><td>D</td><td>风险程度</td></tr>
<tr><td>作业环境</td><td>环境</td><td>夏季高温作业</td><td>人身伤害</td><td>3</td><td>1</td><td>1</td><td>3</td><td>1</td><td>夏季高温作业时做好防暑措施</td></tr>
<tr><td rowspan="5">检修前准备</td><td>工作班成员精神状态确认</td><td>(1) 无法正常完成指定工作；
(2) 作业过程中出现昏厥现象</td><td>(1) 触电；
(2) 设备故障</td><td>1</td><td>1</td><td>15</td><td>15</td><td>1</td><td>合理安排工作班成员，精神状态不佳者禁止工作</td></tr>
<tr><td>安全措施确认</td><td>(1) 拉错开关或误送电导致设备带电或误动；
(2) 未执行工作票、操作票所列的安全措施</td><td>(1) 触电；
(2) 设备故障</td><td>1</td><td>3</td><td>7</td><td>21</td><td>2</td><td>(1) 办理操作票、工作票，严格执行工作票、操作票所列的安全措施；
(2) 使用个人防护用品</td></tr>
<tr><td>安全交底</td><td>(1) 走错间隔；
(2) 未交代现场情况</td><td>(1) 触电；
(2) 设备故障</td><td>1</td><td>3</td><td>7</td><td>21</td><td>2</td><td>(1) 工作前向工作班成员告知危险点，交代作业活动范围、内容、安全措施和注意事项；
(2) 对工作班成员进行安全技术交底</td></tr>
<tr><td>个人防护用品准备</td><td>未正确穿戴安全帽及工作服</td><td>(1) 触电；
(2) 其他伤害</td><td>3</td><td>0.5</td><td>15</td><td>22.5</td><td>2</td><td>正确穿戴安全帽及工作服</td></tr>
<tr><td>工器具准备</td><td>(1) 使用的工器具无法达到工作要求；
(2) 工具不全，或工具破损；
(3) 工具未定期检测或检测不合格</td><td>(1) 机械伤害；
(2) 触电</td><td>1</td><td>1</td><td>7</td><td>7</td><td>1</td><td>(1) 做好工具、消耗材料的准备工作；
(2) 使用电动工具前要检查其是否合格，电源要有剩余电流动作装置，使用结束立即关掉电源，使用期间如遇停电应立即拔掉电源，防止来电时电动工具突然自行转动，对工作人员或设备造成机械伤害；
(3) 使用工器具前要进行检查，确认扳手没有裂痕、断口等安全隐患后方可使用，严禁使用活扳手，应使用力矩扳手及梅花扳手；
(4) 作业前检查工器具合格、完好</td></tr>
</table>

续表

作业步骤		危害因素	可能导致的后果	风险评价					控制措施
				L	E	C	D	风险程度	
检修过程	35kV母线穿箱套管更换	（1）接线相序错误； （2）虚接线路； （3）套管上灰尘较多； （4）拆装时，未对套管进行固定； （5）野蛮拆装设备； （6）工具随手乱扔； （7）工作区域下方未做隔离措施	（1）设备故障； （2）物体打击； （3）高处坠落	3	1	7	21	2	（1）与带电设备保持安全距离，并对带电区域悬挂标示牌，装设围栏； （2）工作人员应穿绝缘鞋； （3）更换套管时，用酒精将中性点套管擦拭干净； （4）拆装套管时，用绳索将中性点套管固定； （5）工作区域下方做隔离措施； （6）禁止绳锁与其他易损设备接触； （7）进行回路改造或者更换电气元件时，要注意检查控制箱各路电源是否停电，且接线端子、裸露线头可能从其他回路反送电，工作时应按要求戴好绝缘手套、穿好绝缘鞋、螺丝刀绑好绝缘胶布； （8）严禁错误使用工器具造成设备损坏，如用过大、过小的扳手替代标准尺寸的扳手，用一字螺丝刀替代十字螺丝刀，用十字螺丝刀替代内六角或内梅花螺丝刀等； （9）严禁野蛮拆装、检修设备，造成螺丝过力滑丝、设备开裂、设备变形等； （10）工作时，工具用完应立即放入工具包中； （11）拆卸接线前，先记录每个接线的位置，安装时按记录逐一接线，并检查接线是否牢固
恢复检验	结束工作	（1）遗漏工器具； （2）现场遗留检修杂物； （3）不结束工作票； （4）工作班成员未全部撤离	（1）人身伤害； （2）设备故障	3	3	3	27	2	（1）收齐并检查工器具； （2）清扫检修现场； （3）结束工作票

21. 站用变压器（接地变压器）故障处理

<table>
<tr><td colspan="4">部门：</td><td colspan="6">分析日期：</td><td>记录编号：</td></tr>
<tr><td colspan="4">作业地点或分析范围：站用变压器室</td><td colspan="7">分析人：</td></tr>
<tr><td colspan="11">作业内容描述：站用变压器（接地变压器）故障处理</td></tr>
<tr><td colspan="11">主要作业风险：（1）人员精神状态不佳；（2）触电；（3）设备事故；（4）走错间隔；（5）机械伤害；（6）着火；（7）作业环境危害</td></tr>
<tr><td colspan="11">控制措施：（1）办理工作票、操作票；（2）穿戴个人防护用品；（3）确认设备名称和间隔；（4）设备恢复运行状态前进行全面检查；（5）工作前对工作班成员进行安全交底</td></tr>
<tr><td colspan="2">工作负责人签名：</td><td>日期：</td><td>工作票签发人签名：</td><td colspan="2">日期：</td><td colspan="3">工作许可人签名：</td><td colspan="2">日期：</td></tr>
<tr><td colspan="2" rowspan="2">作业步骤</td><td rowspan="2">危害因素</td><td rowspan="2">可能导致的后果</td><td colspan="5">风险评价</td><td colspan="2" rowspan="2">控制措施</td></tr>
<tr><td>L</td><td>E</td><td>C</td><td>D</td><td>风险程度</td></tr>
<tr><td>作业环境</td><td>环境</td><td>夏季高温作业</td><td>人身伤害</td><td>3</td><td>1</td><td>1</td><td>3</td><td>1</td><td colspan="2">夏季高温作业时做好防暑措施</td></tr>
<tr><td rowspan="5">检修前准备</td><td>工作班成员精神状态确认</td><td>（1）无法正常完成指定工作；
（2）作业过程中出现昏厥现象</td><td>（1）触电；
（2）设备故障</td><td>1</td><td>1</td><td>15</td><td>15</td><td>1</td><td colspan="2">合理安排工作班成员，精神状态不佳者禁止工作</td></tr>
<tr><td>安全措施确认</td><td>（1）拉错开关或误送电导致设备带电或误动；
（2）未执行工作票、操作票所列的安全措施</td><td>（1）触电；
（2）设备故障</td><td>1</td><td>3</td><td>7</td><td>21</td><td>2</td><td colspan="2">（1）办理操作票、工作票，严格执行工作票、操作票所列的安全措施；
（2）使用个人防护用品</td></tr>
<tr><td>安全交底</td><td>（1）走错间隔；
（2）未交代现场情况</td><td>（1）触电；
（2）设备故障</td><td>1</td><td>3</td><td>7</td><td>21</td><td>2</td><td colspan="2">（1）工作前向工作班成员告知危险点，交代作业活动范围、内容、安全措施和注意事项；
（2）对工作班成员进行安全技术交底</td></tr>
<tr><td>个人防护用品准备</td><td>未正确穿戴安全帽及工作服</td><td>（1）触电；
（2）其他伤害</td><td>3</td><td>0.5</td><td>15</td><td>22.5</td><td>2</td><td colspan="2">正确穿戴安全帽及工作服</td></tr>
<tr><td>工器具准备</td><td>（1）使用的工器具无法达到工作要求；
（2）工具不全，或工具破损；
（3）工具未定期检测或检测不合格</td><td>（1）机械伤害；
（2）触电</td><td>1</td><td>1</td><td>7</td><td>7</td><td>1</td><td colspan="2">（1）做好工具、消耗材料的准备工作；
（2）使用电动工具前要检查其是否合格，电源要有剩余电流动作装置，使用结束立即关掉电源，使用期间如遇停电应立即拔掉电源，防止来电时电动工具突然自行转动，对工作人员或设备造成机械伤害；
（3）使用工器具前要进行检查，确认扳手没有裂痕、断口等安全隐患后方可使用，严禁使用活扳手，应使用力矩扳手及梅花扳手；
（4）作业前检查工器具，应合格、完好</td></tr>
</table>

续表

<table>
<tr><th colspan="2" rowspan="2">作业步骤</th><th rowspan="2">危害因素</th><th rowspan="2">可能导致的后果</th><th colspan="5">风险评价</th><th rowspan="2">控制措施</th></tr>
<tr><th>L</th><th>E</th><th>C</th><th>D</th><th>风险程度</th></tr>
<tr><td>检修过程</td><td>站用变压器（接地变压器）故障处理</td><td>（1）误碰其他带电设备；
（2）野蛮拆装设备；
（3）使用不符合规格的工器具；
（4）未进行验电直接进入站用变压器（接地变压器）内部</td><td>（1）设备故障；
（2）触电；
（3）机械伤害</td><td>3</td><td>1</td><td>7</td><td>21</td><td>2</td><td>（1）工作前应停电、验电，检查工作点是否带电，检查安全措施正确、完备后方可开工，工作过程中不得擅自更改安全措施；
（2）检查工作点上、下间隔是否带电，工作点与带电负荷或母线安全距离是否足够；
（3）进行回路改造或者更换电气元件时，要注意检查控制柜各路电源是否停电，且接线端子、裸露线头可能从其他回路反送电，工作时应按要求戴好绝缘手套、穿好绝缘鞋、螺丝刀绑好绝缘胶布；
（4）严禁错误使用工器具造成设备损坏，如用过大、过小的扳手替代标准尺寸的扳手；用一字螺丝刀替代十字螺丝刀，用十字螺丝刀替代内六角或内梅花螺丝刀等；
（5）严禁野蛮拆装、检修设备，造成螺丝过力滑丝、设备开裂、设备变形等；
（6）拆卸接线前，先记录每个接线的位置，安装时按记录逐一接线，并检查接线是否牢固</td></tr>
<tr><td>恢复检验</td><td>结束工作</td><td>（1）遗漏工器具；
（2）现场遗留检修杂物；
（3）不结束工作票；
（4）工作班成员未全部撤离</td><td>（1）人身伤害；
（2）设备故障</td><td>3</td><td>3</td><td>3</td><td>27</td><td>2</td><td>（1）收齐并检查工器具；
（2）清扫检修现场；
（3）结束工作票</td></tr>
</table>

22. 消弧线圈故障处理

<table>
<tr><td colspan="3">部门：</td><td colspan="6">分析日期：</td><td>记录编号：</td></tr>
<tr><td colspan="3">作业地点或分析范围：消弧线圈室</td><td colspan="7">分析人：</td></tr>
<tr><td colspan="10">作业内容描述：消弧线圈故障处理</td></tr>
<tr><td colspan="10">主要作业风险：(1) 人员精神状态不佳；(2) 触电；(3) 设备事故；(4) 走错间隔；(5) 机械伤害</td></tr>
<tr><td colspan="10">控制措施：(1) 办理工作票、操作票；(2) 穿戴个人防护用品；(3) 确认设备名称和间隔；(4) 设备恢复运行状态前进行全面检查；(5) 工作前对工作班成员进行安全交底</td></tr>
<tr><td colspan="2">工作负责人签名：</td><td>日期：</td><td>工作票签发人签名：</td><td colspan="2">日期：</td><td colspan="3">工作许可人签名：</td><td>日期：</td></tr>
<tr><td colspan="2" rowspan="2">作业步骤</td><td rowspan="2">危害因素</td><td rowspan="2">可能导致的后果</td><td colspan="5">风险评价</td><td rowspan="2">控制措施</td></tr>
<tr><td>L</td><td>E</td><td>C</td><td>D</td><td>风险程度</td></tr>
<tr><td>作业环境</td><td>环境</td><td>夏季高温作业</td><td>人身伤害</td><td>3</td><td>1</td><td>1</td><td>3</td><td>1</td><td>夏季高温作业时做好防暑措施</td></tr>
<tr><td rowspan="5">检修前准备</td><td>工作班成员精神状态确认</td><td>(1) 无法正常完成指定工作；
(2) 作业过程中出现昏厥现象</td><td>(1) 触电；
(2) 设备故障</td><td>1</td><td>1</td><td>15</td><td>15</td><td>1</td><td>合理安排工作班成员，精神状态不佳者禁止工作</td></tr>
<tr><td>安全措施确认</td><td>(1) 拉错开关或误送电导致设备带电或误动；
(2) 未执行工作票、操作票所列的安全措施</td><td>(1) 触电；
(2) 设备故障</td><td>1</td><td>3</td><td>7</td><td>21</td><td>2</td><td>(1) 办理操作票、工作票，严格执行工作票、操作票所列的安全措施；
(2) 使用个人防护用品</td></tr>
<tr><td>安全交底</td><td>(1) 走错间隔；
(2) 未交代现场情况</td><td>(1) 触电；
(2) 设备故障</td><td>1</td><td>3</td><td>7</td><td>21</td><td>2</td><td>(1) 工作前向工作班成员告知危险点，交代作业活动范围、内容、安全措施和注意事项；
(2) 对工作班成员进行安全技术交底</td></tr>
<tr><td>个人防护用品准备</td><td>未正确穿戴安全帽及工作服</td><td>(1) 触电；
(2) 其他伤害</td><td>3</td><td>0.5</td><td>15</td><td>22.5</td><td>2</td><td>正确穿戴安全帽及工作服</td></tr>
<tr><td>工器具准备</td><td>(1) 使用的工器具无法达到工作要求；
(2) 工具不全，或工具破损；
(3) 工具未定期检测或检测不合格</td><td>(1) 机械伤害；
(2) 触电</td><td>1</td><td>1</td><td>7</td><td>7</td><td>1</td><td>(1) 做好工具、消耗材料的准备工作；
(2) 使用电动工具前要检查其是否合格，电源要有剩余电流动作装置，使用结束立即关掉电源，使用期间如遇停电应立即拔掉电源，防止来电时电动工具突然自行转动，对工作人员或设备造成机械伤害；
(3) 使用工器具前要进行检查，确认扳手没有裂痕、断口等安全隐患后方可使用，严禁使用活扳手，应使用力矩扳手及梅花扳手；
(4) 作业前检查工器具，应合格、完好</td></tr>
</table>

续表

作业步骤		危害因素	可能导致的后果	风险评价					控制措施
				L	E	C	D	风险程度	
检修过程	消弧线圈故障处理	(1) 误碰其他带电设备； (2) 接线错误； (3) 野蛮拆装设备； (4) 检修设备控制电源未断开； (5) 使用不符合规格的工器具； (6) 虚接线路	(1) 设备故障； (2) 触电； (3) 机械伤害	3	1	7	21	2	(1) 工作前应停电、验电，检查工作点是否带电，检查安全措施正确、完备后方可开工，工作过程中不得擅自更改安全措施； (2) 检查工作点上、下间隔是否带电，工作点与带电负荷或母线安全距离是否足够； (3) 进行回路改造或者更换电气元件时，要注意检查控制柜各路电源是否停电，且接线端子，裸露线头可能从其他回路反送电，工作时应按要求戴好绝缘手套、穿好绝缘鞋、螺丝刀绑好绝缘胶布； (4) 严禁错误使用工器具造成设备损坏，如用过大、过小的扳手替代标准尺寸的扳手；用一字螺丝刀替代十字螺丝刀；用十字螺丝刀替代内六角或内梅花螺丝刀等； (5) 严禁野蛮拆装、检修设备，造成螺丝过力滑丝、设备开裂、设备变形等； (6) 拆卸接线前，先记录每个接线的位置，安装时按记录逐一接线，并检查接线是否牢固
恢复检验	结束工作	(1) 遗漏工器具； (2) 现场遗留检修杂物； (3) 不结束工作票； (4) 工作班成员未全部撤离	(1) 人身伤害； (2) 设备故障	3	3	3	27	2	(1) 收齐并检查工器具； (2) 清扫检修现场； (3) 结束工作票

23. 无功补偿变压器故障处理

<table>
<tr><td colspan="4">部门：</td><td colspan="5">分析日期：</td><td colspan="2">记录编号：</td></tr>
<tr><td colspan="4">作业地点或分析范围：无功补偿变压器区域</td><td colspan="7">分析人：</td></tr>
<tr><td colspan="11">作业内容描述：无功补偿变压器故障处理</td></tr>
<tr><td colspan="11">主要作业风险：(1) 人员精神状态不佳；(2) 触电；(3) 设备事故；(4) 走错间隔；(5) 机械伤害；(6) 着火；(7) 高处坠落</td></tr>
<tr><td colspan="11">控制措施：(1) 办理工作票、操作票；(2) 穿戴个人防护用品；(3) 确认设备名称和间隔；(4) 设备恢复运行状态前进行全面检查；(5) 工作前对工作班成员进行安全交底</td></tr>
<tr><td colspan="2">工作负责人签名：</td><td>日期：</td><td colspan="2">工作票签发人签名：</td><td colspan="3">日期：</td><td colspan="2">工作许可人签名：</td><td>日期：</td></tr>
<tr><td colspan="2" rowspan="2">作业步骤</td><td rowspan="2">危害因素</td><td rowspan="2">可能导致的后果</td><td colspan="5">风险评价</td><td colspan="2" rowspan="2">控制措施</td></tr>
<tr><td>L</td><td>E</td><td>C</td><td>D</td><td>风险程度</td></tr>
<tr><td>作业环境</td><td>环境</td><td>夏季高温作业</td><td>人身伤害</td><td>3</td><td>1</td><td>1</td><td>3</td><td>1</td><td colspan="2">夏季高温作业时做好防暑措施</td></tr>
<tr><td rowspan="5">检修前准备</td><td>工作班成员精神状态确认</td><td>(1) 无法正常完成指定工作；
(2) 作业过程中出现昏厥现象</td><td>(1) 触电；
(2) 设备故障</td><td>1</td><td>1</td><td>15</td><td>15</td><td>1</td><td colspan="2">合理安排工作班成员，精神状态不佳者禁止工作</td></tr>
<tr><td>安全措施确认</td><td>(1) 拉错开关或误送电导致设备带电或误动；
(2) 未执行工作票、操作票所列的安全措施</td><td>(1) 触电；
(2) 设备故障</td><td>1</td><td>3</td><td>7</td><td>21</td><td>2</td><td colspan="2">(1) 办理操作票、工作票，严格执行工作票、操作票所列的安全措施；
(2) 使用个人防护用品</td></tr>
<tr><td>安全交底</td><td>(1) 走错间隔；
(2) 未交代现场情况</td><td>(1) 触电；
(2) 设备故障</td><td>1</td><td>3</td><td>7</td><td>21</td><td>2</td><td colspan="2">(1) 工作前向工作班成员告知危险点，交代作业活动范围、内容、安全措施和注意事项；
(2) 对工作班成员进行安全技术交底</td></tr>
<tr><td>个人防护用品准备</td><td>未正确穿戴安全帽及工作服</td><td>(1) 触电；
(2) 其他伤害</td><td>3</td><td>0.5</td><td>15</td><td>22.5</td><td>2</td><td colspan="2">正确穿戴安全帽及工作服</td></tr>
<tr><td>工器具准备</td><td>(1) 使用的工器具无法达到工作要求；
(2) 工具不全，或工具破损；
(3) 工具未定期检测或检测不合格</td><td>(1) 机械伤害；
(2) 触电</td><td>1</td><td>1</td><td>7</td><td>7</td><td>1</td><td colspan="2">(1) 做好工具、消耗材料的准备工作；
(2) 使用电动工具前要检查其是否合格，电源要有剩余电流动作装置，使用结束立即关掉电源，使用期间如遇停电应立即拔掉电源，防止来电时电动工具突然自行转动，对工作人员或设备造成机械伤害；
(3) 使用工器具前要进行检查，确认扳手没有裂痕、断口等安全隐患后方可使用，严禁使用活扳手，应使用力矩扳手及梅花扳手；
(4) 作业前检查工器具，应合格、完好</td></tr>
</table>

续表

作业步骤		危害因素	可能导致的后果	风险评价					控制措施
				L	E	C	D	风险程度	
检修过程	无功补偿变压器故障处理	（1）误碰其他带电设备； （2）野蛮拆装设备； （3）使用不符合规格的工器具； （4）未进行验电直接进入变压器内部	（1）设备故障； （2）触电； （3）机械伤害	3	1	7	21	2	（1）工作前应停电、验电，检检查工作点是否带电，检查安全措施正确、完备后方可开工，工作过程中不得擅自更改安全措施； （2）检查工作点上、下间隔是否带电，工作点与带电负荷或母线安全距离是否足够； （3）进行回路改造或者更换电气元件时，要注意检查控制柜各路电源是否停电，且接线端子、裸露线头可能从其他回路反送电，工作时应按要求戴好绝缘手套、穿好绝缘鞋、螺丝刀绑好绝缘胶布； （4）严禁错误使用工器具对设备造成损坏，如用过大、过小的扳手替代标准尺寸的扳手，用一字螺丝刀替代十字螺丝刀，用十字螺丝刀替代内六角或内梅花螺丝刀等； （5）严禁野蛮拆装、检修设备，造成螺丝过力滑丝、设备开裂、设备变形等； （6）拆卸接线前，先记录每个接线的位置，安装时按记录逐一接线，并检查接线是否牢固
恢复检验	结束工作	（1）遗漏工器具； （2）现场遗留检修杂物； （3）不结束工作票； （4）工作班成员未全部撤离	（1）人身伤害； （2）设备故障	3	3	3	27	2	（1）收齐并检查工器具； （2）清扫检修现场； （3）结束工作票

24. 无功补偿变压器接地开关机构故障处理

<table>
<tr><td colspan="3">部门：</td><td colspan="6">分析日期：</td><td>记录编号：</td></tr>
<tr><td colspan="3">作业地点或分析范围：无功补偿变压器区域</td><td colspan="7">分析人：</td></tr>
<tr><td colspan="10">作业内容描述：无功补偿变压器接地开关机构故障处理</td></tr>
<tr><td colspan="10">主要作业风险：(1) 人员精神状态不佳；(2) 触电；(3) 设备事故；(4) 走错间隔；(5) 机械伤害</td></tr>
<tr><td colspan="10">控制措施：(1) 办理工作票、操作票；(2) 穿戴个人防护用品；(3) 确认设备名称和间隔；(4) 设备恢复运行状态前进行全面检查；(5) 工作前对工作班成员进行安全交底</td></tr>
<tr><td colspan="2">工作负责人签名：</td><td>日期：</td><td colspan="2">工作票签发人签名：</td><td colspan="2">日期：</td><td colspan="2">工作许可人签名：</td><td>日期：</td></tr>
<tr><td colspan="2" rowspan="2">作业步骤</td><td rowspan="2">危害因素</td><td rowspan="2">可能导致的后果</td><td colspan="5">风险评价</td><td rowspan="2">控制措施</td></tr>
<tr><td>L</td><td>E</td><td>C</td><td>D</td><td>风险程度</td></tr>
<tr><td>作业环境</td><td>环境</td><td>夏季高温作业</td><td>人身伤害</td><td>3</td><td>1</td><td>1</td><td>3</td><td>1</td><td>夏季高温作业时做好防暑措施</td></tr>
<tr><td rowspan="5">检修前准备</td><td>工作班成员精神状态确认</td><td>(1) 无法正常完成指定工作；
(2) 作业过程中出现昏厥现象</td><td>(1) 触电；
(2) 设备故障</td><td>1</td><td>1</td><td>15</td><td>15</td><td>1</td><td>合理安排工作班成员，精神状态不佳者禁止工作</td></tr>
<tr><td>安全措施确认</td><td>(1) 拉错开关或误送电导致设备带电或误动；
(2) 未执行工作票、操作票所列的安全措施</td><td>(1) 触电；
(2) 设备故障</td><td>1</td><td>3</td><td>7</td><td>21</td><td>2</td><td>(1) 办理操作票、工作票，严格执行工作票、操作票所列的安全措施；
(2) 使用个人防护用品</td></tr>
<tr><td>安全交底</td><td>(1) 走错间隔；
(2) 未交代现场情况</td><td>(1) 触电；
(2) 设备故障</td><td>1</td><td>3</td><td>7</td><td>21</td><td>2</td><td>(1) 工作前向工作班成员告知危险点，交代作业活动范围、内容、安全措施和注意事项；
(2) 对工作班成员进行安全技术交底</td></tr>
<tr><td>个人防护用品准备</td><td>未正确穿戴安全帽及工作服</td><td>(1) 触电；
(2) 其他伤害</td><td>3</td><td>0.5</td><td>15</td><td>22.5</td><td>2</td><td>正确穿戴安全帽及工作服</td></tr>
<tr><td>工器具准备</td><td>(1) 使用的工器具无法达到工作要求；
(2) 工具不全，或工具破损；
(3) 工具未定期检测或检测不合格</td><td>(1) 机械伤害；
(2) 触电</td><td>1</td><td>1</td><td>7</td><td>7</td><td>1</td><td>(1) 做好工具、消耗材料的准备工作；
(2) 使用电动工具前要检查其是否合格，电源要有剩余电流动作装置，使用结束立即关掉电源，使用期间如遇停电应立即拔掉电源，防止来电时电动工具突然自行转动，对工作人员或设备造成机械伤害；
(3) 使用工器具前要进行检查，确认扳手没有裂痕、断口等安全隐患后方可使用，严禁使用活扳手，应使用力矩扳手及梅花扳手；
(4) 作业前检查工器具，应合格、完好</td></tr>
</table>

续表

作业步骤		危害因素	可能导致的后果	风险评价					控制措施
				L	E	C	D	风险程度	
检修过程	无功补偿变压器接地开关机构故障处理	(1) 误碰其他带电设备; (2) 野蛮拆装设备; (3) 检修设备控制电源未断开; (4) 使用不符合规格的工器具	(1) 触电; (2) 机械伤害; (3) 设备故障	3	1	7	21	2	(1) 工作前应停电、验电,检查工作点是否带电,检查安全措施正确、完备后方可开工,工作过程中不得擅自更改安全措施; (2) 检查工作点上、下间隔是否带电,工作点与带电负荷或母线安全距离是否足够; (3) 严禁错误使用工器具造成设备损坏,如用过大、过小的扳手替代标准尺寸的扳手,用一字螺丝刀替代十字螺丝刀,用十字螺丝刀替代内六角或内梅花螺丝刀等; (4) 严禁野蛮拆装、检修设备,造成螺丝过力滑丝、设备开裂、设备变形等
恢复检验	结束工作	(1) 遗漏工器具; (2) 现场遗留检修杂物; (3) 不结束工作票; (4) 工作班成员未全部撤离	(1) 人身伤害; (2) 设备故障	3	3	3	27	2	(1) 收齐并检查工器具; (2) 清扫检修现场; (3) 结束工作票

25. 无功补偿装置电源模块故障处理

<table>
<tr><td colspan="3">部门：</td><td colspan="6">分析日期：</td><td>记录编号：</td></tr>
<tr><td colspan="3">作业地点或分析范围：无功补偿装置</td><td colspan="7">分析人：</td></tr>
<tr><td colspan="10">作业内容描述：无功补偿装置电源模块故障处理</td></tr>
<tr><td colspan="10">主要作业风险：(1) 人员精神状态不佳；(2) 触电；(3) 设备事故；(4) 走错间隔；(5) 机械伤害；(6) 着火</td></tr>
<tr><td colspan="10">控制措施：(1) 办理工作票、操作票；(2) 穿戴个人防护用品；(3) 确认设备名称和间隔；(4) 设备恢复运行状态前进行全面检查；(5) 工作前对工作班成员进行安全交底</td></tr>
<tr><td colspan="2">工作负责人签名：</td><td>日期：</td><td colspan="2">工作票签发人签名：</td><td colspan="2">日期：</td><td colspan="2">工作许可人签名：</td><td>日期：</td></tr>
<tr><td colspan="2" rowspan="2">作业步骤</td><td rowspan="2">危害因素</td><td rowspan="2">可能导致的后果</td><td colspan="5">风险评价</td><td rowspan="2">控制措施</td></tr>
<tr><td>L</td><td>E</td><td>C</td><td>D</td><td>风险程度</td></tr>
<tr><td>作业环境</td><td>环境</td><td>(1) 光线不足，地面光滑；
(2) 室内潮湿；
(3) 夏季高温作业</td><td>(1) 人身伤害；
(2) 设备损坏；
(3) 触电</td><td>1</td><td>6</td><td>7</td><td>42</td><td>2</td><td>(1) 工作前做好检修前的准备工作，铺好防滑垫，准备好临时检修照明；
(2) 检查室内湿度，湿度过大时应采取相应措施，保持设备干燥；
(3) 夏季高温作业时做好防暑措施</td></tr>
<tr><td rowspan="4">检修前准备</td><td>工作班成员精神状态确认</td><td>(1) 无法正常完成指定工作；
(2) 作业过程中出现昏厥现象</td><td>(1) 触电；
(2) 设备故障</td><td>1</td><td>1</td><td>15</td><td>15</td><td>1</td><td>合理安排工作班成员，精神状态不佳者禁止工作</td></tr>
<tr><td>安全措施确认</td><td>(1) 拉错开关或误送电导致设备带电或误动；
(2) 未执行工作票、操作票所列的安全措施</td><td>(1) 触电；
(2) 设备故障</td><td>1</td><td>3</td><td>7</td><td>21</td><td>2</td><td>(1) 办理操作票、工作票，严格执行工作票、操作票所列的安全措施；
(2) 使用个人防护用品</td></tr>
<tr><td>安全交底</td><td>(1) 走错间隔；
(2) 未交代现场情况</td><td>(1) 触电；
(2) 设备故障</td><td>1</td><td>3</td><td>7</td><td>21</td><td>2</td><td>(1) 工作前向工作班成员告知危险点，交代作业活动范围、内容、安全措施和注意事项；
(2) 对工作班成员进行安全技术交底</td></tr>
<tr><td>个人防护用品准备</td><td>未正确穿戴安全帽及工作服</td><td>(1) 触电；
(2) 其他伤害</td><td>3</td><td>0.5</td><td>15</td><td>22.5</td><td>2</td><td>正确穿戴安全帽及工作服</td></tr>
</table>

续表

作业步骤		危害因素	可能导致的后果	风险评价					控制措施
				L	E	C	D	风险程度	
检修前准备	工器具准备	(1) 使用的工器具无法达到工作要求； (2) 工具不全，或工具破损； (3) 工具未定期检测或检测不合格	(1) 机械伤害； (2) 触电	1	1	7	7	1	(1) 做好工具、消耗材料的准备工作； (2) 使用电动工具前要检查其是否合格，电源要有剩余电流动作装置，使用结束立即关掉电源，使用期间如遇停电应立即拔掉电源，防止来电时电动工具突然自行转动，对工作人员或设备造成机械伤害； (3) 使用工器具前要进行检查，确认扳手没有裂痕、断口等安全隐患后方可使用，严禁使用活扳手，应使用力矩扳手及梅花扳手； (4) 作业前检查工器具，应合格、完好
检修过程	无功补偿装置电源模块故障处理	(1) 误碰其他带电设备； (2) 接线错误； (3) 野蛮拆装设备； (4) 检修设备控制电源未断开； (5) 使用不符合规格的工器具； (6) 虚接线路	(1) 设备故障； (2) 触电； (3) 机械伤害	3	1	7	21	2	(1) 工作前应停电、验电，检查工作点是否带电，检查安全措施正确、完备后方可开工，工作过程中不得擅自更改安全措施； (2) 检查工作点上、下间隔是否带电，工作点与带电负荷或母线安全距离是否足够； (3) 进行回路改造或者更换电气元件时，要注意检查控制柜各路电源是否停电，且接线端子、裸露线头可能从其他回路反送电，工作时应按要求戴好绝缘手套、穿好绝缘鞋、螺丝刀绑好绝缘胶布； (4) 严禁错误使用工器具对设备造成损坏，如用过大、过小的扳手替代标准尺寸的扳手，用一字螺丝刀替代十字螺丝刀；用十字螺丝刀替代内六角或内梅花螺丝刀等； (5) 严禁野蛮拆装、检修设备，造成螺丝过力滑丝、设备开裂、设备变形等； (6) 拆卸接线前，先记录每个接线的位置，安装时按记录逐一接线，并检查接线是否牢固
恢复检验	结束工作	(1) 遗漏工器具； (2) 现场遗留检修杂物； (3) 不结束工作票； (4) 工作班成员未全部撤离	(1) 人身伤害； (2) 设备故障	3	3	3	27	2	(1) 收齐并检查工器具； (2) 清扫检修现场； (3) 结束工作票

26. 主变压器故障处理

部门：				分析日期：		记录编号：	
作业地点或分析范围：主变压器区域				分析人：			
作业内容描述：主变压器故障处理							
主要作业风险：（1）人员精神状态不佳；（2）触电；（3）设备事故；（4）走错间隔；（5）机械伤害；（6）着火；（7）环境污染；（8）起重伤害							
控制措施：（1）办理工作票、操作票；（2）穿戴个人防护用品；（3）确认设备名称和间隔；（4）设备恢复运行状态前进行全面检查；（5）工作前对工作班成员进行安全交底							
工作负责人签名：	日期：	工作票签发人签名：		日期：	工作许可人签名：		日期：

作业步骤		危害因素	可能导致的后果	风险评价					控制措施
				L	*E*	*C*	*D*	风险程度	
作业环境	环境	（1）夏季高温作业； （2）大风、雷雨、冰冻天气作业	人身伤害	3	1	1	3	1	（1）夏季高温作业时做好防暑措施； （2）避免大风、雷雨、冰冻天气作业
检修前准备	工作班成员精神状态确认	（1）无法正常完成指定工作； （2）作业过程中出现昏厥现象	（1）触电； （2）设备故障	1	1	15	15	1	合理安排工作班成员，精神状态不佳者禁止工作
	安全措施确认	（1）拉错开关或误送电导致设备带电或误动； （2）未执行工作票、操作票所列的安全措施	（1）触电； （2）设备故障	1	3	7	21	2	（1）办理操作票、工作票，严格执行工作票、操作票所列的安全措施； （2）使用个人防护用品
	安全交底	（1）走错间隔； （2）未交代现场情况	（1）触电； （2）设备故障	1	3	7	21	2	（1）工作前向工作班成员告知危险点，交代作业活动范围、内容、安全措施和注意事项； （2）对工作班成员进行安全技术交底
	个人防护用品准备	（1）未正确穿戴安全帽及工作服； （2）使用不合格的安全带	（1）触电； （2）其他伤害	3	0.5	15	22.5	2	（1）正确穿戴安全帽及工作服； （2）使用在安全使用期内的安全带，并正确穿戴
	工器具准备	（1）使用的工器具无法达到工作要求； （2）工具不全，或工具破损； （3）工具未定期检测或检测不合格	（1）机械伤害； （2）触电	1	1	7	7	1	（1）做好工具、消耗材料的准备工作； （2）使用电动工具前要检查其是否合格，电源要有剩余电流动作装置，使用结束立即关掉电源，使用期间如遇停电应立即拔掉电源，防止来电时电动工具突然自行转动，对工作人员或设备造成机械伤害； （3）使用工器具前要进行检查，确认扳手没有裂痕、断口等安全隐患后方可使用，严禁使用活扳手，应使用力矩扳手及梅花扳手

续表

作业步骤		危害因素	可能导致的后果	风险评价					控制措施
				L	E	C	D	风险程度	
检修过程	主变压器故障处理	（1）接线错误； （2）虚接线路； （3）野蛮拆装设备； （4）拆储油箱时误将工具掉入油中； （5）故障处理完未做绝缘电阻、变比、直流电阻测试； （6）作业现场存在易燃物、可燃物、助燃物； （7）试验时人员未远离现场； （8）使用吊机前，未对吊机钢丝绳和倒链进行无断股、无开裂等全面检查； （9）检修的绝缘油未回收； （10）临时用电插排无剩余电流动作装置； （11）在主变压器上方工作时，未正确穿戴安全带； （12）在主变压器上工作时，工具随手乱扔； （13）在主变压器上工作时，工作区域下方未做隔离措施	（1）设备故障； （2）物体打击； （3）高处坠落； （4）试验伤害； （5）起重伤害； （6）火灾； （7）环境污染	3	1	7	21	2	（1）与带电设备保持安全距离，并对带电区域悬挂标示牌，装设围栏； （2）工作人员应穿绝缘鞋； （3）拆储油箱时，将不需要用的工具放入工具袋中，不可将任何物品掉入油箱中； （4）变压器检修完成后，需要进行绝缘电阻、变比、直流电阻测试； （5）在主变压器上工作时，工作区域下方做隔离措施； （6）在主变压器上方工作时，正确穿戴安全带，且安全带高挂低用； （7）在主变压器上工作时，用完工具应立即放入工具包中； （8）拆卸接线前，先记录每个接线的位置，安装时按记录逐一接线，并检查接线是否牢固； （9）在起吊任何大的零部件时，必须找平找正； （10）轻拿轻放备件、设备，防止撞击损伤设备； （11）严禁野蛮拆装、检修设备，造成螺丝过力滑丝、设备开裂、设备变形等； （12）妥善保管拆下的零部件，防止丢失、损坏； （13）动火作业前对动火作业使用的氧气、乙炔罐体及减压阀、胶皮管、烤枪、回火保护器进行检查，检查无问题后方可动火作业，动火结束后检查场地应无火种残留； （14）动火作业下方铺设好防火毯，工作结束必须切断焊机电源，并确认作业点周围无遗留火种后方可离开； （15）正确、安全地使用经检验合格的带有剩余电流动作装置的电源线轴，且线轴配有专用检修箱电源插头； （16）动火工作间断、终结时清理并检查现场无残留火种； （17）高压试验工作至少应由2名熟悉高压试验操作规范的人员进行；

续表

作业步骤		危害因素	可能导致的后果	风险评价					控制措施
				L	E	C	D	风险程度	
检修过程	主变压器故障处理								（18）预试设备周围应设置隔离区域，悬挂警示带，并设专人监护； （19）对设备进行加压试验时应缓慢升压，升压过程中应头脑清醒、注意力集中，发现异常情况应立即停止升压并切断电源，待问题查清后方可继续进行试验； （20）试验结束后应对被试验设备充分放电，并由试验接线人员拆除被试验设备上的临时线，再由工作负责人进行仔细核查； （21）仔细检查钢丝绳和倒链，应无断股、无开裂，所承受的荷重不准超过规定； （22）正确使用吊环和U形环，且使用前应仔细检查其完好性； （23）禁止绳锁与其他易损设备接触； （24）使用倒链起吊时应做好防滑措施； （25）严禁站在拉紧的钢丝绳对面； （26）不得随意泼倒检修产生的废弃的绝缘油，要将其倒至指定的废油池中集中处理； （27）设备需要补充的新油必须经试验合格，并与原设备使用的油品一致，若不一致必须做混油试验，合格后方可使用； （28）喷漆等作业时应戴好防毒面具； （29）逐一检查力矩是否符合要求
恢复检验	结束工作	（1）遗漏工器具； （2）现场遗留检修杂物； （3）不结束工作票； （4）工作班成员未全部撤离	（1）人身伤害； （2）设备故障	3	3	3	27	2	（1）收齐并检查工器具； （2）清扫检修现场； （3）结束工作票

27. 主变压器有载分接开关故障处理

部门：			分析日期：			记录编号：
作业地点或分析范围：主变压器区域			分析人：			
作业内容描述：主变压器有载分接开关故障处理						
主要作业风险：(1) 人员精神状态不佳；(2) 触电；(3) 设备事故；(4) 走错间隔；(5) 机械伤害；(6) 着火；(7) 环境污染						
控制措施：(1) 办理工作票、操作票；(2) 穿戴个人防护用品；(3) 确认设备名称和间隔；(4) 设备恢复运行状态前进行全面检查；(5) 工作前对工作班成员进行安全交底						
工作负责人签名：	日期：	工作票签发人签名：	日期：	工作许可人签名：	日期：	

作业步骤		危害因素	可能导致的后果	风险评价					控制措施
				L	E	C	D	风险程度	
作业环境	环境	(1) 夏季高温作业； (2) 大风、雷雨、冰冻天气作业	人身伤害	3	1	1	3	1	(1) 夏季高温作业做好防暑措施； (2) 避免大风、雷雨、冰冻天气作业
检修前准备	工作班成员精神状态确认	(1) 无法正常完成指定工作； (2) 作业过程中出现昏厥现象	(1) 触电； (2) 设备故障	1	1	15	15	1	合理安排工作班成员，精神状态不佳者禁止工作
	安全措施确认	(1) 拉错开关或误送电导致设备带电或误动； (2) 未执行工作票、操作票所列的安全措施	(1) 触电； (2) 设备故障	1	3	7	21	2	(1) 办理操作票、工作票，严格执行工作票、操作票所列的安全措施； (2) 使用个人防护用品
	安全交底	(1) 走错间隔； (2) 未交代现场情况	(1) 触电； (2) 设备故障	1	3	7	21	2	(1) 工作前向工作班成员告知危险点，交代作业活动范围、内容、安全措施和注意事项； (2) 对工作班成员进行安全技术交底
	个人防护用品准备	(1) 未正确穿戴安全帽及工作服； (2) 使用不合格的安全带	(1) 触电； (2) 其他伤害	3	0.5	15	22.5	2	(1) 正确穿戴安全帽及工作服； (2) 使用在安全使用期内的安全带，并正确穿戴
	工器具准备	(1) 使用的工器具无法达到工作要求； (2) 工具不全，或工具破损； (3) 工具未定期检测或检测不合格	(1) 机械伤害； (2) 触电	1	1	7	7	1	(1) 做好工具、消耗材料的准备工作； (2) 使用电动工具前要检查其是否合格，电源要有剩余电流动作装置，使用结束立即关掉电源，使用期间如遇停电应立即拔掉电源，防止来电时电动工具突然自行转动，对工作人员或设备造成机械伤害； (3) 使用工器具前要进行检查，确认扳手没有裂痕、断口等安全隐患后方可使用，严禁使用活扳手，应使用力矩扳手及梅花扳手； (4) 作业前检查工器具，应合格、完好

续表

作业步骤		危害因素	可能导致的后果	风险评价					控制措施
				L	E	C	D	风险程度	
检修过程	主变压器有载分接开关故障处理	（1）接线错误； （2）虚接线路； （3）拆储油箱时误将工具掉入油中； （4）故障处理完未做绝缘电阻、变比、直流电阻测试； （5）野蛮拆装设备； （6）在主变压器上方工作时，未正确穿戴安全带； （7）试验时人员未远离现场； （8）在主变压器上工作时，工具随手乱扔； （9）在主变压器上工作时，工作区域下方未做隔离措施	（1）设备故障； （2）物体打击； （3）高处坠落； （4）试验伤害	3	1	7	21	2	（1）与带电设备保持安全距离，并对带电区域悬挂标示牌，装设围栏； （2）工作人员应穿绝缘鞋； （3）拆储油箱时，将不需要用的工具放入工具袋中，不可将任何物品掉入油箱中； （4）变压器检修完成后，需要进行绝缘电阻、变比、直流电阻测试； （5）在主变压器上工作时，工作区域下方做隔离措施； （6）在主变压器上方工作时，正确穿戴安全带，且安全带高挂低用； （7）高压试验工作至少应由 2 名熟悉高压试验操作规范的人员进行； （8）预试设备周围应设置隔离区域，悬挂警示带，并设专人监护； （9）对设备进行加压试验时应缓慢升压，升压过程中应头脑清醒、注意力集中，发现异常情况应立即停止升压并切断电源，待问题查清后方可继续进行试验； （10）试验结束后应对被试验设备充分放电，并由试验接线人员拆除被试验设备上的临时线，再由工作负责人进行仔细核查； （11）进行回路改造或者更换电气元件时，要注意检查控制箱各路电源是否停电，且接线端子、裸露线头可能从其他回路反送电，工作时应按要求戴好绝缘手套、穿好绝缘鞋、螺丝刀绑好绝缘胶布； （12）严禁错误使用工器具造成设备损坏，如用过大、过小的扳手替代标准尺寸的扳手，用一字螺丝刀替代十字螺丝刀，用十字螺丝刀替代内六角或内梅花螺丝刀等； （13）严禁野蛮拆装、检修设备，造成螺丝过力滑丝、设备开裂、设备变形等； （14）在主变压器上工作时，工具用完应立即放入工具包中； （15）拆卸接线前，先记录每个接线的位置，安装时按记录逐一接线，并检查接线是否牢固

续表

作业步骤		危害因素	可能导致的后果	风险评价					控制措施
				L	E	C	D	风险程度	
恢复检验	结束工作	(1) 遗漏工器具； (2) 现场遗留检修杂物； (3) 不结束工作票； (4) 工作班成员未全部撤离	(1) 人身伤害； (2) 设备故障	3	3	3	27	2	(1) 收齐并检查工器具； (2) 清扫检修现场； (3) 结束工作票

28. 主变压器冷却风扇故障处理

部门：			分析日期：					记录编号：
作业地点或分析范围：主变压器区域			分析人：					
作业内容描述：主变压器冷却风扇故障处理								
主要作业风险：(1) 人员精神状态不佳；(2) 触电；(3) 设备事故；(4) 走错间隔；(5) 机械伤害；(6) 着火								
控制措施：(1) 办理工作票、操作票；(2) 穿戴个人防护用品；(3) 确认设备名称和间隔；(4) 设备恢复运行状态前进行全面检查；(5) 工作前对工作班成员进行安全交底								
工作负责人签名：	日期：	工作票签发人签名：	日期：		工作许可人签名：			日期：

	作业步骤	危害因素	可能导致的后果	风险评价					控制措施
				L	*E*	*C*	*D*	风险程度	
作业环境	环境	(1) 夏季高温作业； (2) 大风、雷雨、冰冻天气作业	人身伤害	3	1	1	3	1	(1) 夏季高温作业时做好防暑措施； (2) 避免大风、雷雨、冰冻天气作业
检修前准备	工作班成员精神状态确认	(1) 无法正常完成指定工作； (2) 作业过程中出现昏厥现象	(1) 触电； (2) 设备故障	1	1	15	15	1	合理安排工作班成员，精神状态不佳者禁止工作
检修前准备	安全措施确认	(1) 拉错开关或误送电导致设备带电或误动； (2) 未执行工作票、操作票所列的安全措施	(1) 触电； (2) 设备故障	1	3	7	21	2	(1) 办理操作票、工作票，严格执行工作票、操作票所列的安全措施； (2) 使用个人防护用品
检修前准备	安全交底	(1) 走错间隔； (2) 未交代现场情况	(1) 触电； (2) 设备故障	1	3	7	21	2	(1) 工作前向工作班成员告知危险点，交代作业活动范围、内容、安全措施和注意事项； (2) 对工作班成员进行安全技术交底
检修前准备	个人防护用品准备	(1) 未正确穿戴安全帽及工作服； (2) 使用不合格的安全带	(1) 触电； (2) 其他伤害	3	0.5	15	22.5	2	(1) 正确穿戴安全帽及工作服； (2) 使用在安全使用期内的安全带，并正确穿戴
检修前准备	工器具准备	(1) 使用的工器具无法达到工作要求； (2) 工具不全，或工具破损； (3) 工具未定期检测或检测不合格	(1) 机械伤害； (2) 触电	1	1	7	7	1	(1) 做好工具、消耗材料的准备工作； (2) 使用电动工具前要检查其是否合格，电源要有剩余电流动作装置，使用结束立即关掉电源，使用期间如遇停电应立即拔掉电源，防止来电时电动工具突然自行转动，对工作人员或设备造成机械伤害； (3) 使用工器具前要进行检查，确认扳手没有裂痕、断口等安全隐患后方可使用，严禁使用活扳手，应使用力矩扳手及梅花扳手； (4) 作业前检查工器具，应合格、完好

续表

作业步骤		危害因素	可能导致的后果	风险评价					控制措施
				L	E	C	D	风险程度	
检修过程	主变压器冷却风扇故障处理	（1）接线错误； （2）虚接线路； （3）拆装冷却风扇时，未用绳索将冷却风扇固定； （4）在主变压器上方工作时未正确穿戴安全带； （5）野蛮拆装设备； （6）在主变压器上工作时，工具随手乱扔； （7）在主变压器上工作时，工作区域下方未做隔离措施	（1）设备故障； （2）物体打击； （3）高处坠落	3	1	7	21	2	（1）与带电设备保持安全距离，并对带电区域悬挂标示牌，装设围栏； （2）工作人员应穿绝缘鞋； （3）在主变压器上工作时，工作区域下方做隔离措施； （4）在主变压器上方工作时正确穿戴安全带，且安全带高挂低用； （5）进行回路改造或者更换电气元件时，要注意检查控制箱各路电源是否停电，且接线端子、裸露线头可能从其他回路反送电，工作时应按要求戴好绝缘手套、穿好绝缘鞋、螺丝刀绑好绝缘胶布； （6）严禁错误使用工器具造成设备损坏，如用过大、过小的扳手替代标准尺寸的扳手，用一字螺丝刀替代十字螺丝刀，用十字螺丝刀替代内六角或内梅花螺丝刀等； （7）严禁野蛮拆装、检修设备，造成螺丝过力滑丝、设备开裂、设备变形等； （8）在主变压器上工作时，工具用完应立即放入工具包中； （9）拆装冷却风扇时，用绳索将冷却风扇固定； （10）禁止绳索与其他电线接触； （11）拆卸接线前，先记录每个接线的位置，安装时按记录逐一接线，并检查接线是否牢固
恢复检验	结束工作	（1）遗漏工器具； （2）现场遗留检修杂物； （3）不结束工作票； （4）工作班成员未全部撤离	（1）人身伤害； （2）设备故障	3	3	3	27	2	（1）收齐并检查工器具； （2）清扫检修现场； （3）结束工作票

29. 主变压器气体继电器故障处理

部门：		分析日期：			记录编号：
作业地点或分析范围：主变压器区域		分析人：			
作业内容描述：主变压器气体继电器故障处理					
主要作业风险：(1) 人员精神状态不佳；(2) 触电；(3) 设备事故；(4) 走错间隔；(5) 机械伤害					
控制措施：(1) 办理工作票、操作票；(2) 穿戴个人防护用品；(3) 确认设备名称和间隔；(4) 设备恢复运行状态前进行全面检查；(5) 工作前对工作班成员进行安全交底					
工作负责人签名：	日期：	工作票签发人签名：	日期：	工作许可人签名：	日期：

作业步骤		危害因素	可能导致的后果	风险评价					控制措施
				L	E	C	D	风险程度	
作业环境	环境	(1) 夏季高温作业； (2) 大风、雷雨、冰冻天气作业	人身伤害	3	1	1	3	1	(1) 夏季高温作业时做好防暑措施； (2) 避免大风、雷雨、冰冻天气作业
检修前准备	工作班成员精神状态确认	(1) 无法正常完成指定工作； (2) 作业过程中出现昏厥现象	(1) 触电； (2) 设备故障	1	1	15	15	1	合理安排工作班成员，精神状态不佳者禁止工作
	安全措施确认	(1) 拉错开关或误送电导致设备带电或误动； (2) 未执行工作票、操作票所列的安全措施	(1) 触电； (2) 设备故障	1	3	7	21	2	(1) 办理操作票、工作票，严格执行工作票、操作票所列的安全措施； (2) 使用个人防护用品
	安全交底	(1) 走错间隔； (2) 未交代现场情况	(1) 触电； (2) 设备故障	1	3	7	21	2	(1) 工作前向工作班成员告知危险点，交代作业活动范围、内容、安全措施和注意事项； (2) 对工作班成员进行安全技术交底
	个人防护用品准备	(1) 未正确穿戴安全帽及工作服； (2) 使用不合格的安全带	(1) 触电； (2) 其他伤害	3	0.5	15	22.5	2	(1) 正确穿戴安全帽及工作服； (2) 使用在安全使用期内的安全带，并正确穿戴
	工器具准备	(1) 使用的工器具无法达到工作要求； (2) 工具不全，或工具破损； (3) 工具未定期检测或检测不合格	(1) 机械伤害； (2) 触电	1	1	7	7	1	(1) 做好工具、消耗材料的准备工作； (2) 使用电动工具前要检查其是否合格，电源要有剩余电流动作装置，使用结束立即关掉电源，使用期间如遇停电应立即拔掉电源，防止来电时电动工具突然自行转动，对工作人员或设备造成机械伤害； (3) 使用工器具前要进行检查，确认扳手没有裂痕、断口等安全隐患后方可使用，严禁使用活扳手，应使用力矩扳手及梅花扳手； (4) 作业前检查工器具，应合格、完好

续表

作业步骤		危害因素	可能导致的后果	风险评价					控制措施
				L	E	C	D	风险程度	
检修过程	主变压器气体继电器故障处理	（1）接线错误； （2）虚接线路； （3）在主变压器上方工作时，未正确穿戴安全带； （4）野蛮拆装设备； （5）在主变压器上工作时，工具随手乱扔； （6）在主变压器上工作时，工作区域下方未做隔离措施	（1）设备故障； （2）物体打击； （3）高空落物	3	1	7	21	2	（1）与带电设备保持安全距离，并对带电区域悬挂标示牌，装设围栏； （2）工作人员应穿绝缘鞋； （3）在主变压器上工作时，工作区域下方做隔离措施； （4）在主变压器上方工作时，正确穿戴安全带，且安全带高挂低用； （5）进行回路改造或者更换电气元件时，要注意检查控制箱各路电源是否停电，且接线端子、裸露线头可能从其他回路反送电，工作时应按要求戴好绝缘手套、穿好绝缘鞋、螺丝刀绑好绝缘胶布； （6）严禁错误使用工器具造成设备损坏，如用过大、过小的扳手替代标准尺寸的扳手，用一字螺丝刀替代十字螺丝刀，用十字螺丝刀替代内六角或内梅花螺丝刀等； （7）严禁野蛮拆装、检修设备，造成螺丝过力滑丝、设备开裂、设备变形等； （8）在主变压器上工作时，工具用完应立即放入工具包中； （9）拆卸接线前，先记录每个接线的位置，安装时按记录逐一接线，并检查接线是否牢固
恢复检验	结束工作	（1）遗漏工器具； （2）现场遗留检修杂物； （3）不结束工作票； （4）工作班成员未全部撤离	（1）人身伤害； （2）设备故障	3	3	3	27	2	（1）收齐并检查工器具； （2）清扫检修现场； （3）结束工作票

30. 主变压器压力释放器故障处理

部门：		分析日期：		记录编号：	
作业地点或分析范围：主变压器区域		分析人：			
作业内容描述：主变压器压力释放器故障处理					
主要作业风险：(1) 人员精神状态不佳；(2) 触电；(3) 设备事故；(4) 走错间隔；(5) 机械伤害					
控制措施：(1) 办理工作票、操作票；(2) 穿戴个人防护用品；(3) 确认设备名称和间隔；(4) 设备恢复运行状态前进行全面检查；(5) 工作前对工作班成员进行安全交底					
工作负责人签名：	日期：	工作票签发人签名：	日期：	工作许可人签名：	日期：

作业步骤		危害因素	可能导致的后果	风险评价					控制措施
				L	*E*	*C*	*D*	风险程度	
作业环境	环境	(1) 夏季高温作业； (2) 大风、雷雨、冰冻天气作业	人身伤害	3	1	1	3	1	(1) 夏季高温作业时做好防暑措施； (2) 避免大风、雷雨、冰冻天气作业
检修前准备	工作班成员精神状态确认	(1) 无法正常完成指定工作； (2) 作业过程中出现昏厥现象	(1) 触电； (2) 设备故障	1	1	15	15	1	合理安排工作班成员，精神状态不佳者禁止工作
	安全措施确认	(1) 拉错开关或误送电导致设备带电或误动； (2) 未执行工作票、操作票所列的安全措施	(1) 触电； (2) 设备故障	1	3	7	21	2	(1) 办理操作票、工作票，严格执行工作票、操作票所列的安全措施； (2) 使用个人防护用品
	安全交底	(1) 走错间隔； (2) 未交代现场情况	(1) 触电； (2) 设备故障	1	3	7	21	2	(1) 工作前向工作班成员告知危险点，交代作业活动范围、内容、安全措施和注意事项； (2) 对工作班成员进行安全技术交底
	个人防护用品准备	(1) 未正确穿戴安全帽及工作服； (2) 使用不合格的安全带	(1) 触电； (2) 其他伤害	3	0.5	15	22.5	2	(1) 正确穿戴安全帽及工作服； (2) 使用在安全使用期内的安全带，并正确穿戴
	工器具准备	(1) 使用的工器具无法达到工作要求； (2) 工具不全，或工具破损； (3) 工具未定期检测或检测不合格	(1) 机械伤害； (2) 触电	1	1	7	7	1	(1) 做好工具、消耗材料的准备工作； (2) 使用电动工具前要检查其是否合格，电源要有剩余电流动作装置，使用结束立即关掉电源，使用期间如遇停电应立即拔掉电源，防止来电时电动工具突然自行转动，对工作人员或设备造成机械伤害； (3) 使用工器具前要进行检查，确认扳手没有裂痕、断口等安全隐患后方可使用，严禁使用活扳手，应使用力矩扳手及梅花扳手； (4) 作业前检查工器具，应合格、完好

续表

作业步骤		危害因素	可能导致的后果	风险评价					控制措施
				L	E	C	D	风险程度	
检修过程	主变压器压力释放器故障处理	（1）接线错误； （2）虚接线路； （3）在主变压器上方工作时，未正确穿戴安全带； （4）野蛮拆装设备； （5）在主变压器上工作时，工具随手乱扔； （6）在主变压器上工作时，工作区域下方未做隔离措施	（1）设备故障； （2）物体打击； （3）高处坠落	3	1	7	21	2	（1）与带电设备保持安全距离，并对带电区域悬挂标示牌，装设围栏； （2）工作人员应穿绝缘鞋； （3）在主变压器上工作时，工作区域下方做隔离措施； （4）在主变压器上方工作时，正确穿戴安全带，且安全带高挂低用； （5）进行回路改造或者更换电气元件时，要注意检查控制箱各路电源是否停电，且接线端子、裸露线头可能从其他回路反送电，工作时应按要求戴好绝缘手套、穿好绝缘鞋、螺丝刀绑好绝缘胶布； （6）严禁错误使用工器具造成设备损坏，如用过大、过小的扳手替代标准尺寸的扳手，用一字螺丝刀替代十字螺丝刀；用十字螺丝刀替代内六角或内梅花螺丝刀等； （7）严禁野蛮拆装、检修设备，造成螺丝过力滑丝、设备开裂、设备变形等； （8）在主变压器上工作时，工具用完应立即放入工具包中； （9）拆卸接线前，先记录每个接线的位置，安装时按记录逐一接线，并检查接线是否牢固
恢复检验	结束工作	（1）遗漏工器具； （2）现场遗留检修杂物； （3）不结束工作票； （4）工作班成员未全部撤离	（1）人身伤害； （2）设备故障	3	3	3	27	2	（1）收齐并检查工器具； （2）清扫检修现场； （3）结束工作票

31. 主变压器散热器故障处理

<table>
<tr><td colspan="3">部门：</td><td colspan="6">分析日期：</td><td>记录编号：</td></tr>
<tr><td colspan="3">作业地点或分析范围：主变压器区域</td><td colspan="7">分析人：</td></tr>
<tr><td colspan="10">作业内容描述：主变压器散热器故障处理</td></tr>
<tr><td colspan="10">主要作业风险：(1) 人员精神状态不佳；(2) 触电；(3) 设备事故；(4) 走错间隔；(5) 机械伤害；(6) 着火</td></tr>
<tr><td colspan="10">控制措施：(1) 办理工作票、操作票；(2) 穿戴个人防护用品；(3) 确认设备名称和间隔；(4) 设备恢复运行状态前进行全面检查；(5) 工作前对工作班成员进行安全交底</td></tr>
<tr><td colspan="2">工作负责人签名：</td><td>日期：</td><td>工作票签发人签名：</td><td colspan="3">日期：</td><td colspan="2">工作许可人签名：</td><td>日期：</td></tr>
<tr><td colspan="2" rowspan="2">作业步骤</td><td rowspan="2">危害因素</td><td rowspan="2">可能导致的后果</td><td colspan="5">风险评价</td><td rowspan="2">控制措施</td></tr>
<tr><td>L</td><td>E</td><td>C</td><td>D</td><td>风险程度</td></tr>
<tr><td>作业环境</td><td>环境</td><td>(1) 夏季高温作业；
(2) 大风、雷雨、冰冻天气作业</td><td>人身伤害</td><td>3</td><td>1</td><td>1</td><td>3</td><td>1</td><td>(1) 夏季高温作业时做好防暑措施；
(2) 避免大风、雷雨、冰冻天气作业</td></tr>
<tr><td rowspan="5">检修前准备</td><td>工作班成员精神状态确认</td><td>(1) 无法正常完成指定工作；
(2) 作业过程中出现昏厥现象</td><td>(1) 触电；
(2) 设备故障</td><td>1</td><td>1</td><td>15</td><td>15</td><td>1</td><td>合理安排工作班成员，精神状态不佳者禁止工作</td></tr>
<tr><td>安全措施确认</td><td>(1) 拉错开关或误送电导致设备带电或误动；
(2) 未执行工作票、操作票所列的安全措施</td><td>(1) 触电；
(2) 设备故障</td><td>1</td><td>3</td><td>7</td><td>21</td><td>2</td><td>(1) 办理操作票、工作票，严格执行工作票、操作票所列的安全措施；
(2) 使用个人防护用品</td></tr>
<tr><td>安全交底</td><td>(1) 走错间隔；
(2) 未交代现场情况</td><td>(1) 触电；
(2) 设备故障</td><td>1</td><td>3</td><td>7</td><td>21</td><td>2</td><td>(1) 工作前向工作班成员告知危险点，交代作业活动范围、内容、安全措施和注意事项；
(2) 对工作班成员进行安全技术交底</td></tr>
<tr><td>个人防护用品准备</td><td>(1) 未正确穿戴安全帽及工作服；
(2) 使用不合格的安全带</td><td>(1) 触电；
(2) 其他伤害</td><td>3</td><td>0.5</td><td>15</td><td>22.5</td><td>2</td><td>(1) 正确穿戴安全帽及工作服；
(2) 使用在安全使用期内的安全带，并正确佩戴</td></tr>
<tr><td>工器具准备</td><td>(1) 使用的工器具无法达到工作要求；
(2) 工具不全，或工具破损；
(3) 工具未定期检测或检测不合格</td><td>(1) 机械伤害；
(2) 触电</td><td>1</td><td>1</td><td>7</td><td>7</td><td>1</td><td>(1) 做好工具、消耗材料的准备工作；
(2) 使用电动工具前要检查其是否合格，电源要有剩余电流动作装置，使用结束立即关掉电源，使用期间如遇停电应立即拔掉电源，防止来电时电动工具突然自行转动，对工作人员或设备造成机械伤害；
(3) 使用工器具前要进行检查，确认扳手没有裂痕、断口等安全隐患后方可使用，严禁使用活扳手，应使用力矩扳手及梅花扳手；
(4) 作业前检查工器具，应合格、完好</td></tr>
</table>

续表

作业步骤		危害因素	可能导致的后果	风险评价					控制措施
				L	E	C	D	风险程度	
检修过程	主变压器散热器故障处理	(1)安装时散热器时，检查焊点虚焊； (2)拆装散热器时，未用绳索将散热器固定； (3)在主变压器上方工作时，未正确穿戴安全带； (4)作业现场存在易燃物、可燃物、助燃物； (5)野蛮拆装设备； (6)临时用电电源无剩余电流动作装置； (7)在主变压器上工作时，工作区域下方未做隔离措施	(1)设备故障； (2)物体打击； (3)高处坠落； (4)着火	3	1	7	21	2	(1)与带电设备保持安全距离，并对带电区域悬挂标示牌，装设围栏； (2)工作人员应穿绝缘鞋； (3)在主变压器上工作时，工作区域下方做隔离措施； (4)在主变压器上方工作时，正确穿戴安全带，且安全带高挂低用； (5)正确、安全地使用经检验合格的带有剩余电流动作装置的电源线轴，且线轴配有专用检修箱电源插头； (6)拆装散热器时，用绳索将散热器固定； (7)动火作业前对动火作业使用的氧气、乙炔罐体及减压阀、胶皮管、烤枪、回火保护器进行检查，检查无问题后方可动火作业，动火结束后检查场地应无火种残留； (8)电焊作业下方铺设好防火毯，工作结束必须切断焊机电源并确认作业点周围无遗留火种后方可离开； (9)进行回路改造或者更换电气元件时，要注意检查控制箱各路电源是否停电，且接线端子、裸露线头可能从其他回路反送电，工作时应按要求戴好绝缘手套、穿好绝缘鞋、螺丝刀绑好绝缘胶布； (10)严禁错误使用工器具造成设备损坏，如用过大、过小的扳手替代标准尺寸的扳手，用一字螺丝刀替代十字螺丝刀，用十字螺丝刀替代内六角或内梅花螺丝刀等； (11)严禁野蛮拆装、检修设备，造成螺丝过力滑丝、设备开裂、设备变形等； (12)动火作业间断、终结时清理并检查现场无残留火种； (13)安装时散热器时，检查焊点，应饱满，无虚焊
恢复检验	结束工作	(1)遗漏工器具； (2)现场遗留检修杂物； (3)不结束工作票； (4)工作班成员未全部撤离	(1)人身伤害； (2)设备故障	3	3	3	27	2	(1)收齐并检查工器具； (2)清扫检修现场； (3)结束工作票

32. 主变压器储油柜故障处理

<table>
<tr><td colspan="3">部门：</td><td colspan="5">分析日期：</td><td>记录编号：</td></tr>
<tr><td colspan="3">作业地点或分析范围：主变压器区域</td><td colspan="6">分析人：</td></tr>
<tr><td colspan="9">作业内容描述：主变压器储油柜故障处理</td></tr>
<tr><td colspan="9">主要作业风险：(1) 人员精神状态不佳；(2) 触电；(3) 设备事故；(4) 走错间隔；(5) 机械伤害；(6) 着火；(7) 高处坠落</td></tr>
<tr><td colspan="9">控制措施：(1) 办理工作票、操作票；(2) 穿戴个人防护用品；(3) 确认设备名称和间隔；(4) 设备恢复运行状态前进行全面检查；(5) 工作前对工作班成员进行安全交底；(6) 高处作业系好安全带</td></tr>
<tr><td colspan="2">工作负责人签名：</td><td>日期：</td><td colspan="2">工作票签发人签名：</td><td colspan="2">日期：</td><td>工作许可人签名：</td><td>日期：</td></tr>
<tr><td colspan="2" rowspan="2">作业步骤</td><td rowspan="2">危害因素</td><td rowspan="2">可能导致的后果</td><td colspan="5">风险评价</td><td rowspan="2">控制措施</td></tr>
<tr><td>L</td><td>E</td><td>C</td><td>D</td><td>风险程度</td></tr>
<tr><td>作业环境</td><td>环境</td><td>(1) 夏季高温作业；
(2) 大风、雷雨、冰冻天气作业</td><td>人身伤害</td><td>3</td><td>1</td><td>1</td><td>3</td><td>1</td><td>(1) 夏季高温作业时做好防暑措施；
(2) 避免大风、雷雨、冰冻天气作业</td></tr>
<tr><td rowspan="5">检修前准备</td><td>工作班成员精神状态确认</td><td>(1) 无法正常完成指定工作；
(2) 作业过程中出现昏厥现象</td><td>(1) 触电；
(2) 设备故障</td><td>1</td><td>1</td><td>15</td><td>15</td><td>1</td><td>合理安排工作班成员，精神状态不佳者禁止工作</td></tr>
<tr><td>安全措施确认</td><td>(1) 拉错开关或误送电导致设备带电或误动；
(2) 未执行工作票、操作票所列的安全措施</td><td>(1) 触电；
(2) 设备故障</td><td>1</td><td>3</td><td>7</td><td>21</td><td>2</td><td>(1) 办理操作票、工作票，严格执行工作票、操作票所列的安全措施；
(2) 使用个人防护用品</td></tr>
<tr><td>安全交底</td><td>(1) 走错间隔；
(2) 未交代现场情况</td><td>(1) 触电；
(2) 设备故障</td><td>1</td><td>3</td><td>7</td><td>21</td><td>2</td><td>(1) 工作前向工作班成员告知危险点，交代作业活动范围、内容、安全措施和注意事项；
(2) 对工作班成员进行安全技术交底</td></tr>
<tr><td>个人防护用品准备</td><td>(1) 未正确穿戴安全帽及工作服；
(2) 使用不合格的安全带</td><td>(1) 触电；
(2) 其他伤害</td><td>3</td><td>0.5</td><td>15</td><td>22.5</td><td>2</td><td>(1) 正确穿戴安全帽及工作服；
(2) 使用在安全使用期内的安全带，并正确穿戴</td></tr>
<tr><td>工器具准备</td><td>(1) 使用的工器具无法达到工作要求；
(2) 工具不全，或工具破损；
(3) 工具未定期检测或检测不合格</td><td>(1) 机械伤害；
(2) 触电</td><td>1</td><td>1</td><td>7</td><td>7</td><td>1</td><td>(1) 做好工具、消耗材料的准备工作；
(2) 使用电动工具前要检查其是否合格，电源要有剩余电流动作装置，使用结束立即关掉电源，使用期间如遇停电应立即拔掉电源，防止来电时电动工具突然自行转动，对工作人员或设备造成机械伤害；
(3) 使用工器具前要进行检查，确认扳手没有裂痕、断口等安全隐患后方可使用，严禁使用活扳手，应使用力矩扳手及梅花扳手；
(4) 作业前检查工器具，应合格、完好</td></tr>
</table>

续表

作业步骤		危害因素	可能导致的后果	风险评价					控制措施
				L	E	C	D	风险程度	
检修过程	主变压器储油柜故障处理	(1) 接线错误； (2) 虚接线路； (3) 油温过高时打开储油柜； (4) 在主变压器上方工作时，未正确穿戴安全带； (5) 野蛮拆装设备； (6) 检修的绝缘油未回收； (7) 在主变压器上工作时，工作区域下方未做隔离措施	(1) 设备故障； (2) 物体打击； (3) 高处坠落	3	1	7	21	2	(1) 与带电设备保持安全距离，并对带电区域悬挂标示牌，装设围栏； (2) 工作人员应穿绝缘鞋； (3) 在主变压器上工作时，工作区域下方做隔离措施； (4) 在主变压器上方工作时正确穿戴安全带，且安全带高挂低用； (5) 检查储油柜，应先将变压器停电，在油温与环境温度接近，变压器内部油体积减小，油位下降时开展； (6) 进行回路改造或者更换电气元件时，要注意检查控制箱各路电源是否停电，且接线端子、裸露线头可能从其他回路反送电，工作时应按要求戴好绝缘手套、穿好绝缘鞋、螺丝刀绑好绝缘胶布； (7) 严禁错误使用工器具造成设备损坏，如用过大、过小的扳手替代标准尺寸的扳手，用一字螺丝刀替代十字螺丝刀，用十字螺丝刀替代内六角或内梅花螺丝刀等； (8) 严禁野蛮拆装、检修设备，造成螺丝过力滑丝、设备开裂、设备变形等； (9) 不得随意泼倒检修产生的废弃的绝缘油，要倒至指定的废油池中集中处理； (10) 设备需要补充的新油必须经试验合格，并与原设备使用的油品一致，若不一致必须做混油试验，合格后方可使用； (11) 拆卸接线前，先记录每个接线的位置，安装时按记录逐一接线，并检查接线是否牢固
恢复检验	结束工作	(1) 遗漏工器具； (2) 现场遗留检修杂物； (3) 不结束工作票； (4) 工作班成员未全部撤离	(1) 人身伤害； (2) 设备故障	3	3	3	27	2	(1) 收齐并检查工器具； (2) 清扫检修现场； (3) 结束工作票

33. 更换主变压器呼吸器

<table>
<tr><td colspan="3">部门：</td><td colspan="5">分析日期：</td><td>记录编号：</td></tr>
<tr><td colspan="3">作业地点或分析范围：主变压器区域</td><td colspan="6">分析人：</td></tr>
<tr><td colspan="9">作业内容描述：更换主变压器呼吸器</td></tr>
<tr><td colspan="9">主要作业风险：(1) 人员精神状态不佳；(2) 触电；(3) 设备事故；(4) 走错间隔；(5) 机械伤害</td></tr>
<tr><td colspan="9">控制措施：(1) 办理工作票、操作票；(2) 穿戴个人防护用品；(3) 确认设备名称和间隔；(4) 设备恢复运行状态前进行全面检查；(5) 工作前对工作班成员进行安全交底；(6) 高处作业系好安全带</td></tr>
<tr><td colspan="2">工作负责人签名：</td><td>日期：</td><td colspan="2">工作票签发人签名：</td><td colspan="2">日期：</td><td>工作许可人签名：</td><td>日期：</td></tr>
<tr><td colspan="2" rowspan="2">作业步骤</td><td rowspan="2">危害因素</td><td rowspan="2">可能导致的后果</td><td colspan="5">风险评价</td><td rowspan="2">控制措施</td></tr>
<tr><td>L</td><td>E</td><td>C</td><td>D</td><td>风险程度</td></tr>
<tr><td>作业环境</td><td>环境</td><td>(1) 夏季高温作业；
(2) 大风、雷雨、冰冻天气作业</td><td>人身伤害</td><td>3</td><td>1</td><td>1</td><td>3</td><td>1</td><td>(1) 夏季高温作业时做好防暑措施；
(2) 避免大风、雷雨、冰冻天气作业</td></tr>
<tr><td rowspan="4">检修前准备</td><td>工作班成员精神状态确认</td><td>(1) 无法正常完成指定工作；
(2) 作业过程中出现昏厥现象</td><td>(1) 触电；
(2) 设备故障</td><td>1</td><td>1</td><td>15</td><td>15</td><td>1</td><td>合理安排工作班成员，精神状态不佳者禁止工作</td></tr>
<tr><td>安全措施确认</td><td>(1) 拉错开关或误送电导致设备带电或误动；
(2) 未执行工作票、操作票所列的安全措施</td><td>(1) 触电；
(2) 设备故障</td><td>1</td><td>3</td><td>7</td><td>21</td><td>2</td><td>(1) 办理操作票、工作票，严格执行工作票、操作票所列的安全措施；
(2) 使用个人防护用品</td></tr>
<tr><td>安全交底</td><td>(1) 走错间隔；
(2) 未交代现场情况</td><td>(1) 触电；
(2) 设备故障</td><td>1</td><td>3</td><td>7</td><td>21</td><td>2</td><td>(1) 工作前向工作班成员告知危险点，交代作业活动范围、内容、安全措施和注意事项；
(2) 对工作班成员进行安全技术交底</td></tr>
<tr><td>个人防护用品准备</td><td>(1) 未正确穿戴安全帽及工作服；
(2) 使用不合格的安全带</td><td>(1) 触电；
(2) 其他伤害</td><td>3</td><td>0.5</td><td>15</td><td>22.5</td><td>2</td><td>(1) 正确穿戴安全帽及工作服；
(2) 使用在安全使用期内的安全带，并正确穿戴</td></tr>
</table>

续表

作业步骤		危害因素	可能导致的后果	风险评价					控制措施
				L	E	C	D	风险程度	
检修前准备	工器具准备	（1）使用的工器具无法达到工作要求； （2）工具不全，或工具破损； （3）工具未定期检测或检测不合格	（1）机械伤害； （2）触电	1	1	7	7	1	（1）做好工具、消耗材料的准备工作； （2）使用电动工具前要检查其是否合格，电源要有剩余电流动作装置，使用结束立即关掉电源，使用期间如遇停电应立即拔掉电源，防止来电时电动工具突然自行转动，对工作人员或设备造成机械伤害； （3）使用工器具前要进行检查，确认扳手没有裂痕、断口等安全隐患后方可使用，严禁使用活扳手，应使用力矩扳手及梅花扳手； （4）作业前检查工器具，应合格、完好
检修过程	更换主变压器呼吸器	（1）拆装时呼吸器未固定牢固； （2）野蛮拆装设备	设备损坏	3	1	7	21	2	（1）由于呼吸器外壳为玻璃，更换呼吸器时，在将呼吸器用支架固定住，拆装时轻拿轻放，防止把玻璃容器摔坏； （2）进行回路改造或者更换电气元件时，要注意检查控制箱各路电源是否停电，且接线端子，裸露线头可能从其他回路反送电，工作时应按要求戴好绝缘手套、穿好绝缘鞋、螺丝刀绑好绝缘胶布； （3）严禁错误使用工器具造成设备损坏，如用过大、过小的扳手替代标准尺寸的扳手，用一字螺丝刀替代十字螺丝刀，用十字螺丝刀替代内六角或内梅花螺丝刀等； （4）严禁野蛮拆装、检修设备，造成螺丝过力滑丝、设备开裂、设备变形等； （5）拆卸接线前，先记录每个接线的位置，安装时按记录逐一接线，并检查接线是否牢固
恢复检验	结束工作	（1）遗漏工器具； （2）现场遗留检修杂物； （3）不结束工作票； （4）工作班成员未全部撤离	（1）人身伤害； （2）设备故障	3	3	3	27	2	（1）收齐并检查工器具； （2）清扫检修现场； （3）结束工作票

34. 主变压器油面温度控制器故障处理

<table>
<tr><td colspan="3">部门：</td><td colspan="5">分析日期：</td><td colspan="2">记录编号：</td></tr>
<tr><td colspan="3">作业地点或分析范围：主变压器区域</td><td colspan="7">分析人：</td></tr>
<tr><td colspan="10">作业内容描述：主变压器油面温度控制器故障处理</td></tr>
<tr><td colspan="10">主要作业风险：(1) 人员精神状态不佳；(2) 触电；(3) 设备事故；(4) 走错间隔；(5) 机械伤害</td></tr>
<tr><td colspan="10">控制措施：(1) 办理工作票、操作票；(2) 穿戴个人防护用品；(3) 确认设备名称和间隔；(4) 设备恢复运行状态前进行全面检查；(5) 工作前对工作班成员进行安全交底；(6) 高处作业系好安全带</td></tr>
<tr><td colspan="2">工作负责人签名：</td><td>日期：</td><td colspan="2">工作票签发人签名：</td><td colspan="3">日期：</td><td>工作许可人签名：</td><td>日期：</td></tr>
<tr><td colspan="2" rowspan="2">作业步骤</td><td rowspan="2">危害因素</td><td rowspan="2">可能导致的后果</td><td colspan="5">风险评价</td><td rowspan="2">控制措施</td></tr>
<tr><td>L</td><td>E</td><td>C</td><td>D</td><td>风险程度</td></tr>
<tr><td>作业环境</td><td>环境</td><td>夏季高温作业</td><td>人身伤害</td><td>3</td><td>1</td><td>1</td><td>3</td><td>1</td><td>夏季高温作业时做好防暑措施</td></tr>
<tr><td rowspan="5">检修前准备</td><td>工作班成员精神状态确认</td><td>(1) 无法正常完成指定工作；
(2) 作业过程中出现昏厥现象</td><td>(1) 触电；
(2) 设备故障</td><td>1</td><td>1</td><td>15</td><td>15</td><td>1</td><td>合理安排工作班成员，精神状态不佳者禁止工作</td></tr>
<tr><td>安全措施确认</td><td>(1) 拉错开关或误送电导致设备带电或误动；
(2) 未执行工作票、操作票所列的安全措施</td><td>(1) 触电；
(2) 设备故障</td><td>1</td><td>3</td><td>7</td><td>21</td><td>2</td><td>(1) 办理操作票、工作票，严格执行工作票、操作票所列的安全措施；
(2) 使用个人防护用品</td></tr>
<tr><td>安全交底</td><td>(1) 走错间隔；
(2) 未交代现场情况</td><td>(1) 触电；
(2) 设备故障</td><td>1</td><td>3</td><td>7</td><td>21</td><td>2</td><td>(1) 工作前向工作班成员告知危险点，交代作业活动范围、内容、安全措施和注意事项；
(2) 对工作班成员进行安全技术交底</td></tr>
<tr><td>个人防护用品准备</td><td>(1) 未正确穿戴安全帽及工作服；
(2) 使用不合格的安全带</td><td>(1) 触电；
(2) 其他伤害</td><td>3</td><td>0.5</td><td>15</td><td>22.5</td><td>2</td><td>(1) 正确穿戴安全帽及工作服；
(2) 使用在安全使用期内的安全带，并正确穿戴</td></tr>
<tr><td>工器具准备</td><td>(1) 使用的工器具无法达到工作要求；
(2) 工具不全，或工具破损；
(3) 工具未定期检测或检测不合格</td><td>(1) 机械伤害；
(2) 触电</td><td>1</td><td>1</td><td>7</td><td>7</td><td>1</td><td>(1) 做好工具、消耗材料的准备工作；
(2) 作业前检查工器具，应合格、完好</td></tr>
</table>

续表

作业步骤		危害因素	可能导致的后果	风险评价					控制措施
				L	E	C	D	风险程度	
检修过程	主变压器油面温度控制器故障处理	(1) 接线错误; (2) 虚接线路; (3) 在主变压器上方工作时，未正确穿戴安全带; (4) 野蛮拆装设备; (5) 在主变压器上工作时，工具随手乱扔; (6) 在主变压器上工作时，工作区域下方未做隔离措施	(1) 设备故障; (2) 物体打击; (3) 高处坠落	3	1	7	21	2	(1) 与带电设备保持安全距离，并对带电区域悬挂标示牌，装设围栏; (2) 工作人员应穿绝缘鞋; (3) 在主变压器上工作时，工作区域下方做隔离措施; (4) 在主变压器上方工作时，正确穿戴安全带，且安全带高挂低用; (5) 在主变压器上工作时，工具用完应立即放入工具包中; (6) 进行回路改造或者更换电气元件时，要注意检查控制箱各路电源是否停电，且接线端子、裸露线头可能从其他回路反送电，工作时应按要求戴好绝缘手套、穿好绝缘鞋、螺丝刀绑好绝缘胶布; (7) 严禁错误使用工器具造成设备损坏，如用过大、过小的扳手替代标准尺寸的扳手，用一字螺丝刀替代十字螺丝刀，用十字螺丝刀替代内六角或内梅花螺丝刀等; (8) 严禁野蛮拆装、检修设备，造成螺丝过力滑丝、设备开裂、设备变形等; (9) 拆卸接线前，先记录每个接线的位置，安装时按记录逐一接线，并检查接线是否牢固
恢复检验	结束工作	(1) 遗漏工器具; (2) 现场遗留检修杂物; (3) 不结束工作票; (4) 工作班成员未全部撤离	(1) 人身伤害; (2) 设备故障	3	3	3	27	2	(1) 收齐并检查工器具; (2) 清扫检修现场; (3) 结束工作票

35. 主变压器绕组温度控制器故障处理

<table>
<tr><td colspan="4">部门：</td><td colspan="5">分析日期：</td><td>记录编号：</td></tr>
<tr><td colspan="4">作业地点或分析范围：主变压器区域</td><td colspan="6">分析人：</td></tr>
<tr><td colspan="10">作业内容描述：主变压器绕组温度控制器故障处理</td></tr>
<tr><td colspan="10">主要作业风险：(1) 人员精神状态不佳；(2) 触电；(3) 设备事故；(4) 走错间隔；(5) 机械伤害</td></tr>
<tr><td colspan="10">控制措施：(1) 办理工作票、操作票；(2) 穿戴个人防护用品；(3) 确认设备名称和间隔；(4) 设备恢复运行状态前进行全面检查；(5) 工作前对工作班成员进行安全交底；(6) 高处作业系好安全带</td></tr>
<tr><td colspan="2">工作负责人签名：</td><td>日期：</td><td>工作票签发人签名：</td><td colspan="2">日期：</td><td colspan="2">工作许可人签名：</td><td colspan="2">日期：</td></tr>
<tr><td colspan="2" rowspan="2">作业步骤</td><td rowspan="2">危害因素</td><td rowspan="2">可能导致的后果</td><td colspan="5">风险评价</td><td rowspan="2">控制措施</td></tr>
<tr><td>L</td><td>E</td><td>C</td><td>D</td><td>风险程度</td></tr>
<tr><td>作业环境</td><td>环境</td><td>(1) 夏季高温作业；
(2) 大风、雷雨、冰冻天气作业</td><td>人身伤害</td><td>3</td><td>1</td><td>1</td><td>3</td><td>1</td><td>(1) 夏季高温作业时做好防暑措施；
(2) 避免大风、雷雨、冰冻天气作业</td></tr>
<tr><td rowspan="4">检修前准备</td><td>工作班成员精神状态确认</td><td>(1) 无法正常完成指定工作；
(2) 作业过程中出现昏厥现象</td><td>(1) 触电；
(2) 设备故障</td><td>1</td><td>1</td><td>15</td><td>15</td><td>1</td><td>合理安排工作班成员，精神状态不佳者禁止工作</td></tr>
<tr><td>安全措施确认</td><td>(1) 拉错开关或误送电导致设备带电或误动；
(2) 未执行工作票、操作票所列的安全措施</td><td>(1) 触电；
(2) 设备故障</td><td>1</td><td>3</td><td>7</td><td>21</td><td>2</td><td>(1) 办理操作票、工作票，严格执行工作票、操作票所列的安全措施；
(2) 使用个人防护用品</td></tr>
<tr><td>安全交底</td><td>(1) 走错间隔；
(2) 未交代现场情况</td><td>(1) 触电；
(2) 设备故障</td><td>1</td><td>3</td><td>7</td><td>21</td><td>2</td><td>(1) 工作前向工作班成员告知危险点，交代作业活动范围、内容、安全措施和注意事项；
(2) 对工作班成员进行安全技术交底</td></tr>
<tr><td>个人防护用品准备</td><td>(1) 未正确穿戴安全帽及工作服；
(2) 使用不合格的安全带</td><td>(1) 触电；
(2) 其他伤害</td><td>3</td><td>0.5</td><td>15</td><td>22.5</td><td>2</td><td>(1) 正确穿戴安全帽及工作服；
(2) 使用在安全使用期内的安全带，并正确穿戴</td></tr>
</table>

续表

作业步骤		危害因素	可能导致的后果	风险评价					控制措施
				L	E	C	D	风险程度	
检修前准备	工器具准备	（1）使用的工器具无法达到工作要求； （2）工具不全，或工具破损； （3）工具未定期检测或检测不合格	（1）机械伤害； （2）触电	1	1	7	7	1	（1）做好工具、消耗材料的准备工作； （2）使用电动工具前要检查其是否合格，电源要有剩余电流动作装置，使用结束立即关掉电源，使用期间如遇停电应立即拔掉电源，防止来电时电动工具突然自行转动，对工作人员或设备造成机械伤害； （3）使用工器具前要进行检查，确认扳手没有裂痕、断口等安全隐患后方可使用，严禁使用活扳手，应使用力矩扳手及梅花扳手； （4）作业前检查工器具，应合格、完好
检修过程	主变压器绕组温度控制器故障处理	（1）接线错误； （2）虚接线路； （3）在主变压器上方工作时，未正确穿戴安全带； （4）野蛮拆装设备； （5）在主变压器上工作时，工具随手乱扔； （6）在主变压器上工作时，工作区域下方未做隔离措施	（1）设备故障； （2）物体打击； （3）高处坠落	3	1	7	21	2	（1）与带电设备保持安全距离，并对带电区域悬挂标示牌，装设围栏； （2）工作人员应穿绝缘鞋； （3）在主变压器上工作时，工作区域下方做隔离措施； （4）在主变压器上方工作时，正确穿戴安全带，且安全带高挂低用； （5）在主变压器上工作时，工具用完应立即放入工具包中； （6）进行回路改造或者更换电气元件时，要注意检查控制箱各路电源是否停电，且接线端子，裸露线头可能从其他回路反送电，工作时应按要求戴好绝缘手套、穿好绝缘鞋、螺丝刀绑好绝缘胶布； （7）严禁错误使用工器具对设备造成损坏，如用过大、过小的扳手替代标准尺寸的扳手，用一字螺丝刀替代十字螺丝刀；用十字螺丝刀替代内六角或内梅花螺丝刀等； （8）严禁野蛮拆装、检修设备，造成螺丝过力滑丝、设备开裂、设备变形等； （9）拆卸接线前，先记录每个接线的位置，安装时按记录逐一接线，并检查接线是否牢固
恢复检验	结束工作	（1）遗漏工器具； （2）现场遗留检修杂物； （3）不结束工作票； （4）工作班成员未全部撤离	（1）人身伤害； （2）设备故障	3	3	3	27	2	（1）收齐并检查工器具； （2）清扫检修现场； （3）结束工作票

36. 更换主变压器高压侧套管

<table>
<tr><td colspan="3">部门：</td><td colspan="2">分析日期：</td><td>记录编号：</td></tr>
<tr><td colspan="3">作业地点或分析范围：主变压器区域</td><td colspan="3">分析人：</td></tr>
<tr><td colspan="6">作业内容描述：更换主变压器高压侧套管</td></tr>
<tr><td colspan="6">主要作业风险：(1) 人员精神状态不佳；(2) 触电；(3) 设备事故；(4) 走错间隔；(5) 机械伤害；(6) 着火；(7) 高处坠落</td></tr>
<tr><td colspan="6">控制措施：(1) 办理工作票、操作票；(2) 穿戴个人防护用品；(3) 确认设备名称和间隔；(4) 设备恢复运行状态前进行全面检查；(5) 工作前对工作班成员进行安全交底；(6) 高处作业系好安全带</td></tr>
<tr><td>工作负责人签名：</td><td>日期：</td><td>工作票签发人签名：</td><td>日期：</td><td>工作许可人签名：</td><td>日期：</td></tr>
</table>

作业步骤		危害因素	可能导致的后果	风险评价					控制措施
				L	*E*	*C*	*D*	风险程度	
作业环境	环境	(1) 夏季高温作业； (2) 大风、雷雨、冰冻天气作业	人身伤害	3	1	1	3	1	(1) 夏季高温作业时做好防暑措施； (2) 避免大风、雷雨、冰冻天气作业
检修前准备	工作班成员精神状态确认	(1) 无法正常完成指定工作； (2) 作业过程中出现昏厥现象	(1) 触电； (2) 设备故障	1	1	15	15	1	合理安排工作班成员，精神状态不佳者禁止工作
	安全措施确认	(1) 拉错开关或误送电导致设备带电或误动； (2) 未执行工作票、操作票所列的安全措施	(1) 触电； (2) 设备故障	1	3	7	21	2	(1) 办理操作票、工作票，严格执行工作票、操作票所列的安全措施； (2) 使用个人防护用品
	安全交底	(1) 走错间隔； (2) 未交代现场情况	(1) 触电； (2) 设备故障	1	3	7	21	2	(1) 工作前向工作班成员告知危险点，交代作业活动范围、内容、安全措施和注意事项； (2) 对工作班成员进行安全技术交底
	个人防护用品准备	(1) 未正确穿戴安全帽及工作服； (2) 使用不合格的安全带	(1) 触电； (2) 其他伤害	3	0.5	15	22.5	2	(1) 正确穿戴安全帽及工作服； (2) 使用在安全使用期内的安全带，并正确穿戴
	工器具准备	(1) 使用的工器具无法达到工作要求； (2) 工具不全，或工具破损； (3) 工具未定期检测或检测不合格	(1) 机械伤害； (2) 触电	1	1	7	7	1	(1) 做好工具、消耗材料的准备工作； (2) 使用电动工具前要检查其是否合格，电源要有剩余电流动作装置，使用结束立即关掉电源，使用期间如遇停电应立即拔掉电源，防止来电时电动工具突然自行转动，对工作人员或设备造成机械伤害； (3) 使用工器具前要进行检查，确认扳手没有裂痕、断口等安全隐患后方可使用，严禁使用活扳手，应使用力矩扳手及梅花扳手； (4) 作业前检查工器具，应合格、完好

续表

作业步骤		危害因素	可能导致的后果	风险评价					控制措施
				L	E	C	D	风险程度	
检修过程	更换主变压器高压侧套管	（1）接线相序错误； （2）虚接线路； （3）高压套管上灰尘较多； （4）拆装时，未对高压套管进行固定； （5）在主变压器上方工作时，未正确穿戴安全带； （6）野蛮拆装设备； （7）在主变压器上工作时，工具随手乱扔； （8）在主变压器上工作时，工作区域下方未做隔离措施	（1）设备故障； （2）物体打击； （3）高处坠落	3	1	7	21	2	（1）与带电设备保持安全距离，并对带电区域悬挂标示牌，装设围栏； （2）工作人员应穿绝缘鞋； （3）更换高压套管时，用酒精将高压套管擦拭干净； （4）拆装高压套管时，用绳索将高压套管固定； （5）在主变压器上工作时，工作区域下方做隔离措施； （6）在主变压器上方工作时，正确穿戴安全带，安全带高挂低用； （7）进行回路改造或者更换电气元件时，要注意检查控制箱各路电源是否停电，且接线端子、裸露线头可能从其他回路反送电，工作时应按要求戴好绝缘手套、穿好绝缘鞋、螺丝刀绑好绝缘胶布； （8）严禁错误使用工器具对设备造成损坏，如用过大、过小的扳手替代标准尺寸的扳手，用一字螺丝刀替代十字螺丝刀，用十字螺丝刀替代内六角或内梅花螺丝刀等； （9）严禁野蛮拆装、检修设备，造成螺丝过力滑丝、设备开裂、设备变形等； （10）禁止绳锁与其他易损设备接触； （11）在主变压器上工作时，工具用完应立即放入工具包中； （12）拆卸接线前，先记录每个接线的位置，安装时按记录逐一接线，并检查接线是否牢固
恢复检验	结束工作	（1）遗漏工器具； （2）现场遗留检修杂物； （3）不结束工作票； （4）工作班成员未全部撤离	（1）人身伤害； （2）设备故障	3	3	3	27	2	（1）收齐并检查工器具； （2）清扫检修现场； （3）结束工作票

37. 更换主变压器高压侧电缆头

<table>
<tr><td colspan="3">部门：</td><td colspan="6">分析日期：</td><td>记录编号：</td></tr>
<tr><td colspan="3">作业地点或分析范围：主变压器区域</td><td colspan="7">分析人：</td></tr>
<tr><td colspan="10">作业内容描述：更换主变压器高压侧电缆头</td></tr>
<tr><td colspan="10">主要作业风险：(1) 人员精神状态不佳；(2) 触电；(3) 设备事故；(4) 走错间隔；(5) 机械伤害；(6) 试验伤害；(7) 高处坠落</td></tr>
<tr><td colspan="10">控制措施：(1) 办理工作票、操作票；(2) 穿戴个人防护用品；(3) 确认设备名称和间隔；(4) 设备恢复运行状态前进行全面检查；(5) 工作前对工作班成员进行安全交底；(6) 高处作业系好安全带</td></tr>
<tr><td colspan="2">工作负责人签名：</td><td>日期：</td><td colspan="3">工作票签发人签名：</td><td colspan="2">日期：</td><td>工作许可人签名：</td><td>日期：</td></tr>
<tr><td colspan="2" rowspan="2">作业步骤</td><td rowspan="2">危害因素</td><td rowspan="2">可能导致的后果</td><td colspan="5">风险评价</td><td rowspan="2">控制措施</td></tr>
<tr><td>L</td><td>E</td><td>C</td><td>D</td><td>风险程度</td></tr>
<tr><td>作业环境</td><td>环境</td><td>(1) 夏季高温作业；
(2) 大风、雷雨、冰冻天气作业</td><td>人身伤害</td><td>3</td><td>1</td><td>1</td><td>3</td><td>1</td><td>(1) 夏季高温作业时做好防暑措施；
(2) 避免大风、雷雨、冰冻天气作业</td></tr>
<tr><td rowspan="6">检修前准备</td><td>工作班成员精神状态确认</td><td>(1) 无法正常完成指定工作；
(2) 作业过程中出现昏厥现象</td><td>(1) 触电；
(2) 设备故障</td><td>1</td><td>1</td><td>15</td><td>15</td><td>1</td><td>合理安排工作班成员，精神状态不佳者禁止工作</td></tr>
<tr><td>安全措施确认</td><td>(1) 拉错开关或误送电导致设备带电或误动；
(2) 未执行工作票、操作票所列的安全措施</td><td>(1) 触电；
(2) 设备故障</td><td>1</td><td>3</td><td>7</td><td>21</td><td>2</td><td>(1) 办理操作票、工作票，严格执行工作票、操作票所列的安全措施；
(2) 使用个人防护用品</td></tr>
<tr><td>安全交底</td><td>(1) 走错间隔；
(2) 未交代现场情况</td><td>(1) 触电；
(2) 设备故障</td><td>1</td><td>3</td><td>7</td><td>21</td><td>2</td><td>(1) 工作前向工作班成员告知危险点，交代作业活动范围、内容、安全措施和注意事项；
(2) 对工作班成员进行安全技术交底</td></tr>
<tr><td>个人防护用品准备</td><td>(1) 未正确穿戴安全帽及工作服；
(2) 使用不合格的安全带</td><td>(1) 触电；
(2) 其他伤害</td><td>3</td><td>0.5</td><td>15</td><td>22.5</td><td>2</td><td>(1) 正确穿戴安全帽及工作服；
(2) 使用在安全使用期内的安全带，并正确穿戴</td></tr>
<tr><td>工器具准备</td><td>(1) 使用的工器具无法达到工作要求；
(2) 工具不全，或工具破损；
(3) 工具未定期检测或检测不合格</td><td>(1) 机械伤害；
(2) 触电</td><td>1</td><td>1</td><td>7</td><td>7</td><td>1</td><td>(1) 做好工具、消耗材料的准备工作；
(2) 使用电动工具前要检查其是否合格，电源要有剩余电流动作装置，使用结束立即关掉电源，使用期间如遇停电应立即拔掉电源，防止来电时电动工具突然自行转动，对工作人员或设备造成机械伤害；
(3) 使用工器具前要进行检查，确认扳手没有裂痕、断口等安全隐患后方可使用，严禁使用活扳手，应使用力矩扳手及梅花扳手；
(4) 作业前检查工器具，应合格、完好</td></tr>
</table>

续表

作业步骤		危害因素	可能导致的后果	风险评价					控制措施
				L	E	C	D	风险程度	
检修过程	更换主变压器高压侧电缆头	（1）接线错误； （2）虚接线路； （3）在主变压器上方工作时，未正确穿戴安全带； （4）电缆头制作不符合规范； （5）试验时人员未远离现场； （6）临时用电电源无剩余电流动作装置； （7）作业现场存在易燃物、可燃物、助燃物； （8）试验时人员未远离现场； （9）拆装时，未对电缆头进行固定； （10）在主变压器上工作时，工具随手乱扔； （11）野蛮拆装设备； （12）在主变压器上工作时，工作区域下方未做隔离措施	（1）设备故障； （2）物体打击； （3）高处坠落； （4）着火； （5）试验伤害	3	1	7	21	2	（1）与带电设备保持安全距离，并对带电区域悬挂标示牌，装设围栏； （2）工作人员应穿绝缘鞋； （3）在主变压器上工作时，工作区域下方做隔离措施； （4）在主变压器上方工作时，正确穿戴安全带，且安全带高挂低用； （5）拆装电缆头时，用绳索将电缆头固定； （6）制作电缆头，应严格执行GB 50168—2018《电气装置安装工程　电缆线路施工及验收规范》； （7）动火作业前对动火作业使用的氧气、乙炔罐体及减压阀、胶皮管、烤枪、回火保护器进行检查，检查无问题后方可动火作业，动火结束后检查场地应无火种残留； （8）动火作业下方铺设好防火毯，工作结束必须切断焊机电源，确认作业点周围无遗留火种后方可离开； （9）正确、安全地使用经检验合格的带有剩余电流动作装置的电源线轴，且线轴配有专用检修箱电源插头； （10）动火工作间断、终结时清理并检查现场无残留火种； （11）高压试验工作至少应由2名熟悉高压试验操作规范的人员进行； （12）预试设备周围应设置隔离区域，悬挂警示带，并设专人监护； （13）对设备进行加压试验时应缓慢升压，升压过程中应头脑清醒、注意力集中，发现异常情况应立即停止升压并切断电源，待问题查清后方可继续进行试验； （14）试验结束后应对被试验设备充分放电，并由试验接线人员拆除被试验设备上的临时线，再由工作负责人进行仔细核查； （15）在主变压器上工作时，工具用完应立即放入工具包中；

续表

作业步骤		危害因素	可能导致的后果	风险评价					控制措施
				L	E	C	D	风险程度	
检修过程	更换主变压器高压侧电缆头								（16）进行回路改造或者更换电气元件时，要注意检查控制箱各路电源是否停电，且接线端子、裸露线头可能从其他回路反送电，工作时应按要求戴好绝缘手套、穿好绝缘鞋、螺丝刀绑好绝缘胶布； （17）严禁错误使用工器具对设备造成损坏，如用过大、过小的扳手替代标准尺寸的扳手，用一字螺丝刀替代十字螺丝刀，用十字螺丝刀替代内六角或内梅花螺丝刀等； （18）严禁野蛮拆装、检修设备，造成螺丝过力滑丝、设备开裂、设备变形等； （19）拆卸接线前，先记录每个接线的位置，安装时按记录逐一接线，并检查接线是否牢固
恢复检验	结束工作	（1）遗漏工器具； （2）现场遗留检修杂物； （3）不结束工作票； （4）工作班成员未全部撤离	（1）人身伤害； （2）设备故障	3	3	3	27	2	（1）收齐并检查工器具； （2）清扫检修现场； （3）结束工作票

38. 主变压器中性点套管故障处理

<table>
<tr><td colspan="3">部门：</td><td colspan="6">分析日期：</td><td>记录编号：</td></tr>
<tr><td colspan="3">作业地点或分析范围：主变压器区域</td><td colspan="7">分析人：</td></tr>
<tr><td colspan="10">作业内容描述：主变压器中性点套管故障处理</td></tr>
<tr><td colspan="10">主要作业风险：(1) 人员精神状态不佳；(2) 触电；(3) 设备事故；(4) 走错间隔；(5) 机械伤害；(6) 着火；(7) 高处坠落</td></tr>
<tr><td colspan="10">控制措施：(1) 办理工作票、操作票；(2) 穿戴个人防护用品；(3) 确认设备名称和间隔；(4) 设备恢复运行状态前进行全面检查；(5) 工作前对工作班成员进行安全交底；(6) 高处作业系好安全带</td></tr>
<tr><td colspan="2">工作负责人签名：</td><td>日期：</td><td>工作票签发人签名：</td><td colspan="2">日期：</td><td colspan="3">工作许可人签名：</td><td>日期：</td></tr>
<tr><th colspan="2" rowspan="2">作业步骤</th><th rowspan="2">危害因素</th><th rowspan="2">可能导致的后果</th><th colspan="5">风险评价</th><th rowspan="2">控制措施</th></tr>
<tr><th>L</th><th>E</th><th>C</th><th>D</th><th>风险程度</th></tr>
<tr><td>作业环境</td><td>环境</td><td>(1) 夏季高温作业；
(2) 大风、雷雨、冰冻天气作业</td><td>人身伤害</td><td>3</td><td>1</td><td>1</td><td>3</td><td>1</td><td>(1) 夏季高温作业时做好防暑措施；
(2) 避免大风、雷雨、冰冻天气作业</td></tr>
<tr><td rowspan="5">检修前准备</td><td>工作班成员精神状态确认</td><td>(1) 无法正常完成指定工作；
(2) 作业过程中出现昏厥现象</td><td>(1) 触电；
(2) 设备故障</td><td>1</td><td>1</td><td>15</td><td>15</td><td>1</td><td>合理安排工作班成员，精神状态不佳者禁止工作</td></tr>
<tr><td>安全措施确认</td><td>(1) 拉错开关或误送电导致设备带电或误动；
(2) 未执行工作票、操作票所列的安全措施</td><td>(1) 触电；
(2) 设备故障</td><td>1</td><td>3</td><td>7</td><td>21</td><td>2</td><td>(1) 办理操作票、工作票，严格执行工作票、操作票所列的安全措施；
(2) 使用个人防护用品</td></tr>
<tr><td>安全交底</td><td>(1) 走错间隔；
(2) 未交代现场情况</td><td>(1) 触电；
(2) 设备故障</td><td>1</td><td>3</td><td>7</td><td>21</td><td>2</td><td>(1) 工作前向工作班成员告知危险点，交代作业活动范围、内容、安全措施和注意事项；
(2) 对工作班成员进行安全技术交底</td></tr>
<tr><td>个人防护用品准备</td><td>(1) 未正确穿戴安全帽及工作服；
(2) 使用不合格的安全带</td><td>(1) 触电；
(2) 其他伤害</td><td>3</td><td>0.5</td><td>15</td><td>22.5</td><td>2</td><td>(1) 正确穿戴安全帽及工作服；
(2) 使用在安全使用期内的安全带，并正确穿戴</td></tr>
<tr><td>工器具准备</td><td>(1) 使用的工器具无法达到工作要求；
(2) 工具不全，或工具破损；
(3) 工具未定期检测或检测不合格</td><td>(1) 机械伤害；
(2) 触电</td><td>1</td><td>1</td><td>7</td><td>7</td><td>1</td><td>(1) 做好工具、消耗材料的准备工作；
(2) 使用电动工具前要检查其是否合格，电源要有剩余电流动作装置，使用结束立即关掉电源，使用期间如遇停电应立即拔掉电源，防止来电时电动工具突然自行转动，对工作人员或设备造成机械伤害；
(3) 使用工器具前要进行检查，确认扳手没有裂痕、断口等安全隐患后方可使用，严禁使用活扳手，应使用力矩扳手及梅花扳手；
(4) 作业前检查工器具，应合格、完好</td></tr>
</table>

续表

作业步骤		危害因素	可能导致的后果	风险评价					控制措施
				L	E	C	D	风险程度	
检修过程	主变压器中性点套管故障处理	（1）接线相序错误； （2）虚接线路； （3）中性点套管上灰尘较多； （4）拆装时，未对中性点套管进行固定； （5）在主变压器上方工作时，未正确穿戴安全带； （6）野蛮拆装设备； （7）在主变压器上工作时，工具随手乱扔； （8）在主变压器上工作时，工作区域下方未做隔离措施	（1）设备故障； （2）物体打击； （3）高处坠落	3	1	7	21	2	（1）与带电设备保持安全距离，并对带电区域悬挂标示牌，装设围栏； （2）工作人员应穿绝缘鞋； （3）更换中性点套管时，用酒精将中性点套管擦拭干净； （4）拆装中性点套管时，用绳索将中性点套管固定； （5）在主变压器上工作时，工作区域下方做隔离措施； （6）在主变压器上方工作时，正确穿戴安全带，且安全带高挂低用； （7）禁止绳锁与其他易损设备接触； （8）进行回路改造或者更换电气元件时，要注意检查控制箱各路电源是否停电，且接线端子、裸露线头可能从其他回路反送电，工作时应按要求戴好绝缘手套、穿好绝缘鞋、螺丝刀绑好绝缘胶布； （9）严禁错误使用工器具造成设备损坏，如用过大、过小的扳手替代标准尺寸的扳手，用一字螺丝刀替代十字螺丝刀，用十字螺丝刀替代内六角或内梅花螺丝刀等； （10）严禁野蛮拆装、检修设备，造成螺丝过力滑丝、设备开裂、设备变形等； （11）在主变压器上工作时，工具用完应立即放入工具包中； （12）拆卸接线前，先记录每个接线的位置，安装时按记录逐一接线，并检查接线是否牢固
恢复检验	结束工作	（1）遗漏工器具； （2）现场遗留检修杂物； （3）不结束工作票； （4）工作班成员未全部撤离	（1）人身伤害； （2）设备故障	3	3	3	27	2	（1）收齐并检查工器具； （2）清扫检修现场； （3）结束工作票

39. 主变压器中性点避雷器故障处理

部门：			分析日期：		记录编号：
作业地点或分析范围：主变压器区域			分析人：		
作业内容描述：主变压器中性点避雷器故障处理					
主要作业风险：(1) 人员精神状态不佳；(2) 触电；(3) 设备事故；(4) 走错间隔；(5) 机械伤害；(6) 着火；(7) 高处坠落					
控制措施：(1) 办理工作票、操作票；(2) 穿戴个人防护用品；(3) 确认设备名称和间隔；(4) 设备恢复运行状态前进行全面检查；(5) 工作前对工作班成员进行安全交底；(6) 高处作业系好安全带					
工作负责人签名：	日期：	工作票签发人签名：	日期：	工作许可人签名：	日期：

作业步骤		危害因素	可能导致的后果	风险评价					控制措施
				L	*E*	*C*	*D*	风险程度	
作业环境	环境	(1) 夏季高温作业； (2) 大风、雷雨、冰冻天气作业	人身伤害	3	1	1	3	1	(1) 夏季高温作业时做好防暑措施； (2) 避免大风、雷雨、冰冻天气作业
检修前准备	工作班成员精神状态确认	(1) 无法正常完成指定工作； (2) 作业过程中出现昏厥现象	(1) 触电； (2) 设备故障	1	1	15	15	1	合理安排工作班成员，精神状态不佳者禁止工作
	安全措施确认	(1) 拉错开关或误送电导致设备带电或误动； (2) 未执行工作票、操作票所列的安全措施	(1) 触电； (2) 设备故障	1	3	7	21	2	(1) 办理操作票、工作票，严格执行工作票、操作票所列的安全措施； (2) 使用个人防护用品
	安全交底	(1) 走错间隔； (2) 未交代现场情况	(1) 触电； (2) 设备故障	1	3	7	21	2	(1) 工作前向工作班成员告知危险点，交代作业活动范围、内容、安全措施和注意事项； (2) 对工作班成员进行安全技术交底
	个人防护用品准备	(1) 未正确穿戴安全帽及工作服； (2) 使用不合格的安全带	(1) 触电； (2) 其他伤害	3	0.5	15	22.5	2	(1) 正确穿戴安全帽及工作服； (2) 使用在安全使用期内的安全带，并正确穿戴
	工器具准备	(1) 使用的工器具无法达到工作要求； (2) 工具不全，或工具破损； (3) 工具未定期检测或检测不合格	(1) 机械伤害； (2) 触电	1	1	7	7	1	(1) 做好工具、消耗材料的准备工作； (2) 使用电动工具前要检查其是否合格，电源要有剩余电流动作装置，使用结束立即关掉电源，使用期间如遇停电应立即拔掉电源，防止来电时电动工具突然自行转动，对工作人员或设备造成机械伤害； (3) 使用工器具前要进行检查，确认扳手没有裂痕、断口等安全隐患后方可使用，严禁使用活扳手，应使用力矩扳手及梅花扳手； (4) 作业前检查工器具，应合格、完好

续表

<table>
<tr><th colspan="2" rowspan="2">作业步骤</th><th rowspan="2">危害因素</th><th rowspan="2">可能导致的后果</th><th colspan="5">风险评价</th><th rowspan="2">控制措施</th></tr>
<tr><th>L</th><th>E</th><th>C</th><th>D</th><th>风险程度</th></tr>
<tr><td>检修过程</td><td>主变压器中性点避雷器故障处理</td><td>(1) 虚接线路；
(2) 拆装时，未对中性点避雷器进行固定；
(3) 避雷器接地螺栓锈蚀未处理；
(4) 避雷器检修完成后未做防雷接地电阻测试；
(5) 野蛮拆装设备；
(6) 高处作业时，未正确穿戴安全带；
(7) 高处作业时，工具随手乱扔；
(8) 高处作业时，工作区域下方未做隔离措施</td><td>(1) 设备故障；
(2) 物体打击；
(3) 高处坠落</td><td>3</td><td>1</td><td>7</td><td>21</td><td>2</td><td>(1) 与带电设备保持安全距离，并对带电区域悬挂标示牌，装设围栏；
(2) 工作人员应穿绝缘鞋；
(3) 拆装中性点避雷器时，用绳索将中性点避雷器固定；
(4) 检查避雷器接地螺栓是否有锈蚀，若有锈蚀应及时更换，并喷上镀锌漆；
(5) 进行回路改造或者更换电气元件时，要注意检查控制箱各路电源是否停电，且接线端子、裸露线头可能从其他回路反送电，工作时应按要求戴好绝缘手套、穿好绝缘鞋、螺丝刀绑好绝缘胶布；
(6) 严禁错误使用工器具造成设备损坏，如用过大、过小的扳手替代标准尺寸的扳手，用一字螺丝刀替代十字螺丝刀，用十字螺丝刀替代内六角或内梅花螺丝刀等；
(7) 严禁野蛮拆装、检修设备，造成螺丝过力滑丝、设备开裂、设备变形等；
(8) 高处作业时工作区域下方做隔离措施；
(9) 高处作业时正确穿戴安全带，且安全带高挂低用；
(10) 禁止绳锁与其他易损设备接触；
(11) 高处作业时，工具用完应立即放入工具包中；
(12) 作业完成后，对接地点进行一次接地电阻测试，电阻小于 4Ω 为合格；
(13) 拆卸接线前，先记录每个接线的位置，安装时按记录逐一接线，并检查接线是否牢固</td></tr>
<tr><td>恢复检验</td><td>结束工作</td><td>(1) 遗漏工器具；
(2) 现场遗留检修杂物；
(3) 不结束工作票；
(4) 工作班成员未全部撤离</td><td>(1) 人身伤害；
(2) 设备故障</td><td>3</td><td>3</td><td>3</td><td>27</td><td>2</td><td>(1) 收齐并检查工器具；
(2) 清扫检修现场；
(3) 结束工作票</td></tr>
</table>

40. 主变压器中性点接地开关故障处理

部门：				分析日期：				记录编号：
作业地点或分析范围：主变压器区域				分析人：				
作业内容描述：主变压器中性点接地开关故障处理								
主要作业风险：(1) 人员精神状态不佳；(2) 触电；(3) 设备事故；(4) 走错间隔；(5) 机械伤害；(6) 着火；(7) 高处坠落								
控制措施：(1) 办理工作票、操作票；(2) 穿戴个人防护用品；(3) 确认设备名称和间隔；(4) 设备恢复运行状态前进行全面检查；(5) 工作前对工作班成员进行安全交底；(6) 高处作业系好安全带								
工作负责人签名：	日期：	工作票签发人签名：		日期：		工作许可人签名：		日期：

作业步骤		危害因素	可能导致的后果	风险评价					控制措施
				L	*E*	*C*	*D*	风险程度	
作业环境	环境	(1) 夏季高温作业； (2) 大风、雷雨、冰冻天气作业	人身伤害	3	1	1	3	1	(1) 夏季高温作业时做好防暑措施； (2) 避免大风、雷雨、冰冻天气作业
检修前准备	工作班成员精神状态确认	(1) 无法正常完成指定工作； (2) 作业过程中出现昏厥现象	(1) 触电； (2) 设备故障	1	1	15	15	1	合理安排工作班成员，精神状态不佳者禁止工作
	安全措施确认	(1) 拉错开关或误送电导致设备带电或误动； (2) 未执行工作票、操作票所列的安全措施	(1) 触电； (2) 设备故障	1	3	7	21	2	(1) 办理操作票、工作票，严格执行工作票、操作票所列的安全措施； (2) 使用个人防护用品
	安全交底	(1) 走错间隔； (2) 未交代现场情况	(1) 触电； (2) 设备故障	1	3	7	21	2	(1) 工作前向工作班成员告知危险点，交代作业活动范围、内容、安全措施和注意事项； (2) 对工作班成员进行安全技术交底
	个人防护用品准备	(1) 未正确穿戴安全帽及工作服； (2) 使用不合格的安全带	(1) 触电； (2) 其他伤害	3	0.5	15	22.5	2	(1) 正确穿戴安全帽及工作服； (2) 使用在安全使用期内的安全带，并正确穿戴
	工器具准备	(1) 使用的工器具无法达到工作要求； (2) 工具不全，或工具破损； (3) 工具未定期检测或检测不合格	(1) 机械伤害； (2) 触电	1	1	7	7	1	(1) 做好工具、消耗材料的准备工作； (2) 使用电动工具前要检查其是否合格，电源要有剩余电流动作装置，使用结束立即关掉电源，使用期间如遇停电应立即拔掉电源，防止来电时电动工具突然自行转动，对工作人员或设备造成机械伤害； (3) 使用工器具前要进行检查，确认扳手没有裂痕、断口等安全隐患后方可使用，严禁使用活扳手，应使用力矩扳手及梅花扳手； (4) 作业前检查工器具，应合格、完好

续表

作业步骤		危害因素	可能导致的后果	风险评价					控制措施
				L	E	C	D	风险程度	
检修过程	主变压器中性点接地开关故障处理	（1）虚接线路； （2）拆装时，未对中性点接地开关进行固定； （3）接地开关接地螺栓锈蚀未处理； （4）接地开关检修完成后未做防雷接地电阻测试； （5）野蛮拆装设备； （6）高处作业时，未正确穿戴安全带； （7）高处作业时，工具随手乱扔； （8）高处作业时，工作区域下方未做隔离措施	（1）设备故障； （2）物体打击； （3）高处坠落	3	1	7	21	2	（1）与带电设备保持安全距离，并对带电区域悬挂标示牌，装设围栏； （2）工作人员应穿绝缘鞋； （3）拆装中性点接地开关时，用绳索将中性点接地开关固定； （4）检查接地开关接地螺栓是否有锈蚀，若有锈蚀应及时更换，并喷上镀锌漆； （5）高处作业时，工作区域下方做隔离措施； （6）高处作业时，正确穿戴安全带，且安全带高挂低用； （7）禁止绳锁与其他易损设备接触； （8）进行回路改造或者更换电气元件时，要注意检查控制箱各路电源是否停电，且接线端子、裸露线头可能从其他回路反送电，工作时应按要求戴好绝缘手套、穿好绝缘鞋、螺丝刀绑好绝缘胶布； （9）严禁错误使用工器具造成设备损坏，如用过大、过小的扳手替代标准尺寸的扳手，用一字螺丝刀替代十字螺丝刀，用十字螺丝刀替代内六角或内梅花螺丝刀等； （10）严禁野蛮拆装、检修设备，造成螺丝过力滑丝、设备开裂、设备变形等； （11）高处作业时，工具用完应立即放入工具包中； （12）作业完成后，对接地点进行一次接地电阻测试，电阻小于4Ω为合格； （13）拆卸接线前，先记录每个接线的位置，安装时按记录逐一接线，并检查接线是否牢固
恢复检验	结束工作	（1）遗漏工器具； （2）现场遗留检修杂物； （3）不结束工作票； （4）工作班成员未全部撤离	（1）人身伤害； （2）设备故障	3	3	3	27	2	（1）收齐检查工器具； （2）清扫检修现场； （3）结束工作票

41. GIS组合开关电压互感器故障处理

<table>
<tr><td colspan="3">部门：</td><td colspan="6">分析日期：</td><td>记录编号：</td></tr>
<tr><td colspan="3">作业地点或分析范围：GIS组合开关</td><td colspan="7">分析人：</td></tr>
<tr><td colspan="10">作业内容描述：GIS组合开关电压互感器故障处理</td></tr>
<tr><td colspan="10">主要作业风险：(1) 人员精神状态不佳；(2) 触电；(3) 设备事故；(4) 走错间隔；(5) 机械伤害；(6) 中毒</td></tr>
<tr><td colspan="10">控制措施：(1) 办理工作票、操作票；(2) 穿戴个人防护用品；(3) 确认设备名称和间隔；(4) 设备恢复运行状态前进行全面检查；(5) 工作前对工作班成员进行安全交底</td></tr>
<tr><td colspan="2">工作负责人签名：</td><td>日期：</td><td>工作票签发人签名：</td><td colspan="3">日期：</td><td colspan="2">工作许可人签名：</td><td>日期：</td></tr>
<tr><td colspan="2" rowspan="2">作业步骤</td><td rowspan="2">危害因素</td><td rowspan="2">可能导致的后果</td><td colspan="5">风险评价</td><td rowspan="2">控制措施</td></tr>
<tr><td>L</td><td>E</td><td>C</td><td>D</td><td>风险程度</td></tr>
<tr><td>作业环境</td><td>环境</td><td>(1) 夏季高温作业；
(2) 大风、雷雨、冰冻天气作业</td><td>人身伤害</td><td>3</td><td>1</td><td>1</td><td>3</td><td>1</td><td>(1) 夏季高温作业时做好防暑措施；
(2) 避免大风、雷雨、冰冻天气作业</td></tr>
<tr><td rowspan="5">检修前准备</td><td>工作班成员精神状态确认</td><td>(1) 无法正常完成指定工作；
(2) 作业过程中出现昏厥现象</td><td>(1) 触电；
(2) 设备故障</td><td>1</td><td>1</td><td>15</td><td>15</td><td>1</td><td>合理安排工作班成员，精神状态不佳者禁止工作</td></tr>
<tr><td>安全措施确认</td><td>(1) 拉错开关或误送电导致设备带电或误动；
(2) 未执行工作票、操作票所列的安全措施</td><td>(1) 触电；
(2) 设备故障</td><td>1</td><td>3</td><td>7</td><td>21</td><td>2</td><td>(1) 办理操作票、工作票，严格执行工作票、操作票所列的安全措施；
(2) 使用个人防护用品</td></tr>
<tr><td>安全交底</td><td>(1) 走错间隔；
(2) 未交代现场情况</td><td>(1) 触电；
(2) 设备故障</td><td>1</td><td>3</td><td>7</td><td>21</td><td>2</td><td>(1) 工作前向工作班成员告知危险点，交代作业活动范围、内容、安全措施和注意事项；
(2) 对工作班成员进行安全技术交底</td></tr>
<tr><td>个人防护用品准备</td><td>(1) 未正确穿戴安全帽及工作服；
(2) 使用不合格的安全带</td><td>(1) 触电；
(2) 其他伤害</td><td>3</td><td>0.5</td><td>15</td><td>22.5</td><td>2</td><td>(1) 正确穿戴安全帽及工作服；
(2) 使用在安全使用期内的安全带，并正确穿戴</td></tr>
<tr><td>工器具准备</td><td>(1) 使用的工器具无法达到工作要求；
(2) 工具不全，或工具破损；
(3) 工具未定期检测或检测不合格</td><td>(1) 机械伤害；
(2) 触电</td><td>1</td><td>1</td><td>7</td><td>7</td><td>1</td><td>(1) 做好工具、消耗材料的准备工作；
(2) 使用电动工具前要检查其是否合格，电源要有剩余电流动作装置，使用结束立即关掉电源，使用期间如遇停电应立即拔掉电源，防止来电时电动工具突然自行转动，对工作人员或设备造成机械伤害；
(3) 使用工器具前要进行检查，确认扳手没有裂痕、断口等安全隐患后方可使用，严禁使用活扳手，应使用力矩扳手及梅花扳手；
(4) 作业前检查工器具，应合格、完好</td></tr>
</table>

续表

<table>
<tr><th colspan="2" rowspan="2">作业步骤</th><th rowspan="2">危害因素</th><th rowspan="2">可能导致的后果</th><th colspan="5">风险评价</th><th rowspan="2">控制措施</th></tr>
<tr><th>L</th><th>E</th><th>C</th><th>D</th><th>风险程度</th></tr>
<tr><td>检修过程</td><td>GIS 组合开关电压互感器故障处理</td><td>（1）虚接线路；
（2）接线错误；
（3）误碰现场其他带电设备；
（4）未检测现场空气中有无有毒气体即开展作业；
（5）定值设置错误；
（6）野蛮拆装设备；
（7）未检查电压互感器二次侧是否短路、二次侧接地点是否正常；
（8）未检测电压互感器变比是否正确；
（9）试验时人员未远离现场；
（10）临时用电电源无剩余电流动作装置</td><td>（1）设备故障；
（2）中毒；
（3）触电；
（4）试验伤害</td><td>3</td><td>1</td><td>7</td><td>21</td><td>2</td><td>（1）与带电设备保持安全距离，并对带电区域悬挂标示牌，装设围栏；
（2）工作人员应穿绝缘鞋；
（3）拆卸接线前，先记录每个接线的位置，安装时按记录逐一接线，并检查接线是否牢固；
（4）经检测确认现场无有毒气体再开展作业；
（5）检查电压互感器二次侧无短路，二次侧接地点正常；
（6）进行回路改造或者更换电气元件时，要注意检查控制箱各路电源是否停电，且接线端子、裸露线头可能从其他回路反送电，工作时应按要求戴好绝缘手套、穿好绝缘鞋、螺丝刀绑好绝缘胶布；
（7）严禁错误使用工器具造成设备损坏，如用过大、过小的扳手替代标准尺寸的扳手，用一字螺丝刀替代十字螺丝刀，用十字螺丝刀替代内六角或内梅花螺丝刀等；
（8）严禁野蛮拆装、检修设备，造成螺丝过力滑丝、设备开裂、设备变形等；
（9）正确、安全地使用经检验合格的带有剩余电流动作装置的电源线轴，且线轴配有专用检修箱电源插头；
（10）妥善保管拆下的零部件，防止丢失、损坏；
（11）故障处理后，按照 DL/T 596—2021《电力设备预防性试验规程》开展相关试验；
（12）试验完成后，检查定值是否有改动</td></tr>
<tr><td>恢复检验</td><td>结束工作</td><td>（1）遗漏工器具；
（2）现场遗留检修杂物；
（3）不结束工作票；
（4）工作班成员未全部撤离</td><td>（1）人身伤害；
（2）设备故障</td><td>3</td><td>3</td><td>3</td><td>27</td><td>2</td><td>（1）收齐并检查工器具；
（2）清扫检修现场；
（3）结束工作票</td></tr>
</table>

42. 主变压器开关机构故障处理

<table>
<tr><td colspan="3">部门：</td><td colspan="6">分析日期：</td><td>记录编号：</td></tr>
<tr><td colspan="3">作业地点或分析范围：主变压器区域</td><td colspan="7">分析人：</td></tr>
<tr><td colspan="10">作业内容描述：主变压器开关机构故障处理</td></tr>
<tr><td colspan="10">主要作业风险：(1) 人员精神状态不佳；(2) 触电；(3) 设备事故；(4) 走错间隔；(5) 机械伤害；(6) 试验伤害；(7) 临时用电</td></tr>
<tr><td colspan="10">控制措施：(1) 办理工作票、操作票；(2) 穿戴个人防护用品；(3) 确认设备名称和间隔；(4) 设备恢复运行状态前进行全面检查；(5) 工作前对工作班成员进行安全交底</td></tr>
<tr><td colspan="2">工作负责人签名：</td><td>日期：</td><td>工作票签发人签名：</td><td colspan="2">日期：</td><td colspan="3">工作许可人签名：</td><td>日期：</td></tr>
<tr><td colspan="2" rowspan="2">作业步骤</td><td rowspan="2">危害因素</td><td rowspan="2">可能导致的后果</td><td colspan="5">风险评价</td><td rowspan="2">控制措施</td></tr>
<tr><td>L</td><td>E</td><td>C</td><td>D</td><td>风险程度</td></tr>
<tr><td>作业环境</td><td>环境</td><td>(1) 夏季高温作业；
(2) 大风、雷雨、冰冻天气作业</td><td>人身伤害</td><td>3</td><td>1</td><td>1</td><td>3</td><td>1</td><td>(1) 夏季高温作业时做好防暑措施；
(2) 避免大风、雷雨、冰冻天气作业</td></tr>
<tr><td rowspan="5">检修前准备</td><td>工作班成员精神状态确认</td><td>(1) 无法正常完成指定工作；
(2) 作业过程中出现昏厥现象</td><td>(1) 触电；
(2) 设备故障</td><td>1</td><td>1</td><td>15</td><td>15</td><td>1</td><td>合理安排工作班成员，精神状态不佳者禁止工作</td></tr>
<tr><td>安全措施确认</td><td>(1) 拉错开关或误送电导致设备带电或误动；
(2) 未执行工作票、操作票所列的安全措施</td><td>(1) 触电；
(2) 设备故障</td><td>1</td><td>3</td><td>7</td><td>21</td><td>2</td><td>(1) 办理操作票、工作票，严格执行工作票、操作票所列的安全措施；
(2) 使用个人防护用品</td></tr>
<tr><td>安全交底</td><td>(1) 走错间隔；
(2) 未交代现场情况</td><td>(1) 触电；
(2) 设备故障</td><td>1</td><td>3</td><td>7</td><td>21</td><td>2</td><td>(1) 工作前向工作班成员告知危险点，交代作业活动范围、内容、安全措施和注意事项；
(2) 对工作班成员进行安全技术交底</td></tr>
<tr><td>个人防护用品准备</td><td>(1) 未正确穿戴安全帽及工作服；
(2) 使用不合格的安全带</td><td>(1) 触电；
(2) 其他伤害</td><td>3</td><td>0.5</td><td>15</td><td>22.5</td><td>2</td><td>(1) 正确穿戴安全帽及工作服；
(2) 使用在安全使用期内的安全带，并正确穿戴</td></tr>
<tr><td>工器具准备</td><td>(1) 使用的工器具无法达到工作要求；
(2) 工具不全，或工具破损；
(3) 工具未定期检测或检测不合格</td><td>(1) 机械伤害；
(2) 触电</td><td>1</td><td>1</td><td>7</td><td>7</td><td>1</td><td>(1) 做好工具、消耗材料的准备工作；
(2) 使用电动工具前要检查其是否合格，电源要有剩余电流动作装置，使用结束立即关掉电源，使用期间如遇停电应立即拔掉电源，防止来电时电动工具突然自行转动，对工作人员或设备造成机械伤害；
(3) 使用工器具前要进行检查，确认扳手没有裂痕、断口等安全隐患后方可使用，严禁使用活扳手，应使用力矩扳手及梅花扳手；
(4) 作业前检查工器具，应合格、完好</td></tr>
</table>

续表

<table>
<tr><th colspan="2" rowspan="2">作业步骤</th><th rowspan="2">危害因素</th><th rowspan="2">可能导致的后果</th><th colspan="5">风险评价</th><th rowspan="2">控制措施</th></tr>
<tr><th>L</th><th>E</th><th>C</th><th>D</th><th>风险程度</th></tr>
<tr><td>检修过程</td><td>主变压器开关机构故障处理</td><td>(1) 虚接线路;
(2) 接线错误;
(3) 野蛮拆装设备</td><td>设备故障</td><td>3</td><td>1</td><td>7</td><td>21</td><td>2</td><td>(1) 与带电设备保持安全距离，并对带电区域悬挂标示牌，装设围栏;
(2) 工作人员应穿绝缘鞋;
(3) 拆卸接线前，先记录每个接线的位置，安装时按记录逐一接线，并检查接线是否牢固;
(4) 进行回路改造或者更换电气元件时，要注意检查控制箱各路电源是否停电，且接线端子，裸露线头可能从其他回路反送电，工作时应按要求戴好绝缘手套、穿好绝缘鞋、螺丝刀绑好绝缘胶布;
(5) 严禁错误使用工器具造成设备损坏，如用过大、过小的扳手替代标准尺寸的扳手，用一字螺丝刀替代十字螺丝刀，用十字螺丝刀替代内六角或内梅花螺丝刀等;
(6) 严禁野蛮拆装、检修设备，造成螺丝过力滑丝、设备开裂、设备变形等;
(7) 妥善保管拆下的零部件，防止丢失、损坏</td></tr>
<tr><td>恢复检验</td><td>结束工作</td><td>(1) 遗漏工器具;
(2) 现场遗留检修杂物;
(3) 不结束工作票;
(4) 工作班成员未全部撤离</td><td>(1) 人身伤害;
(2) 设备故障</td><td>3</td><td>3</td><td>3</td><td>27</td><td>2</td><td>(1) 收齐并检查工器具;
(2) 清扫检修现场;
(3) 结束工作票</td></tr>
</table>

43. GIS组合开关六氟化硫气体泄漏故障处理

<table>
<tr><td colspan="4">部门：</td><td colspan="4">分析日期：</td><td colspan="2">记录编号：</td></tr>
<tr><td colspan="4">作业地点或分析范围：GIS组合开关</td><td colspan="6">分析人：</td></tr>
<tr><td colspan="10">作业内容描述：GIS组合开关六氟化硫气体泄漏故障处理</td></tr>
<tr><td colspan="10">主要作业风险：(1) 人员精神状态不佳；(2) 触电；(3) 设备事故；(4) 走错间隔；(5) 机械伤害；(6) 中毒</td></tr>
<tr><td colspan="10">控制措施：(1) 办理工作票、操作票；(2) 穿戴个人防护用品；(3) 确认设备名称和间隔；(4) 设备恢复运行状态前进行全面检查；(5) 工作前对工作班成员进行安全交底</td></tr>
<tr><td colspan="2">工作负责人签名：</td><td>日期：</td><td colspan="2">工作票签发人签名：</td><td colspan="2">日期：</td><td colspan="2">工作许可人签名：</td><td>日期：</td></tr>
<tr><td colspan="2" rowspan="2">作业步骤</td><td rowspan="2">危害因素</td><td rowspan="2">可能导致的后果</td><td colspan="5">风险评价</td><td rowspan="2">控制措施</td></tr>
<tr><td>L</td><td>E</td><td>C</td><td>D</td><td>风险程度</td></tr>
<tr><td>作业环境</td><td>环境</td><td>(1) 夏季高温作业；
(2) 大风、雷雨、冰冻天气作业</td><td>人身伤害</td><td>3</td><td>1</td><td>1</td><td>3</td><td>1</td><td>(1) 夏季高温作业时做好防暑措施；
(2) 避免大风、雷雨、冰冻、空气潮湿天气作业</td></tr>
<tr><td rowspan="6">检修前准备</td><td>工作班成员精神状态确认</td><td>(1) 无法正常完成指定工作；
(2) 作业过程中出现昏厥现象</td><td>(1) 触电；
(2) 设备故障</td><td>1</td><td>1</td><td>15</td><td>15</td><td>1</td><td>合理安排工作班成员，精神状态不佳者禁止工作</td></tr>
<tr><td>安全措施确认</td><td>(1) 拉错开关或误送电导致设备带电或误动；
(2) 未执行工作票、操作票所列的安全措施</td><td>(1) 触电；
(2) 设备故障</td><td>1</td><td>3</td><td>7</td><td>21</td><td>2</td><td>(1) 办理操作票、工作票，严格执行工作票、操作票所列的安全措施；
(2) 使用个人防护用品</td></tr>
<tr><td>安全交底</td><td>(1) 走错间隔；
(2) 未交代现场情况</td><td>(1) 触电；
(2) 设备故障</td><td>1</td><td>3</td><td>7</td><td>21</td><td>2</td><td>(1) 工作前向工作班成员告知危险点，交代作业活动范围、内容、安全措施和注意事项；
(2) 对工作班成员进行安全技术交底</td></tr>
<tr><td>个人防护用品准备</td><td>(1) 未正确穿戴安全帽及工作服；
(2) 使用不合格的安全带</td><td>(1) 触电；
(2) 其他伤害</td><td>3</td><td>0.5</td><td>15</td><td>22.5</td><td>2</td><td>(1) 正确穿戴安全帽及工作服；
(2) 使用在安全使用期内的安全带，并正确穿戴</td></tr>
<tr><td>工器具准备</td><td>(1) 使用的工器具无法达到工作要求；
(2) 工具不全，或工具破损；
(3) 工具未定期检测或检测不合格</td><td>(1) 机械伤害；
(2) 触电</td><td>1</td><td>1</td><td>7</td><td>7</td><td>1</td><td>(1) 做好工具、消耗材料的准备工作；
(2) 使用电动工具前要检查其是否合格，电源要有剩余电流动作装置，使用结束立即关掉电源，使用期间如遇停电应立即拔掉电源，防止来电时电动工具突然自行转动，对工作人员或设备造成机械伤害；
(3) 使用工器具前要进行检查，确认扳手没有裂痕、断口等安全隐患后方可使用，严禁使用活扳手，应使用力矩扳手及梅花扳手；
(4) 作业前检查工器具，应合格、完好</td></tr>
</table>

续表

作业步骤		危害因素	可能导致的后果	风险评价					控制措施
				L	E	C	D	风险程度	
检修过程	GIS组合开关六氟化硫气体泄漏故障处理	（1）虚接线路； （2）接线错误； （3）误碰现场其他带电设备； （4）未检测现场空气中有无有毒气体即开展作业； （5）未使用六氟化硫气体回收车回收六氟化硫； （6）野蛮拆装设备； （7）六氟化硫充气压力不足或过高； （8）补充六氟化硫气体后未做微水试验	（1）设备故障； （2）中毒； （3）触电	3	1	7	21	2	（1）与带电设备保持安全距离，并对带电区域悬挂标示牌，装设围栏； （2）工作人员应穿绝缘鞋； （3）拆卸接线前，先记录每个接线的位置，安装时按记录逐一接线，并检查接线是否牢固； （4）经检测确认现场无有毒气体再开展作业； （5）补充六氟化硫气体时，充气压力不可太低，也不可太高，且应使用六氟化硫气体回收车回收气体； （6）补充六氟化硫完毕后进行微水试验，试验合格后才能投入使用； （7）进行回路改造或者更换电气元件时，要注意检查控制箱各路电源是否停电，且接线端子、裸露线头可能从其他回路反送电，工作时应按要求戴好绝缘手套、穿好绝缘鞋、螺丝刀绑好绝缘胶布； （8）严禁错误使用工器具对设备造成损坏，如用过大、过小的扳手替代标准尺寸的扳手，用一字螺丝刀替代十字螺丝刀，用十字螺丝刀替代内六角或内梅花螺丝刀等； （9）严禁野蛮拆装、检修设备，造成螺丝过力滑丝、设备开裂、设备变形等； （10）妥善保管拆下的零部件，防止丢失、损坏
恢复检验	结束工作	（1）遗漏工器具； （2）现场遗留检修杂物； （3）不结束工作票； （4）工作班成员未全部撤离	（1）人身伤害； （2）设备故障	3	3	3	27	2	（1）收齐并检查工器具； （2）清扫检修现场； （3）结束工作票

44. GIS组合开关隔离开关故障处理

<table>
<tr><td colspan="3">部门：</td><td colspan="2">分析日期：</td><td>记录编号：</td></tr>
<tr><td colspan="3">作业地点或分析范围：GIS组合开关</td><td colspan="3">分析人：</td></tr>
<tr><td colspan="6">作业内容描述：GIS组合开关隔离开关故障处理</td></tr>
<tr><td colspan="6">主要作业风险：(1) 人员精神状态不佳；(2) 触电；(3) 设备事故；(4) 走错间隔；(5) 机械伤害；(6) 中毒</td></tr>
<tr><td colspan="6">控制措施：(1) 办理工作票、操作票；(2) 穿戴个人防护用品；(3) 确认设备名称和间隔；(4) 设备恢复运行状态前进行全面检查；(5) 工作前对工作班成员进行安全交底</td></tr>
<tr><td>工作负责人签名：</td><td>日期：</td><td>工作票签发人签名：</td><td>日期：</td><td>工作许可人签名：</td><td>日期：</td></tr>
</table>

<table>
<tr><th colspan="2" rowspan="2">作业步骤</th><th rowspan="2">危害因素</th><th rowspan="2">可能导致的后果</th><th colspan="5">风险评价</th><th rowspan="2">控制措施</th></tr>
<tr><th>L</th><th>E</th><th>C</th><th>D</th><th>风险程度</th></tr>
<tr><td>作业环境</td><td>环境</td><td>(1) 夏季高温作业；
(2) 大风、雷雨、冰冻天气作业</td><td>人身伤害</td><td>3</td><td>1</td><td>1</td><td>3</td><td>1</td><td>(1) 夏季高温作业时做好防暑措施；
(2) 避免大风、雷雨、冰冻天气作业</td></tr>
<tr><td rowspan="5">检修前准备</td><td>工作班成员精神状态确认</td><td>(1) 无法正常完成指定工作；
(2) 作业过程中出现昏厥现象</td><td>(1) 触电；
(2) 设备故障</td><td>1</td><td>1</td><td>15</td><td>15</td><td>1</td><td>合理安排工作班成员，精神状态不佳者禁止工作</td></tr>
<tr><td>安全措施确认</td><td>(1) 拉错开关或误送电导致设备带电或误动；
(2) 未执行工作票、操作票所列的安全措施</td><td>(1) 触电；
(2) 设备故障</td><td>1</td><td>3</td><td>7</td><td>21</td><td>2</td><td>(1) 办理操作票、工作票，严格执行工作票、操作票所列的安全措施；
(2) 使用个人防护用品</td></tr>
<tr><td>安全交底</td><td>(1) 走错间隔；
(2) 未交代现场情况</td><td>(1) 触电；
(2) 设备故障</td><td>1</td><td>3</td><td>7</td><td>21</td><td>2</td><td>(1) 工作前向工作班成员告知危险点，交代作业活动范围、内容、安全措施和注意事项；
(2) 对工作班成员进行安全技术交底</td></tr>
<tr><td>个人防护用品准备</td><td>(1) 未正确穿戴安全帽及工作服；
(2) 使用不合格的安全带</td><td>(1) 触电；
(2) 其他伤害</td><td>3</td><td>0.5</td><td>15</td><td>22.5</td><td>2</td><td>(1) 正确穿戴安全帽及工作服；
(2) 使用在安全使用期内的安全带，并正确穿戴</td></tr>
<tr><td>工器具准备</td><td>(1) 使用的工器具无法达到工作要求；
(2) 工具不全，或工具破损；
(3) 工具未定期检测或检测不合格</td><td>(1) 机械伤害；
(2) 触电</td><td>1</td><td>1</td><td>7</td><td>7</td><td>1</td><td>(1) 做好工具、消耗材料的准备工作；
(2) 使用电动工具前要检查其是否合格，电源要有剩余电流动作装置，使用结束立即关掉电源，使用期间如遇停电应立即拔掉电源，防止来电时电动工具突然自行转动，对工作人员或设备造成机械伤害；
(3) 使用工器具前要进行检查，确认扳手没有裂痕、断口等安全隐患后方可使用，严禁使用活扳手，应使用力矩扳手及梅花扳手；
(4) 作业前检查工器具，应合格、完好</td></tr>
</table>

续表

作业步骤		危害因素	可能导致的后果	风险评价					控制措施
				L	*E*	*C*	*D*	风险程度	
检修过程	GIS 组合开关隔离开关故障处理	（1）虚接线路； （2）接线错误； （3）误碰现场其他带电设备； （4）未检查 GIS 是否存在因压力变低造成 GIS 组合开关隔离开关故障； （5）未检测现场空气中有无有毒气体即开展作业； （6）未使用六氟化硫气体回收车回收六氟化硫； （7）六氟化硫充气压力不足或过高； （8）定值设置错误； （9）未检查接地开关、断路器、隔离开关的联锁机构及电气回路是否正常； （10）野蛮拆装设备； （11）试验时人员未远离现场； （12）临时用电插牌无剩余电流动作装置； （13）补充六氟化硫后未做微水试验	（1）设备故障； （2）中毒； （3）触电； （4）试验伤害	3	1	7	21	2	（1）与带电设备保持安全距离，并对带电区域悬挂标示牌，装设围栏； （2）工作人员应穿绝缘鞋； （3）拆卸接线前，先记录每个接线的位置，安装时按记录逐一接线，并检查接线是否牢固； （4）经检测确认现场无有毒气体再开展作业； （5）补充六氟化硫气体时，充气压力不可太低，也不可太高，且应使用六氟化硫气体回收车回收气体； （6）补充六氟化硫完毕后进行微水试验，试验合格后才能投入使用； （7）检查接地开关、断路器、隔离开关的联锁机构及电气回路是否正常； （8）进行回路改造或者更换电气元件时，要注意检查控制箱各路电源是否停电，且接线端子、裸露线头可能从其他回路反送电，工作时应按要求戴好绝缘手套、穿好绝缘鞋、螺丝刀绑好绝缘胶布； （9）严禁错误使用工器具对设备造成损坏，如用过大、过小的扳手替代标准尺寸的扳手，用一字螺丝刀替代十字螺丝刀，用十字螺丝刀替代内六角或内梅花螺丝刀等； （10）严禁野蛮拆装、检修设备，造成螺丝过力滑丝、设备开裂、设备变形等； （11）正确、安全地使用经检验合格的带有剩余电流动作装置的电源线轴，且线轴配有专用检修箱电源插头； （12）妥善保管拆下的零部件，防止丢失、损坏； （13）故障处理后，按照 DL/T 596—2021《电力设备预防性试验规程》开展相关试验； （14）试验完成后，检查定值是否有改动
恢复检验	结束工作	（1）遗漏工器具； （2）现场遗留检修杂物； （3）不结束工作票； （4）工作班成员未全部撤离	（1）人身伤害； （2）设备故障	3	3	3	27	2	（1）收齐并检查工器具； （2）清扫检修现场； （3）结束工作票

45. GIS组合开关电流互感器故障处理

<table>
<tr><td colspan="3">部门：</td><td colspan="6">分析日期：</td><td>记录编号：</td></tr>
<tr><td colspan="3">作业地点或分析范围：GIS组合开关</td><td colspan="7">分析人：</td></tr>
<tr><td colspan="10">作业内容描述：GIS组合开关电流互感器故障处理</td></tr>
<tr><td colspan="10">主要作业风险：(1) 人员精神状态不佳；(2) 触电；(3) 设备事故；(4) 走错间隔；(5) 机械伤害；(6) 中毒</td></tr>
<tr><td colspan="10">控制措施：(1) 办理工作票、操作票；(2) 穿戴个人防护用品；(3) 确认设备名称和间隔；(4) 设备恢复运行状态前进行全面检查；(5) 工作前对工作班成员进行安全交底</td></tr>
<tr><td colspan="2">工作负责人签名：</td><td>日期：</td><td>工作票签发人签名：</td><td colspan="2">日期：</td><td colspan="3">工作许可人签名：</td><td>日期：</td></tr>
<tr><td colspan="2" rowspan="2">作业步骤</td><td rowspan="2">危害因素</td><td rowspan="2">可能导致的后果</td><td colspan="5">风险评价</td><td rowspan="2">控制措施</td></tr>
<tr><td>L</td><td>E</td><td>C</td><td>D</td><td>风险程度</td></tr>
<tr><td>作业环境</td><td>环境</td><td>(1) 夏季高温作业；
(2) 大风、雷雨、冰冻天气作业</td><td>人身伤害</td><td>3</td><td>1</td><td>1</td><td>3</td><td>1</td><td>(1) 夏季高温作业时做好防暑措施；
(2) 避免大风、雷雨、冰冻天气作业</td></tr>
<tr><td rowspan="5">检修前准备</td><td>工作班成员精神状态确认</td><td>(1) 无法正常完成指定工作；
(2) 作业过程中出现昏厥现象</td><td>(1) 触电；
(2) 设备故障</td><td>1</td><td>1</td><td>15</td><td>15</td><td>1</td><td>合理安排工作班成员，精神状态不佳者禁止工作</td></tr>
<tr><td>安全措施确认</td><td>(1) 拉错开关或误送电导致设备带电或误动；
(2) 未执行工作票、操作票所列的安全措施</td><td>(1) 触电；
(2) 设备故障</td><td>1</td><td>3</td><td>7</td><td>21</td><td>2</td><td>(1) 办理操作票、工作票，严格执行工作票、操作票所列的安全措施；
(2) 使用个人防护用品</td></tr>
<tr><td>安全交底</td><td>(1) 走错间隔；
(2) 未交代现场情况</td><td>(1) 触电；
(2) 设备故障</td><td>1</td><td>3</td><td>7</td><td>21</td><td>2</td><td>(1) 工作前向工作班成员告知危险点，交代作业活动范围、内容、安全措施和注意事项；
(2) 对工作班成员进行安全技术交底</td></tr>
<tr><td>个人防护用品准备</td><td>(1) 未正确穿戴安全帽及工作服；
(2) 使用不合格的安全带</td><td>(1) 触电；
(2) 其他伤害</td><td>3</td><td>0.5</td><td>15</td><td>22.5</td><td>2</td><td>(1) 正确穿戴安全帽及工作服；
(2) 使用在安全使用期内的安全带，并正确佩戴</td></tr>
<tr><td>工器具准备</td><td>(1) 使用的工器具无法达到工作要求；
(2) 工具不全，或工具破损；
(3) 工具未定期检测或检测不合格</td><td>(1) 机械伤害；
(2) 触电</td><td>1</td><td>1</td><td>7</td><td>7</td><td>1</td><td>(1) 做好工具、消耗材料的准备工作；
(2) 使用电动工具前要检查其是否合格，电源要有剩余电流动作装置，使用结束立即关掉电源，使用期间如遇停电应立即拔掉电源，防止来电时电动工具突然自行转动，对工作人员或设备造成机械伤害；
(3) 使用工器具前要进行检查，确认扳手没有裂痕、断口等安全隐患后方可使用，严禁使用活扳手，应使用力矩扳手及梅花扳手；
(4) 作业前检查工器具，应合格、完好</td></tr>
</table>

续表

作业步骤		危害因素	可能导致的后果	风险评价					控制措施
				L	E	C	D	风险程度	
检修过程	GIS组合开关电流互感器故障处理	(1) 虚接线路； (2) 接线错误； (3) 误碰现场其他带电设备； (4) 未检测现场空气中有无有毒气体即开展作业； (5) 定值设置错误； (6) 未检查电流互感器二次侧是否开路、二次侧接地点是否正常； (7) 未检测电流互感器变比是否正确； (8) 野蛮拆装设备； (9) 试验时人员未远离现场； (10) 临时用电插牌无剩余电流动作装置	(1) 设备故障； (2) 中毒； (3) 触电； (4) 试验伤害	3	1	7	21	2	(1) 与带电设备保持安全距离，并对带电区域悬挂标示牌，装设围栏； (2) 工作人员应穿绝缘鞋； (3) 拆卸接线前，先记录每个接线的位置，安装时按记录逐一接线，并检查接线是否牢固； (4) 经检测确认现场无有毒气体再开展作业； (5) 检查电流互感器，应二次侧没有开路、二次侧接地点正常； (6) 进行回路改造或者更换电气元件时，要注意检查控制箱各路电源是否停电，且接线端子、裸露线头可能从其他回路反送电，工作时应按要求戴好绝缘手套、穿好绝缘鞋、螺丝刀绑好绝缘胶布； (7) 严禁错误使用工器具对设备造成损坏，如用过大、过小的扳手替代标准尺寸的扳手，用一字螺丝刀替代十字螺丝刀，用十字螺丝刀替代内六角或内梅花螺丝刀等； (8) 严禁野蛮拆装、检修设备，造成螺丝过力滑丝、设备开裂、设备变形等； (9) 正确、安全地使用经检验合格的带有剩余电流动作装置的电源线轴，且线轴配有专用检修箱电源插头； (10) 妥善保管拆下的零部件，防止丢失、损坏； (11) 故障处理后，按照DL/T 596—2021《电力设备预防性试验规程》开展相关试验； (12) 试验完成后，检查定值是否有改动
恢复检验	结束工作	(1) 遗漏工器具； (2) 现场遗留检修杂物； (3) 不结束工作票； (4) 工作班成员未全部撤离	(1) 人身伤害； (2) 设备故障	3	3	3	27	2	(1) 收齐并检查工器具； (2) 清扫检修现场； (3) 结束工作票

46. 更换蓄电池组

<table>
<tr><td colspan="4">部门：</td><td colspan="6">分析日期：</td><td>记录编号：</td></tr>
<tr><td colspan="4">作业地点或分析范围：蓄电池室</td><td colspan="7">分析人：</td></tr>
<tr><td colspan="11">作业内容描述：更换蓄电池组</td></tr>
<tr><td colspan="11">主要作业风险：(1) 人员精神状态不佳；(2) 触电；(3) 设备事故；(4) 走错间隔；(5) 机械伤害；(6) 试验伤害</td></tr>
<tr><td colspan="11">控制措施：(1) 办理工作票、操作票；(2) 穿戴个人防护用品；(3) 确认设备名称和间隔；(4) 设备恢复运行状态前进行全面检查；(5) 工作前对工作班成员进行安全交底</td></tr>
<tr><td colspan="2">工作负责人签名：</td><td>日期：</td><td>工作票签发人签名：</td><td colspan="2">日期：</td><td colspan="3">工作许可人签名：</td><td colspan="2">日期：</td></tr>
<tr><td colspan="2" rowspan="2">作业步骤</td><td rowspan="2">危害因素</td><td rowspan="2">可能导致的后果</td><td colspan="5">风险评价</td><td colspan="2" rowspan="2">控制措施</td></tr>
<tr><td>L</td><td>E</td><td>C</td><td>D</td><td>风险程度</td></tr>
<tr><td>作业环境</td><td>环境</td><td>夏季高温作业</td><td>人身伤害</td><td>3</td><td>1</td><td>1</td><td>3</td><td>1</td><td colspan="2">夏季高温作业时做好防暑措施</td></tr>
<tr><td rowspan="6">检修前准备</td><td>工作班成员精神状态确认</td><td>(1) 无法正常完成指定工作；
(2) 作业过程中出现昏厥现象</td><td>(1) 触电；
(2) 设备故障</td><td>1</td><td>1</td><td>15</td><td>15</td><td>1</td><td colspan="2">合理安排工作班成员，精神状态不佳者禁止工作</td></tr>
<tr><td>安全措施确认</td><td>(1) 拉错开关或误送电导致设备带电或误动；
(2) 未执行工作票、操作票所列的安全措施</td><td>(1) 触电；
(2) 设备故障</td><td>1</td><td>3</td><td>7</td><td>21</td><td>2</td><td colspan="2">(1) 办理操作票、工作票，严格执行工作票、操作票所列的安全措施；
(2) 使用个人防护用品</td></tr>
<tr><td>安全交底</td><td>(1) 走错间隔；
(2) 未交代现场情况</td><td>(1) 触电；
(2) 设备故障</td><td>1</td><td>3</td><td>7</td><td>21</td><td>2</td><td colspan="2">(1) 工作前向工作班成员告知危险点，交代作业活动范围、内容、安全措施和注意事项；
(2) 对工作班成员进行安全技术交底</td></tr>
<tr><td>个人防护用品准备</td><td>未正确穿戴安全帽及工作服</td><td>(1) 触电；
(2) 其他伤害</td><td>3</td><td>0.5</td><td>15</td><td>22.5</td><td>2</td><td colspan="2">正确穿戴安全帽及工作服</td></tr>
<tr><td>工器具准备</td><td>(1) 使用的工器具无法达到工作要求；
(2) 工具不全，或工具破损；
(3) 工具未定期检测或检测不合格</td><td>(1) 机械伤害；
(2) 触电</td><td>1</td><td>1</td><td>7</td><td>7</td><td>1</td><td colspan="2">(1) 做好工具、消耗材料的准备工作；
(2) 使用电动工具前要检查其是否合格，电源要有剩余电流动作装置，使用结束立即关掉电源，使用期间如遇停电应立即拔掉电源，防止来电时电动工具突然自行转动，对工作人员或设备造成机械伤害；
(3) 使用工器具前要进行检查，确认扳手没有裂痕、断口等安全隐患后方可使用，严禁使用活扳手，应使用力矩扳手及梅花扳手；
(4) 作业前检查工器具，应合格、完好</td></tr>
</table>

续表

<table>
<tr><th colspan="2" rowspan="2">作业步骤</th><th rowspan="2">危害因素</th><th rowspan="2">可能导致的后果</th><th colspan="5">风险评价</th><th rowspan="2">控制措施</th></tr>
<tr><th>L</th><th>E</th><th>C</th><th>D</th><th>风险程度</th></tr>
<tr><td>检修过程</td><td>更换蓄电池组</td><td>(1) 误碰其他带电设备；
(2) 接线错误；
(3) 检修设备控制电源未断开；
(4) 使用不符合规格的工器具；
(5) 线路虚接</td><td>(1) 设备故障；
(2) 触电；
(3) 机械伤害</td><td>3</td><td>1</td><td>7</td><td>21</td><td>2</td><td>(1) 工作前应停电、验电，检查工作点是否带电，检查安全措施正确、完备后方可开工，工作过程中不得擅自更改安全措施；
(2) 检查工作点上、下间隔是否带电，工作点与带电负荷或母线安全距离是否足够；
(3) 进行回路改造或者更换电气元件时，要注意检查控制柜各路电源是否停电，且接线端子、裸露线头可能从其他回路反送电，工作时应按要求戴好绝缘手套、穿好绝缘鞋、螺丝刀绑好绝缘胶布；
(4) 轻拿轻放备件、设备，防止撞击损伤设备；
(5) 严禁错误使用工器具造成设备损坏，如用过大、过小的扳手替代标准尺寸的扳手，用一字螺丝刀替代十字螺丝刀，用十字螺丝刀替代内六角或内梅花螺丝刀等；
(6) 严禁野蛮拆装、检修设备，造成螺丝过力滑丝、设备开裂、设备变形等；
(7) 拆卸接线前，先记录每个接线的位置，安装时按记录逐一接线，并检查接线是否牢固</td></tr>
<tr><td>恢复检验</td><td>结束工作</td><td>(1) 遗漏工器具；
(2) 现场遗留检修杂物；
(3) 不结束工作票；
(4) 工作班成员未全部撤离</td><td>(1) 人身伤害；
(2) 设备故障</td><td>3</td><td>3</td><td>3</td><td>27</td><td>2</td><td>(1) 收齐并检查工器具；
(2) 清扫检修现场；
(3) 结束工作票</td></tr>
</table>

47. 视频监控器故障处理

部门：				分析日期：					记录编号：
作业地点或分析范围：				分析人：					
作业内容描述：视频监控器故障处理									
主要作业风险：（1）人员精神状态不佳；（2）触电；（3）设备事故；（4）走错间隔；（5）机械伤害									
控制措施：（1）办理工作票、操作票；（2）穿戴个人防护用品；（3）确认设备名称和间隔；（4）设备恢复运行状态前进行全面检查；（5）工作前对工作班成员进行安全交底									
工作负责人签名：	日期：	工作票签发人签名：		日期：		工作许可人签名：			日期：

作业步骤		危害因素	可能导致的后果	风险评价					控制措施
				L	E	C	D	风险程度	
作业环境	环境	（1）雷雨天气登塔作业或靠近户外设备； （2）大风天气作业； （3）冬季覆冰掉落； （4）夏季高温作业	人身伤害	3	1	1	3	1	（1）雷雨天气禁止靠近设备，不得从事检修工作，突遇雷雨天气时及时撤离； （2）风速超过12m/s时，不得开展户外高处检修工作； （3）箱式变压器及组件有结冰现象且有覆冰掉落危险时，禁止人员靠近； （4）夏季高温作业时做好防暑措施，合理安排外出工作，及时规避高温天气
检修前准备	工作班成员精神状态确认	（1）无法正常完成指定工作； （2）作业过程中出现昏厥现象	（1）触电； （2）设备故障	1	1	15	15	1	合理安排工作班成员，精神状态不佳者禁止工作
	安全措施确认	（1）拉错开关或误送电导致设备带电或误动； （2）未执行工作票、操作票所列的安全措施	（1）触电； （2）设备故障	1	3	7	21	2	（1）办理操作票、工作票，严格执行工作票、操作票所列的安全措施； （2）使用个人防护用品
	安全交底	（1）走错间隔； （2）未交代现场情况	（1）触电； （2）设备故障	1	3	7	21	2	（1）工作前向工作班成员告知危险点，交代作业活动范围、内容、安全措施和注意事项； （2）对工作班成员进行安全技术交底
	个人防护用品准备	未正确穿戴安全帽及工作服	（1）触电； （2）其他伤害	3	0.5	15	22.5	2	正确穿戴安全帽及工作服

续表

作业步骤		危害因素	可能导致的后果	风险评价					控制措施
				L	*E*	*C*	*D*	风险程度	
检修前准备	工器具准备	（1）使用的工器具无法达到工作要求； （2）工具不全，或工具破损； （3）工具未定期检测或检测不合格	（1）机械伤害； （2）触电	1	1	7	7	1	（1）做好工具、消耗材料的准备工作； （2）使用电动工具前要检查其是否合格，电源要有剩余电流动作装置，使用结束立即关掉电源，使用期间如遇停电应立即拔掉电源，防止来电时电动工具突然自行转动，对工作人员或设备造成机械伤害； （3）使用工器具前要进行检查，确认扳手没有裂痕、断口等安全隐患后方可使用，严禁使用活扳手，应使用力矩扳手及梅花扳手
	交通	（1）车况异常； （2）驾乘人员未正确系安全带； （3）道路结冰、湿滑	（1）人身伤害； （2）车辆事故	6	6	1	36	2	（1）出车前检查车况； （2）行车过程中，驾乘人员正确系好安全带； （3）根据道路情况，车辆装好防滑链，并定期对道路进行清理维护
检修过程	视频监控器故障处理	（1）误碰其他带电设备； （2）接线错误； （3）熔纤不合格； （4）野蛮拆装设备； （5）身体误碰光纤玻璃纤维； （6）检修设备控制电源未断开； （7）使用不符合规格的工器具； （8）IP地址设置错误； （9）虚接线路	（1）设备故障； （2）触电； （3）机械伤害	6	2	1	12	1	（1）工作前应停电、验电，检查工作点是否带电，检查安全措施正确、完备后方可开工，工作过程中不得擅自更改安全措施； （2）若是需要更换设备，更换后应重新设置为原视频监控的IP地址； （3）光纤熔接前，检查熔纤机，应为检测合格，且熔接头无异物； （4）剥开光纤玻璃纤维后，立即将玻璃纤维放入专用工具袋； （5）进行回路改造或者更换电气元件时，要注意检查控制箱各路电源是否停电，且接线端子、裸露线头可能从其他回路反送电，工作时应按要求戴好绝缘手套、穿好绝缘鞋、螺丝刀绑好绝缘胶布； （6）严禁错误使用工器具造成设备损坏，如用过大、过小的扳手替代标准尺寸的扳手，用一字螺丝刀替代十字螺丝刀，用十字螺丝刀替代内六角或内梅花螺丝刀等； （7）严禁野蛮拆装、检修设备，造成螺丝过力滑丝、设备开裂、设备变形等； （8）拆卸接线前，先记录每个接线的位置，安装时按记录逐一接线，并检查接线是否牢固； （9）插拔光纤时，应轻插轻拔，弯折角度不能太大

续表

作业步骤		危害因素	可能导致的后果	风险评价					控制措施
				L	E	C	D	风险程度	
恢复检验	结束工作	(1) 遗漏工器具; (2) 现场遗留检修杂物; (3) 不结束工作票; (4) 工作班成员未全部撤离	(1) 人身伤害; (2) 设备故障	3	3	3	27	2	(1) 收齐并检查工器具; (2) 清扫检修现场; (3) 结束工作票

48. 消防水泵故障处理

<table>
<tr><td colspan="4">部门：</td><td colspan="6">分析日期：</td><td>记录编号：</td></tr>
<tr><td colspan="4">作业地点或分析范围：消防水泵房</td><td colspan="7">分析人：</td></tr>
<tr><td colspan="11">作业内容描述：消防水泵故障处理</td></tr>
<tr><td colspan="11">主要作业风险：（1）人员精神状态不佳；（2）触电；（3）设备事故；（4）走错间隔；（5）机械伤害</td></tr>
<tr><td colspan="11">控制措施：（1）办理工作票、操作票；（2）穿戴个人防护用品；（3）确认设备名称和间隔；（4）设备恢复运行状态前进行全面检查；（5）工作前对工作班成员进行安全交底</td></tr>
<tr><td colspan="2">工作负责人签名：</td><td>日期：</td><td>工作票签发人签名：</td><td colspan="3">日期：</td><td colspan="3">工作许可人签名：</td><td>日期：</td></tr>
<tr><td colspan="2" rowspan="2">作业步骤</td><td rowspan="2">危害因素</td><td rowspan="2">可能导致的后果</td><td colspan="5">风险评价</td><td colspan="2" rowspan="2">控制措施</td></tr>
<tr><td>L</td><td>E</td><td>C</td><td>D</td><td>风险程度</td></tr>
<tr><td>作业环境</td><td>环境</td><td>（1）雷雨天气；
（2）夏季高温作业</td><td>人身伤害</td><td>1</td><td>6</td><td>7</td><td>42</td><td>2</td><td colspan="2">（1）雷雨天气禁止靠近设备，不得从事检修工作；
（2）夏季高温作业时做好防暑措施</td></tr>
<tr><td rowspan="5">检修前准备</td><td>安全措施确认</td><td>（1）拉错开关或误送电导致设备带电或误动；
（2）未执行工作票、操作票所列的安全措施</td><td>（1）触电；
（2）机械伤害；
（3）设备故障</td><td>1</td><td>1</td><td>7</td><td>7</td><td>1</td><td colspan="2">（1）办理工作票，确认执行安全措施；
（2）使用个人防护用品；
（3）在箱式变压器进线开关及低压侧开关处悬挂“禁止合闸，有人工作”标示牌</td></tr>
<tr><td>安全交底</td><td>（1）扩大工作范围；
（2）走错机位或误碰带电设备</td><td>（1）触电；
（2）设备故障</td><td>1</td><td>1</td><td>7</td><td>7</td><td>1</td><td colspan="2">（1）工作前对工作班成员进行工作地点及任务明示；
（2）对工作班成员进行安全技术交底</td></tr>
<tr><td>个人防护用品准备</td><td>（1）未正确穿戴安全帽及工作服；
（2）个人防护用品防护等级不符合要求或过期</td><td>（1）触电；
（2）其他伤害；
（3）人身伤害</td><td>1</td><td>1</td><td>15</td><td>15</td><td>1</td><td colspan="2">正确穿戴安全帽及工作服</td></tr>
<tr><td>工器具准备</td><td>（1）使用的工器具无法达到工作要求；
（2）工具不全，或工具破损；
（3）工具未定期检测或检测不合格</td><td>（1）机械伤害；
（2）触电</td><td>1</td><td>1</td><td>7</td><td>7</td><td>1</td><td colspan="2">（1）做好工具、消耗材料的准备工作；
（2）使用电动工具前要检查其是否合格，电源要有剩余电流动作装置，使用结束立即关掉电源，使用期间如遇停电应立即拔掉电源，防止来电时电动工具突然自行转动，对工作人员或设备造成机械伤害；
（3）使用工器具前要进行检查，确认扳手没有裂痕、断口等安全隐患后方可使用，严禁使用活扳手，应使用梅花扳手</td></tr>
</table>

续表

作业步骤		危害因素	可能导致的后果	风险评价					控制措施
				L	E	C	D	风险程度	
检修前准备	工作班成员精神状态确认	（1）无法正常完成指定工作； （2）作业过程中无法清醒判断带电设备及旋转设备； （3）作业过程中出现昏厥现象	（1）触电； （2）机械伤害； （3）高处坠落； （4）设备故障	1	1	15	15	1	合理安排工作班成员，精神状态不佳者禁止工作
检修过程	消防水泵故障处理	（1）拆装时，未切断装置电源； （2）野蛮拆装设备； （3）工具随手乱扔； （4）作业现场存在易燃物、可燃物、助燃物； （5）拆装时，消防水泵坠落	（1）设备故障； （2）物体打击； （3）着火； （4）设备故障	3	1	15	45	2	（1）与带电设备保持安全距离，并对带电区域悬挂标示牌，装设围栏； （2）工作人员应穿绝缘鞋； （3）工作区域严禁使用明火，严禁吸烟； （4）拆卸水泵时，要注意检查消防水泵是否已切断电源，并对消防水泵进行固定，按要求戴好绝缘手套、穿好绝缘鞋、螺丝刀绑好绝缘胶布； （5）严禁错误使用工器具造成设备损坏，如用过大、过小的扳手替代标准尺寸的扳手，用一字螺丝刀替代十字螺丝刀，用十字螺丝刀替代内六角或内梅花螺丝刀等； （6）严禁野蛮拆装、检修设备，造成螺丝过力滑丝、电缆头开裂、设备变形等； （7）拆卸接线前，先记录每个接线的位置，安装时按记录逐一接线，并检查接线是否牢固
恢复检验	结束工作	（1）遗漏工器具； （2）现场遗留检修杂物； （3）不结束工作票； （4）工作班成员未全部撤离	（1）人身伤害； （2）设备故障	1	3	15	45	2	（1）收齐并检查工器具； （2）清扫检修现场； （3）结束工作票

49. 消防水泵电源故障处理

<table>
<tr><td colspan="3">部门：</td><td colspan="5">分析日期：</td><td>记录编号：</td></tr>
<tr><td colspan="3">作业地点或分析范围：消防水泵房</td><td colspan="6">分析人：</td></tr>
<tr><td colspan="9">作业内容描述：消防水泵电源故障处理</td></tr>
<tr><td colspan="9">主要作业风险：(1) 人员精神状态不佳；(2) 触电；(3) 设备事故；(4) 走错间隔；(5) 机械伤害；(6) 火灾</td></tr>
<tr><td colspan="9">控制措施：(1) 办理工作票、操作票；(2) 穿戴个人防护用品；(3) 确认设备名称和间隔；(4) 设备恢复运行状态前进行全面检查；(5) 工作前对工作班成员进行安全交底</td></tr>
<tr><td colspan="9">工作负责人签名：　　日期：　　工作票签发人签名：　　日期：　　工作许可人签名：　　日期：</td></tr>
<tr><td colspan="2" rowspan="2">作业步骤</td><td rowspan="2">危害因素</td><td rowspan="2">可能导致的后果</td><td colspan="5">风险评价</td><td rowspan="2">控制措施</td></tr>
<tr><td>L</td><td>E</td><td>C</td><td>D</td><td>风险程度</td></tr>
<tr><td>作业环境</td><td>环境</td><td>(1) 夏季高温作业；
(2) 雷雨天气</td><td>人身伤害</td><td>3</td><td>1</td><td>1</td><td>3</td><td>1</td><td>(1) 夏季高温作业时做好防暑措施；
(2) 雷雨天气禁止靠近设备，不得从事检修工作</td></tr>
<tr><td rowspan="6">检修前准备</td><td>工作班成员精神状态确认</td><td>(1) 无法正常完成指定工作；
(2) 作业过程中出现昏厥现象</td><td>(1) 触电；
(2) 设备故障</td><td>1</td><td>1</td><td>15</td><td>15</td><td>1</td><td>合理安排工作班成员，精神状态不佳者禁止工作</td></tr>
<tr><td>安全措施确认</td><td>(1) 拉错开关或误送电导致设备带电或误动；
(2) 未执行工作票、操作票所列的安全措施</td><td>(1) 触电；
(2) 设备故障</td><td>1</td><td>3</td><td>7</td><td>21</td><td>2</td><td>(1) 办理操作票、工作票，严格执行工作票、操作票所列的安全措施；
(2) 使用个人防护用品</td></tr>
<tr><td>安全交底</td><td>(1) 走错间隔；
(2) 未交代现场情况</td><td>(1) 触电；
(2) 设备故障</td><td>1</td><td>3</td><td>7</td><td>21</td><td>2</td><td>(1) 工作前向工作班成员告知危险点，交代作业活动范围、内容、安全措施和注意事项；
(2) 对工作班成员进行安全技术交底</td></tr>
<tr><td>个人防护用品准备</td><td>未正确穿戴安全帽及工作服</td><td>(1) 触电；
(2) 其他伤害</td><td>3</td><td>0.5</td><td>15</td><td>22.5</td><td>2</td><td>正确穿戴安全帽及工作服</td></tr>
<tr><td>工器具准备</td><td>(1) 使用的工器具无法达到工作要求；
(2) 工具不全，或工具破损；
(3) 工具未定期检测或检测不合格</td><td>(1) 机械伤害；
(2) 触电</td><td>1</td><td>1</td><td>7</td><td>7</td><td>1</td><td>(1) 做好工具、消耗材料的准备工作；
(2) 使用电动工具前要检查其是否合格，电源要有剩余电流动作装置，使用结束立即关掉电源，使用期间如遇停电应立即拔掉电源，防止来电时电动工具突然自行转动，对工作人员或设备造成机械伤害；
(3) 使用工器具前要进行检查，确认扳手没有裂痕、断口等安全隐患后方可使用，严禁使用活扳手，应使用力矩扳手及梅花扳手；
(4) 作业前检查工器具，应合格、完好</td></tr>
</table>

续表

作业步骤		危害因素	可能导致的后果	风险评价					控制措施
				L	E	C	D	风险程度	
检修过程	消防水泵电源故障处理	(1) 误碰其他带电设备； (2) 接线错误； (3) 野蛮拆装设备； (4) 检修设备控制电源未断开； (5) 使用不符合规格的工器具； (6) 虚接线路	(1) 触电； (2) 人身伤害； (3) 设备故障	3	1	7	21	2	(1) 工作前应停电、验电，检查工作点是否带电，检查安全措施正确、完备后方可开工，工作过程中不得擅自更改安全措施； (2) 工作点与带电负荷或母线间保证足够的安全距离； (3) 进行回路改造或者更换电气元件时，要注意检查控制柜各路电源是否停电，且接线端子、裸露线头可能从其他回路反送电，工作时应按要求戴好绝缘手套、穿好绝缘鞋、螺丝刀绑好绝缘胶布； (4) 严禁错误使用工器具造成设备损坏，如用过大、过小的扳手替代标准尺寸的扳手，用一字螺丝刀替代十字螺丝刀，用十字螺丝刀替代内六角或内梅花螺丝刀等； (5) 严禁野蛮拆装、检修设备，造成螺丝过力滑丝、设备开裂、设备变形等； (6) 拆卸接线前，先记录每个接线的位置，安装时按记录逐一接线，并检查接线是否牢固
恢复检验	结束工作	(1) 遗漏工器具； (2) 现场遗留检修杂物； (3) 不结束工作票； (4) 工作班成员未全部撤离	(1) 人身伤害； (2) 设备故障	3	3	3	27	2	(1) 收齐并检查工器具； (2) 清扫检修现场； (3) 结束工作票

十、光伏设备校验和试验

1. 测试光伏组件额定功率

<table>
<tr><td colspan="4">部门：</td><td colspan="5">分析日期：</td><td>记录编号：</td></tr>
<tr><td colspan="4">作业地点或分析范围：光伏区域</td><td colspan="6">分析人：</td></tr>
<tr><td colspan="10">作业内容描述：测试光伏组件额定功率</td></tr>
<tr><td colspan="10">主要作业风险：(1) 因使用不合适的工器具、穿戴不合适的劳动防护用品导致巡检人员受伤害；(2) 触电；(3) 灼伤；(4) 跌倒；(5) 车辆伤害；(6) 高处坠落</td></tr>
<tr><td colspan="10">控制措施：(1) 正确穿戴劳动防护用品，正确使用工器具；(2) 进入巡检现场检查周围环境；(3) 配备防暑药品</td></tr>
<tr><td colspan="3">工作执行人签名：</td><td>日期：</td><td colspan="5">工作负责人开工前确认签名：</td><td>日期：</td></tr>
<tr><td colspan="2" rowspan="2">作业步骤</td><td rowspan="2">危害因素</td><td rowspan="2">可能导致的后果</td><td colspan="5">风险评价</td><td rowspan="2">控制措施</td></tr>
<tr><td>L</td><td>E</td><td>C</td><td>D</td><td>风险程度</td></tr>
<tr><td rowspan="2">作业环境</td><td>雷、雨、雪天气</td><td>(1) 雷击；
(2) 道路湿滑、泥泞</td><td>(1) 触电、火灾灼伤；
(2) 跌倒</td><td>1</td><td>3</td><td>7</td><td>21</td><td>2</td><td>(1) 正确戴安全帽；
(2) 正确穿绝缘鞋；
(3) 雷雨天气禁止外出作业</td></tr>
<tr><td>高温天气</td><td>中暑</td><td>人身伤害</td><td>1</td><td>3</td><td>7</td><td>21</td><td>2</td><td>(1) 合理安排外出工作，及时规避高温天气；
(2) 配备防暑药品</td></tr>
<tr><td rowspan="3">巡检前准备</td><td>安全措施确认</td><td>(1) 安全措施不全或不正确；
(2) 走错间隔</td><td>(1) 触电；
(2) 设备事故</td><td>1</td><td>1</td><td>7</td><td>7</td><td>1</td><td>(1) 工作负责人、工作许可人应认真检查工作票所列安全措施是否正确、完备，是否符合现场实际条件；
(2) 检修前确认设备间隔位置；
(3) 戴绝缘手套，穿绝缘鞋和防电弧服；
(4) 使用合格的验电设备验电</td></tr>
<tr><td>安全交底</td><td>(1) 扩大工作范围；
(2) 走错间隔或误碰带电设备</td><td>(1) 触电；
(2) 设备事故</td><td>1</td><td>1</td><td>7</td><td>7</td><td>1</td><td>(1) 工作前对工作班成员进行工作任务明示；
(2) 对工作班成员进行安全技术交底</td></tr>
<tr><td>工器具准备</td><td>(1) 使用的工器具无法达到检修作业要求；
(2) 工具不全，或工具破损；
(3) 使用的试验仪器超过检验期</td><td>触电</td><td>1</td><td>1</td><td>7</td><td>7</td><td>1</td><td>检修前确认工器具及试验仪器状态，使用合格的工器具及试验仪器</td></tr>
</table>

续表

<table>
<tr><th colspan="2" rowspan="2">作业步骤</th><th rowspan="2">危害因素</th><th rowspan="2">可能导致的后果</th><th colspan="5">风险评价</th><th rowspan="2">控制措施</th></tr>
<tr><th>L</th><th>E</th><th>C</th><th>D</th><th>风险程度</th></tr>
<tr><td rowspan="5">巡检前准备</td><td>个人防护用品准备</td><td>（1）未正确使用安全帽、绝缘手套、绝缘靴；
（2）个人防护用品防护等级不符合要求或过期</td><td>（1）触电；
（2）机械伤害</td><td>1</td><td>1</td><td>15</td><td>15</td><td>1</td><td>（1）正确戴安全帽、绝缘手套，穿绝缘靴；
（2）使用合格的个人防护用品</td></tr>
<tr><td>工作班成员精神状态确认</td><td>（1）无法正常完成指定工作；
（2）作业过程中无法清醒判断设备是否带电</td><td>（1）触电；
（2）机械伤害；
（3）设备故障</td><td>1</td><td>1</td><td>15</td><td>15</td><td>1</td><td>合理安排工作班成员，精神状态不佳者禁止工作</td></tr>
<tr><td>执行安全措施</td><td>（1）拉错开关、走错间隔；
（2）漏执行安全措施</td><td>（1）触电；
（2）设备事故</td><td>1</td><td>1</td><td>15</td><td>15</td><td>1</td><td>（1）严格按照工作票执行安全措施；
（2）执行安全措施时必须有监护人在场</td></tr>
<tr><td>环境</td><td>（1）道路泥泞、湿滑；
（2）雷、雨、雪天气</td><td>（1）车辆伤害；
（2）跌倒</td><td>10</td><td>3</td><td>3</td><td>90</td><td>3</td><td>（1）提前注意天气变化，有效规避恶劣天气；
（2）遇特殊路况，减速慢行；
（3）正确使用安全保护用具（安全帽、劳保鞋等）</td></tr>
<tr><td>车辆</td><td>（1）车辆缺陷；
（2）超速行驶</td><td>人身伤害</td><td>6</td><td>3</td><td>3</td><td>54</td><td>2</td><td>（1）行车前检查车辆状况；
（2）系好安全带，减速慢行</td></tr>
<tr><td rowspan="4">检修过程</td><td>停运对应控制器</td><td>（1）走错位置；
（2）设备缺陷</td><td>（1）触电；
（2）高处坠落</td><td>1</td><td>2</td><td>15</td><td>30</td><td>2</td><td>（1）戴绝缘手套、安全帽；
（2）使用钳形电流表验电</td></tr>
<tr><td>拆除光伏组件</td><td>（1）设备缺陷；
（2）高处作业</td><td>（1）触电；
（2）高处坠落</td><td>1</td><td>2</td><td>15</td><td>30</td><td>2</td><td>（1）观察外观是否存在严重损坏，组件是否有效接地；
（2）断电后，用万用表测量组件边框确无电压；
（3）高处作业前佩戴安全帽、安全带、限位绳</td></tr>
<tr><td>测试光伏组件额定功率</td><td>（1）设备缺陷；
（2）触及其他带电部位</td><td>（1）触电；
（2）设备事故</td><td>1</td><td>1</td><td>1</td><td>1</td><td>1</td><td>（1）安全地给测试设备提供电源；
（2）检查设备接线无问题后再进行测试；
（3）避免光源直射人眼；
（4）测试前，需要检查测试设备校验情况</td></tr>
<tr><td>紧固光伏组件</td><td>（1）设备缺陷；
（2）高处作业</td><td>（1）触电；
（2）高处坠落</td><td>1</td><td>2</td><td>15</td><td>30</td><td>2</td><td>（1）观察外观是否存在严重损坏，组件是否有效接地；
（2）断电后，用万用表测量组件边框确无电压；
（3）高处作业前佩戴安全帽、安全带、限位绳</td></tr>
</table>

续表

作业步骤		危害因素	可能导致的后果	风险评价					控制措施
				L	*E*	*C*	*D*	风险程度	
检修过程	安装 MC4 插头	（1）走错位置； （2）设备缺陷	（1）触电； （2）高处坠落	1	2	15	30	2	（1）戴绝缘手套、安全帽； （2）使用钳形电流表验电
完工阶段	完工恢复	（1）连接件和紧固件螺栓紧固未达标； （2）临时短接线、接地线未拆除； （3）检修后设备接线不正确	（1）设备事故； （2）电灼伤	1	1	15	15	1	（1）检查连接件和紧固件螺栓； （2）严格按照工作票执行恢复工作； （3）恢复工作后，经工作负责人最终检查确认，方可办理工作终结手续
完工阶段	结束工作	（1）遗漏工器具； （2）现场遗留检修杂物； （3）不结束工作票	设备事故	1	1	15	15	1	（1）收齐并检查工器具； （2）清扫检修现场； （3）结束工作票

2. 集电线路电缆交流耐压试验

<table>
<tr><td colspan="4">部门：</td><td colspan="5">分析日期：</td><td colspan="2">记录编号：</td></tr>
<tr><td colspan="4">作业地点或分析范围：</td><td colspan="7">分析人：</td></tr>
<tr><td colspan="11">作业内容描述：集电线路电缆交流耐压试验</td></tr>
<tr><td colspan="11">主要作业风险：(1) 触电；(2) 机械伤害；(3) 作业环境危害；(4) 设备事故；(5) 爆炸；(6) 高处坠落</td></tr>
<tr><td colspan="11">控制措施：(1) 与带电设备保持安全距离，工作时应正确穿绝缘靴、工作服；(2) 注意防止各类转动机械的外露传动部分和往复运动部分造成伤害，防止弹簧机构造成伤害，防止使用工器具时机械伤害；(3) 检修过程中注意周围物体打击伤害，在搬运或更换设备时注意防止重物碾压；(4) 避免大风、雷雨、冰冻天气作业；(5) 正确检查恢复工作，拆除临时接地线，避免送电引起短路等设备事故；(6) 高处作业时应系好安全带、安全绳</td></tr>
<tr><td colspan="3">工作负责人签名：</td><td>日期：</td><td colspan="2">工作票签发人签名：</td><td colspan="3">日期：</td><td>工作许可人签名：</td><td>日期：</td></tr>
<tr><td colspan="2" rowspan="2">作业步骤</td><td rowspan="2">危害因素</td><td rowspan="2">可能导致的后果</td><td colspan="5">风险评价</td><td colspan="2" rowspan="2">控制措施</td></tr>
<tr><td>L</td><td>E</td><td>C</td><td>D</td><td>风险程度</td></tr>
<tr><td rowspan="3">作业环境</td><td>雨天作业</td><td>雨天作业场地湿滑，空气潮湿影响试验数据的准确可靠</td><td>(1) 人身伤害；
(2) 设备故障</td><td>1</td><td>1</td><td>7</td><td>7</td><td>1</td><td colspan="2">(1) 雨天作业应做好防潮、防滑措施；
(2) 高压试验、油样检验应避开雨天作业</td></tr>
<tr><td>高温天气</td><td>高温天气作业引起人员中暑等状况</td><td>人身伤害</td><td>0.5</td><td>1</td><td>7</td><td>3.5</td><td>1</td><td colspan="2">尽量避开高温作业，或做好防暑降温工作</td></tr>
<tr><td>大风天气</td><td>大风天气作业，特别是高处作业时，人员易滑倒</td><td>人身伤害</td><td>0.5</td><td>1</td><td>7</td><td>3.5</td><td>1</td><td colspan="2">大风天气，做好个人防护措施</td></tr>
<tr><td rowspan="3">检修前准备</td><td>安全措施确认</td><td>(1) 围栏设置不清楚，或围栏设置错误；
(2) 接地措施未达标，或接地线虚设；
(3) 走错间隔；
(4) 误碰其他带电部位或感应电伤人；
(5) 未验电，误判无电</td><td>(1) 触电、电弧灼伤；
(2) 设备事故</td><td>1</td><td>1</td><td>40</td><td>40</td><td>2</td><td colspan="2">(1) 检查围栏是否正确、齐全；
(2) 检修前确认设备间隔位置，确认停电开关，挂好接地线，确认安全措施执行情况；
(3) 戴绝缘手套，穿绝缘鞋和防电弧服；
(4) 使用合格的验电设备验电</td></tr>
<tr><td>安全交底</td><td>(1) 扩大工作范围；
(2) 走错间隔或误碰带电设备</td><td>(1) 触电、电弧灼伤；
(2) 人身伤害</td><td>1</td><td>1</td><td>7</td><td>7</td><td>1</td><td colspan="2">(1) 工作前对工作班成员进行工作任务明示；
(2) 对工作班成员进行安全技术交底</td></tr>
<tr><td>现场布置</td><td>(1) 物品摆放凌乱，未做到“三不落地”等注意事项；
(2) 临时用电不符合安全生产要求</td><td>(1) 触电；
(2) 高处坠落；
(3) 设备故障</td><td>3</td><td>1</td><td>40</td><td>120</td><td>3</td><td colspan="2">(1) 作业现场铺好绝缘垫，器具摆放整齐有序；
(2) 检查临时电源状况，检查电源盘是否存在安全隐患</td></tr>
</table>

续表

作业步骤		危害因素	可能导致的后果	风险评价					控制措施
				L	E	C	D	风险程度	
检修前准备	工器具准备	（1）使用的工器具无法达到检修作业要求； （2）工具不全，或工具破损； （3）未做好备品备件、消耗材料的准备工作； （4）使用的试验仪器超过检验期，仪器漏电或输出异常	（1）机械伤害； （2）触电	1	1	7	7	1	（1）检修前确认工器具及试验仪器状态，使用合格的工器具及试验仪器； （2）做好检修工具、备品备件、消耗材料的准备工作
	个人防护用品准备	（1）未正确穿戴安全帽及工作服； （2）使用不合格的安全带	（1）触电； （2）高处坠落	1	1	15	15	1	（1）正确穿戴安全帽及工作服； （2）使用在安全使用期内的安全带，并正确挂好安全带
检修过程	核对设备位置	（1）走错间隔； （2）误分、合开关或闸刀	（1）触电； （2）电弧灼伤； （3）设备事故	3	1	15	45	2	（1）戴绝缘手套、安全帽，穿绝缘鞋； （2）核实操作票内容和设备状态； （3）执行监护制度，唱票，确认设备位置、名称标牌，严格执行操作票制度； （4）与带电体保持安全距离
	集电线路电缆交流耐压试验	（1）试验前未做好隔离措施，加压过程中，人员误入高压区域； （2）未考虑最高试验电压下的安全距离，导致感应电伤人； （3）试验中未实行监护制度； （4）设备接线完成后，未检查确认，直接进行加压试验； （5）更改接线前，控制电源开关未降至零位，电源开关没有明显的断开点； （6）试验完成后，未进行接地放电或接地放电时间不够，导致接线人员接触导电部位触电； （7）试验结束后，临时接地线或临时短接线未拆除	（1）触电、电弧灼伤； （2）设备损坏； （3）设备事故	1	1	40	40	2	（1）高压试验作业前，设置安全围栏，并设专人监护； （2）加压过程中，实行呼唱制度； （3）检查核实，一人接线另一人检查确认； （4）试验中途需更改接线时，先将控制电源开关降至零位，断开仪器电源开关后再进行更改接线操作； （5）有的试验项目需中途更改接线时，必须挂好接地线； （6）被试设备引线引接至试验仪器前应进行接地放电，试验结束后也应对被试设备进行充分放电，并检查试验中临时短接线、临时接地线是否拆除等

续表

<table>
<tr><th colspan="2" rowspan="2">作业步骤</th><th rowspan="2">危害因素</th><th rowspan="2">可能导致的后果</th><th colspan="5">风险评价</th><th rowspan="2">控制措施</th></tr>
<tr><th>L</th><th>E</th><th>C</th><th>D</th><th>风险程度</th></tr>
<tr><td rowspan="3">完工阶段</td><td>完工恢复</td><td>（1）拆过的螺栓未用力矩扳手回装；
（2）检修完成后未进行设备状态检查，特别未检查临时短接线、接地线是否拆除；
（3）一次引线恢复时未压接牢固；
（4）一次引线恢复作业前未进行接地放电；
（5）附属元件、设备回装后，压接不牢，引起气体泄漏</td><td>（1）设备损坏；
（2）送电后设备烧坏甚至发生爆炸事故；
（3）人身伤害；
（4）高处坠落</td><td>1</td><td>1</td><td>40</td><td>40</td><td>2</td><td>（1）执行工作负责人负责制，恢复工作后，经工作负责人最终检查确认，方可办理工作终结手续；
（2）一次引线恢复接线前先进行接地放电；
（3）高处作业时系好安全带，并做好防滑措施；
（4）附属元件设备回装后，应检查接头密封情况</td></tr>
<tr><td>结束工作</td><td>（1）遗漏工器具；
（2）现场遗留检修杂物；
（3）不结束工作票</td><td>（1）触电；
（2）人身伤害</td><td>1</td><td>1</td><td>15</td><td>15</td><td>1</td><td>（1）收齐并检查工器具；
（2）清扫检修现场；
（3）结束工作票</td></tr>
<tr><td>试运行</td><td>（1）试运行前未检查变压器、冷却装置、所有附属设备的状况；
（2）变压器在进行冲击合闸时，中性点未接地；
（3）主变压器送电冲击前，未拆除测温元件</td><td>设备故障</td><td>0.5</td><td>1</td><td>40</td><td>20</td><td>1</td><td>（1）试运行前，充分检查变压器、冷却装置、气体继电器、油温控制器、氢水检测仪等附属设备，均应完整无缺、不渗油、油漆完整；
（2）继电保护装置应经调试、整定，动作可靠、正确；
（3）变压器在进行冲击合闸时，中性点必须接地；
（4）变压器送电冲击前，需将测温元件临时拆除，待送电稳定后恢复检测</td></tr>
</table>

3. 金属氧化物避雷器试验

<table>
<tr><td colspan="3">部门：</td><td colspan="5">分析日期：</td><td>记录编号：</td></tr>
<tr><td colspan="3">作业地点或分析范围：</td><td colspan="6">分析人：</td></tr>
<tr><td colspan="9">作业内容描述：金属氧化物避雷器试验</td></tr>
<tr><td colspan="9">主要作业风险：(1) 触电；(2) 设备事故</td></tr>
<tr><td colspan="9">控制措施：(1) 办理工作票，确认安全措施执行到位，验电，挂牌；(2) 穿戴个人防护用品；(3) 设备恢复运行状态前进行全面检查</td></tr>
<tr><td colspan="2">工作负责人签名：</td><td>日期：</td><td colspan="2">工作票签发人签名：</td><td colspan="2">日期：</td><td>工作许可人签名：</td><td>日期：</td></tr>
</table>

<table>
<tr><th colspan="2" rowspan="2">作业步骤</th><th rowspan="2">危害因素</th><th rowspan="2">可能导致的后果</th><th colspan="5">风险评价</th><th rowspan="2">控制措施</th></tr>
<tr><th>L</th><th>E</th><th>C</th><th>D</th><th>风险程度</th></tr>
<tr><td>作业环境</td><td>环境</td><td>(1) 光线不足，地面光滑；
(2) 室内潮湿；
(3) 夏季高温作业</td><td>(1) 人身伤害；
(2) 设备损坏；
(3) 触电</td><td>1</td><td>6</td><td>7</td><td>42</td><td>2</td><td>(1) 工作前做好检修前的准备工作，铺好防滑垫，准备好临时检修照明；
(2) 检查室内湿度，湿度过大时应采取相应措施，保持设备干燥；
(3) 夏季高温作业时做好防暑措施</td></tr>
<tr><td rowspan="5">检修前准备</td><td>安全措施确认</td><td>(1) 围栏设置不清楚，或围栏设置错误；
(2) 走错间隔；
(3) 误碰其他带电部位；
(4) 未验电，误判为无电</td><td>(1) 触电、电弧灼伤；
(2) 设备事故</td><td>1</td><td>1</td><td>40</td><td>40</td><td>2</td><td>(1) 检查围栏是否正确齐全；
(2) 检修前确认设备间隔位置，确认停电开关，挂好接地线，确认安全措施执行情况；
(3) 戴绝缘手套，穿绝缘鞋；
(4) 使用合格的验电设备验电</td></tr>
<tr><td>安全交底</td><td>(1) 扩大工作范围；
(2) 走错间隔或误碰带电设备</td><td>(1) 触电、电弧灼伤；
(2) 人身伤害</td><td>1</td><td>1</td><td>7</td><td>7</td><td>1</td><td>(1) 工作前对工作班成员进行工作任务明示；
(2) 对工作班成员进行安全技术交底</td></tr>
<tr><td>现场布置</td><td>(1) 物品摆放凌乱，未做到“三不落地”等注意事项；
(2) 现场未设置安全围栏</td><td>(1) 触电；
(2) 设备障碍</td><td>1</td><td>1</td><td>40</td><td>40</td><td>2</td><td>(1) 作业现场工器具摆放整齐有序；
(2) 现场设置围栏及警示标志，并设专人监护</td></tr>
<tr><td>工器具准备</td><td>(1) 使用的工器具无法达到检修作业要求；
(2) 工具不全，或工具破损；
(3) 使用的试验仪器超过检验期，仪器漏电或输出异常</td><td>(1) 机械伤害；
(2) 触电</td><td>1</td><td>1</td><td>8</td><td>8</td><td>1</td><td>检修前确认工器具及试验仪器状态，使用合格的工器具及试验仪器</td></tr>
<tr><td>个人防护用品准备</td><td>未正确穿戴安全帽及工作服</td><td>触电</td><td>1</td><td>1</td><td>15</td><td>15</td><td>1</td><td>正确穿戴安全帽及工作服</td></tr>
</table>

续表

作业步骤		危害因素	可能导致的后果	风险评价					控制措施
				L	E	C	D	风险程度	
检修过程	核对设备初始位置	走错间隔	（1）触电； （2）电弧灼伤； （3）设备事故	3	1	15	45	2	（1）戴绝缘手套、安全帽，穿绝缘鞋； （2）核实操作票内容和设备状态； （3）执行监护制度，唱票，确认设备位置、名称标牌，严格执行操作票制度； （4）与带电体保持安全距离
	测量绝缘电阻	（1）试验接线错误； （2）操作不当	设备损坏	1	1	15	15	1	（1）试验操作前，检查接线； （2）严格按照试验步骤进行作业
	检测泄漏电流	（1）试验接线错误； （2）操作不当	设备损坏	1	1	15	15	1	（1）试验操作前，检查接线； （2）严格按照试验步骤进行作业
	测量底座绝缘电阻	（1）试验接线错误； （2）操作不当	设备损坏	1	1	15	15	1	（1）试验操作前，检查接线； （2）严格按照试验步骤进行作业
恢复检验	恢复原貌	（1）拆过的螺栓未用力矩扳手回装； （2）操作过的阀门未恢复原状态； （3）检修完成后未进行设备状态检查； （4）一次引线恢复时未压接牢固； （5）临时短接线未拆除； （6）检修或试验用的临时接地线未拆除	（1）设备损坏； （2）送电后设备烧坏甚至发生爆炸事故； （3）人身伤害	3	1	15	45	2	（1）执行工作负责人负责制，恢复工作后，经工作负责人最终检查确认，方可办理工作终结手续； （2）所有拆、接的临时措施，必须按谁拆谁负责的原则，防止临时措施未恢复的情况发生； （3）所有拆过的螺栓应用力矩扳手进行紧固检查
	结束工作	（1）遗漏工器具； （2）现场遗留检修杂物； （3）不拆除临时用电； （4）不结束工作票	（1）触电； （2）人身伤害	1	1	15	15	1	（1）收齐并检查工器具； （2）清扫检修现场； （3）拆除临时用电； （4）结束工作票

4. 全容量充、放电试验

部门：　　分析日期：　　记录编号：

作业地点或分析范围：蓄电池室　　分析人：

作业内容描述：全容量充、放电试验

主要作业风险：（1）人员精神状态不佳；（2）触电；（3）设备事故；（4）作业环境危害；（5）化学性爆炸；（6）化学灼伤

控制措施：（1）办理工作票，确认安全措施执行到位，验电，挂牌；（2）带电操作必须戴绝缘手套，必要时穿绝缘靴；（3）进入二次室必须戴安全帽，必要时戴防护眼镜；（4）进入二次室前必须先进行氢气检测；（5）停送电前要确认安全措施，避免短路、接地等设备事故

工作负责人签名：　　日期：　　工作票签发人签名：　　日期：　　工作许可人签名：　　日期：

作业步骤		危害因素	可能导致的后果	风险评价					控制措施
				L	E	C	D	风险程度	
作业环境	作业环境危害（氢气）	蓄电池充电过程中可能产生氢气	化学性爆炸	1	1	40	40	2	（1）如需在二次室进行动火作业，必须全程检测氢气浓度； （2）保持室内通风、干燥
检修前准备	安全措施确认	（1）安全措施不全或不正确； （2）蓄电池未退出运行	（1）触电； （2）设备事故	1	1	7	7	1	（1）工作负责人、工作许可人应认真检查工作票所列安全措施是否正确、完备，是否符合现场实际条件； （2）戴绝缘手套，穿绝缘鞋和防电弧服； （3）使用合格的验电设备验电； （4）工作前再次确认蓄电池开关已断开，避免拆除蓄电池电源线时产生电弧灼伤作业人员
检修前准备	安全交底	（1）扩大工作范围； （2）蓄电池室内通风不良； （3）作业人员直接用手擦拭蓄电池溢出的电解液	（1）触电； （2）灼伤； （3）设备事故	1	1	7	7	1	（1）工作前对工作班成员进行工作任务明示； （2）对工作班成员进行安全技术交底； （3）工作前对蓄电池室进行通风
检修前准备	工器具准备	（1）工具不全，或工具破损； （2）使用的工器具不合格或超过检验期	（1）触电； （2）设备事故	1	1	7	7	1	（1）按检修要求准备工器具； （2）检修前确认工器具及试验仪器状态，使用合格的工器具及试验仪器

续表

作业步骤		危害因素	可能导致的后果	风险评价					控制措施
				L	E	C	D	风险程度	
检修前准备	个人防护用品准备	（1）未准备安全帽、绝缘手套、绝缘靴； （2）个人防护用品防护等级不符合要求或过期	（1）触电； （2）灼烫； （3）机械伤害	1	1	15	15	1	（1）正确戴安全帽、绝缘手套，穿绝缘靴，必要时穿防酸服； （2）使用合格的个人防护用品
	工作班成员精神状态确认	（1）无法正常完成指定工作； （2）作业过程中无法清醒判断危险点	（1）触电； （2）机械伤害； （3）设备故障	1	1	15	15	1	合理安排工作班成员，精神状态不佳者禁止工作
	执行安全措施	（1）拉错开关、走错间隔； （2）漏执行安全措施	（1）触电； （2）设备事故	1	1	15	15	1	（1）严格按照工作票执行安全措施； （2）执行安全措施时必须有监护人在场
检修过程	全容量充、放电试验	（1）蓄电池充电时产生氢气； （2）蓄电池过度放电	（1）化学性爆炸； （2）设备损坏	3	1	7	21	2	（1）蓄电池充电期间，不准在蓄电池室内进行动火作业； （2）设定放电低限值，一达到放电低限，立即停止放电，开始对蓄电池进行充电
恢复检验	恢复原貌	（1）连接件和紧固件螺栓紧固未达标； （2）蓄电池组接线不正确； （3）安全措施未恢复	（1）设备事故； （2）灼烫	1	1	40	40	2	（1）用力矩扳手检查连接件和紧固件螺栓； （2）工作完毕后必须再次核对接线情况； （3）按工作票内容恢复安全措施
	结束工作	（1）遗漏工器具； （2）现场遗留检修杂物	设备事故	1	1	15	15	1	（1）收齐检查工器具； （2）清扫检修现场
	环境温度	温度过高	降低蓄电池寿命	3	1	3	9	1	（1）保持室内通风、干燥； （2）避免阳光直射

5. 真空断路器试验

<table>
<tr><td colspan="3">部门：</td><td colspan="5">分析日期：</td><td>记录编号：</td></tr>
<tr><td colspan="3">作业地点或分析范围：</td><td colspan="6">分析人：</td></tr>
<tr><td colspan="9">作业内容描述：真空断路器试验</td></tr>
<tr><td colspan="9">主要作业风险：(1) 触电；(2) 设备事故</td></tr>
<tr><td colspan="9">控制措施：(1) 办理工作票，确认安全措施执行到位，验电，挂牌；(2) 穿戴个人防护用品；(3) 设备恢复运行状态前进行全面检查</td></tr>
<tr><td>工作负责人签名：</td><td>日期：</td><td colspan="2">工作票签发人签名：</td><td colspan="2">日期：</td><td colspan="2">工作许可人签名：</td><td>日期：</td></tr>
</table>

<table>
<tr><th colspan="2" rowspan="2">作业步骤</th><th rowspan="2">危害因素</th><th rowspan="2">可能导致的后果</th><th colspan="5">风险评价</th><th rowspan="2">控制措施</th></tr>
<tr><th>L</th><th>E</th><th>C</th><th>D</th><th>风险程度</th></tr>
<tr><td>作业环境</td><td>环境</td><td>(1) 光线不足，地面光滑；
(2) 室内潮湿；
(3) 夏季高温作业</td><td>(1) 人身伤害；
(2) 设备损坏；
(3) 触电</td><td>1</td><td>6</td><td>7</td><td>42</td><td>2</td><td>(1) 工作前做好检修前的准备工作，铺好防滑垫，准备好临时检修照明；
(2) 检查室内湿度，湿度过大时应采取相应措施，保持设备干燥；
(3) 夏季高温作业时做好防暑措施</td></tr>
<tr><td rowspan="5">检修前准备</td><td>安全措施确认</td><td>(1) 围栏设置不清楚，或围栏设置错误；
(2) 走错间隔；
(3) 误碰其他带电部位；
(4) 未验电，误判为无电</td><td>(1) 触电、电弧灼伤；
(2) 设备事故</td><td>1</td><td>1</td><td>40</td><td>40</td><td>2</td><td>(1) 检查围栏是否正确齐全；
(2) 检修前确认设备间隔位置，确认停电开关，挂好接地线，确认安全措施执行情况；
(3) 戴绝缘手套，穿绝缘鞋；
(4) 使用合格的验电设备验电</td></tr>
<tr><td>安全交底</td><td>(1) 扩大工作范围；
(2) 走错间隔或误碰带电设备</td><td>(1) 触电、电弧灼伤；
(2) 人身伤害</td><td>1</td><td>1</td><td>7</td><td>7</td><td>1</td><td>(1) 工作前对工作班成员进行工作任务明示；
(2) 对工作班成员进行安全技术交底</td></tr>
<tr><td>现场布置</td><td>(1) 物品摆放凌乱，未做到“三不落地”等注意事项；
(2) 现场未设置安全围栏</td><td>(1) 触电；
(2) 设备事故</td><td>1</td><td>1</td><td>40</td><td>40</td><td>2</td><td>(1) 作业现场工器具摆放整齐有序；
(2) 现场设置围栏及警示标志，并设专人监护</td></tr>
<tr><td>工器具准备</td><td>(1) 使用的工器具无法达到检修作业要求；
(2) 工具不全，或工具破损；
(3) 使用的试验仪器超过检验期，仪器漏电或输出异常</td><td>(1) 机械伤害；
(2) 触电</td><td>1</td><td>1</td><td>8</td><td>8</td><td>1</td><td>检修前确认工器具及试验仪器状态，使用合格的工器具及试验仪器</td></tr>
<tr><td>个人防护用品准备</td><td>未正确穿戴安全帽及工作服</td><td>触电</td><td>1</td><td>1</td><td>15</td><td>15</td><td>1</td><td>正确穿戴安全帽及工作服</td></tr>
</table>

续表

作业步骤		危害因素	可能导致的后果	风险评价					控制措施
				L	E	C	D	风险程度	
检修过程	核对设备初始位置	（1）走错间隔； （2）误分、合开关或闸刀	（1）触电； （2）电弧灼伤； （3）设备事故	3	1	15	45	2	（1）戴绝缘手套、安全帽，穿绝缘鞋； （2）核实操作票内容和设备状态； （3）执行监护制度，唱票，确认设备位置、名称标牌，严格执行操作票制度； （4）与带电体保持安全距离
	测量绝缘电阻	（1）试验接线错误； （2）操作不当	设备损坏	1	1	15	15	1	（1）试验操作前，检查接线； （2）严格按照试验步骤进行作业
	交流耐压试验	（1）试验接线错误； （2）操作不当	设备损坏	1	1	15	15	1	（1）试验操作前，检查接线； （2）严格按照试验步骤进行作业
	辅助回路和控制回路交流耐压试验	（1）试验接线错误； （2）操作不当	设备损坏	1	1	15	15	1	（1）试验操作前，检查接线； （2）严格按照试验步骤进行作业
	测试导电回路电阻	（1）试验接线错误； （2）操作不当	设备损坏	1	1	15	15	1	（1）试验操作前，检查接线； （2）严格按照试验步骤进行作业
	试验断路器的合闸时间和分闸时间，分、合闸的同期性，触头开距，合闸时的弹跳过程	（1）误动其他开关； （2）操作时，有人员在进行机械机构的检修或检查工作	（1）触电、电弧灼伤； （2）设备故障	1	1	40	40	2	（1）联系运行人员操作开关，且操作前由检修人员与运行人员一同确认； （2）操作前确认动作的开关区域无人员在检修，防止操作影响检修人员
	试验操动机构合闸接触器和分、合闸电磁铁的最低动作电压	（1）误动其他开关； （2）操作时，有人员在进行机械机构的检修或检查工作； （3）试验接线错误； （4）操作不当	（1）触电、电弧灼伤； （2）设备故障	1	1	40	40	2	（1）联系运行人员操作开关，且操作前由检修人员与运行人员一同确认； （2）操作前确认动作的开关区域无人员在检修，防止操作影响检修人员； （3）严格按照试验步骤进行作业
	测试合闸接触器和分、合闸电磁铁线圈的绝缘电阻和直流电阻	（1）试验接线错误； （2）操作不当	设备损坏	1	1	15	15	1	（1）试验操作前，检查接线； （2）严格按照试验步骤进行作业

续表

<table>
<tr><th colspan="2" rowspan="2">作业步骤</th><th rowspan="2">危害因素</th><th rowspan="2">可能导致的后果</th><th colspan="5">风险评价</th><th rowspan="2">控制措施</th></tr>
<tr><th>L</th><th>E</th><th>C</th><th>D</th><th>风险程度</th></tr>
<tr><td rowspan="2">检修过程</td><td>测量真空灭弧室真空度</td><td>(1) 试验接线错误;
(2) 操作不当</td><td>设备损坏</td><td>1</td><td>1</td><td>15</td><td>15</td><td>1</td><td>(1) 试验操作前，检查接线;
(2) 严格按照试验步骤进行作业</td></tr>
<tr><td>检查动触头上的软联结夹片有无松动</td><td>操作不当</td><td>设备损坏</td><td>1</td><td>1</td><td>15</td><td>15</td><td>1</td><td>严格按照检查步骤进行作业</td></tr>
<tr><td rowspan="2">恢复检验</td><td>恢复原貌</td><td>(1) 拆过的螺栓未用力矩扳手回装;
(2) 操作过的阀门未恢复原状态;
(3) 检修完成后未进行设备状态检查;
(4) 一次引线恢复时未压接牢固;
(5) 试验用的临时短接线未拆除;
(6) 检修或试验用的临时接地线未拆除</td><td>(1) 设备损坏;
(2) 送电后设备烧坏甚至发生爆炸事故;
(3) 人身伤害</td><td>3</td><td>1</td><td>15</td><td>45</td><td>2</td><td>(1) 执行工作负责人负责制，恢复工作后，经工作负责人最终检查确认，方可办理工作终结手续;
(2) 所有拆、接的临时措施，必须按谁拆谁负责的原则，防止临时措施未恢复的情况发生;
(3) 所有拆过的螺栓应用力矩扳手进行紧固检查</td></tr>
<tr><td>结束工作</td><td>(1) 遗漏工器具;
(2) 现场遗留检修杂物;
(3) 不拆除临时用电;
(4) 不结束工作票</td><td>(1) 触电;
(2) 人身伤害</td><td>1</td><td>1</td><td>15</td><td>15</td><td>1</td><td>(1) 收齐并检查工器具;
(2) 清扫检修现场;
(3) 拆除临时用电;
(4) 结束工作票</td></tr>
</table>

6. 六氟化硫断路器试验

<table>
<tr><td colspan="4">部门：</td><td colspan="5">分析日期：</td><td>记录编号：</td></tr>
<tr><td colspan="4">作业地点或分析范围：</td><td colspan="6">分析人：</td></tr>
<tr><td colspan="10">作业内容描述：六氟化硫断路器试验</td></tr>
<tr><td colspan="10">主要作业风险：(1) 触电；(2) 设备事故；(3) 中毒</td></tr>
<tr><td colspan="10">控制措施：(1) 办理工作票，确认安全措施执行到位，验电，挂牌；(2) 穿戴个人防护用品；(3) 设备恢复运行状态前进行全面检查</td></tr>
<tr><td colspan="2">工作负责人签名：</td><td colspan="2">日期：</td><td colspan="2">工作票签发人签名：</td><td colspan="2">日期：</td><td>工作许可人签名：</td><td>日期：</td></tr>
<tr><td colspan="2" rowspan="2">作业步骤</td><td rowspan="2">危害因素</td><td rowspan="2">可能导致的后果</td><td colspan="5">风险评价</td><td rowspan="2">控制措施</td></tr>
<tr><td>L</td><td>E</td><td>C</td><td>D</td><td>风险程度</td></tr>
<tr><td>作业环境</td><td>环境</td><td>(1) 光线不足，地面光滑；
(2) 室内潮湿；
(3) 夏季高温作业</td><td>(1) 人身伤害；
(2) 设备损坏；
(3) 触电</td><td>1</td><td>6</td><td>7</td><td>42</td><td>2</td><td>(1) 工作前做好检修前的准备工作，铺好防滑垫，准备好临时检修照明；
(2) 检查室内湿度，湿度过大时应采取相应措施，保持设备干燥；
(3) 夏季高温作业时做好防暑措施</td></tr>
<tr><td rowspan="6">检修前准备</td><td>安全措施确认</td><td>(1) 围栏设置不清楚，或围栏设置错误；
(2) 走错间隔；
(3) 误碰其他带电部位；
(4) 未验电，误判为无电</td><td>(1) 触电、电弧灼伤；
(2) 设备事故</td><td>1</td><td>1</td><td>40</td><td>40</td><td>2</td><td>(1) 检查围栏是否正确齐全；
(2) 检修前确认设备间隔位置，确认停电开关，挂好接地线，确认安全措施执行情况；
(3) 戴绝缘手套，穿绝缘鞋；
(4) 使用合格的验电设备验电</td></tr>
<tr><td>安全交底</td><td>(1) 扩大工作范围；
(2) 走错间隔或误碰带电设备</td><td>(1) 触电、电弧灼伤；
(2) 人身伤害</td><td>1</td><td>1</td><td>7</td><td>7</td><td>1</td><td>(1) 工作前对工作班成员进行工作任务明示；
(2) 对工作班成员进行安全技术交底</td></tr>
<tr><td>现场布置</td><td>(1) 物品摆放凌乱，未做到“三不落地”等注意事项；
(2) 现场未设置安全围栏</td><td>(1) 触电；
(2) 设备障碍</td><td>1</td><td>1</td><td>40</td><td>40</td><td>2</td><td>(1) 作业现场工器具摆放整齐有序；
(2) 现场设置围栏及警示标志，并设专人监护</td></tr>
<tr><td>工器具准备</td><td>(1) 使用的工器具无法达到检修作业要求；
(2) 工具不全，或工具破损；
(3) 使用的试验仪器超过检验期，仪器漏电或输出异常</td><td>(1) 机械伤害；
(2) 触电</td><td>1</td><td>1</td><td>8</td><td>8</td><td>1</td><td>检修前确认工器具及试验仪器状态，使用合格的工器具及试验仪器</td></tr>
<tr><td>个人防护用品准备</td><td>未正确穿戴安全帽及工作服</td><td>触电</td><td>1</td><td>1</td><td>15</td><td>15</td><td>1</td><td>正确穿戴安全帽及工作服</td></tr>
</table>

续表

<table>
<tr><th colspan="2" rowspan="2">作业步骤</th><th rowspan="2">危害因素</th><th rowspan="2">可能导致的后果</th><th colspan="5">风险评价</th><th rowspan="2">控制措施</th></tr>
<tr><th>L</th><th>E</th><th>C</th><th>D</th><th>风险程度</th></tr>
<tr><td rowspan="8">检修过程</td><td>核对设备位置</td><td>（1）走错间隔；
（2）误分、合开关</td><td>（1）触电；
（2）电弧灼伤；
（3）设备事故</td><td>3</td><td>1</td><td>15</td><td>45</td><td>2</td><td>（1）戴绝缘手套、安全帽，穿绝缘鞋；
（2）核实操作票内容和设备状态；
（3）执行监护制度，唱票，确认设备位置、名称标牌，严格执行操作票制度；
（4）与带电体保持安全距离</td></tr>
<tr><td>外观检查与清扫</td><td>作业人员未确认间隔就进行作业</td><td>触电</td><td>1</td><td>1</td><td>15</td><td>15</td><td>1</td><td>工作前一定要确认好检修间隔，防止走错间隔</td></tr>
<tr><td>检测灭弧室真空度</td><td>操作不当</td><td>设备损坏</td><td>1</td><td>1</td><td>15</td><td>15</td><td>1</td><td>严格按照检查步骤进行作业</td></tr>
<tr><td>检查导流回路</td><td>（1）试验接线错误；
（2）操作不当</td><td>设备损坏</td><td>1</td><td>1</td><td>15</td><td>15</td><td>1</td><td>（1）试验操作前，检查接线；
（2）严格按照检查步骤进行作业</td></tr>
<tr><td>检查绝缘电阻与辅助触点</td><td>（1）试验接线错误；
（2）操作不当</td><td>设备损坏</td><td>1</td><td>1</td><td>15</td><td>15</td><td>1</td><td>（1）试验操作前检查接线，确认无误后再进行送电操作；
（2）严格按照试验步骤进行作业</td></tr>
<tr><td>检查操动机构</td><td>（1）误动其他开关；
（2）操作时，有人员在进行机械机构的检修或检查工作</td><td>（1）触电、电弧灼伤；
（2）设备故障</td><td>1</td><td>1</td><td>40</td><td>40</td><td>2</td><td>（1）联系运行人员操作开关，操作前检修人员与运行人员一同确认；
（2）操作前确认动作的开关区域无人员在检修，防止操作影响检修人员</td></tr>
<tr><td>六氟化硫断路器试验</td><td>（1）试验接线错误；
（2）操作不当</td><td>设备损坏</td><td>1</td><td>1</td><td>15</td><td>15</td><td>1</td><td>（1）试验操作前检查接线，确认无误后再进行送电操作；
（2）严格按照试验步骤进行作业</td></tr>
<tr><td>整组试验</td><td>（1）试验接线错误；
（2）操作不当</td><td>设备损坏</td><td>1</td><td>1</td><td>15</td><td>15</td><td>1</td><td>（1）试验操作前检查接线，确认无误后再进行送电操作；
（2）严格按照试验步骤进行作业</td></tr>
</table>

续表

作业步骤		危害因素	可能导致的后果	风险评价					控制措施
				L	E	C	D	风险程度	
恢复检验	恢复原貌	(1) 拆过的螺栓未用力矩扳手回装； (2) 操作过的阀门未恢复原状态； (3) 检修完成后未进行设备状态检查； (4) 一次引线恢复时未压接牢固； (5) 试验用的临时短接线未拆除； (6) 检修或试验用的临时接地线未拆除	(1) 设备损坏； (2) 送电后设备烧坏甚至发生爆炸事故； (3) 人身伤害	3	1	15	45	2	(1) 执行工作负责人负责制，恢复工作后，经工作负责人最终检查确认，方可办理工作终结手续； (2) 所有拆、接的临时措施，必须按谁拆谁负责的原则，防止措施未恢复的情况发生； (3) 所有拆过的螺栓应用力矩扳手进行紧固检查
	结束工作	(1) 遗漏工器具； (2) 现场遗留检修杂物； (3) 不拆除临时用电； (4) 不结束工作票	(1) 触电； (2) 人身伤害	1	1	15	15	1	(1) 收齐并检查工器具； (2) 清扫检修现场； (3) 拆除临时用电； (4) 结束工作票

7. 绕组绝缘电阻、吸收比试验

部门：		分析日期：	记录编号：
作业地点或分析范围：变压器		分析人：	
作业内容描述：绕组绝缘电阻、吸收比试验			
主要作业风险：(1) 人员精神状态不佳；(2) 触电；(3) 机械伤害；(4) 作业环境危害；(5) 高处坠落；(6) 设备事故			
控制措施：(1) 办理工作票，确认安全措施执行到位，验电，挂牌；(2) 高压实验过程中设专人监护制度；(3) 使用临时电源时注意防止触电；(4) 变压器本体不平整地点作业时，注意防止扭伤；(5) 高处作业时应系好安全带；(6) 正确检查恢复工作，拆除临时接地线，避免送电引起短路等设备事故			

工作负责人签名：	日期：	工作票签发人签名：	日期：	工作许可人签名：	日期：

作业步骤		危害因素	可能导致的后果	风险评价					控制措施
				L	E	C	D	风险程度	
作业环境	雨天作业	雨天作业场地湿滑、空气潮湿，影响试验数据的准确性、可靠性	(1) 人身伤害； (2) 设备故障	1	1	7	7	1	(1) 雨天作业应做好防潮、防滑措施； (2) 高压试验、油样检验应避开雨天作业
作业环境	高温天气	高温天气作业引起人员中暑等状况	(1) 人身伤害； (2) 高处坠落	0.5	1	7	3.5	1	尽量避开高温作业，或做好防暑降温工作
作业环境	大风天气	大风天气作业，特别是高处作业时，人员易滑倒	人身伤害	0.5	1	7	3.5	1	大风天气，做好个人防护措施
作业环境	光线不足	(1) 地面光滑； (2) 照明不足	(1) 人身伤害； (2) 设备损坏	6	1	1	6	1	(1) 工作前做好检修前的准备工作，铺好防滑垫； (2) 准备好临时检修照明； (3) 带好防护用品
作业环境	室内潮湿	(1) 设备潮湿引起短路； (2) 安全距离不够	(1) 触电、电弧灼伤； (2) 其他人身伤害； (3) 设备误动	1	3	15	45	2	(1) 加强通风，调整； (2) 保持设备干燥
检修前准备	安全措施确认	(1) 围栏设置不清楚，或围栏设置错误； (2) 接地措施未做到位，或接地线虚设； (3) 走错间隔； (4) 误碰其他带电部位或感应电伤人； (5) 未验电，误判为无电	(1) 触电、电弧灼伤； (2) 设备事故	1	1	40	40	2	(1) 检查围栏是否正确、齐全； (2) 检修前确认设备间隔位置，确认停电开关，挂好接地线，确认安全措施执行情况； (3) 戴绝缘手套，穿绝缘鞋和防电弧服； (4) 使用合格的验电设备验电

续表

<table>
<tr><th colspan="2" rowspan="2">作业步骤</th><th rowspan="2">危害因素</th><th rowspan="2">可能导致的后果</th><th colspan="5">风险评价</th><th rowspan="2">控制措施</th></tr>
<tr><th>L</th><th>E</th><th>C</th><th>D</th><th>风险程度</th></tr>
<tr><td rowspan="4">检修前准备</td><td>安全交底</td><td>（1）扩大工作范围；
（2）走错间隔或误碰带电设备</td><td>（1）触电、电弧灼伤；
（2）人身伤害</td><td>1</td><td>1</td><td>7</td><td>7</td><td>1</td><td>（1）工作前对工作班成员进行工作任务明示；
（2）对工作班成员进行安全技术交底</td></tr>
<tr><td>现场布置</td><td>（1）物品摆放凌乱，未做到“三不落地”等注意事项；
（2）临时用电不符合安全生产要求；
（3）脚手架搭设不符合安全要求及使用要求，大型脚手架没有进行设计和审核；
（4）搭、拆脚手架时误碰设备，工具、材料掉落砸伤人；
（5）脚手架不符合要求，如立杆、大横杆和小横杆间距太大；
（6）搭设脚手架时碰伤设备</td><td>（1）触电；
（2）高处坠落；
（3）设备故障</td><td>3</td><td>1</td><td>40</td><td>120</td><td>3</td><td>（1）作业现场铺好绝缘垫，器具摆放整齐有序；
（2）检查临时电源状况，检查电源盘是否存在安全隐患；
（3）填写搭设委托单，明确搭设要求，如载重、搭设环境等；
（4）搭设时戴安全帽、系安全带、穿防滑鞋等；
（5）搭设的脚手架应使用毛竹材料，并严格按照脚手架使用规程进行搭设；
（6）脚手架搭设完成后，严格执行三级验收制度，经搭设人、验收人、使用人签字并挂合格牌后，才能投入使用；
（7）搭设脚手架时，搭设材料不能撞击套管、避雷器表面，防止设备损坏</td></tr>
<tr><td>工器具准备</td><td>（1）使用的工器具无法达到检修作业要求；
（2）工具不全，或工具破损；
（3）未做好备品备件、消耗材料的准备工作；
（4）使用的试验仪器超过检验期，仪器漏电或输出异常</td><td>（1）机械伤害；
（2）触电</td><td>1</td><td>1</td><td>7</td><td>7</td><td>1</td><td>（1）检修前确认工器具及试验仪器状态，使用合格的工器具及试验仪器；
（2）做好检修工具、备品备件、消耗材料的准备工作</td></tr>
<tr><td>个人防护用品准备</td><td>（1）未正确穿戴安全帽及工作服；
（2）使用不合格的安全带</td><td>（1）触电；
（2）高处坠落</td><td>1</td><td>1</td><td>15</td><td>15</td><td>1</td><td>（1）正确穿戴安全帽及工作服；
（2）使用在安全使用期内的安全带，并正确挂好安全带</td></tr>
</table>

续表

作业步骤		危害因素	可能导致的后果	风险评价					控制措施
				L	E	C	D	风险程度	
检修过程	核对设备位置	(1) 走错间隔； (2) 误分、合开关或闸刀	(1) 触电； (2) 电弧灼伤； (3) 设备事故	3	1	15	45	2	(1) 戴绝缘手套、安全帽，穿绝缘鞋； (2) 核实操作票内容和设备状态； (3) 执行监护制度，唱票，确认设备位置、名称标牌，严格执行操作票制度； (4) 与带电体保持安全距离
	绕组绝缘电阻、吸收比试验	(1) 试验前未做好隔离措施，加压过程中，人员误入高压区域； (2) 未考虑最高试验电压下的安全距离，引起感应电伤人； (3) 试验中未实行监护制度； (4) 设备接线完成后，未进行检查确认直接进行加压试验； (5) 更改接线前，控制电源开关未降至零位，电源开关没有明显的断开点； (6) 试验完成后，未进行接地放电或接地放电时间不够，接线人员接触导电部位引起触电； (7) 试验结束后，临时接地线或临时短接线未拆除	(1) 触电、电弧灼伤； (2) 设备损坏； (3) 设备事故	1	1	40	40	2	(1) 高压试验作业前，设置安全围栏，并设专人监护，加压过程中，实行呼唱制度； (2) 检查核实，一人接线，另一人检查确认； (3) 试验中途需要接线时，先将控制电源开关降至零位，断开仪器电源开关后再进行更改接线操作； (4) 有的试验项目需中途更改接线时，必须挂好接地线； (5) 被试设备引线引接至试验仪器前应进行接地放电，试验结束后也应对被试设备进行充分放电，并检查试验中临时短接线、临时接地线是否拆除等
恢复检验	完工恢复	(1) 拆过的螺栓未用力矩扳手回装； (2) 检修完成后未进行设备状态检查，特别是未检查检修用的临时短接线、接地线的拆除工作； (3) 一次引线恢复时未压接牢固； (4) 一次引线恢复作业前未进行接地放电； (5) 高处作业时未系好安全带； (6) 附属元件、设备回装后，压接不牢，引起渗油或气体泄漏	(1) 设备损坏； (2) 送电后设备烧坏甚至发生爆炸事故； (3) 人身伤害； (4) 高处坠落	1	1	40	40	2	(1) 执行工作负责人负责制，恢复工作后，经工作负责人最终检查确认，方可办理工作终结手续； (2) 一次引线恢复接线前先进行接地放电； (3) 高处作业时系好安全带，并做好防滑措施； (4) 附属元件、设备回装后，应检查接头密封情况

续表

作业步骤		危害因素	可能导致的后果	风险评价					控制措施
				L	E	C	D	风险程度	
恢复检验	结束工作	（1）遗漏工器具； （2）现场遗留检修杂物； （3）不结束工作票	（1）触电； （2）人身伤害	1	1	15	15	1	（1）收齐并检查工器具； （2）清扫检修现场； （3）结束工作票
	试运行	（1）试运行前未检查变压器、冷却装置、所有附属设备的状况； （2）变压器在进行冲击合闸时，中性点未接地； （3）主变压器送电冲击前，未拆除测温元件	设备故障	0.5	1	40	20	1	（1）试运行前，充分检查变压器、冷却装置、气体继电器、油温控制器、氢水检测仪等附属设备，均应完整无缺、不渗油、油漆完整； （2）储油柜、冷却装置等油系统上的阀门均在开启位置，变压器油位合格； （3）冷却器运行正常，全部油泵运行正常； （4）继电保护装置应经调试整定，动作可靠正确； （5）变压器在进行冲击合闸时，中性点必须接地； （6）变压器送电冲击前，需将测温元件临时拆除，待送电稳定后恢复检测

8. 光伏组件性能测试

<table>
<tr><td colspan="3">部门：</td><td colspan="5">分析日期：</td><td colspan="2">记录编号：</td></tr>
<tr><td colspan="3">作业地点或分析范围：光伏区域</td><td colspan="7">分析人：</td></tr>
<tr><td colspan="10">作业内容描述：光伏组件性能测试</td></tr>
<tr><td colspan="10">主要作业风险：（1）因使用不合适的工器具、穿戴不合适的劳动防护用品导致巡检人员受伤害；（2）触电；（3）灼伤；（4）跌倒；（5）车辆伤害；（6）高处坠落</td></tr>
<tr><td colspan="10">控制措施：（1）正确穿戴劳动防护用品，正确使用工器具；（2）进入巡检现场检查周围环境；（3）配备防暑药品</td></tr>
<tr><td colspan="3">工作执行人签名：</td><td>日期：</td><td colspan="5">工作负责人开工前确认签名：</td><td>日期：</td></tr>
<tr><td colspan="2" rowspan="2">作业步骤</td><td rowspan="2">危害因素</td><td rowspan="2">可能导致的后果</td><td colspan="5">风险评价</td><td rowspan="2">控制措施</td></tr>
<tr><td>L</td><td>E</td><td>C</td><td>D</td><td>风险程度</td></tr>
<tr><td rowspan="2">作业环境</td><td>雷、雨、雪天气</td><td>（1）雷击；
（2）道路湿滑、泥泞</td><td>（1）触电、火灾灼伤；
（2）跌倒</td><td>1</td><td>3</td><td>7</td><td>21</td><td>2</td><td>（1）正确戴安全帽；
（2）正确穿绝缘鞋；
（3）雷雨天气禁止外出作业</td></tr>
<tr><td>高温天气</td><td>中暑</td><td>人身伤害</td><td>1</td><td>3</td><td>7</td><td>21</td><td>2</td><td>（1）合理安排外出工作，及时规避高温天气；
（2）配备防暑药品</td></tr>
<tr><td rowspan="4">巡检前准备</td><td>安全措施确认</td><td>（1）安全措施不全或不正确；
（2）走错间隔</td><td>（1）触电；
（2）设备事故</td><td>1</td><td>1</td><td>7</td><td>7</td><td>1</td><td>（1）工作负责人、工作许可人应认真检查工作票所列安全措施是否正确、完备，是否符合现场实际条件；
（2）检修前确认设备间隔位置；
（3）戴绝缘手套，穿绝缘鞋和防电弧服；
（4）使用合格的验电设备验电</td></tr>
<tr><td>安全交底</td><td>（1）扩大工作范围；
（2）走错间隔或误碰带电设备</td><td>（1）触电；
（2）设备事故</td><td>1</td><td>1</td><td>7</td><td>7</td><td>1</td><td>（1）工作前对工作班成员进行工作任务明示；
（2）对工作班成员进行安全技术交底</td></tr>
<tr><td>工器具准备</td><td>（1）使用的工器具无法达到检修作业要求；
（2）工具不全，或工具破损；
（3）使用的试验仪器超过检验期</td><td>触电</td><td>1</td><td>1</td><td>7</td><td>7</td><td>1</td><td>检修前确认工器具及试验仪器状态，使用合格的工器具及试验仪器</td></tr>
<tr><td>个人防护用品准备</td><td>（1）未正确使用安全帽、绝缘手套、绝缘靴；
（2）个人防护用品防护等级不符合要求或过期</td><td>（1）触电；
（2）机械伤害</td><td>1</td><td>1</td><td>15</td><td>15</td><td>1</td><td>（1）正确戴安全帽、绝缘手套，穿绝缘靴；
（2）使用合格的个人防护用品</td></tr>
</table>

续表

作业步骤		危害因素	可能导致的后果	风险评价					控制措施
				L	*E*	*C*	*D*	风险程度	
巡检前准备	工作班成员精神状态确认	（1）无法正常完成指定工作； （2）作业过程中无法清醒判断设备是否带电	（1）触电； （2）机械伤害； （3）设备故障	1	1	15	15	1	合理安排工作班成员，精神状态不佳者禁止工作
	执行安全措施	（1）拉错开关、走错间隔； （2）漏执行安全措施	（1）触电； （2）设备事故	1	1	15	15	1	（1）严格按照工作票执行安全措施； （2）执行安全措施时必须有监护人在场
	环境	（1）道路泥泞、湿滑； （2）雷、雨、雪天气	（1）车辆伤害； （2）跌倒	10	3	3	90	3	（1）提前注意天气变化，有效规避恶劣天气； （2）遇特殊路况，减速慢行； （3）正确使用安全保护用具（安全帽、劳保鞋等）
	车辆	（1）车辆缺陷； （2）超速行驶	人身伤害	6	3	3	54	2	（1）行车前检查车辆状况； （2）系好安全带，减速慢行
试验过程	停运对应控制器	（1）走错位置； （2）设备缺陷	（1）触电； （2）高处坠落	1	2	15	30	2	（1）戴绝缘手套、安全帽； （2）使用钳形电流表验电
	拆除光伏组件	（1）设备缺陷； （2）高处作业	（1）触电； （2）高处坠落	1	2	15	30	2	（1）观察光伏组件外观是否存在严重损坏，组件是否有效接地； （2）断电后，用万用表测量组件边框确无电压； （3）高处作业前佩戴安全帽、安全带、限位绳
	测试光伏组件温度	（1）设备缺陷； （2）误碰其他带有电部位	（1）触电； （2）设备事故	1	1	1	1	1	（1）安全地给测试设备提供电源； （2）检查设备接线无问题后，再进行测试； （3）测试前，需要检查测试设备检验情况
	紧固光伏组件	（1）设备缺陷； （2）高处作业	（1）触电； （2）高处坠落	1	2	15	30	2	（1）观察光伏组件外观是否存在严重损坏，组件是否有效接地； （2）断电后，用万用表测量组件边框确无电压； （3）高处作业前佩戴安全帽、安全带、限位绳
	安装 MC4 插头	（1）走错位置； （2）设备缺陷	（1）触电； （2）高处坠落	1	2	15	30	2	（1）戴绝缘手套、安全帽； （2）使用钳形电流表验电

续表

<table>
<tr><th colspan="2" rowspan="2">作业步骤</th><th rowspan="2">危害因素</th><th rowspan="2">可能导致的后果</th><th colspan="5">风险评价</th><th rowspan="2">控制措施</th></tr>
<tr><th>L</th><th>E</th><th>C</th><th>D</th><th>风险程度</th></tr>
<tr><td rowspan="2">完工阶段</td><td>完工恢复</td><td>（1）连接件和紧固件螺栓紧固未达标；
（2）临时短接线、接地线未拆除；
（3）检修后设备接线不正确</td><td>（1）设备事故；
（2）电灼伤</td><td>1</td><td>1</td><td>15</td><td>15</td><td>1</td><td>（1）检查连接件和紧固件螺栓；
（2）严格按照工作票执行恢复工作；
（3）恢复工作后，经工作负责人最终检查确认，方可办理工作终结手续</td></tr>
<tr><td>结束工作</td><td>（1）遗漏工器具；
（2）现场遗留检修杂物；
（3）不结束工作票</td><td>设备事故</td><td>1</td><td>1</td><td>15</td><td>15</td><td>1</td><td>（1）收齐并检查工器具；
（2）清扫检修现场；
（3）结束工作票</td></tr>
</table>

9. 逆变器性能试验

<table>
<tr><td colspan="3">部门：</td><td colspan="5">分析日期：</td><td>记录编号：</td></tr>
<tr><td colspan="3">作业地点或分析范围：</td><td colspan="6">分析人：</td></tr>
<tr><td colspan="9">作业内容描述：逆变器性能试验</td></tr>
<tr><td colspan="9">主要作业风险：（1）因使用不合适的工器具、穿戴不合适的劳动防护用品导致巡检人员受伤害；（2）触电；（3）灼伤；（4）跌倒；（5）车辆伤害；（6）高处坠落</td></tr>
<tr><td colspan="9">控制措施：（1）正确穿戴劳动防护用品，正确使用工器具；（2）进入巡检现场检查周围环境；（3）配备防暑药品</td></tr>
<tr><td colspan="3">工作执行人签名：</td><td>日期：</td><td colspan="4">工作负责人开工前确认签名：</td><td>日期：</td></tr>
</table>

<table>
<tr><th colspan="2" rowspan="2">作业步骤</th><th rowspan="2">危害因素</th><th rowspan="2">可能导致的后果</th><th colspan="5">风险评价</th><th rowspan="2">控制措施</th></tr>
<tr><th>L</th><th>E</th><th>C</th><th>D</th><th>风险程度</th></tr>
<tr><td rowspan="2">作业环境</td><td>雷、雨、雪天气</td><td>（1）雷击；
（2）道路湿滑、泥泞</td><td>（1）触电、火灾灼伤；
（2）跌倒</td><td>1</td><td>3</td><td>7</td><td>21</td><td>2</td><td>（1）正确戴安全帽；
（2）正确穿绝缘鞋；
（3）雷雨天气禁止外出作业</td></tr>
<tr><td>高温天气</td><td>中暑</td><td>人身伤害</td><td>1</td><td>3</td><td>7</td><td>21</td><td>2</td><td>（1）合理安排外出工作，及时规避高温天气；
（2）配备防暑药品</td></tr>
<tr><td rowspan="3">巡检前准备</td><td>安全措施确认</td><td>（1）安全措施不全或不正确；
（2）走错间隔</td><td>（1）触电；
（2）设备事故</td><td>1</td><td>1</td><td>7</td><td>7</td><td>1</td><td>（1）工作负责人、工作许可人应认真检查工作票所列安全措施是否正确、完备，是否符合现场实际条件；
（2）检修前确认设备间隔位置；
（3）戴绝缘手套，穿绝缘鞋和防电弧服；
（4）使用合格的验电设备验电</td></tr>
<tr><td>安全交底</td><td>（1）扩大工作范围；
（2）走错间隔或误碰带电设备</td><td>（1）触电；
（2）设备事故</td><td>1</td><td>1</td><td>7</td><td>7</td><td>1</td><td>（1）工作前对工作班成员进行工作任务明示；
（2）对工作班成员进行安全技术交底</td></tr>
<tr><td>工器具准备</td><td>（1）使用的工器具无法达到检修作业要求；
（2）工具不全，或工具破损；
（3）使用的试验仪器超过检验期</td><td>触电</td><td>1</td><td>1</td><td>7</td><td>7</td><td>1</td><td>检修前确认工器具及试验仪器状态，使用合格的工器具及试验仪器</td></tr>
</table>

续表

作业步骤		危害因素	可能导致的后果	风险评价					控制措施
				L	E	C	D	风险程度	
巡检前准备	个人防护用品准备	（1）未正确使用安全帽、绝缘手套、绝缘靴； （2）个人防护用品防护等级不符合要求或过期	（1）触电； （2）机械伤害	1	1	15	15	1	（1）正确戴安全帽、绝缘手套，穿绝缘靴； （2）使用合格的个人防护用品
	工作班成员精神状态确认	（1）无法正常完成指定工作； （2）作业过程中无法清醒判断设备是否带电	（1）触电； （2）机械伤害； （3）设备故障	1	1	15	15	1	合理安排工作班成员，精神状态不佳者禁止工作
	执行安全措施	（1）拉错开关、走错间隔； （2）漏执行安全措施	（1）触电； （2）设备事故	1	1	15	15	1	（1）严格按照工作票执行安全措施； （2）执行安全措施时必须有监护人在场
	环境	（1）道路泥泞、湿滑； （2）雷、雨、雪天气	（1）车辆伤害； （2）跌倒	10	3	3	90	3	（1）提前注意天气变化，有效规避恶劣天气； （2）遇特殊路况，减速慢行； （3）正确使用安全保护用具（安全帽、劳保鞋等）
	车辆	（1）车辆缺陷； （2）超速行驶	人身伤害	6	3	3	54	2	（1）行车前检查车辆状况； （2）系好安全带，减速慢行
试验过程	停运对应逆变器并在试验区核对位置	（1）走错位置； （2）设备缺陷	（1）触电； （2）高处坠落	1	2	15	30	2	（1）戴绝缘手套、安全帽； （2）使用万用表验电
	逆变器性能试验	（1）设备缺陷； （2）误碰其他带电部位	（1）触电； （2）设备事故	1	1	1	1	1	（1）安全地给测试设备提供电源； （2）检查设备接线无问题后，再进行测试； （3）测试前，需要检查测试设备检验情况
完工阶段	完工恢复	（1）连接件和紧固件螺栓紧固未达标； （2）临时短接线、接地线未拆除； （3）检修后设备接线不正确	（1）设备事故； （2）电灼伤	1	1	15	15	1	（1）检查连接件和紧固件螺栓； （2）严格按照工作票执行恢复工作； （3）恢复工作后，经工作负责人最终检查确认，方可办理工作终结手续
	结束工作	（1）遗漏工器具； （2）现场遗留检修杂物； （3）不结束工作票	设备事故	1	1	15	15	1	（1）收齐并检查工器具； （2）清扫检修现场； （3）结束工作票

10. 箱式变压器检修及试验

<table>
<tr><td colspan="4">部门：</td><td colspan="5">分析日期：</td><td colspan="2">记录编号：</td></tr>
<tr><td colspan="4">作业地点或分析范围：</td><td colspan="7">分析人：</td></tr>
<tr><td colspan="11">作业内容描述：箱式变压器检修及试验</td></tr>
<tr><td colspan="11">主要作业风险：（1）触电；（2）机械伤害；（3）作业环境危害；（4）设备事故；（5）爆炸；（6）高处坠落</td></tr>
<tr><td colspan="11">控制措施：（1）与带电设备保持安全距离，工作时应正确穿绝缘靴、工作服；（2）注意防止各类转动机械的外露传动部分和往复运动部分造成伤害，防止弹簧机构造成伤害，防止使用工器具时的机械伤害；（3）检修过程中注意防止周围物体打击伤害，在搬运或更换设备时注意防止重物碾压；（4）避免大风、雷雨、冰冻天气作业；（5）正确检查恢复工作，拆除临时接地线，避免送电引起短路等设备事故；（6）高处作业时应系好安全带、安全绳</td></tr>
<tr><td colspan="2">工作负责人签名：</td><td>日期：</td><td>工作票签发人签名：</td><td colspan="2">日期：</td><td colspan="3">工作许可人签名：</td><td colspan="2">日期：</td></tr>
<tr><td colspan="2" rowspan="2">作业步骤</td><td rowspan="2">危害因素</td><td rowspan="2">可能导致的后果</td><td colspan="5">风险评价</td><td colspan="2" rowspan="2">控制措施</td></tr>
<tr><td>L</td><td>E</td><td>C</td><td>D</td><td>风险程度</td></tr>
<tr><td rowspan="3">作业环境</td><td>雨天作业</td><td>雨天作业场地湿滑、空气潮湿，影响试验数据的准确性、可靠性</td><td>（1）人身伤害；
（2）设备故障</td><td>1</td><td>1</td><td>7</td><td>7</td><td>1</td><td colspan="2">（1）雨天作业应做好防潮、防滑措施；
（2）高压试验、油样检验应避开雨天作业</td></tr>
<tr><td>高温天气</td><td>高温天气作业引起人员中暑等状况</td><td>人身伤害</td><td>0.5</td><td>1</td><td>7</td><td>3.5</td><td>1</td><td colspan="2">尽量避开高温作业，或做好防暑降温工作</td></tr>
<tr><td>大风天气</td><td>大风天气作业，特别是高处作业时，人员易滑倒</td><td>人身伤害</td><td>0.5</td><td>1</td><td>7</td><td>3.5</td><td>1</td><td colspan="2">大风天气，做好个人防护措施</td></tr>
<tr><td rowspan="3">检修前准备</td><td>安全措施确认</td><td>（1）围栏设置不清楚，或围栏设置错误；
（2）接地措施未做到位，或接地线虚设；
（3）走错间隔；
（4）误碰其他带电部位或感应电伤人；
（5）未验电，误判为无电</td><td>（1）触电、电弧灼伤；
（2）设备事故</td><td>1</td><td>1</td><td>40</td><td>40</td><td>2</td><td colspan="2">（1）检查围栏是否正确、齐全；
（2）检修前确认设备间隔位置，确认停电开关，挂好接地线，确认安全措施执行情况；
（3）戴绝缘手套，穿绝缘鞋和防电弧服；
（4）使用合格的验电设备验电</td></tr>
<tr><td>安全交底</td><td>（1）扩大工作范围；
（2）走错间隔或误碰带电设备</td><td>（1）触电、电弧灼伤；
（2）人身伤害</td><td>1</td><td>1</td><td>7</td><td>7</td><td>1</td><td colspan="2">（1）工作前对工作班成员进行工作任务明示；
（2）对工作班成员进行安全技术交底</td></tr>
<tr><td>现场布置</td><td>（1）物品摆放凌乱，未做到“三不落地”等注意事项；
（2）临时用电不符合安全生产要求</td><td>（1）触电；
（2）高处坠落；
（3）设备故障</td><td>3</td><td>1</td><td>40</td><td>120</td><td>3</td><td colspan="2">（1）作业现场铺好绝缘垫，器具摆放整齐有序；
（2）检查临时电源状况，检查电源盘是否存在安全隐患</td></tr>
</table>

续表

作业步骤		危害因素	可能导致的后果	风险评价					控制措施
				L	E	C	D	风险程度	
检修前准备	工器具准备	（1）使用的工器具无法达到检修作业要求； （2）工具不全，或工具破损； （3）未做好备品备件、消耗材料的准备工作； （4）使用的试验仪器超过检验期，仪器漏电或输出异常	（1）机械伤害； （2）触电	1	1	7	7	1	（1）检修前确认工器具及试验仪器状态，使用合格的工器具及试验仪器； （2）做好检修工具、备品备件、消耗材料的准备工作
	个人防护用品准备	（1）未正确穿戴安全帽及工作服； （2）使用不合格的安全带	（1）触电； （2）高处坠落	1	1	15	15	1	（1）正确穿戴安全帽及工作服； （2）使用在安全使用期内的安全带，并正确挂好安全带
试验过程	核对设备位置	（1）走错间隔； （2）误分、合开关或闸刀	（1）触电； （2）电弧灼伤； （3）设备事故	3	1	15	45	2	（1）戴绝缘手套、安全帽，穿绝缘鞋； （2）核实操作票内容和设备状态； （3）执行监护制度，唱票，确认设备位置、名称标牌，严格执行操作票制度； （4）与带电体保持安全距离
	预防性试验	（1）试验前未做好隔离措施，加压过程中，人员误入高压区域； （2）未考虑最高试验电压下的安全距离，引起感应电伤人； （3）试验中未实行监护制度； （4）设备接线完成后，未进行检查确认直接进行加压试验； （5）更改接线前，控制电源开关未降至零位，电源开关没有明显的断开点； （6）试验完成后，未进行接地放电或接地放电时间不够，接线人员接触导电部位引起触电； （7）试验结束后，临时接地线或临时短接线未拆除	（1）触电、电弧灼伤； （2）设备损坏； （3）设备事故	1	1	40	40	2	（1）高压试验作业前，设置安全围栏，并设专人监护； （2）加压过程中，实行呼唱制度； （3）检查核实，一人接线另一人检查确认； （4）试验中途需更改接线时，先将控制电源开关降至零位，断开仪器电源开关后再进行更改接线操作； （5）有的试验项目中途更改接线时，必须挂好接地线； （6）被试设备引线引接至试验仪器前应进行接地放电，试验结束后也应对被试设备进行充分放电，并检查试验中临时短接线、临时接地线是否拆除等

续表

	可能导致的后果	风险评价					控制措施
		L	E	C	D	风险程度	
	(1) 设备损坏； (2) 送电后设备烧坏甚至发生爆炸事故； (3) 人身伤害； (4) 高处坠落	1	1	40	40	2	(1) 执行工作负责人负责制，恢复工作后经工作负责人最终检查确认，方可办理工作终结手续； (2) 一次引线恢复接线前先进行接地放电； (3) 高处作业时系好安全带，并做好防滑措施； (4) 附属元件、设备回装后，应检查接头密封情况
	(1) 触电； (2) 人身伤害	1	1	15	15	1	(1) 收齐并检查工器具； (2) 清扫检修现场； (3) 结束工作票
		0.5	1				(1) 试运行前，充分检查变压器、冷却装置、气体继电器、油温控制器、氢水检测仪等附属设备均应完整无缺、不渗油、油漆完整； (2) 继电保护装置应经调试整定，动作可靠正确； (3) 变压器在进行冲击合闸时，中性点必须接地； (4) 变压器送电冲击前，需将测温元件临时拆除，待送电稳定后恢复检测

11. 防雷检测

<table>
<tr><td colspan="3">部门：</td><td colspan="4">分析日期：</td><td colspan="3">记录编号：</td></tr>
<tr><td colspan="3">作业地点或分析范围：光伏场（站）</td><td colspan="7">分析人：</td></tr>
<tr><td colspan="10">作业内容描述：防雷检测</td></tr>
<tr><td colspan="10">主要作业风险：（1）触电；（2）机械伤害；（3）作业环境危害；（4）设备事故；（5）爆炸；（6）高处坠落</td></tr>
<tr><td colspan="10">控制措施：（1）与带电设备保持安全距离，工作时应正确穿绝缘靴、工作服；（2）注意防止各类转动机械的外露传动部分和往复运动部分造成伤害，防止弹簧机构造成伤害，防止使用工器具时的机械伤害；（3）检修过程中注意防止周围物体打击伤害，在搬运或更换设备时注意防止重物碾压；（4）避免大风、雷雨、冰冻天气作业；（5）正确检查恢复工作；（6）高处作业时应系好安全带、安全绳</td></tr>
<tr><td colspan="2">工作负责人签名：</td><td>日期：</td><td colspan="2">工作票签发人签名：</td><td colspan="2">日期：</td><td colspan="2">工作许可人签名：</td><td>日期：</td></tr>
<tr><td colspan="2" rowspan="2">作业步骤</td><td rowspan="2">危害因素</td><td rowspan="2">可能导致的后果</td><td colspan="5">风险评价</td><td rowspan="2">控制措施</td></tr>
<tr><td>L</td><td>E</td><td>C</td><td>D</td><td>风险程度</td></tr>
<tr><td rowspan="3">作业环境</td><td>雨天作业</td><td>雨天作业场地湿滑、空气潮湿，影响试验数据的准确性、可靠性</td><td>（1）人身伤害；
（2）设备故障</td><td>1</td><td>1</td><td>7</td><td>7</td><td>1</td><td>（1）雨天作业应做好防潮、防滑措施；
（2）高压试验、油样检验应避开雨天作业</td></tr>
<tr><td>高温天气</td><td>高温天气作业引起人员中暑等状况</td><td>人身伤害</td><td>0.5</td><td>1</td><td>7</td><td>3.5</td><td>1</td><td>尽量避开高温作业，或做好防暑降温工作</td></tr>
<tr><td>大风天气</td><td>大风天气作业，特别是高处作业时，人员易滑倒</td><td>人身伤害</td><td>0.5</td><td>1</td><td>7</td><td>3.5</td><td>1</td><td>大风天气，做好个人防护措施</td></tr>
<tr><td rowspan="3">检修前准备</td><td>安全措施确认</td><td>（1）围栏设置不清楚，或围栏设置错误；
（2）接地措施未做到位，或接地线虚设；
（3）走错间隔；
（4）误碰其他带电部位或感应电伤人；
（5）未验电，误判为无电</td><td>（1）触电、电弧灼伤；
（2）设备事故</td><td>1</td><td>1</td><td>40</td><td>40</td><td>2</td><td>（1）检查围栏是否正确齐全；
（2）检修前确认设备间隔位置，确认停电开关，挂好接地线，确认安全措施执行情况；
（3）戴绝缘手套，穿绝缘鞋和防电弧服；
（4）使用合格的验电设备验电</td></tr>
<tr><td>安全交底</td><td>（1）扩大工作范围；
（2）走错间隔或误碰带电设备</td><td>（1）触电、电弧灼伤；
（2）人身伤害</td><td>1</td><td>1</td><td>7</td><td>7</td><td>1</td><td>（1）工作前对工作班成员进行工作任务明示；
（2）对工作班成员进行安全技术交底</td></tr>
<tr><td>现场布置</td><td>（1）物品摆放凌乱，未做到“三不落地”等注意事项；
（2）临时用电不符合安全生产要求</td><td>（1）触电；
（2）高处坠落；
（3）设备故障</td><td>3</td><td>1</td><td>40</td><td>120</td><td>3</td><td>（1）作业现场铺好绝缘垫，器具摆放整齐有序；
（2）检查临时电源状况，检查电源盘是否存在安全隐患</td></tr>
</table>

续表

作业步骤		危害因素	可能导致的后果	风险评价					控制措施
				L	E	C	D	风险程度	
检修前准备	工器具准备	（1）使用的工器具无法达到检修作业要求； （2）工具不全，或工具破损； （3）未做好备品备件、消耗材料的准备工作； （4）使用的试验仪器超过检验期，仪器漏电或输出异常	（1）机械伤害； （2）触电	1	1	7	7	1	（1）检修前确认工器具及试验仪器状态，使用合格的工器具及试验仪器； （2）做好检修工具、备品备件、消耗材料的准备工作
	个人防护用品准备	（1）未正确穿戴安全帽及工作服； （2）使用不合格的安全带	（1）触电； （2）高处坠落	1	1	15	15	1	（1）正确穿戴安全帽及工作服； （2）使用在安全使用期内的安全带，并正确挂好安全带
试验过程	防雷检测	检测过程中碰触带电设备	（1）触电； （2）设备损坏； （3）设备事故； （4）高处坠落	1	1	40	40	2	（1）尽量远离屋面女儿墙，如需要进行接线工作，注意做好防坠措施； （2）严格执行工作票制度； （3）测量前核对设备位置及编号； （4）上、下屋面时注意将仪器绑扎牢固
完工阶段	结束工作	（1）遗漏工器具； （2）现场遗留检修杂物； （3）不结束工作票	（1）触电； （2）人身伤害	1	1	15	15	1	（1）收齐并检查工器具； （2）清扫检修现场； （3）结束工作票